灭火救援典型案例

MIEHUO JIUYUAN
DIANXING ANLI

商靠定　夏登友　等 编著

化学工业出版社
·北京·

内 容 提 要

本书从近年来高层建筑火灾扑救、人员密集场所火灾扑救、石油储罐火灾扑救、石油化工装置火灾扑救、交通事故救援、危险化学品事故救援和仓库与堆垛火灾扑救等类型火灾事故扑救案例中选取了42个典型案例。为方便阅读，各章均加注导语，每个典型案例从火灾基本情况、扑救经过（处置经过）和案例分析几方面全方位地进行了详细介绍和阐述。既有指挥和行动的得失分析，也有对消防救援工作的启示分析。本书的最大特色是结合实际火灾案例进行阐述和说明，贴合了灭火工作的实际情况。

本书文字简洁、案例典型、通俗易懂，可供消防队的指战员、相关单位工作者、学校师生以及从事灭火与应急救援工作的有关人员参考，也可作为消防指挥相关专业人员的辅助教材，对提升消防人员火灾扑救相关能力有一定的借鉴和帮助。

图书在版编目（CIP）数据

灭火救援典型案例/商靠定等编著 . —北京：化学工业出版社，2020.8（2022.4重印）

ISBN 978-7-122-36973-4

Ⅰ.①灭⋯　Ⅱ.①商⋯　Ⅲ.①灭火-救援-案例　Ⅳ.①X928.7

中国版本图书馆CIP数据核字（2020）第084600号

责任编辑：张双进　　　　　　文字编辑：王云霞　陈小滔
责任校对：王素芹　　　　　　装帧设计：王晓宇

出版发行：化学工业出版社(北京市东城区青年湖南街13号　邮政编码100011)
印　　装：北京建宏印刷有限公司
787mm×1092mm　1/16　印张25　字数625千字　2022年4月北京第1版第3次印刷

购书咨询：010-64518888　　售后服务：010-64518899
网　　址：http://www.cip.com.cn
凡购买本书，如有缺损质量问题，本社销售中心负责调换。

定　　价：98.00元

 前 言

灭火救援工作是我国消防救援队伍的重要任务。在执行灭火救援任务过程中，消防救援队伍会遇到多种火灾和灾害形式，包括高层建筑火灾、人员密集场所火灾、石油储罐火灾、石油化工装置火灾、交通事故、危险化学品事故和仓库与堆垛火灾等。在灭火救援过程中，做好对燃烧、爆炸、中毒、腐蚀、辐射等危险的防护，科学确定复杂条件下，不同火灾和灾害事故的处置难点与重点，是摆在人们面前的一个重大课题。例如，在扑救高层建筑火灾时，火灾蔓延速度非常快，消防员的体力不足和供水能力有限是火灾扑救中最大的制约因素；在人员密集场所火灾扑救中，救人任务非常艰巨，常常造成群死群伤；在石油储罐火灾扑救中，泡沫灭火剂的集结、灭火阵地的部署、火场供水的不间断都是救援的关键因素；在石油化工装置火灾扑救中，工艺处置措施非常重要；在交通事故救援中，破拆、救人、灭火技术要求非常高；在危险化学品事故处置中，危险化学品的辨识和不同危险化学品处置对策尤为重要；而在仓库与堆垛火灾扑救中，拉锯战必不可少。因此，深入了解上述各类灾害事故的典型案例，积累经验，提升处置能力，具有非常重要的实际意义。

本书分别介绍了高层建筑火灾扑救、人员密集场所火灾扑救、石油储罐火灾扑救、石油化工装置火灾扑救、交通事故救援、危险化学品事故救援和仓库与堆垛火灾扑救等不同类型的典型案例，分别从基本情况、扑救经过（处置经过）和案例分析等几个方面加以介绍分析，可供消防队的指战员、相关单位工作者、学校师生以及从事灭火与应急救援工作的有关人员学习参考。

本书充分吸纳案例研究理论新成果，精选我国近年来发生的典型案例 42 个，并进行了分析和总结，使之更具有针对性和研究价值。本书具有以下特点：

（1）涵盖面广。本书精选不同类型的典型案例，涵盖了救援专业力量的主要任务，具有很强的参考价值。

（2）内容新。本书精选案例大多数是首次公开。

（3）贴近实战。本书的最大特色是结合实际火灾案例进行阐述和说明，贴合了灭火救援工作实际情况。

（4）图文并茂，可读性强。为了增强内容的可读性，依据内容需要精选了近 100 幅图片和战斗力量部署图，使读者在阅读时一目了然。

（5）适用范围广。本书既可以满足消防救援相关专业院校教学需要，也可作为专业救援力量指战员的业务学习资料；既可以作为社会相关单位了解相关知识的读本，也可作为应急管理专业研究人员的研究素材。

本书在编写过程中得到了应急管理部消防救援局、中国人民警察大学训练部、消防指挥系等部门的指导；同时，得到了全国各消防救援总队的领导和专家的大力支持。在此，谨向帮助和支持过我们的领导、专家及所有同志深表谢意。

本书由商靠定、夏登友等编著。参加编著的人员及分工为：商靠定（第一章、第二章案例 1～案例 3），朱毅（第二章案例 4～案例 6、第三章案例 1），夏登友（第三章案例 2～案例 4），张庆利（第三

章案例 5 和案例 6、第四章案例 1～案例 4)，刘静（第四章案例 5 和案例 6、第五章案例 1），贾定夺（第五章案例 2 和案例 3)，王铁（第五章案例 4～案例 6)，汤华清（第六章案例 1～案例 6)，任少云（第七章案例 1～案例 4)，赵谦（第七章案例 5 和案例 6)，李驰原（第八章案例 1～案例 3)，刘皓（第八章案例 4～案例 6)。商靠定和赵谦负责本书的结构设计和统稿工作。

由于时间仓促，编者水平有限，不妥之处在所难免，恳请读者批评指正，以便今后进一步完善。

编者

2020 年 5 月

目 录

第一章　灭火案例研究

第二章　高层建筑火灾扑救案例

第三章　人员密集场所火灾扑救案例

第四章　石油储罐火灾扑救案例

第一章
灭火案例研究

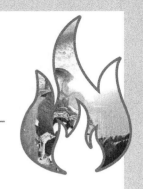

第一节 概述

灭火案例研究指通过对以往灭火案例的分析研究，总结历史经验教训，学习作战的理论和方法，是"从战争中学习战争"的有效方法。选择有针对性的案例，进行较为系统的、深入的研究和讨论，可以使受训者掌握灭火案例分析研究的内容、步骤、方法和要求，学会用灭火战术理论分析灭火战斗行动过程，从中汲取丰富经验和教训，以强化对各类火灾性质、特点和扑救技战术方法的认识，提高灭火技战术水平和组织指挥能力，以弥补作战行动和指挥经验的不足，又可以从案例中找出作战行动和指挥的发展变化规律，探讨未来灭火作战的新情况，研究新对策。

一、案例研究的地位与作用

案例研究是战术理论研究的重要方法，案例研究必须对当时现场的情况、作战的条件、救援力量的编成、技术装备、作战企图、力量部署以及战术特点等进行客观的、全面的分析和研究，切忌主观、片面、以偏概全，或者停留在表面现象。

（一）案例研究是提升消防指挥员素质和能力的一种有效手段和方法

通过灭火案例研究分析，可以提高受训者分析和解决灭火作战实践问题的能力。案例研究是受训者由被动接受知识变为主动接受知识与主动探索并举，受训者应用所学的灭火战术基础理论和原则，对教学案例进行理论联系实际的思考、分析和研究。通过阅读和分析，进行一系列积极的创造性思维活动，充分体现受训者在学习中的主体地位。案例分析研究过程，为受训者提供了更多的表达自己观点和见解的机会，受训者通过对案例中所包含的矛盾和问题的分析处理，可以有效加强受训者对战术基本理论和原则的理解，同时也可锻炼和提高运用理论解决实际问题的能力。因此案例研究是培养和训练消防指挥员的一种有效手段和方法。

（二）案例研究是提高案例研究组训者教学管理水平的一条有效途径

案例研究的质量优劣，其中组训者是关键的第一环节。案例教学对组训者的知识结构、教学组织能力、工作态度及教学责任心要求更高，既要求组训者具有渊博的灭火战术理论知识，又要求组训者具有丰富的教学和实践经验，并将灭火战术理论与灭火实践融会贯通；既要求组训者不断更新教学内容、补充教案，又要求组训者重视改革发展时期的消防救援队伍工作实践，不断从丰富的实践活动中求索适宜的教学案例。采用案例教学有利于调动组训者进行教学改革的积极性，从而使教学活动始终处于活跃进取的状态，不断提高案例研究组训者的教学质量和管理水平。

（三）案例研究是加强组训者与受训者互动关系的重要纽带

在传统的教学活动中，组训者是主体，而在案例研究教学活动中，受训者是主体。组训者与受训者的关系是"师生互补，教学相辅"。受训者在阅读分析案例和讨论环节中发挥主体作用，组训者在研究案例教学活动中主要作引导。案例研究教学有利于加强师生间交流、活跃课堂气氛，是传统教学无法实现的。

在灭火案例研究教学活动中，组训者是扮演把控案例教学活动进程和节奏，并作积极引导的角色，是教学活动的主导；受训者要扮演积极参与者角色，是活动的主体。组训者课前要认真选取研究案例并做好教学教案，受训者必须仔细阅读组训者制订的案例材料，进行认真思考和分析，做出自己对灭火作战实践活动的决策和选择。受训者是教学活动中的主角，既可以从自己和他人的正确决策和选择中学习，也可以从错误中学习，即从模拟决策过程中得到训练和提升，增长才干。这样，受训者学到的知识就不再是书本上的死知识，而是鲜活的经验教训和思考问题、解决问题的方法和能力。因此案例研究教学是加强组训者和受训者之间互动关系的重要纽带。

二、案例研究教学的特点

案例研究教学的特点是搭建了案例研究教学的基本框架，反映了案例研究教学的基本要求。换句话说，案例研究教学就是借助典型灭火案例，引导受训者对特定情境下的疑难问题进行分析讨论，从而启发解决问题的创造性思维，提高受训者解决实际问题的能力的教学活动。

（一）问题的导向性

在案例研究教学活动中，深刻和复杂的问题和矛盾，能够激发受训者积极的探索和深入的思考，能够引发受训者之间的思想碰撞，能够启发受训者的灵感和智慧。受训者如果不能独立运用事实、理论和观念去解决问题和矛盾，就不会真正掌握知识、理论和技能。案例研究教学是通过现实中的客观问题来激发学习动机，把学习和解决问题相联系，引导受训者围绕解决问题探索发现，鼓励受训者对解决问题的过程进行反思，促进知识和经验的迁移。受训者进入案例研究情境，进入当事人的角色，在问题的引导下，充分发挥主观能动性，自主进行探索和发现，通过解决问题构建知识和积累经验。这与以结构化知识体系为导向的理论教学有显著的区别。

（二）问题以研究和讨论为基础

案例研究教学把研究和讨论作为学习活动的重要组织形式，在受训者个人深入分析和研究的基础上，受训者之间、组训者与受训者之间展开讨论甚至辩论，形成热烈的、互动的教学氛围，使受训者能够充分表达自己的观点，促进思维的相互碰撞、相互启发和相互补充。

因此，案例研究教学既具有独立性和深刻性，又具有开放性和互动性，是个人研究基础上的再认识过程。通过这种方式，案例研究教学把传统教学活动中的个体的、单向的、封闭的学习过程，变为集体的、开放的、合作交流的学习过程，最大限度地激发组织者和受训者的思维，最大限度地丰富和加深对问题的解决，最大限度地提高教与学的质量。

（三）问题在实践中学习

案例研究教学创造了一种更加贴近实战的情境，使受训者能够充分感受到岗位任职所面临的实际问题，进入特定事件中的具体角色，自主地分析案例并拟订方案，具有鲜明的实践性。其实质就是让受训者通过有真实意义的实践活动来获得有价值的经验，把体验解决问题的过程作为学习的基本任务，把学习过程与解决问题过程统一起来，引导受训者在学习中实践、在实践中学习，搭建了理论通向实际的桥梁。案例研究教学活动中，受训者不只是理解和记忆一个个定论，而是透过问题现象更深刻地理解事物的矛盾性及内在逻辑，这是知识经验形成和发展的重要途径。因此，案例研究教学必须把受训者的学习活动引向实践、引向决策，把学习重心放在提高受训者面对复杂问题时作出处置的能力上，放在解决问题的过程上。

三、案例研究教学构成要素及其相互关系

案例研究教学活动由多种要素构成，但起主要作用的是组训者、受训者和教学内容。案例研究教学诸要素之间的联系，决定着案例研究教学的整体功能。因此，分析案例研究教学的构成要素及相互关系，应从组训者、受训者和教学内容之间的关系入手。

（一）组训者和受训者的关系

教学双方的关系问题是教学过程中首先要解决的问题。通常而言，二者关系是由一定的教育思想所主宰的。在传统的教学中，组训者负责教，受训者负责学，教学就是组训者对受训者单向的培养活动，表现为以下两点。

一是以教为中心。组训者是知识的占有者和传授者，对于求知的受训者来说，组训者就是知识的宝库，是活的教科书，没有组训者对知识的传授，受训者就无法得到知识。

二是以教为主。受训者只能跟着组训者复制讲授内容。教支配和控制学，学无条件服从于教，教学由共同体变成了单一体。

在案例研究教学中，教学双方的地位发生了明显的变化，变为"教为主导，学为主体"。组训者主导和受训者主体是辩证的统一。学，是在教之下的学；教，是为了学而教。组训者不再是简单知识的代言人、权威者，而是与受训者共同构建知识的对话者和交流者，是受训者探究活动的引导者和促进者，师生之间人格平等、价值观平等。师生互动，组训者不仅是教，也是通过对话被教；受训者不仅是学，也在对话中教。师生互相影响、互相沟通、互相补充，达成共识、共享、共进，真正实现"教学相长"。

（二）受训者与教学内容的关系

教学内容是教学双方教学活动的依据和媒介，是对受训者实施影响的主要信息。在传统教学中，教学内容侧重是分门别类的、科学化的知识和技能，与现实生活中真实问题情境和实践活动有一定的差距。这些知识着眼于普遍性的原理和概念，忽视了复杂具体的条件限

制，导致的结果是受训者学习的科目越来越多，但对知识的理解简单片面，妨碍了所学知识在具体情境中的灵活运用。所以在传统教学中，教学内容与实践贴得不紧，也与受训者的未来工作岗位相去甚远。而在案例研究教学中，则特别强调要密切关注受训者的工作实际，把教学内容与受训者的工作实际结合起来，把所学的知识与一定的真实任务情境联系起来，激发受训者学习的内驱力，让受训者通过解决情境性问题和参与情境性活动，建构其能够灵活迁移应用的知识，促进知识向能力的转化。教学内容要选择真实灭火案例，使教学活动与灭火实践有一定的对应性和同构性，弱化学科界限，体现多学科的交叉融合。注重教学活动的情境化，教学过程应与灭火实践现实问题的解决过程相类似，把教学过程变为解决问题的实践过程，促进受训者对知识的构建。

（三）组训者与教学内容的关系

在传统教学过程中，教学内容与组训者是彼此分离的。组训者的任务是按照教材、教学参考资料、考试试卷和标准答案去教。教学内容和教学进度由教学计划和大纲规定，教学参考资料和考试标准由教学管理部门编写和提供，组训者就成了各项规定的执行者。组训者离开了教材，就不知道教什么，教学内容与组训者的分离，弱化了组训者组织教学内容的能力。在案例研究教学中，组训者不仅是教学内容实施的执行者，还是教学内容的建设者和开发者。组训者要编写、选择教学内容，查找相关资料，了解案例背景，熟悉相关的专业知识，同时还要注意教学内容的更新。这些都要花费比传统教学更多的时间和精力。如果组训者课前准备不足，知识和结构不适应案例研究教学的变化，整个教学过程就可能难以为继。案例研究教学要求组训者应具有宽广深厚的知识基础，组训者在案例教学的过程中，不能只局限于本学科的内容，有时也可以跨学科或跨专业的选择案例、准备教案，即使没有跨专业和学科，但案例的相关背景也可能超出本专业和学科，组训者要想使教学顺利进行下去，必须不断完善自己的知识结构，以适应日益丰富的教学内容对专业知识横向扩展的需求。

四、案例研究教学对受训者的基本要求

（一）受训者要认真准备

受训者要认真阅读组训者布置的案例研究的材料及相关内容，要善于从案例材料中寻找问题、发现线索；要对可能出现的情况有所预料并做好记录，拟订发言提纲，以便进行深入研究。

（二）受训者要积极参与

案例研究教学为锻炼受训者的思维能力和分析判断能力提供了机会和场所，受训者应以案例中相应的身份和角色拟订方案，撰写分析报告并通过积极参与案例研讨和分析来提高分析和解决实际问题的能力。

（三）受训者要做好总结

只有善于总结，才能不断进步。案例研究教学完成后，受训者应自觉总结在案例阅读、倾听、发言和研讨过程中存在的问题，以及案例理解和运用上的收获。在总结中，要善于发

现问题，把整个过程升华为不断发现问题和解决问题的过程。通过对案例的研究分析，既要加深对战术理论的理解，又要了解理论应用于实践的全过程，以更好地掌握解决实际问题的思路和方法，增强创新思维和实际工作能力。

第二节　灭火案例研究的准备工作

一、灭火案例准备

在备课中，根据教学需要，选择适当时间进行灭火案例研究。灭火案例研究的准备工作一般包括案例收集、案例选择、编写灭火案例分析作业等。

（一）案例收集

灭火案例的来源一般有以下几个方面：
① 消防局下发的案例汇编；
② 各消防总队编印的案例汇编；
③ 通过调查研究发现的典型案例；
④ 个人积累及不断总结的案例。

（二）案例选择

灭火案例收集以后，根据灾害种类或者研究问题进行分类。首先进行粗选，即在分类的同时初步选择所需要的各种案例，其次在粗选的基础上进行精选。这就要对每个案例进行分析研究，看所要求的条件是否具备，有不清楚的要弄清楚，需要补充的情况要补上，需要调研的要进行调研，这是对案例进行加工整理的过程。

（三）编写灭火案例分析作业

在挑选和加工的基础上，分解案例，给出作业条件。主要内容如下。

1. 基本情况

基本情况就是发生火灾或事故对象在发生事故前的实际情况。例如，建筑的结构特点，生产储存物质的特性、存放方法，水源，交通道路，周围环境，消防设施等基本情况。

2. 火灾或事故情况

火灾或事故情况是指发生火灾或事故的时间、部位、原因，火灾或事故的特点，对人员、物资设备等的威胁程度，灾情变化。如果发生爆炸，爆炸的部位、原因、后果，爆炸后出现的复杂情况、倒塌范围及造成的后果等。

3. 灭火战斗经过

灭火战斗经过要全面、系统，主要包括报警、出动时间、到场时间、战斗展开时间、控制灾情时间与消灭灾情时间、技战术措施等。

4. 经验教训

全面分析后，总结成功经验，找出不足之处。

5. 拟订研究或探讨的问题

根据灭火战斗经过，拟订本案例需要研究或探讨的问题。

二、灭火案例研究必须具备的基本理论知识

（一）灭火作战相关的法律法规

灭火作战法律法规主要包括《中华人民共和国消防法》《公安消防部队执勤战斗条令》《公安消防部队抢险救援勤务规程（试行）》《公安消防部队灭火救援战评规定（试行）》《城市消防站建设标准》《消防员个人防护装备配备标准》等。

（二）灭火战术基本理论

灭火战术理论主要包括：灭火战术的基本原则，灭火组织指挥，灭火战斗行动规程，灭火作战计划的制订，物质燃烧规律，各类火灾处置原则与方法等。

（三）消防技术装备

消防技术装备是指用于火灾扑救和抢险救援任务的器材装备以及灭火剂的总称。它是一个国家或地区消防实力的重要体现，也是构成消防队战斗力（灭火救灾能力）的基本要素之一。消防装备是灭火的物质基础，直接制约或影响着灭火战斗采用的战术方法以及施行战术的结果；同时消防技术装备的先进程度，也是体现一个国家或地区经济实力和科技实力的重要标志。消防技术装备被许多专家称之为消防员的第二生命，可见消防装备在灭火中的作用日益突出。消防技术装备包括消防员个人保护器具、救助器具、灭火器具和设备、灭火剂等。消防员必须掌握常用消防技术装备的性能、操作使用规程以及维护保养技能。

（四）灭火作战应用计算

灭火作战应用计算主要包括常用喷射器具的战斗性能计算，灭火消防车泵压、供水距离和高度计算，灭火剂用量计算等。随着科技水平的不断提高，灭火活动中技术含量越来越高，对指挥员的决策水平提出了更高的要求，灭火作战应用计算为指挥员如何决策提供了强有力的技术支持。

1. 喷射器具战斗性能计算

喷射器具战斗性能计算主要包括水枪（泡沫枪）控制周长和面积计算，19mm 直流水枪和常见泡沫枪（炮）性能参数分别见表 1.2.1、表 1.2.2。

表 1.2.1　19mm 直流水枪性能参数

供给强度/ [L/(s·m²)]	水枪的工作压力/ MPa	水枪的流量/ (L/s)	控制周长/ m	控制面积/ m²
0.12~0.2	0.27	6.5	10~15	30~50
0.6~0.8	0.355	7.5	10	—

备注：建筑火灾控制周长根据强度不同，19mm 水枪控制周长按照 10m 或 15m 计算，控制面积按照 30m² 或 50m² 计算；油罐火灾控制周长取 10m。

表 1.2.2　常见泡沫枪（炮）性能参数

型号	泡沫供给强度/ [L/（s·m²）]	混合液流量/（L/s）	泡沫体积/L	控制面积/m²
PQ8		8	50	50
PG16	1.0	16	100	100
PPY32		32	200	200
PP48		48	300	300

2. 用水量及灭火剂用量计算

用水量计算主要掌握以下几个参数即可。1 支 19mm 水枪在 15m 有效射程时，10min 用水量为 4t，1h 用水量为 24t；在 17m 有效射程时，10min 用水量为 5t，1h 用水量为 30t。

泡沫灭火剂用量计算主要包括泡沫液用量的计算和混合泡沫用水量的计算，见表 1.2.3。

在计算过程中，应注意以下事项：

方法（1）计算时要注意公式中 q 为泡沫混合液供给强度，一般取 10L/（min·m²），灭火时间以"分"计；

方法（2）计算时，注意 a 要根据计算要求进行取值，q 取值为 1.0L/（s·m²），灭火时间以"秒"计；

方法（3）是一种简便估算法，适用于以下条件：即泡沫供给强度取 1.0L/（s·m²），混合比为 6%，油品闪点小于 60℃，移动装备。

表 1.2.3　灭火剂用量计算汇总表

方法（1）	$$Q_液 = 0.06Aqt$$ 式中　$Q_液$——泡沫液用量，L； 　　　A——燃烧面积，m²； 　　　q——泡沫混合液供给强度，L/（min·m²）； 　　　t——灭火时间，min。
方法（2）	$$Q_液 = (a /β) Aqt$$ 式中　A——燃烧面积，m²； 　　　q——泡沫供给强度，L/（s·m²）； 　　　t——喷射时间，s； 　　　a——混合比，6%； 　　　$β$——发泡倍数，6 倍。
方法（3）	$$Q_液 = 3A$$ $$Q_水 = 50A$$ 式中　Q——5min 所需泡沫液量，L； 　　　A——燃烧面积，m²； 　　　3——每平方米泡沫液量，L/m²； 　　　50——每平方米水量，L/m²。

空气泡沫（混合液）供给强度见表 1.2.4。

表 1.2.4 空气泡沫（混合液）供给强度

火场条件	泡沫供给强度/[L/(s·m²)]	泡沫混合液供给强度/[L/(min·m²)]
容器内油品的闪点<60℃	1.0	10
容器内油品的闪点≥60℃	0.8	8
地面油品	1.2	12
库房桶装油品	1.5	15
水上流淌油品	2.0	20

3. 消防车泵压计算

消防车泵压主要与战斗车编成形式、喷射器具类型和进攻阵地位置有关。一般按下式计算：

$$H_b = H_q + nH_d + H_{1-2}$$

式中 H_b——消防泵出口压力，MPa；

n——铺设水带条数；

H_q——分水器或水枪进口压力，MPa；

H_d——每条水带的压力损失，MPa；

H_{1-2}——水泵出口与水枪或分水器的高度差，m。

$$H_d = nSQ^2$$

式中，S 为每条水带的阻抗系数；Q 为喷射器具流量，L/s。水带阻抗系数见表 1.2.5，19mm 直流水枪压力、流量、射程见表 1.2.6。

表 1.2.5 不同口径水带阻抗系数

水带直径/mm	65	80	90
阻抗系数 S	0.035	0.015	0.008

表 1.2.6 19mm 直流水枪压力、流量、射程

工作压力/MPa	0.205	0.27	0.355
有效射程/m	13	15	17
流量/(L/s)	5.7	6.5	7.5

消防车供水距离和高度的计算可按照泵压的计算公式进行变形，也就是计算出水带条数即可。

第三节 灭火案例研究的方法、程序和要求

一、灭火案例研究方法

（一）灭火案例介绍法

灭火案例介绍，是通过选取典型的灭火作战实例，重点介绍灭火作战的基本情况、作战行动过程中技战术手段的运用等，学习研究灭火战术理论的方法。案例介绍应根据训练的目的，力求形象直观，善于抓住重点，特别对于能够启迪思维，对今后灭火作战有普遍指导意义的细节，做到详细介绍，使受训者能够留下深刻的印象。

主要按照以下步骤进行。

1. 明确计划

明确计划即宣布案例的题目、内容、目的、方法和要求等。

2. 介绍案例

可结合沙盘、作战图纸或影像资料介绍作战背景、作战力量编组、作战行动过程、作战指挥过程以及作战经验教训。要做到轮廓清晰、条理清楚、层次分明、生动形象，给受训者以深刻的印象。

3. 组织讨论

重点研究案例中的技战术手段运用、作战经验教训、作战指挥方法以及今后灭火作战的指导意义等。

4. 进行小结讲评

重点讲解学习概况和案例中体现和运用的作战方法、指挥方法、经验教训和对今后灭火作战的指导意义。

（二）灭火案例剖析法

灭火案例剖析，是指通过对灭火作战实例中若干个问题进行的深入剖析，探讨其内在规律性，总结经验教训，学习研究作战行动规律和作战指挥理论的方法。

主要按照以下步骤进行。

1. 准备

主要包括明确研究问题，熟悉案例的作战情况、参战力量情况、作战环境等客观条件；

2. 逐段研究

将案例按作战阶段分段进行研究，讨论各个作战阶段的成败与得失，应该汲取的经验教训以及根据今后作战条件的变化加以灵活运用的问题。按照介绍情况、组织讨论和归纳意见的程序进行。

3. 归纳总结

主要是讲评案例研究的基本情况，对逐段研究的结果进行梳理和升华。归纳总结主要收获、案例中体现的作战思想、技战术以及对今后灭火作战的指导意义等。

（三）灭火案例作业法

灭火案例作业，是指受训者充当案例中的指挥人员，按照给定的想定条件完成相应的作战指挥作业，研究灭火作战理论的方法。一般是在案例介绍和案例剖析的基础上进行。

主要按照以下步骤进行。

1. 作业准备

宣布课题计划，下发案例作业基本想定，提出要求和执行事项。

2. 组织作业实施

通常采用分段作业法，也可采用连贯作业法。分段作业法是按照组织作业、讨论、宣布原案和归纳小结的步骤进行，包括以下内容。

① 案例的阅读及相关理论知识的学习。

② 个人分析与准备。这将有助于受训者参与课堂讨论并培养独立分析决策能力。

③ 小组学习与准备。组织受训者团结协作、互动学习，可提高案例学习质量。

④ 案例讨论。

⑤ 学习心得与发现的记录。要培养受训者及时记下案例讨论中的主要发现和心得体会，对要点要记录、观察、思考和讨论。

⑥ 案例分析报告的撰写。

3. 总结讲评

重点讲评作业的基本情况，研究案例的意义，主要收获以及对今后作战指挥所产生的影响。有利于深化理解灭火战术理论，继承传统战法，借鉴有益作战经验，提高指挥员的作战意识和组织指挥能力。

二、灭火案例研究程序

（一）布置案例

布置案例作业应着重说明以下内容。

① 案例基本情况，有关数据、图表等。

② 案例研究的要求、步骤和方法。

③ 要求完成和回答的问题。

④ 完成的时间和注意事项。

（二）个人阅读案例，拟订发言提纲

受训者拿到案例后，首先进行案例的阅读和思考，全面了解和熟悉的基础上，根据案例作业的要求，拟出发言提纲，把自己的意见用文字或图表表达出来，要求有理论、有分析、有见解、有评价、有经验体会，力求高质量完成自己的作业。发言提纲要明确案例研究的重点。

1. 战前情况

战前情况即灾害发生前的基本情况，这是研究案例的基础。

2. 火势情况

火势情况即发生火灾后,消防队到达现场时的灾害情况和战斗过程中灾情变化等情况,这是研究案例的依据。

3. 战斗经过

战斗经过即从接警开始到战斗结束的各个环节的活动情况。包括接警出动、灾情侦察、战斗决心、战斗部署和战斗结束等,按照条令规定分析是否正确,这是案例分析的核心内容。

4. 经验教训

经验教训即从案例分析中,总结原案例成功的经验和失败的教训及其原因。通过对上述各点的分析,得出正确的结论,以便更好地指导今后的灭火工作,这是研究案例的目的。

(三)分组讨论

将个人的案例分析在小组内宣读,大家评议讨论,形成统一认识。

(四)小结

组训者在各组代表发言的基础上,对所研究的案例进行归纳总结,理论和实践相结合,总结出成功经验和不足之处,提高战术思想和组织指挥水平。

三、案例研究要求

① 案例选择要典型,具有普遍意义,能说明某一种灭火对象或某种情况下火灾扑救的基本理论和战术措施。

② 案例内容要全面,情况要具体,数据要准确,标图要规范,表达形象直观,使人一目了然,具备研究的条件,满足分析的需要。

③ 案例研究要根据当前的火灾特点和战术训练课题需要,加强针对性,突出战术运用、组织协同、后勤保障等重点,分析各战斗阶段执行条令、规定、运用战术原则是否正确,这是案例分析的重点部分。

④ 总结评价灭火行动要做到客观真实,成绩不夸大,问题分析透,重点不在评价,目的在于提高。

第二章

高层建筑火灾扑救案例

导语

高层建筑火灾是建筑火灾扑救中的难点对象之一，高层建筑本身具有主体建筑高、层数多，形式结构多样，竖井管道多，用电设备多，功能复杂，人员集中等特点。主要类型包括高层住宅、宾馆酒店、写字楼、商贸楼、金融楼、科研楼、通信指挥楼、图书馆、邮电楼等。高层建筑结构复杂、火灾荷载大、内部消防设施相对较为完善。

高层建筑火灾具有烟火蔓延途径多，易形成立体火灾；疏散困难，极易造成人员伤亡；火场供水难度大；登高进攻难等特点。

高层建筑火灾扑救行动基本要求是立足自救，适应立体作战，加强首批力量出动，坚持以固定设施为主、固移结合的原则，积极抢救和疏散人员，有效控制火势，消灭火灾。

本章主要选取了近十年来发生在我国具有一定影响的高层建筑火灾案例。例如，案例1、案例2和案例3是近年来由外装修材料燃烧引起的火灾，并且燃烧蔓延出现了之前从未有过的从上至下的发展。案例1是典型综合性办公楼火灾，案例2是高层住宅火灾，案例3是酒店火灾，给消防救援提出了新的挑战，提出了外保温材料火灾扑救的问题，值得研究和思考；案例4是一起典型的商场类火灾，物资和人员集中；案例5是一起典型的集办公、住宿、娱乐为一体的综合楼火灾；案例6是近年来一起典型的高层住宅火灾。六个案例都存在救人难、内攻路线选择难、火灾发展蔓延速度快、控制火势难等问题。为了更好地了解高层建筑火灾的特点，采取有效手段进行扑救，尽可能减少生命和财产损失，提升消防队应对高层建筑火灾扑救的能力，进行案例研究非常有必要。

高层建筑火灾案例分析的重点内容，是从战术行动和指挥决策两个方面进行研究和分析，寻找消防救援活动的长处和存在的不足，并针对问题和不足，思考解决对策，以提高消防队应对此类火灾的能力。要重点围绕高层建筑火灾发展蔓延规律及特点、人员疏散问题、周边救援作业环境条件、固定消防设施应用技术、火势控制方法、火场供水技术尤其是移动装备供水技术问题以及内攻路径选择问题等进行拓展研究。

案例1 北京"2·9"中央电视台电视 文化中心大楼火灾扑救案例

2009年2月9日20时15分，中央电视台新址园区在建的电视文化中心工地发生火灾。接到报警后，北京市公安局消防局迅速调集了8个支队、27个中队、85辆消防车、595名官兵参与火灾扑救。2月9日23时58分火势得到有效控制，2月10日2时大火被彻底扑灭。火灾扑救过程中，参战官兵共疏散周围群众800余人，确保了北立面及西侧演播大厅、南侧央视主楼和北侧居民楼的安全。此次火灾过火面积约21000m²，直接经济财产损失1.64亿元，造成1名消防员牺牲，6名消防员和2名施工人员受伤。

一、基本情况

（一）主体结构及周边情况

中央电视台新址电视文化中心工地位于朝阳区光华路36号，东侧为央视服务楼，间距94m；南侧为央视新址主楼，间距93m；西侧为东三环中路，间距49m；北侧为两栋居民楼，间距38m。该建筑地上30层、地下2层，高159m，建筑面积103648m²，主体结构为钢筋混凝土结构。该建筑于2005年3月开始施工，2006年12月底完成主体结构，火灾发生时正在进行外装修施工。承包商是北京城建集团央视工程总承包部，外立面装修施工单位是中山盛兴股份有限公司，外立面装修材料为玻璃幕墙、钛锌板，使用挤塑板、聚氨酯泡沫塑料等作保温材料。

着火建筑地下1层为停车场和卸货平台；地下2层为停车场、员工食堂；地上1层为录音棚、剧场影院、宴会厅；2层为新闻发布厅、数字传送机房；3、4层为视听室和水疗室；5层为酒店公共活动场所及大堂；6～12层、15～26层为酒店客房；14层为避难层；27、28层为酒廊和餐厅；13、29、30层为设备层。

（二）消防水源情况

央视新址园区内部共有地下消火栓23座，其中电视文化中心9座，能源服务楼2座，央视主楼12座，管径为300mm，环状管网。电视文化中心建筑内有墙壁消火栓435座，管径为150mm，消防水箱2座，位于13层（储水量60t）和29层（储水量24t），总储水量84t；消火栓水泵结合器6座，喷淋水泵接合器6座。央视新址园区500m范围内共有市政消火栓6座，其中朝阳路4座，管径为600mm；光华路2座，管径为300mm。

（三）燃烧物情况

此次火灾之所以在短时间内形成外立面大面积立体燃烧，是因为主要燃烧物为聚氨酯泡沫塑料、挤塑板等建筑外墙保温材料和钛锌板，这些材料具有以下特点。

1. 聚氨酯泡沫塑料

聚氨酯泡沫塑料又名硬质聚酯型聚氨酯泡沫塑料。主要用于冷库、冷罐、管道等作绝缘保温材料，以及用于高层建筑、航空、汽车等作结构材料起保温、隔音和轻量化的作用。超低密度的硬质聚酯型聚氨酯泡沫塑料可做防震包装材料及船体夹层的填充材料。其密度约为0.0368g/cm³，拉伸强度为0.414MPa，压缩强度（10%处变形）为0.323MPa，导热系数为0.035W/(m·K)，熔点为170～190℃，为易燃固体。燃烧后产生大量有毒烟气，严重危害人体健康，主要体现在对呼吸道有较强烈的刺激作用。聚氨酯泡沫塑料在着火建筑中主要用于东、南、西、北四个外立面的墙体保温。

2. 挤塑板

挤塑板全称为挤塑聚苯乙烯板，又名XPS板。主要用于墙体保温、平面混凝土屋顶及钢结构屋顶的保温，具有高抗压、低吸水率、防潮、不透气、质轻、耐腐蚀、超抗老化（长期使用几乎无老化）、热导率低等优点。但该材料易燃烧，自燃温度为500℃，燃烧后产生大量有毒烟气，严重危害人体健康，主要体现在对呼吸道有较强烈的刺激作用。在着火建筑建筑中主要用于东、南、西、北四个外立面的墙体保温。

3. 钛锌板

钛锌板是一种以钛锌合金为主要成分的建筑装饰板材，在着火建筑中主要用于东、南、西三侧外立面墙体的外墙装饰。该材料是以高纯度金属锌（纯度为99.995%）与少量的钛以及铜熔炼而成，钛含量是0.06%~0.20%，可以改善合金的抗蠕变性，铜含量是0.08%~1.00%，用以增强合金的硬度。该材料的熔点为418℃，热容量大，液流性良好，在火灾情况下极易熔化并加速火灾向下蔓延。

（四）起火原因

事故查明，该起火灾是中央电视台新址建设工程办公室负责人委托他人联系湖南省浏阳市三湘烟花制造有限公司人员在施工现场违法违规燃放礼花，礼花弹爆炸后的高温星体落入文化中心建筑顶部擦窗机检修孔内，引燃检修孔内壁的易燃材料，引发大火。

（五）天气情况

火灾发生当日，气温2~5℃，风向西南，风力2~3级。

二、扑救经过

在此次火灾扑救过程中，前沿灭火救援指挥部（以下简称前沿指挥部）始终贯彻"救人第一"的指导思想和"先控制、后消灭"的战术原则，最大限度地减少人员伤亡及财产损失。成功地保住了该建筑的主体结构、北立面及西侧演播大厅，未殃及北侧居民楼和南侧央视主楼。此次火灾扑救从四个阶段展开，具体扑救过程如下：

（一）快速反应，加强调度，深入内部搜救人员

2月9日20时27分，119指挥中心接到央视新址园区电视文化中心工地发生火灾的报警后，立即启动《高层建筑火灾事故灭火救援预案》，调集朝阳支队红庙中队、建国门中队及红庙中队共计10辆消防车赶赴现场，并调派朝阳支队全勤指挥部到场指挥。同时，指挥中心通过消防视频监控系统观测火势发展情况，确认起火建筑顶部有明火燃烧并生成大股黑烟，迅速将现场情况通报总队全勤指挥部。

由于火势较大，总队指挥中心按照《灭火救援等级调度方案》，升级警情，迅速增调朝阳支队左家庄、望京等9个消防中队以及崇文支队花市消防中队、海淀支队双榆树、五棵松消防中队、丰台支队大红门消防中队等共计13个中队、35辆各类消防车赶赴现场。并将火灾情况上报市应急办及市局指挥中心，建议启动《北京市火灾事故应急救援预案》。调集各医疗急救、工程抢险等应急处置力量到场配合火灾处置工作，同时协调交管局开辟绿色通道，保证救援车辆及时到达现场。

20时36分，辖区红庙中队3辆消防车和烟花爆竹驻点执勤的1辆水罐消防车同时到达现场。通过外部观察并向现场单位人员了解，该建筑物顶部起火，呈猛烈燃烧状态，此时火灾尚未蔓延至建筑内部，楼内尚有部分被困人员。中队指挥员命令大力A类泡沫车停于大

楼北侧，占据地下消火栓连接水泵接合器，做好为建筑内消防管网加压供水的准备；同时带领 4 名战斗员佩戴呼吸器，携带水枪、水带等器材，在单位 2 名工作人员引导下，乘坐消防电梯，迅速登顶进行火情侦察并搜救被困人员，准备利用墙壁消火栓向 30 层出水灭火。

增援的红庙中队 3 辆消防车、建国门中队 4 辆消防车和朝阳支队全勤指挥部陆续到达现场后，迅速成立前沿指挥部，由朝阳支队负责现场组织指挥和后方组织供水、迎接增援力量并组织人员进入建筑内部组织内攻。各车按照指挥部指令，分别占领火场东侧、北侧 3 座地下消火栓，铺设 3 条水带干线，做好出水灭火准备。

根据到场中队反馈信息及图像监控系统显示，指挥中心确认火势有从顶层起火点向下蔓延的趋势，立即续调第二批增援力量朝阳支队亚运村中队、东城支队北新桥中队、王府井中队、西城支队府右街中队、西直门中队、金融街中队、海淀支队双榆树中队、石景山支队古城中队、丰台支队大红门中队、方庄中队、右安门中队、西客站中队，共计 12 个中队、34辆各类消防车。同时调动西城、崇文、丰台三个支队的全勤指挥部到场协助前沿指挥部进行作战指挥；协调市应急办迅速调集市政供水车辆到场配合火灾处置工作；按照《战勤保障预案》启动战勤保障机制，调集器材供应、油料供给、车辆维修、饮食保障等保障分队到场配合火灾扑救。第一阶段共部署 10 辆消防车，占领地下消火栓 4 座，形成 4 条供水干线，设置水炮阵地 3 个。

（二）强力外攻，营救人员，集中兵力，确保重点

21 时许，总队全勤指挥部及第一批增援力量陆续到达现场，总队全勤指挥部迅速接管现场指挥权，在市政府总指挥部和市公安局现场指挥部的统一领导下，在火场东南侧成立前沿指挥部，由总队长任总指挥，总队其他领导负责协助总指挥组织现场灭火救援工作、战勤保障工作、现场新闻宣传报道工作、各级领导和现场政治思想鼓动工作以及前期火灾原因调查工作。

前沿指挥部根据火势发展状况，经过对火场情况的全面评估，确定了"外攻控火、搜救人员、确保重点"的作战方针，围绕保护西侧演播大厅、建筑北立面、北侧居民楼及南侧央视主楼展开战斗行动，并重新调整作战部署：由朝阳支队负责组织搜救小组在确保安全的情况下，深入火场内部搜救被困人员；同时将火场划分为南、北两个作战区域，南部和北部作战区域由总队相关领导负责。此后，公安部消防局领导和灭火救援专家组成员及时赶到火灾现场，全程督导，强化了前沿指挥部灭火救援组织指挥工作。

随着外部火势蔓延速度越来越快，范围越来越大，前沿指挥部命令：建筑北侧各水炮阵地出水控制火势，保护建筑北立面和西侧演播大厅，防止北侧居民楼受到火势威胁；在建筑物南侧占据有利地形再设置 2 个水炮阵地，分别由左家庄中队大力 A 类泡沫车、望京中队 90m 云梯车从东、西两个方向控制南立面火势，从外部全力阻截火势继续蔓延。

21 时 15 分，通过搜救小组搜救，在大楼 3 层发现被困的 2 名战士，并将其救出。各作战单元按指挥部命令展开扑救的过程中，建筑外立面火势向下流淌、蔓延的速度越来越快，短时间内形成了大面积的立体燃烧，并伴有大量高温燃烧物体、幕墙玻璃等频繁坠落，严重威胁人员、车辆安全，前沿指挥部立即命令内攻搜救人员迅速撤出，火场东侧、南侧车辆全部后撤，火场西侧、北侧的水炮阵地继续出水控制火势，全力确保西侧演播大厅、建筑北立面和北侧居民楼安全。

22 时许，根据火势发展情况，前沿指挥部迅速抓住有利战机，再一次重新部署力量，

府右街中队、奥林匹克公园中队、望京中队云梯车、奥运村中队高喷车、大红门中队、花市中队水炮车在建筑东侧和南侧进行部署，分别出水炮控制建筑外立面火势；府右街中队五十铃水罐消防车停靠演播厅西北侧，出移动水炮控制火势向演播厅蔓延。各水炮阵地全力打压火势，确保西侧演播大厅、建筑北立面、北侧居民楼以及南侧央视主楼安全。其余车辆占领周边10座消火栓并组成10条供水干线，采取接力供水的方式，向前方不间断输送灭火剂，保障各主攻力量供水充足。

其间，大楼北侧居民楼部分外阳台被飞火引燃，北区指挥部立即命令建国门中队、垡头中队和金融街中队进入居民楼内与公安民警共同疏散未撤离的群众，同时由建国门中队利用高喷车调转方向出水迅速扑灭居民楼各阳台火灾，避免了火势向居民楼内蔓延。在大火被压制、增援力量陆续到达现场的情况下，前沿指挥部及时将南、北两个战区划分为四个作战单元，分别由到场的朝阳、西城、崇文、丰台四个支队全勤指挥部组建火场前沿分指挥部，按照总指挥部的统一部署，具体负责各区域灭火作战指挥工作：朝阳支队负责火场北侧的作战指挥；西城支队负责北区火场西侧演播大厅的作战指挥；崇文支队负责南区火场东侧的作战指挥；丰台支队负责南区火场中部的作战指挥。

同时，为确保下一阶段内攻需要，119指挥中心按照前沿指挥部命令，分别从朝阳支队垡头、奥林匹克公园中队，东城支队北新桥中队，西城支队西直门中队，崇文支队花市中队，海淀支队双榆树中队，丰台支队方庄、西客站中队，石景山支队高能所、八大处中队等10个中队调集50台4h氧气呼吸器到场。

23时18分，经过全力搜索，红庙中队搜救小组在1层西北侧通道处发现了2名战士和1名员工被锁闭的通道门困住，立即向前沿指挥部报告。前沿指挥部随即命令搜救小组全力营救被困人员。23时28分，搜救小组利用破拆工具将锁闭的通道门破拆，将2名战士及1名员工成功救出。与此同时，四惠中队搜救小组报告，在大楼14层发现另有3名被困官兵，正沿楼梯向下运送，请求增援。前沿指挥部立即命令朝阳支队战训科相关人员带领5名战斗员组成第三批搜救力量进入大楼，协助四惠中队搜救小组将楼内所有被困人员全部救出。第二阶段，在第一阶段4条供水干线的基础上，经过调整又形成了6条稳定的供水干线，水炮阵地由3个增加到9个，加强外部攻势，全力控制火势，同时组成三批搜救小组，先后将8名被困人员成功救出。

（三）强攻近战，内外夹攻，逐层消灭内部明火

23时58分，大楼外部大火已经基本扑灭，部分楼层内部仍然有明火。经前沿指挥部研究，认为应抓时机发起内攻，进一步确定了"强攻近战，内外夹攻"的战术。命令各区域分指挥部立即组织人员开展内攻，全力扑灭建筑内部明火，各举高车辆继续出水炮从外部对建筑主体结构实施冷却，防止坍塌。随即进行了第三次战斗调整。

朝阳支队全勤指挥部组织红庙、亚运村、左家庄等12个中队力量逐层向上推进，负责扑救11～30层内部火点；崇文支队全勤指挥部组织所属力量，负责扑救6～10层内部火点；丰台支队全勤指挥部组织方庄、大红门等4个中队的力量，负责扑救1～5层内部火点；西城支队全勤指挥部组织府右街中队、金融街中队力量将移动水炮更换为两支水枪负责扑灭演播厅内零星火点。

在保证外部6个水炮阵地持续不间断出水冷却建筑结构的同时，红庙中队利用大力A类泡沫车铺设一条水带干线由西北侧楼梯进入大楼，采用垂直铺设方式至29层，出A类泡

沫逐层向下灭火；花市中队铺设一条水带干线由东南侧楼梯进入大楼，采用沿楼梯蜿蜒铺设的方式，向上供水至 5 层出两支水枪灭火；丰台大红门中队由西南侧楼梯进入大楼，采用沿楼梯蜿蜒铺设的方式，向上供水至 5 层出两支水枪灭火；府右街中队铺设一条水带干线由西北入口进入大楼西侧演播厅，出两支水枪灭火。在各参战力量的全力合作下，至 10 日 2 时建筑内外大火被全部扑灭。第三阶段，供水干线增加到 11 条，在建筑外围，组成 6 个水炮阵地，对建筑主体结构实施冷却；建筑内部形成 4 条供水干线实施内攻灭火，保证了火场用水。

（四）分割包围，全面清理，彻底清除内部残火

在建筑内外明火被扑灭后，前沿指挥部及时调整部署，采取了"分割包围、分层包干"的战术，对火场进行全面清理。考虑到现场人员作战时间较长，人员体力透支严重，为保证现场能够持续工作，前沿指挥部及时从石景山、通州、顺义、昌平、房山、大兴、开发区、密云等 8 个区县调集 160 名消防官兵到现场增援，并按支队组成 8 个作战分队、30 个作战小组。他们携带背负式细水雾灭火器、清水灭火器等器材，分工、分片包干负责，对大楼内部进行清理，彻底清除内部残火。

10 日 6 时，所有残火被彻底扑灭。前沿指挥部决定留下 3 部大力 A 类泡沫车、1 部 68m 云梯消防车继续留守监护现场，其余参战力量撤回。

三、案例分析

（一）经验总结

此次超高层异型结构建筑火灾扑救，在楼层高、有毒烟气浓度大、火场复杂等各种危险并存的情况下，参战官兵英勇顽强、不怕牺牲，全力疏散营救楼内被困人员，阻止了火势的进一步蔓延扩大，最大限度降低了财产损失，保护了人民群众生命和财产安全。此次火灾扑救成功之处主要有以下几点。

1. 指导思想明确，组织指挥有力，综合协调到位

火灾发生后，按照"全力组织灭火，并迅速查明火灾原因，在扑救中切实注意人员安全，防止倒塌等二次灾害造成人员伤亡"的总要求。中央及北京市委、市政府、公安部、公安部消防局、北京市公安局以及北京市各相关委、办、局的领导，先后到达现场指挥、指导灭火救援工作。在火灾扑救过程中，启动了"三级指挥部"：市政府按照《北京市火灾事故应急救援预案》，启动了由北京市主要领导任总指挥的火灾事故应急救援总指挥部，迅速调集工程抢险、救护、环卫、电力、电信、自来水等部门协助灭火救援工作；市公安局启动了由局领导任总指挥的现场指挥部，及时组织特警、治安、交管、武警等力量，赶赴现场疏导管制交通、疏散附近小区群众、维护现场秩序、调查有关情况、控制有关人员，为火灾事故的成功处置提供了有力的支持；公安部及公安部消防局的领导亲自到前沿灭火救援指挥部，督导指挥，强化了前沿指挥部作用和功能。

2. 反应迅速，决策果断，战术运用得当

火灾发生后，北京市公安局消防局 119 指挥中心接到火灾报警后，快速反应，先后分三批次，调集了 27 个中队、85 辆消防车、595 名官兵赶赴火灾现场。第一到场队迅速组成侦

察搜救小组，第一时间登顶到达起火部位，摸清了现场内部情况并向指挥中心报告；在火灾扑救过程中，前沿指挥部根据火势发展变化情况，冷静分析，果断决策，先后三次调整作战部署，在积极搜索和营救被困人员的前提下，确定了由"外攻为主，控制火势"逐步向"内外夹攻，消灭火势"过渡的战术指导思想。实现了中央及北京市领导提出的"确保不发生次生灾害事故，确保不伤及人民群众生命安全，确保建筑主体结构不坍塌，确保南侧央视主楼不受影响"的作战要求。

该建筑为超高层建筑，火势由159m的高处沿外立面向下蔓延，内部顶层火势沿通道向下蔓延并伴有大量浓烟，致使外部进攻射水高度不够，打不到火点。而建筑内部疏散通道蜿蜒曲折，竖向管井多，共享空间多，结构布局复杂，且正处于施工和竣工的转换期，楼内正处于内装修施工阶段，房间及楼道堆放杂物，部分楼道和房间门被锁闭封堵，外立面起火后致使大楼内部迅速充斥大量有毒浓烟，能见度极低，严重威胁内攻人员安全，阻碍灭火战斗行动展开。同时，建筑外面玻璃幕墙受高温和火焰作用，造成玻璃幕墙爆裂下落，形成"玻璃雨"；起火后高温熔融的外装修材料大量坠落，严重威胁地面人员和车辆器材的安全，影响灭火战斗行动展开。

3. 战斗编成有效，充分发挥了现场灭火救援资源优势

在前沿指挥部统一指挥下，现场参战的85辆消防车、595名官兵，始终坚持"先控制，后消灭"的指导思想，成立两个战区、四个分指挥部。在灭火战斗行动中，打破支队、中队界限，合理调配警力资源，有效整合车辆、器材装备，进行全面统一的部署，各参战单位、各作战单元既独立负责作战、又密切协同配合，充分发挥人员、车辆和器材装备的战斗潜力，形成了全场一盘棋、强大有力的灭火战斗态势，为圆满完成此次火灾扑救任务奠定了坚实的基础。

4. 战勤保障到位，及时有力

在此次火灾中，119指挥中心使用视频监控系统及时掌握火势发展情况，为科学调度提供了第一手资料；同时通信保障组备足电台及备用电池、充电器等通信设备，在现场组建了两个400M指挥网和两个800M作战网，并协调市政府应急办调派800M数字集群移动基站到场保障，建立通信保障枢纽，确保了火场中后期通信指挥的畅通。火灾发生后，《战勤保障预案》启动迅速及时，战勤保障大队及其所属的药剂器材补充、生活卫勤、装备抢修、油料供应等相关保障分队快速到场，为火灾现场提供强有力的战勤服务保障。

在火灾扑救过程中，部分参战官兵受伤，总队政治部门按照前沿指挥部的指令及时安排专人开展医疗救治、安抚和善后工作，鼓舞部队战斗士气，强有力的政治保障充分体现了组织对伤亡官兵的关心和爱护，也保证了现场参战官兵旺盛的斗志和战则必胜的坚定决心。

5. 新闻宣传和火因调查工作到位

在火灾扑救过程中，前沿指挥部及时启动了新闻发言人和火灾原因调查机制。新闻发言人带领新闻宣传组，按照指挥部要求积极开展工作，协调有序地管理现场各新闻媒体，适时召开新闻发布会，通报火灾现场相关情况，正确引导和把握现场舆论导向，为掌控现场局势、保证灭火救援战斗行动的顺利进行创造了有利条件。火灾原因调查组按照前沿指挥部要求及时控制知情人，在现场及周边认真调查取证，搜寻各种痕迹和物证，在火灾扑救过程中就初步掌握了相关线索，为火灾原因认定提供了详实的依据。

6. 干部身先士卒，战斗员英勇顽强

在火灾扑救过程中，参战官兵坚决执行命令、听从指挥、不怕牺牲、英勇顽强，冒着随时有可能被玻璃雨、飞火及高空坠落物伤害的危险，忍受着高温烈焰的烘烤及有毒烟气的侵害，深入火场内部全力进行人员搜救和灭火，不怕疲劳、连续奋战，最终取得了灭火救援战斗的决定性胜利，得到了各级领导的高度肯定和赞誉。

（二）存在不足

1. 初战准备不足，现场仍有忙乱现象

火灾发生后，各级领导和各种力量快速反应、迅速到场，致使大量人员和车辆聚集现场，火场指挥应接不暇。面对此次极端复杂危险的大规模火灾现场，火势发展蔓延速度快，搜救被困人员难度大，调度各种车辆进出、攻防转换频次多，致使初期现场通信联络不畅，也未能及时在适当位置设立明显的指挥部标志，一度出现前方灭火与后方供水脱节的现象。

2. 官兵对"六熟悉"工作有待于进一步加强

一方面说明官兵对钛锌板、挤塑板这类新型外墙装饰材料的特性及其火灾危险性的认知不足；另一方面说明官兵对该单位情况的"六熟悉"和全面细致的灭火调研还有较大差距。

3. 扑救特殊火灾的装备建设有待于进一步提高

这起火灾情况实属罕见，给扑救火灾和抢救人员带来极大难度。虽然竭尽全力控制火势蔓延，但面对此类超高层异形结构、大面积立体燃烧的建筑火灾，现有消防车辆装备还无法满足高层灭火的需要：一是云梯车、高喷车、大吨位水罐车、A类泡沫车以及远射程移动水炮的数量明显不足；二是车辆功率不够大，水炮射程打不到100m以上的燃烧部位。而且在超高层建筑内部消防设施不能完全发挥作用的情况下，缺乏快速组织向高层供水开展内攻灭火的有效手段。

（三）案例启示

这起火灾由于建筑结构复杂，建筑材料特殊，建筑外装饰使用大量可燃材料，造成自上而下、自外而内逆向迅速蔓延，短时间内形成立体燃烧，产生高温和有毒烟气，不断有熔滴、碎片等物品向下坠落，致使初期行动的内攻搜救和外部控火受到极大限制。这场火灾带给我们最大的启示是：

① 对消防队应对高层建筑外保温材料火灾的技战术措施提出了新的要求，同时也给火灾防控尤其是外保温材料使用技术标准提出了新的挑战。也就是说从灭火战斗行动的角度，需要从理念转变和技术装备应用上进行深入研究，重点加强初战行动效率研究；从火灾防控的角度，需要从外保温材料选用要求和技术标准上进行规范。以减少此类火灾造成的损失。

② 对于科研院校所来说，认真研究高层建筑火灾发展蔓延规律及应对策略，以减少火灾损失。

附： 图2.1.1　央视新址水源道路平面图
　　　图2.1.2　电视文化中心工地北侧立面图
　　　图2.1.3　电视文化中心工地火灾第一阶段力量部署图
　　　图2.1.4　电视文化中心工地火灾第二阶段力量部署图（1）

图 2.1.5 电视文化中心工地火灾第二阶段力量部署图（2）
图 2.1.6 电视文化中心工地火灾第三阶段力量部署图
图 2.1.7 电视文化中心工地火灾第四阶段内攻力量部署图

思考题

1. 结合本案例研究，总结高层建筑外保温材料火灾发展蔓延规律及主要危害。
2. 结合本案例研究，总结应对此类火灾，消防队在执勤备战中还应开展哪些工作？

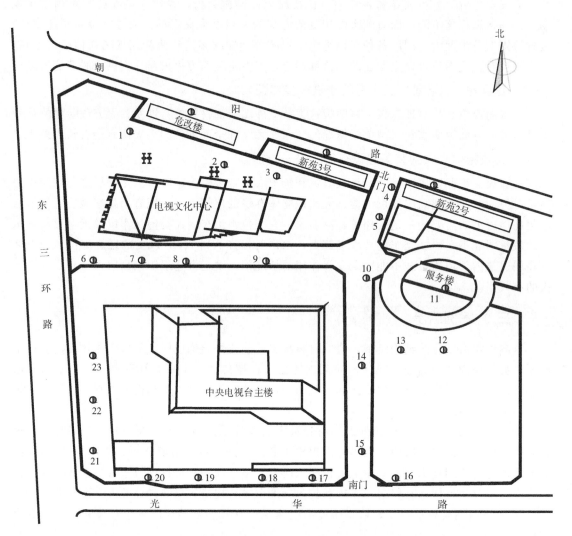

图 2.1.1 央视新址水源道路平面图

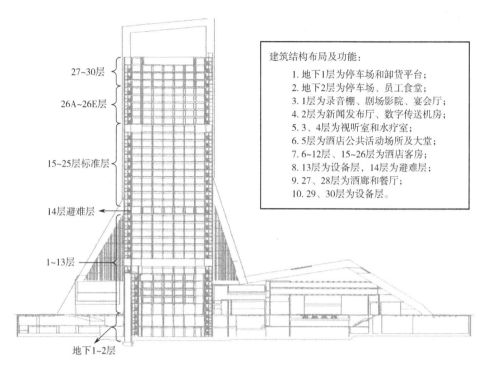

建筑结构布局及功能：
1. 地下1层为停车场和卸货平台；
2. 地下2层为停车场、员工食堂；
3. 1层为录音棚、剧场影院、宴会厅；
4. 2层为新闻发布厅、数字传送机房；
5. 3、4层为视听室和水疗室；
6. 5层为酒店公共活动场所及大堂；
7. 6~12层、15~26层为酒店客房；
8. 13层为设备层，14层为避难层；
9. 27、28层为酒廊和餐厅；
10. 29、30层为设备层。

27~30层

26A~26E层

15~25层标准层

14层避难层

1~13层

地下1~2层

图 2.1.2　电视文化中心工地北侧立面图

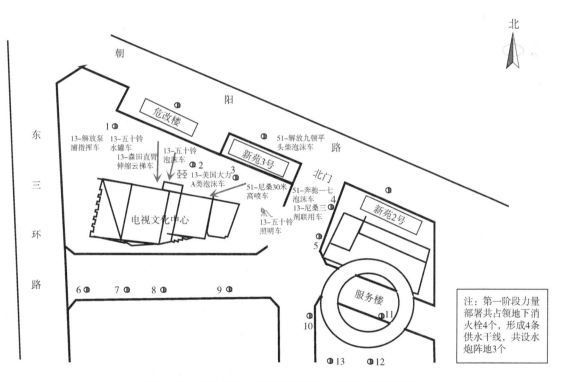

图 2.1.3　电视文化中心工地火灾第一阶段力量部署图

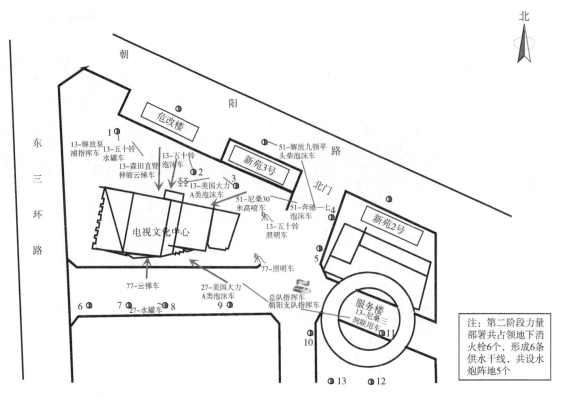

图 2.1.4　电视文化中心工地火灾第二阶段力量部署图（1）

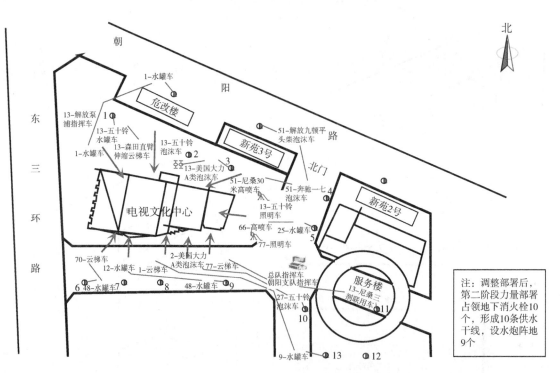

图 2.1.5　电视文化中心工地火灾第二阶段力量部署图（2）

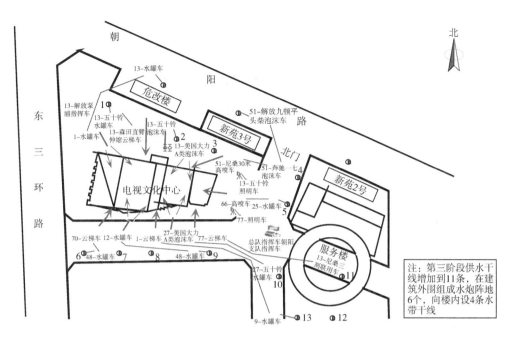

图 2.1.6　电视文化中心工地火灾第三阶段力量部署图

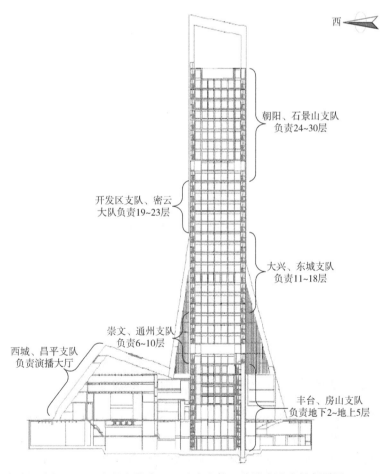

图 2.1.7　电视文化中心工地火灾第四阶段内攻力量部署图

案例 2 上海 "11·15" 静安区胶州路教师公寓火灾扑救案例

2010 年 11 月 15 日 14 时 15 分 23 秒，上海市应急联动中心接到报警，静安区余姚路胶州路 728 号一栋正在进行节能综合改造的 28 层教师公寓大楼发生火灾，迅速调集 122 辆消防车、1300 余名消防官兵赶赴现场。大火于 18 时 30 分被基本扑灭，此次火灾共营救疏散周围群众 160 余人，保住了东侧毗邻的 2 幢高层居民住宅及西侧相近的已被飞火波及的 1 幢高层居民楼。此次火灾事故共造成 58 人死亡、71 人受伤。

一、基本情况

（一）地理位置

胶州路 728 号教师高层公寓大楼位于静安区胶州路余姚路路口，与东侧的 718 弄 2 号、常德路 999 号共为一个居民小区，3 幢建筑呈东西向并排排列，建筑南侧为东西向进入小区主出入口，分别连接常德路和胶州路，但由于小区正在进行节能改造，实际可供灭火救援登高作业面只有西侧和北侧。

（二）起火建筑情况

该大楼地上 28 层，地下 1 层，高度约 85m，总建筑面积约 17965m²，每层建筑面积约 640m²，钢混结构。建筑底层为沿街商业网点，2～4 层主要为办公用房和部分居住用房；楼内设有室内消火栓系统（每层 2 个），1～4 层公共部位设有喷淋装置，消防水泵房位于大楼底层；内部 5～28 层为居民住宅，每层 6 套，整幢建筑实有居民 156 户、406 人，发生火灾时，包括建筑工人及商业网点营业人员，大楼内有 300 多人。

（三）毗邻建筑情况

起火建筑东侧相距约 20m 为高层居民大楼，南侧相距约 18m 为小区配电房，西侧毗邻胶州路，北侧毗邻余姚路，起火建筑与东侧居民大楼通过脚手架紧紧相连，形成一个庞大的建筑体。

（四）天气情况

起火当日天气为多云，气温 9～12℃，东北风，4～5 级。

二、扑救经过

（一）首战力量到达，引导疏散人员，阻截火势蔓延

首批到场力量面对整幢大楼火势失控、且已向东侧毗邻高层居民楼延烧的危急情况，果断把疏散居民群众、堵截火势向周围建筑蔓延作为首要任务。14 时 15 分 23 秒，市应急联动中心接到第一个报警电话。市应急联动中心按照调度等级，在 5min 内迅速调集宜昌、静安、彭浦等 5 个消防中队和 1 个特勤中队，共 15 辆消防车、130 名消防官兵赶赴现场。

15min 内，又调集了外滩、河南等 11 个消防中队，共 31 辆消防车（包括 7 辆举高消防车）、300 名消防官兵前往增援。同时，迅速启动《上海市应急联动预案》，调集本市公安、供水、供电、供气、医疗救护等 10 余家应急联动单位紧急到场协助处置。

14 时 25 分，辖区宜昌中队到达现场，其余首批调度力量也相继到场。此时，着火建筑整个北面 1～28 层已全部燃烧，东、西面大部分正在燃烧。通过火情侦察，大楼内还有大量居民未能及时疏散，且火势正通过施工脚手架连廊向东侧毗邻的高层居民楼蔓延，情势十分危急。火场指挥员决定实施内攻救人、堵截防御的战术措施，首先扑灭封堵安全出口的火势，组织 15 个攻坚组冲入火场，通过敲门通知撤离、搀扶引导疏散和多人合力施救等手段，利用楼内室内消火栓出水掩护，救出 100 余名居民；与此同时，现场还部署宜昌、静安等中队，在地面共铺设 4 条水带供水线路，在着火建筑东北侧设置水枪、水炮阵地，阻截火势向东侧毗邻的高层居民楼蔓延；真如、北京等中队在地面共铺设 4 条水带供水线路，使用水枪、水炮扑灭着火建筑周边堆放的建材堆垛的火势。

（二）增援力量到场，内外夹攻，上下合攻，控制火势

增援力量迅速组建 45 个攻坚组，强攻进入着火大楼内部，逐层逐户开展灭火营救；同时在大楼外部使用车载水炮控制火势、阻止蔓延，冷却脚手架防止其变形倒塌造成次生灾害。14 时 38 分，增援力量相继到场，楼内仍有部分居民被困。火场指挥员迅速调整力量，成立以特勤人员为主的 45 个攻坚组，在水枪的掩护下，梯次轮换、强行登楼，抢救被困居民。攻坚队员在强化个人防护措施的基础上，逐层逐户敲门或破拆防盗门，通过引导和背、抱、抬等方式营救出 50 余名被困人员。在大楼外部，火场指挥部还组织相继到场的举高消防车在余姚路、胶州路及南侧建筑工地停靠，组织配套供水，利用举高车水炮从外部压制和打击火势，冷却钢管脚手架，防止其局部或整体倒塌造成次生灾害，并营救出 8 名通过建筑外窗逃至脚手架呼救的遇险人员；在着火建筑东侧毗邻高层居民楼顶层设置水枪阵地，射水阻挡辐射热和飞火对毗邻建筑脚手架的威胁；在着火建筑北侧部署一辆七式压缩空气泡沫消防车，通过沿外墙垂直施放水带进入室内近战灭火，并组织力量在着火建筑下风方向 200m 范围内，设置水枪阵地，有效截断了火势向下风方向毗邻建筑蔓延。现场还集结了北京、龙阳、车站等 15 个中队兵力，通过建筑疏散楼梯间蜿蜒铺设或垂直铺设水带形成 15 条供水线路，重点在 10 层以上各燃烧层布设分水阵地，纵深打击火势，形成内外夹攻、上下合击之势。

（三）彻底消灭残火，全面清理火场

调整力量对整幢大楼进行反复地毯式搜索，扑灭残火，搜救幸存人员，搜寻遇难者。在火势得到控制后，火场指挥部调整战斗任务，将搜救人员、内攻灭火、破拆排烟、火场供水等任务分配到每个中队，实行一个中队坚守一个楼层，并由总队、支队两级指挥员分片包干、各负其责。至 18 时 30 分，整幢建筑物明火被基本扑灭。各战斗段重新部署力量对大楼 1～28 层的房间、电梯井、管道井等部位进行反复地毯式搜索，确保不留死角，并对室内堆积阴燃的可燃物进行清理，防止复燃，至次日凌晨 4 时，收残和清理任务基本完成，遇险（难）人员全部救出。

三、案例分析

（一）伤亡原因分析

① 着火楼层低，施工建筑四周被保温材料、竹垫和防护网包裹，外部横向与纵向泡沫保温材料、脚手架竹垫、尼龙网可燃材料面约 25000m²，立体性燃烧一触即发。可燃材料集中，仅铺设的脚手架竹垫就有 56t，且竖向、横向架构均匀，供氧条件充足，整幢大楼仿佛被扣在一个特大的可燃材料筐筐内。燃烧坠落物迅速引燃着火层下部脚手架及地面堆放的可燃装修材料，严重封堵疏散逃生出口。火势受高空风力及火场小气候等综合因素的影响，通过延烧、强烈的热辐射和飞火，蔓延迅速，约 6min 后，浓烟烈火将整幢大楼笼罩并形成全面燃烧，导致楼内人员逃生的时间极为有限。

② 居民自防自救能力缺乏是造成众多人员伤亡的另一主要原因。在火灾中遇难的 58 人，除 3 人是在逃生过程中丧生外，其余均在房间中遇难。火灾发生时，正值上班时间，楼内居民大多数是老、弱、病、残、幼及行动不便者，面对险情，大多选择待在室内待救，并将防盗门紧闭，不仅失去了逃生的有限时机，也给消防队员通过破拆防盗门及时救人带来极大难度。此次灭火救援中，共破拆防盗门 118 扇。

（二）经验总结

1. 坚决贯彻灭火救援作战指导思想

坚持"救人第一"是扑救高层居民建筑火灾的首要任务。此次火灾被困人员分布点多面广，火场指挥员坚决贯彻"救人第一，科学施救"的指导思想，在火势与救援力量对比悬殊的情况下，果断组织 60 个攻坚组，28 层楼负重上下多次往返，逐层逐户逐间搜救遇险人员，先后疏散营救了 200 多名被困人员。

2. 准确把握火场主要方面

准确把握火场主要方面是最大限度减少高层建筑火灾损失和危害的关键。面对消防力量到场时就形成全面、立体燃烧及有大量人员被困待救的紧急情势，各级指挥员把全力救人和堵截火势向毗邻高层居民建筑蔓延作为火场主要方面，坚持"救人与灭火同步、堵截与强攻同步、内攻与外攻同步"的战术战法，避免了灾情的进一步扩大和损失的加剧。

3. 注重发挥先进和特种装备优势

发挥先进和特种装备优势是提高高层建筑火灾扑救效能的重要支撑。火灾扑救中，总队先后调集 14 辆举高消防车，以及压缩空气泡沫消防车等精良装备到场，在火场垂直供水、外围阻击火势、内部强攻灭火中发挥了至关重要的作用。攻坚队员灵活运用登高、灭火、破拆等装备，破拆防盗门 118 扇，扑灭上万平方米的内部火势，牢牢把握了灭火作战行动的主动权。

4. 战勤保障有力

战勤保障遂行化是确保部队持续作战的重要保证。此次火灾现场参战力量多、作战时间长、现场供液难度高、器材装备消耗大，总队先后调派 3 个战勤保障大队、1 个应急通信保障分队、9 辆战勤保障车辆，遂行保障空气呼吸器钢瓶 1200 余只、无齿锯锯片 200 余张、防盗门组合破拆工具 100 余套等 3000 余件装备器材，为一线消防部队持续高强度灭火救人提供了可靠的战勤保障。

（三）存在不足

1. 对非常态特大火灾发展及危害程度的研判和把握不准

近年来，总队根据部局灭火救援专项工作，如人员密集场所、大跨度建筑、综合性高层建筑进行了针对性训练，并结合上海特点，着重在石油化工、船舶、地铁、超高层建筑的火灾扑救方面开展实战演练。但对于这种进行节能综合改造的边施工、边居住、边营业的普通高层居民住宅，未能前瞻预测其火灾危险性和复杂性，总感觉居民住宅结构简单，耐火性能好，不会群死群伤，更不会整幢大楼全面燃烧。作战前期力量难以一次性快速展开，短时间内不占优势。说明应对大面积、立体燃烧瞬间形成，众多老、弱、病、残、幼及行动不便人群大范围被困的非常态高层居民火灾，相关工作还有待进一步加强和改进。

2. 常态火灾调度模式与非常态火灾扑救需求间存在一定差距

此次火灾是非常态、大面积、立体火灾，在报警信息不够充分的情况下，接警调度按常规一般建筑工地脚手架火灾等级进行调度，对于装修公寓大楼内可能居住有大量居民及面临的严重情况预判不足，说明现有的常规火警调度模式在应对非常态火灾扑救上还存在不适应之处。

3. 复杂火场作战人员的安全防护措施与手段还未能有效到位

大楼起火后，外墙面砖和玻璃在高温炙烤下脱落，楼内破拆的防盗门铁皮外翻，内部高温、浓烟充斥。在冲入过火及高温区域实施灭火救人过程中，出现了部分战斗员皮肤被通过防护服间隙的高温水蒸气及水滴烫伤，一些战斗员被破拆的防盗门铁片割伤，少数战斗员被掉落的瓷砖碎片和玻璃划伤等情况，说明我们的防护装备有待改进，官兵安全行动意识有待提高。

4. 中心城区消防站点建设及车辆装备配置推进力度不大

近年来，上海消防站建设数量突飞猛进，每年新增消防站十几个，但多新建于一些偏远地区，而中心城区高层建筑、地下建筑密集区消防站建设速度相对滞后，内环以内的消防站多建于新中国成立前（部分为历史保护建筑），面积小，建筑层高低，改扩建难度大，无法满足举高车和大型供水车的进驻，而规划新建消防站点受居民动拆迁、土地资源稀少等因素限制，项目短期难以落地。一旦发生高层火灾，相关灭火救援力量无法第一时间到场，或多或少影响初战控火救人成效。

（四）改进措施

1. 进一步加强对非常态火灾的研究和认识

非常态火灾呈现跨越式发展，很难短时受控，各级指挥员必须认识到非常态火灾的"三无"特征，即：一是成因无知晓，二是范围无边界，三是危害无限度。在研判时要有足够的思想准备，应对措施要有延伸量，要第一时间调集足够的警力，坚持将救人置于中心地位、将控制作为主要战术，并实施梯次化力量增补形成优势兵力，逐步控制、扑灭火灾。

2. 进一步提升指挥员处置非常态火灾的能力

一是提高指挥员力量估计能力，要立足灾情最大化原则调集充足车辆装备和人员，确保力量快速投入战斗，有效发挥作用。二是提高指挥员把握全局的能力，要有发展的眼光，懂得取舍，舍小保大，抓住火场关键，争取救更多的人，控全局的火。

3. 进一步加强消防车辆装备合理化配置应用

一是合理配置多系列、多功能的举高车配置体系，发挥举高车救助遇险人员、破拆排烟和外部控火的作用；二是加强压缩空气泡沫车灭火研究应用，要综合考虑灭火对象的高度、火场燃烧的强度等因素，合理应用压缩空气泡沫车实施灭火；三是强化破拆装备的实战训练，在梳理目前部队破拆装备配置体系的基础上，通过应用测试和操法革新，提高装备破拆效能。

4. 利用举高消防车扑救高层建筑火灾的应用还需研究

举高消防车在控制高层建筑外表面燃烧方面发挥了显著作用，但由于向内射水影响排烟散热，一般不提倡内攻时向楼内射水。但此次火灾由于内部过火面积过大、立体控火任务较重，举高消防车坚持向内射水控火，可能对内部灭火救人行动造成了一定的阻碍。因此，在此类现场如何合理利用举高消防车作战还需作进一步研究。

5. 进一步深化高难复杂火灾技战术研究训练

加强对非常态火灾特点的认识和扑救技战术的研究，着力开展理论创新，强化灾情预警研判，把握扑救规律，完善实战应对措施。针对扑救大面积、立体火灾的艰巨性，开展高温、浓烟、湿热、超极限等适应性训练，组织开展以无预案拉动为主的实战训练。

6. 进一步强化复杂火场安全行动准则的落实

要加强火场行动安全，要将安全训练作为日常基础训练内容予以重视，培养良好的安全防护意识。在此类高空坠落物下落、脚手架有倒塌危险的复杂现场，要从"远、近、高、低"各个方位设置安全观察哨，根据建筑高度合理设置警戒区域，及时调集建筑结构专家实施全程风险监控，将可能引发的危害降至最低。

附：图 2.2.1　胶州路 728 号高层公寓大楼火灾战斗力量部署平面图
　　图 2.2.2　胶州路 728 号高层公寓大楼火灾战斗力量部署立面图
　　图 2.2.3　胶州路 728 号高层公寓大楼火灾被困及遇难人员分布图

? 思考题

1. 结合本案例研究，总结此类火灾扑救主要难点和对策。
2. 结合本案例研究，反思对今后灭火工作的启示。

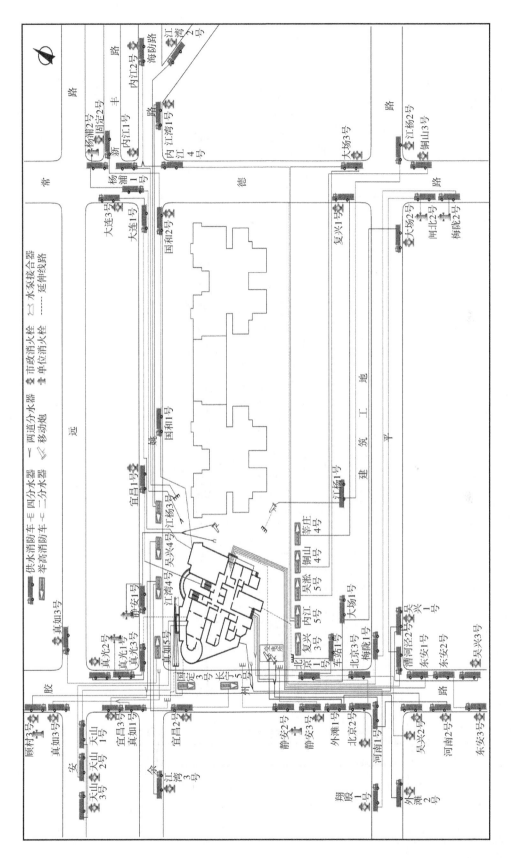

图 2.2.1 胶州路 728 号高层公寓大楼火灾战斗力量部署平面图

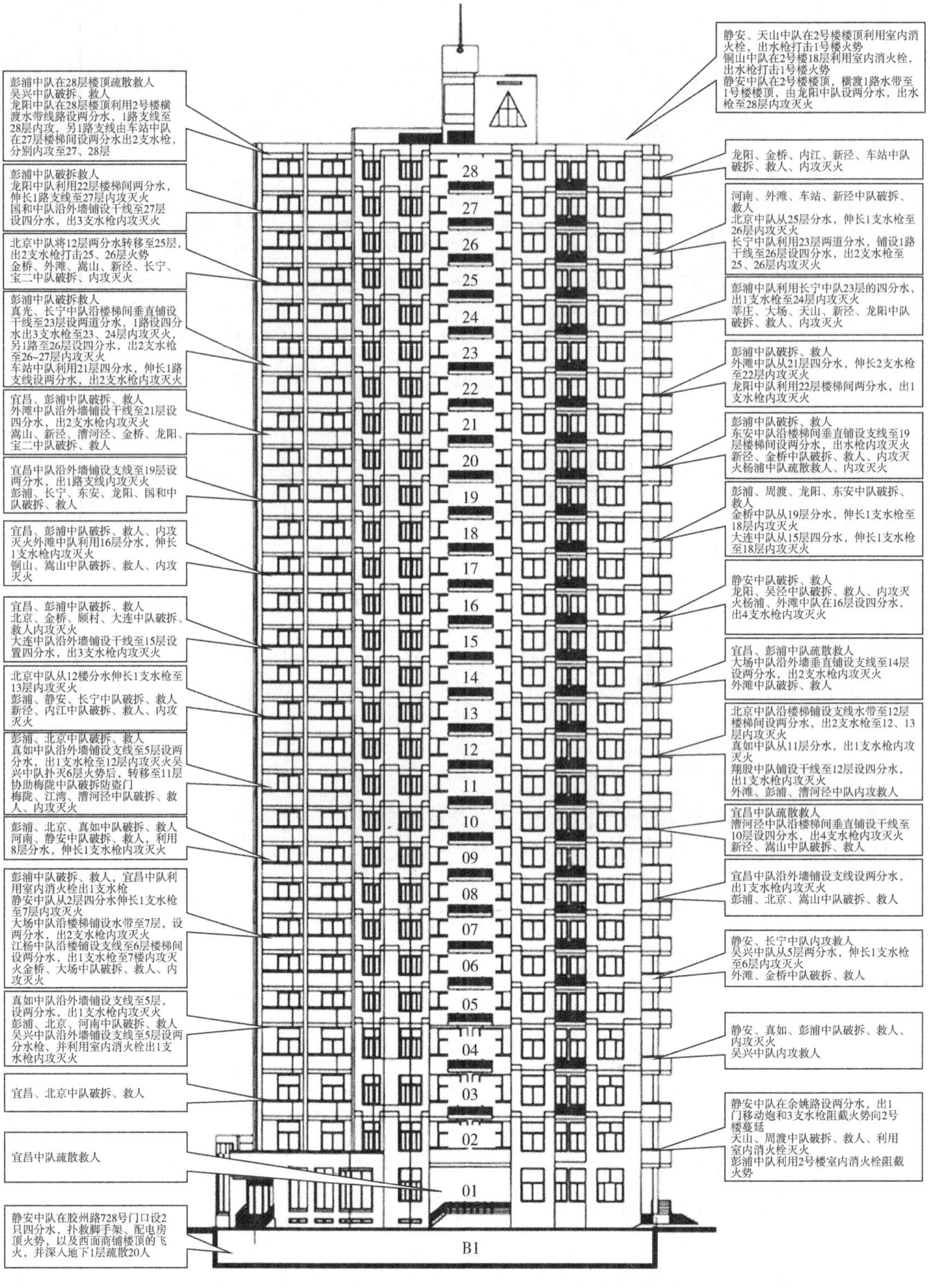
彭浦中队在28层楼顶疏散救人
吴兴中队破拆、救人
龙阳中队在28层楼顶利用2号楼横渡水带线路设两分水，1路支线至28层内攻，另1路支线由车站中队在27层楼梯间设两分水出2支水枪，分别内攻至27、28层
彭浦中队破拆救人
龙阳中队利用22层楼梯间两分水，伸长1路支线至27层内攻灭火
国和中队沿外墙铺设干线至27层设四分水，出3支水枪内攻灭火
北京中队将12层两分水转移至25层，出2支水枪打击25、26层火势
金桥、外滩、嵩山、新泾、长宁、宝二中队破拆、内攻灭火
彭浦中队破拆救人
真光、长宁中队沿楼梯间垂直铺设干线至23层设两道分水，1路设四分水出3支水枪至23、24层内攻灭火，另1路至26层设四分水，出2支水枪至26~27层内攻灭火
车站中队利用21层四分水，伸长1路支线设两分水，出2支水枪内攻灭火
宜昌、彭浦中队破拆、救人
外滩中队沿外墙铺设干线至21层设四分水，出2支水枪内攻灭火
嵩山、新泾、漕河泾、金桥、龙阳、宝二中队破拆、救人
宜昌中队沿外墙铺设支线至19层设两分水，出1路支线内攻灭火
彭浦、长宁、东安、龙阳、国和中队破拆、救人
宜昌、彭浦中队破拆、救人、内攻灭火外滩中队利用16层分水，伸长1支水枪内攻灭火
铜山、嵩山中队破拆、救人、内攻灭火
宜昌、彭浦中队破拆、救人
北京、金桥、顾村、大连中队破拆、救人内攻灭火
大连中队沿外墙铺设干线至15层设置四分水，出3支水枪内攻灭火
北京中队从12楼分水伸长1支水枪至13层内攻灭火
彭浦、静安、长宁中队破拆、救人
新泾、内江中队破拆、救人、内攻灭火
彭浦、北京中队破拆、救人
真如中队沿外墙铺设支线至5层设两分水，出1支水枪至12层内攻灭火吴兴中队扑灭6层火势后，转移至11层协助梅陇中队破拆防盗门
梅陇、江湾、漕河泾中队破拆、救人、内攻灭火
彭浦、北京、真如中队破拆、救人
河南、静安中队破拆、救人，利用8层分水，伸长1支水枪内攻灭火
彭浦中队破拆、救人，宜昌中队利用室内消火栓出1支水枪
静安中队从2层四分水伸长1支水枪至7层内攻灭火
大场中队沿楼梯铺设水带至7层，设两分水，出2支水枪内攻灭火
江杨中队沿楼铺设支线至6层楼梯间设两分水，出1支水枪至7楼内攻灭火金桥、大场中队破拆、救人、内攻灭火
真如中队沿外墙铺设支线至5层，设两分水，出1支水枪内攻灭火
彭浦、北京、河南中队破拆、救人
吴兴中队沿外墙铺设支线至5层设两分水枪，并利用室内消火栓出1支水枪内攻灭火
宜昌、北京中队破拆、救人
宜昌中队疏散救人
静安中队在胶州路728号门口设2只四分水，扑救脚手架、配电房顶火势，以及西面商铺楼顶的飞火，并深入地下1层疏散20人
静安、天山中队在2号楼楼顶利用室内消火栓，出水枪打击1号楼火势
铜山中队在2号楼18层利用室内消火栓，出水枪打击1号楼火势
静安中队在2号楼楼顶，横渡1路水带至1号楼楼顶，由龙阳中队设两分水，出水枪至28层内攻灭火
龙阳、金桥、内江、新泾、车站中队破拆、救人、内攻灭火
河南、外滩、车站、新泾中队破拆、救人
北京中队从25层分水，伸长1支水枪至26层内攻灭火
长宁中队利用23层两道分水，铺设1路干线至26层设四分水，出2支水枪至25、26层内攻灭火
彭浦中队利用长宁中队23层的四分水，出1支水枪至24层内攻灭火
莘庄、大场、天山、新泾、龙阳中队破拆、救人、内攻灭火
彭浦中队破拆、救人
外滩中队从21层四分水，伸长2支水枪至22层内攻灭火
龙阳中队利用22层楼梯间两分水，出1支水枪内攻灭火
彭浦中队破拆、救人
东安中队沿楼梯间垂直铺设支线至19层楼梯间设两分水，出水枪内攻灭火
新泾、金桥中队破拆、救人、内攻灭火杨浦中队疏散救人、内攻灭火
彭浦、周渡、龙阳、东安中队破拆、救人
金桥中队从19层分水，伸长1支水枪至18层内攻灭火
大连中队从15层四分水，伸长1支水枪至18层内攻灭火
静安中队破拆、救人
龙阳、吴泾中队破拆、救人、内攻灭火杨浦、外滩中队在16层设四分水，出4支水枪内攻灭火
宜昌、彭浦中队疏散救人
大场中队沿外墙垂直铺设支线至14层设两分水，出2支水枪内攻灭火
外滩中队破拆、救人
北京中队沿楼梯铺设支线水带至12层楼梯间设两分水，出2支水枪至12、13层内攻灭火
真如中队从11层分水，出1支水枪内攻灭火
翔殷中队铺设干线至12层设四分水，出1支水枪内攻灭火
外滩、彭浦、漕河泾中队内攻救人
宜昌中队疏散救人
漕河泾中队沿楼梯间垂直铺设干线至10层设四分水，出4支水枪内攻灭火
新泾、嵩山中队破拆、救人
宜昌中队沿外墙铺设支线设两分水，出1支水枪内攻灭火
彭浦、北京、嵩山中队破拆、救人
静安、长宁中队内攻救人
吴兴中队从5层两分水，伸长1支水枪至6层内攻灭火
外滩、金桥中队破拆、救人
静安、真如、彭浦中队破拆、救人、内攻灭火
吴兴中队内攻救人
静安中队在余姚路设两分水，出1门移动炮和3支水枪阻截火势向2号楼蔓延
天山、周渡中队破拆、救人、利用室内消火栓灭火
彭浦中队利用2号楼室内消火栓阻截火势
28
27
26
25
24
23
22
21
20
19
18
17
16
15
14
13
12
11
10
09
08
07
06
05
04
03
02
01
B1

图 2.2.2　胶州路 728 号高层公寓大楼火灾战斗力量部署立面图

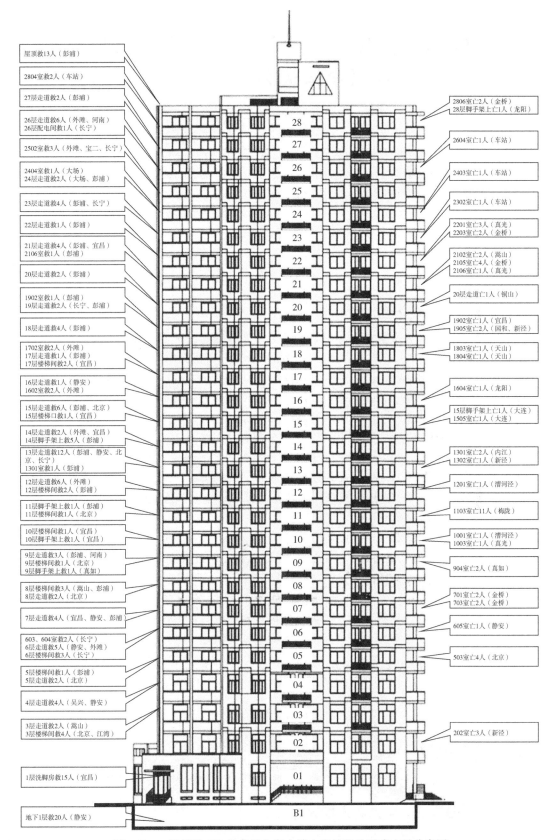

屋顶救13人（彭浦）

2804室救2人（车站）

27层走道救2人（彭浦）

26层走道救6人（外滩、河南）
26层配电间救1人（长宁）

2502室救3人（外滩、宝二、长宁）

2404室救1人（大场）
24层走道救2人（大场、彭浦）

23层走道救4人（彭浦、长宁）

22层走道救1人（彭浦）

21层走道救4人（彭浦、宜昌）
2106室救1人（彭浦）

20层走道救2人（彭浦）

1902室救1人（彭浦）
19层走道救2人（长宁、彭浦）

18层走道救4人（彭浦）

1702室救2人（外滩）
17层走道救1人（彭浦）
17层楼梯间救2人（宜昌）

16层走道救1人（静安）
1602室救2人（外滩）

15层走道救6人（彭浦、北京）
15层楼梯口救1人（宜昌）

14层走道救2人（外滩、宜昌）
14层脚手架上救5人（彭浦）

13层走道救12人（彭浦、静安、北
京、长宁）
1301室救1人（彭浦）

12层走道救6人（外滩）
12层楼梯间救2人（彭浦）

11层脚手架上救1人（彭浦）
11层楼梯间救1人（北京）

10层楼梯间救1人（宜昌）
10层脚手架上救1人（宜昌）

9层走道救3人（彭浦、河南）
9层楼梯间救1人（北京）
9层脚手架上救1人（真如）

8层楼梯间救3人（嵩山、彭浦）
8层走道救2人（北京）

7层走道救4人（宜昌、静安、彭浦）

603、604室救2人（长宁）
6层走道救5人（静安、外滩）
6层楼梯间救3人（长宁）

5层楼梯间救1人（彭浦）
5层走道救2人（北京）

4层走道救4人（吴兴、静安）

3层走道救2人（嵩山）
3层楼梯间救4人（北京、江湾）

1层洗脚房救15人（宜昌）

地下1层救20人（静安）

2806室亡2人（金桥）
28层脚手架上亡1人（龙阳）

2604室亡1人（车站）

2403室亡1人（车站）

2302室亡1人（车站）

2201室亡3人（真光）
2203室亡2人（金桥）

2102室亡2人（嵩山）
2105室亡4人（金桥）
2106室亡1人（真光）

20层走道亡1人（铜山）

1902室亡1人（宜昌）
1905室亡2人（国和、新泾）

1803室亡1人（天山）
1804室亡1人（天山）

1604室亡1人（龙阳）

15层脚手架上亡1人（大连）
1505室亡1人（大连）

1301室亡2人（内江）
1302室亡1人（新泾）

1201室亡1人（漕河泾）

1103室亡11人（梅陇）

1001室亡1人（漕河泾）
1003室亡1人（真光）

904室亡2人（真如）

701室亡2人（金桥）
703室亡2人（金桥）

605室亡1人（静安）

503室亡4人（北京）

202室亡3人（新泾）

图 2.2.3　胶州路 728 号高层公寓大楼火灾被困及遇难人员分布图

案例 3　辽宁沈阳 "2·3" 皇朝万鑫酒店火灾扑救案例

2011 年 2 月 3 日 0 时 13 分，沈阳市消防支队指挥中心接到报警，位于沈阳市和平区青年大街 390 号的沈阳皇朝万鑫国际大厦因燃放烟花，导致 B 座楼体南侧外墙表面装饰材料起火。沈阳市公安消防支队迅速调集 27 个消防中队、5 个专职队共 108 辆消防车、702 名官兵赶赴现场。辽宁省公安消防总队接报后，立即启动《跨区域灭火救援预案》，迅速调集 7 个公安消防支队、2 个企业专职消防队的 113 辆消防车、581 名消防官兵前往增援。经过约 7h 的艰苦奋战，大火于 2 月 3 日 9 时许被完全扑灭。共营救和疏散群众 470 余名，保住了大厦 B 座的部分房间、A 座绝大部分房间、C 座整体、临近居民楼、共用裙楼和共用地下室。

一、基本情况

（一）起火建筑情况

沈阳皇朝万鑫国际大厦东邻青年大街，西邻航空社区，南邻南二环路，北临皇朝万豪国际酒店。大厦分为 A、B、C 三座塔楼，成 "品字形" 分布，其中 A 座 45 层居中，B、C 座 37 层在南北两侧，B 座与 A 座、A 座与 C 座的间距均为 6.5m，总建筑面积 227859m^2。3 栋塔楼底部地上 1～10 层、地下 1～3 层连通形成整体裙楼，建筑面积 98181.5m^2，1～10 层为大堂、餐饮、商业用房、办公室、健身、咖啡厅、宴会厅、会议厅、多功能厅等，地下 1～3 层为机械式立体汽车库、设备用房、员工餐厅等。A 座（11 层为设备层；12～26 层为客房；27～45 层为写字间，其中 28 层为避难层）建筑高度是 180m，建筑面积 58038.8m^2；B 座（11～37 层为公寓，其中 20 层为避难层）建筑高度是 150m，建筑面积约 36003m^2；C 座（11～37 层为写字间，其中 20 层为避难层）建筑高度是 150m，建筑面积 35635.7m^2。建筑外墙采用铝单板、铝塑板装饰，A 座保温材料采用苯板，B、C 座保温材料采用挤塑板。此次火灾造成 B 座外墙装饰、保温层，A 座部分外墙装饰、保温层和部分房间过火，建筑过火面积 10839m^2，其中，B 座建筑过火面积 9814m^2，A 座建筑过火面积 1025m^2。

（二）建筑固定消防设施情况

该建筑设有火灾自动报警系统、火灾应急广播系统、排烟系统等。发生火灾时，各系统处于良好状态。该建筑设有自动喷洒系统，室内墙壁消防栓 648 个，消防水泵结合器 4 组。

（三）周边水源及天气情况

着火建筑周边可利用水源有 8 处，其中消防水鹤 4 处。当日大雾，西南风 2～3 级，气温 -15～-2℃。

二、扑救经过

火灾扑救主要分为四个阶段。

（一）快速反应，全力救人控火

沈阳市公安消防支队 0 时 19 分到达现场时，皇朝万鑫国际大厦 B 座 12 层至顶层南侧外墙已全部起火，并通过窗口向房间内蔓延，同时沿 B 座东侧、西侧外墙延烧，室内有大量人员被困。现场指挥部在支队长带领下，立即作出战斗部署：一是立即派人进入消防控制室，启动应急广播、排烟送风、消防泵等建筑内部消防设施，并通过视频监控系统动态掌握火情。二是搜寻救助被困人员，阻止火势蔓延。立即组成 18 个攻坚组全力搜寻救助被困人员，在 B 座搜寻救助群众 70 名，在 A 座引导散群众 200 余名。三是下达内攻为主、辅以外攻的作战命令。立即启动建筑内固定消防水泵，用消防车连接着火建筑周边水泵结合器加压供水，在 B 座 11 个楼层利用墙壁消火栓设置 22 个阵地堵截火势蔓延；利用压缩空气泡沫消防车，在 9 个楼层设置 9 个水枪阵地堵截火势蔓延；组织 3 辆举高消防车在 B 座南侧，利用水炮强行压制火势。

（二）调整部署，严防火势蔓延

0 时 43 分，总队接到报告后，正在总队指挥中心值班的总队长、参谋长立即启动《跨区域灭火救援预案》。调集邻近的鞍山、抚顺、本溪、辽阳、铁岭、营口、盘锦 7 个公安消防支队和辽化和抚顺石化 2 个企业专职消防队的 113 辆消防车、581 名消防官兵前往增援，随后率领总队全勤指挥部人员迅速赶赴火场。

此时，B 座外墙已全部起火，相邻的 A 座由于热辐射和飞落燃烧物作用，南侧外墙已发生燃烧，并通过窗口蔓延到 30、42 层部分房间，C 座及与大厦毗邻的沈阳航空社区住宅楼、万豪国际酒店、喜来登酒店等超过 30 层的高层建筑受到火势极大威胁。同时，在火灾初期发挥作用的室内灭火设施，由于进攻点多，水压已明显不足。总队指挥部立即确立了"全力控制大火，积极抢救疏散人员，最大限度降低火灾损失"的总体思路，采取"固移结合，内攻外控"的战术措施，全力控制 B 座火势，力保 A 座火势不突入内部，坚决保证不向 C 座和相邻航空社区住宅楼蔓延。

指挥部立即派出救人小组疏散相邻住宅楼内的 200 余名群众；命令 3 个水枪阵地坚守在 B 座 10、12 层，防止火势向 10 层以下蔓延，并阻止火势沿裙楼向 A 座蔓延；命令所有搜救小组再次对 A 座进行搜寻；在裙楼平台设置 2 个水枪阵地阻止外墙火势蔓延；同时积极组织内攻，在 A 座 9 个楼层利用消防车设置 9 个水枪阵地，在 8 个楼层利用墙壁消火栓设置 8 个阵地，全力防止火势蔓延；派出由沈阳、鞍山、铁岭支队参战力量组成的 6 个攻坚组直扑 A 座 30、42 层等楼层着火房间，严防火势向内部走廊蔓延；调整 4 辆举高车到 A 座东侧，压制 A 座外墙火势；部署压缩空气泡沫消防车，在 C 座 10～37 层，每隔 3 层设置 1 个阵地，共 9 个阵地，严防火势向 C 座蔓延，确保 C 座绝对安全。

（三）通力协作，成功扑灭明火

3 时许，在沈阳支队与前期到场增援支队力量的有效处置下，A 座东侧外墙和建筑内部火势已经得到有效压制。在其他支队增援力量陆续抵达现场、作战力量充足的情况下，总队指挥部发出命令，全力消灭 A 座和 B 座火势。

命令沈阳、抚顺、抚顺石化、辽阳支队 6 辆举高消防车全力压制 A 座西侧外墙火势；命令鞍山、本溪、铁岭支队参战力量，组成 8 个攻坚组进入 A 座内部，协助沈阳支队内攻灭火；命令辽阳支队派出 2 个攻坚组，在 C 座 9、10 层外平台设置阵地，消灭 A 座飞火，防止火势向 C 座蔓延。随着 A 座火势得到控制，命令沈阳支队组成 6 个攻坚组，从 B 座 10 层起逐层向上推进灭火，至 2 月 3 日 9 时许，现场大火被完全扑灭。

（四）艰苦鏖战，彻底消灭残火

大火消灭后，B 座建筑内部温度高、烟雾浓，多处仍处于阴燃状态。为尽快扑灭 B 座残火，现场指挥部确立了"全面进攻，消除残火"的方针，将 B 座 19～25 层、26～31 层、32～34 层、35～37 层分作 4 个作战段，分别由鞍山、抚顺、本溪、辽阳、铁岭 5 个支队与沈阳支队交替轮换，组成 20 个攻坚组深入内部消灭残火。同时，命令增援到场的营口、盘锦支队组成 14 个攻坚组从 10 层起，逐层跟进，再度搜寻清理现场。至 16 时许，残火被彻底扑灭。至此，整个灭火救援战斗行动圆满结束。

三、案例分析

（一）经验总结

1. 快速调集，优势调集，确保处置力量及时充足

针对这起火灾具有建筑外墙燃烧速度快，建筑内部蔓延途径多，救人控火难度大的特点，总队坚持把充足的灭火力量、精良的车辆器材装备第一时间集结于火场，为有效实施控火灭火打牢了坚实基础。同时，还充分考虑了大型灾害事故处置的复杂性和艰难性，调集了功能完备的战勤物资保障模块，确保了火灾现场各类装备器材得到及时轮换补充，做到充足好用，从而使部队形成了强大而持久的战斗能力。因此，在扑救大型火灾中，必须根据灾害类型、灾害等级、灾害规模，立足灭火作战实际需要，有针对性地集中调集优势兵力于火场，做到以最强的打击能力、最高的战斗效能开展灭火作战行动，从而最大限度地降低火灾损失。

2. 科学决策，周密部署，合理运用技战术，确保控火灭火快速高效

火灾发生后，辽宁省委、省政府领导直接授权王路之总队长为火场总指挥，由消防部门实施扁平化、专业化直接指挥。总队指挥员果断确立了"优先疏散人员、内堵外控、立体防御，全力控制 B 座火势，力保 A 座火势不突入内部，坚决保证不向 C 座和相邻航空社区住宅楼蔓延"的总体思路。实践证明，这一正确的决策部署为灭火作战行动最终取得成功起到了至关重要的作用。在火灾扑救过程中，总队、支队两级指挥员坚持科学施救，根据火势发展的不同阶段，合理运用了"以固为主，固移结合""内攻为主，内外结合""外压内堵，上控下防"等各种技战术，从而确保了火势始终被控制在最小范围，最大限度地降低了火灾造成的财产损失。因此，在扑救超高层、大体积建筑火灾中，必须根据灾情的不同阶段和发展变化情况，适时采取有针对性地灭火技战术措施，科学合理地将固定消防设施使用与移动灭火装备应用相结合，最大限度地提升部队整体作战能力。

3. 提前预判，及早部署，确保人员安全

在火灾迅速蔓延，威胁大量室内和周边建筑内人员生命安全的危急时刻，现场指挥部提前做出预判，通过启动应急广播、派出疏散救人小组等手段及时疏散了着火楼内和周边建筑内的470 余名人员，确保了火灾现场无一人伤亡。因此，在扑救大型建筑火灾时，指挥员必须根据火势发展的趋势，科学预判、及早决断，抓住火灾初期的有利时机，全力疏散救助人员。在搜寻时，要坚持反复多次、全面覆盖、不留遗漏。要始终从火灾发展最大化、最复杂的情况出发，疏散受火势直接威胁和可能波及的建筑内部人员及周边群众，确保人民生命的绝对安全。

4. 迅速开启，合理使用，确保内部消防设施发挥最佳效能

火灾发生后，先期到场的沈阳支队指挥员抢抓战机，及时派出专人启动应急广播、应急照明引导被困群众疏散，利用消防电梯优先营救受火势威胁严重的被困人员，迅速开启建筑内部的排烟系统实施送风排烟，降低烟气危害和影响，为救人灭火行动提供有利条件，并利

用视频监控系统实时掌握情况。总队到场后，根据现场燃烧面积大、内部火点多的实际情况，立即关闭了正在工作的喷淋系统，全力保障墙壁消火栓用水。在火场猛烈燃烧阶段，面对固定灭火设施用水多、室内管网水压明显不足的情况，及时采用消防车向水泵结合器供水的方式满足建筑内部灭火用水需求，充分发挥了建筑消防设施的最大效能。因此，在扑救高层、超高层火灾中，要充分发挥利用固定消防设施在疏散人员和设置阵地时省时、省力、可靠性高的特点，优先使用，合理使用，提高部队在火灾初期疏散救人和控火灭火的能力。

5. 多方联动，协同配合，充分发挥联合作战的整体优势

此次火灾，由于起火建筑燃烧猛烈，火势蔓延速度快，传播途径多，可能波及的范围广，加之万鑫大厦和临近建筑人员密集，因此给疏散救人带来了极大难度。为确保救人与控火同步进行，从而最大限度地降低火灾损失，现场指挥部充分发挥了辽宁省多警联勤、部门联动的整体优势，组织公安干警疏散周边宾馆和住宅楼内的群众；组织交通民警设置现场警戒、实施交通管制；组织卫生、煤气、电业、自来水、安监等部门全力做好保障工作，确保了各项控火灭火措施的顺利实施。因此，在大型灾害现场，要充分发挥公安消防部队与社会联动单位的协同作战效能，从而形成强大的整体作战能力。

6. 科学制订预案，经常熟悉演练，确保高层建筑灭火救援准备充分

近年来，辽宁省公安消防总队始终把制订重点单位灭火救援预案并组织部队开展熟悉演练作为一项十分重要的基础工作。在此次火灾扑救中，科学、详实的救援预案使现场指挥部第一时间掌握了建筑内部和周边情况，为果断作出指挥决策，合理进行力量部署，正确实施技战术措施，迅速形成火场供水体系发挥了重要作用。由于沈阳支队在前期已经组织官兵对大厦进行过多次内部熟悉、供水测试和实地演练，因此参战官兵在火灾扑救中，固定消防设施使用及时，进攻撤退路线选择合理，内攻阵地设置快速高效，第一时间贯彻实施了指挥部的各项决策部署，为火灾的成功扑救打下了坚实基础。因此，今后消防部队在预案制订过程中，要突出预案的科学性、针对性和可操作性，切实发挥预案在火灾扑救、人员救助、物资疏散中的重要作用。要通过开展经常性的熟悉演练，提高部队的临场应变和攻坚实战能力。

（二）存在不足

① 在公网基站失效、屏蔽严重的超高层建筑内部，通信联络还不够顺畅；
② 在徒步登高极限作战中，单兵、小组器材装备的携行、运送方法还显单一；
③ 对外墙保温材料火灾特点和蔓延规律的研究还需深入。

附：图 2.3.1　沈阳皇朝万鑫水源道路平面图
　　图 2.3.2　沈阳皇朝万鑫火灾第一阶段力量部署图
　　图 2.3.3　沈阳皇朝万鑫火灾第二阶段力量部署图
　　图 2.3.4　沈阳皇朝万鑫火灾第三阶段力量部署图
　　图 2.3.5　沈阳皇朝万鑫火灾第四阶段力量部署图

？ **思考题**

1. 面对此次火灾被困人员多，搜救难度大的特点，消防队应加强哪些方面的针对性工作？
2. 如何解决高层建筑火灾中的通信问题？

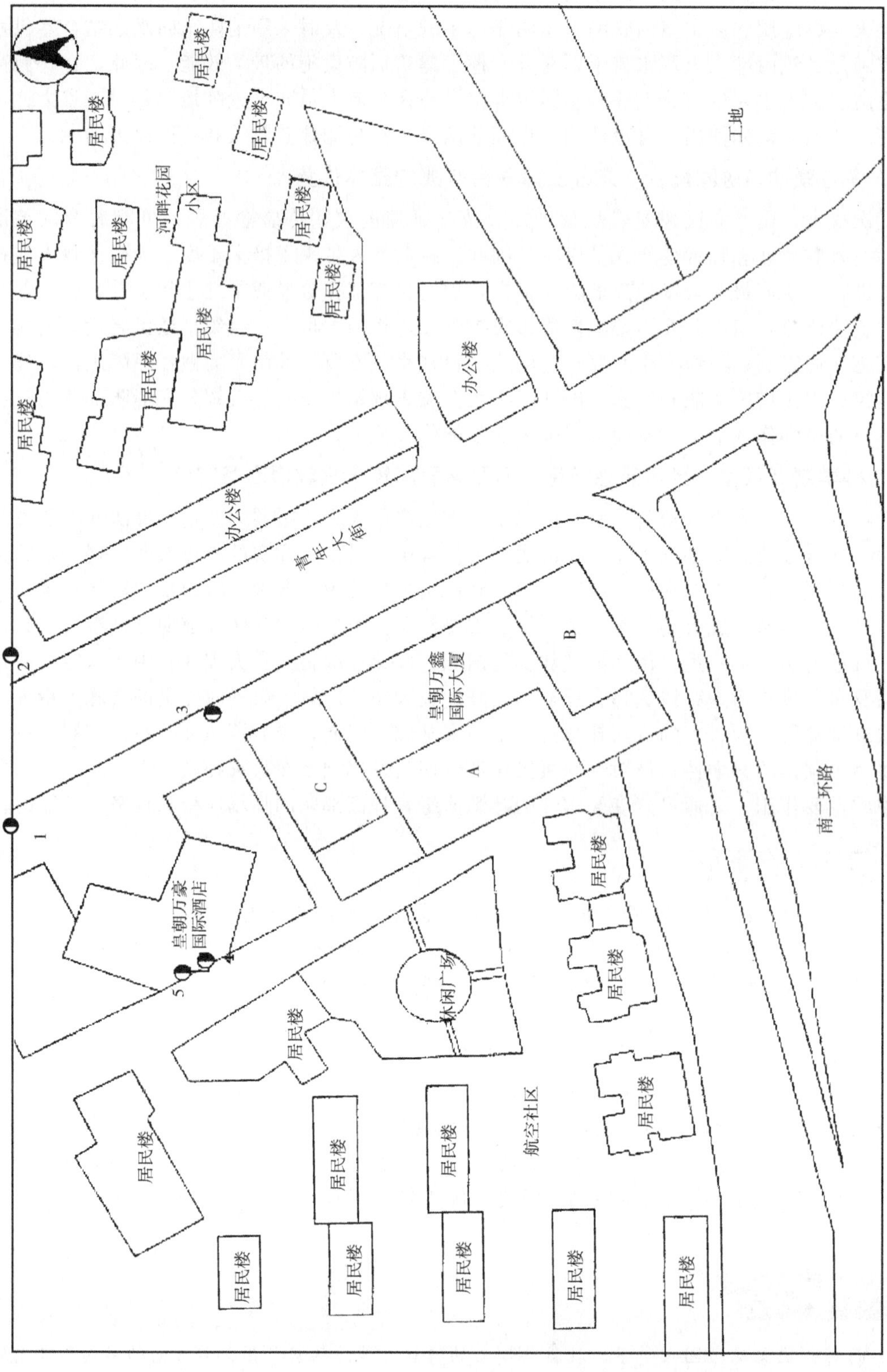

图 2.3.1 沈阳皇朝万鑫水源道路平面图

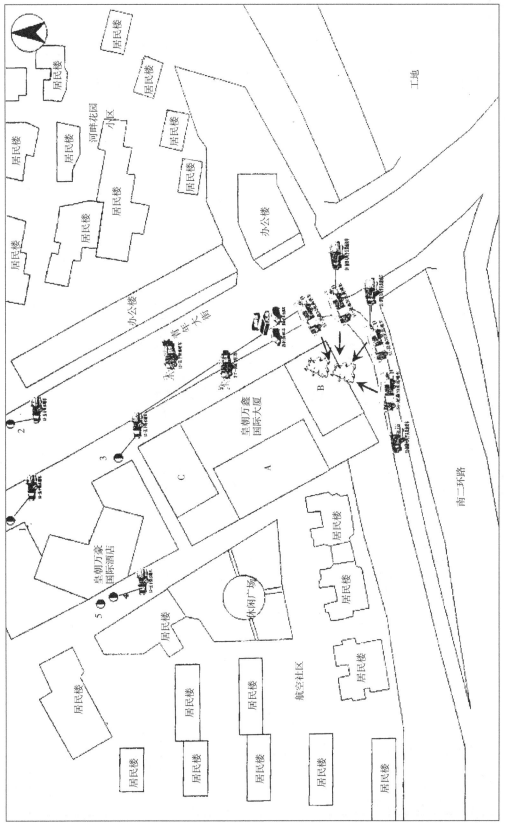

图2.3.2 沈阳皇朝万鑫火灾第一阶段力量部署图

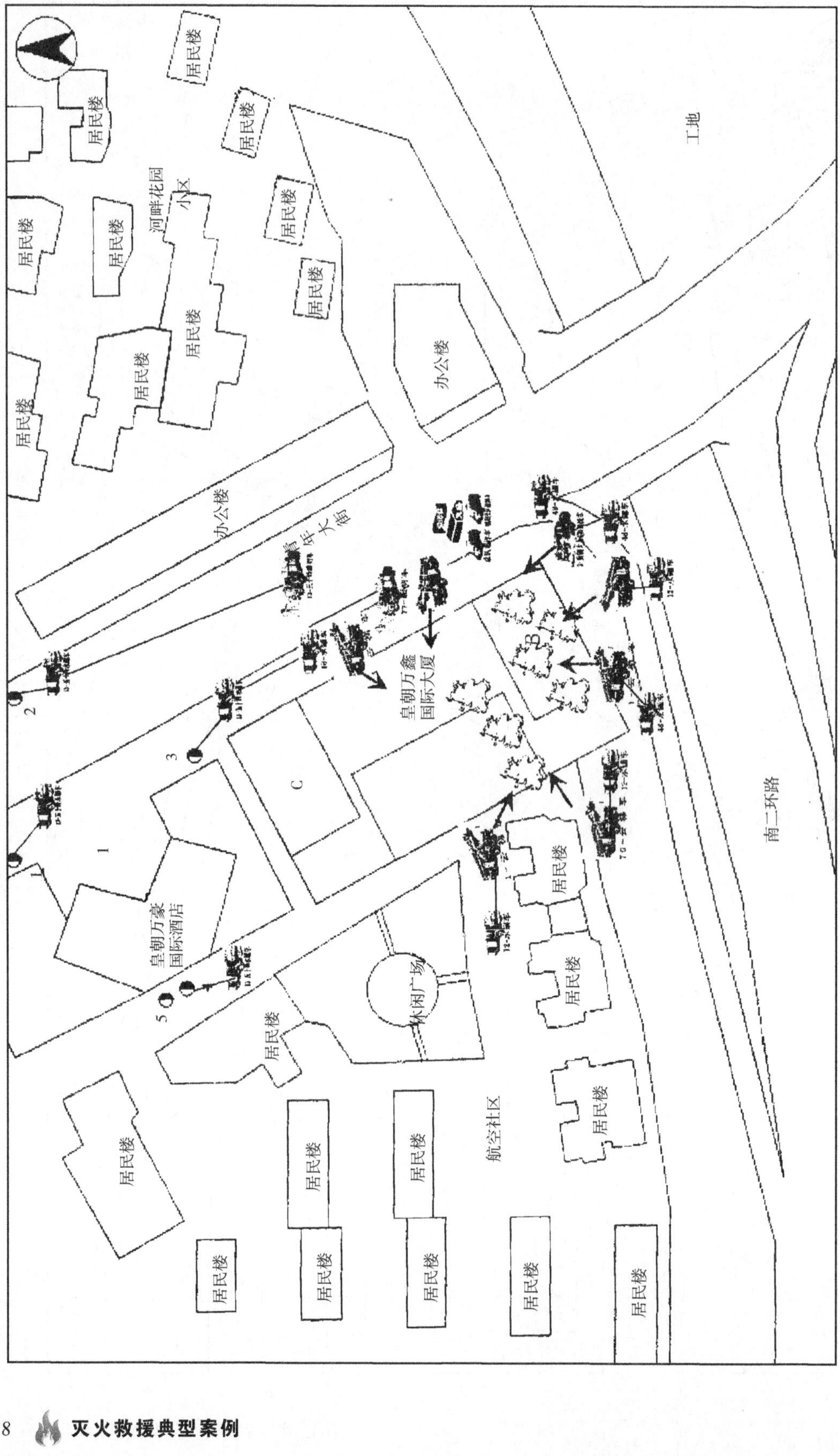

图 2.3.3 沈阳皇朝万鑫火灾第二阶段力量部署图

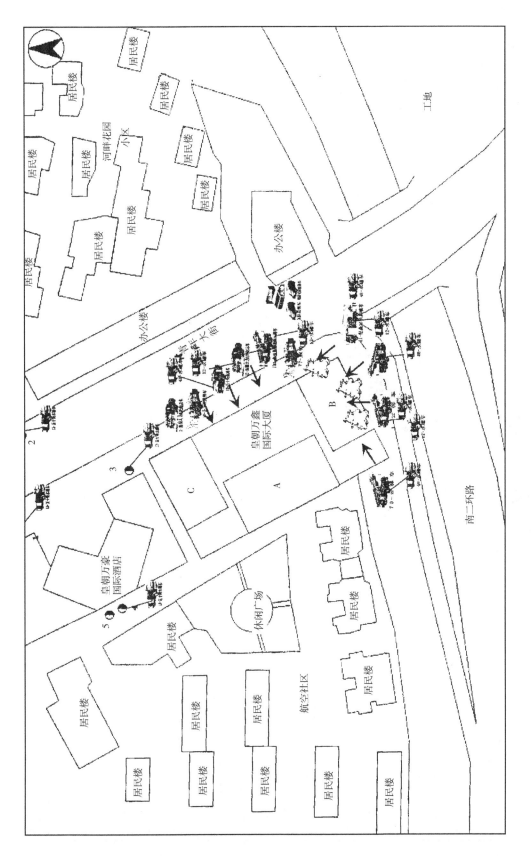

图 2.3.4　沈阳皇朝万鑫火灾第三阶段力量部署图

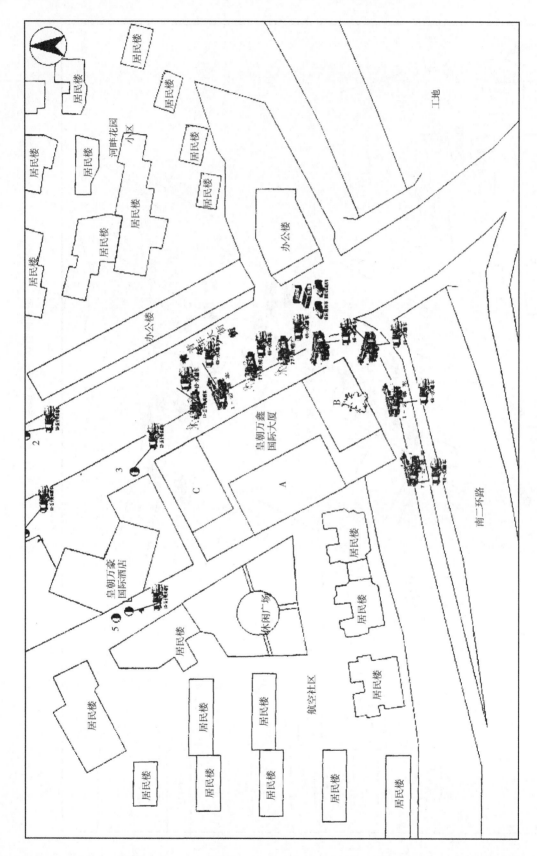

图 2.3.5 沈阳皇朝万鑫火灾第四阶段力量部署图

案例 4　青海西宁 "4·9" 纺织品百货大楼火灾扑救案例

2011年4月9日15时03分，西宁市消防支队119指挥中心接到报警，夏都百货股份有限公司纺织品百货大楼发生火灾，迅速调集10个中队、34辆消防车、300名官兵赶赴现场，并相继向总队指挥中心、市政府、市公安局汇报相关情况并请求增援。15时11分，总队指挥中心调集海东市消防支队4个执勤中队、9辆消防车、80名官兵到场增援，并调集总队机关、医院、仓库、铁军集训队全体官兵150人到场，同时调集西宁周边3支企业专职消防队2辆水罐车、1辆高喷车、12名队员和16辆市政环卫洒水车、2辆挖掘机到场增援。经过7个多小时的奋力扑救，火势得到有效控制。此次火灾过火面积约8000m²，直接经济损失为4683.65万元，成功疏散群众2000余人，抢救被困群众16名（其中1人死亡）。

一、基本情况

（一）地理位置

纺织品百货大楼位于西宁市西关大街46号，地处西宁市城西区繁华地段，距辖区城西中队3.1km（正常情况下约6min车程），距最近的增援中队城中中队2.2km（正常情况下约4min车程）。西关大街为4车道，中间设置有隔离带，起火时为节假日车辆高峰期。

（二）起火建筑情况

起火建筑全称 "青海夏都百货股份有限公司纺织品百货大楼"，该大楼东为佳豪大厦（尚未投入使用），南临西关大街，西为5层居民楼，北为在建工地（暂无建筑）。该建筑整体为框架结构，建筑主体分为原建、新建、扩建三部分，总面积55400m²。

1. 原建楼

地下1层，地上10层，建筑高度41.5m。1～5层为商铺，使用面积8000m²；6～10层为办公区，使用面积2400m²。

2. 新建楼

新建楼位于原建楼西侧，与原建楼毗连，地下2层，地上30层，建筑高度99.67m，使用面积45000m²，地下1层为超市，地下2层为设备层，地上1～7层为商场，8～30层为184户居民住宅。该楼投入使用后，2～5层与原建楼相通，连接部分设有防火卷帘，1层为一个高3.8m、宽3.7m的门洞，可容1辆消防车通过。

3. 扩建区

扩建区位于原建楼东侧1～5层边缘，平均宽度6m，建筑高度18m，建筑面积约1200m²，钢结构。

（三）内部消防设施情况

原建、新建楼内均设有火灾自动报警及联动控制系统、自动喷水灭火系统、室内消火栓给水系统、消防应急广播、防火卷帘门、防火门、疏散指示标志及火灾应急照明等消防设施。新建楼投入使用后,对整个大楼室内消防设施进行了改造,共用消防控制室(1层新建楼和原建楼连接部位)。

(四)水源情况

起火建筑周边500m范围有市政消火栓1个,属环状管网,出口压力约为0.3MPa。新建楼内有室内消火栓217个,商场部分每层9个,负1层9个,负2层6个,住户部分每层6个。原建楼室内消火栓30个,商场部分1、2层每层4个,3、4层每层5个,5~10层每层2个,消防水池1个(560m³),消防水箱1个(18m³)。室外消火栓4个,水泵接合器11个(其中高区4个、低区4个、喷淋泵3个)。

(五)起火原因及火灾蔓延情况

起火原因为纺织品大楼东侧扩建部分施工工地2层西南角民工住宿棉质帐篷内,因电气线路连接处接触不良,导致接触电阻过大,局部高温引燃电气线路的绝缘层和附近可燃物后引燃帐篷起火。

起火后,火借风势,烧透临时与原建楼2层商铺分隔的彩钢板,迅速水平向西侧商铺蔓延。同时,火势从原建楼2层东北角疏散楼梯间垂直向3~6层商铺及7~9层办公区、10层会议室蔓延。

(六)天气情况

4月9日,天气晴,气温4~15℃,风力为5~6级,风向为西风转东南风。

二、扑救经过

当日15时03分,西宁市消防支队119指挥中心接到报警后,第一时间调集城中大、中队和管区城西大、中队出警,全勤指挥部随即出动。随后,支队迅速启动《西宁市公安消防支队重大灾害应急救援预案》,一次性调集全市其余8个执勤中队赶赴现场增援,机关各部(处)按照任务分工到场展开施救。

(一)首战力量到场,积极疏散人员,控制火势蔓延

15时09分,城中大、中队首先到达现场。经火情侦察,纺织品大楼原建楼东侧扩建部分2层发生火灾,火势已烧穿与商场临时分隔的彩钢板,迅速向西侧商场蔓延,燃烧猛烈,浓烟弥漫。新建楼1~7层、原建楼1~6层商业区有多名顾客、员工,新建楼住宅部分住户未能及时撤离,原建楼8、9层办公区有10余名人员被困。

15时10分,西宁支队全勤指挥部到达现场后,立即向总队指挥中心汇报,请求增援。同时,迅速成立现场指挥部,命令城中大队人员对商业区人员及住户进行疏散;攻坚组通过西北角疏散楼梯深入8、9层实施强攻救人。城中中队在原建楼扩建区东侧设置2个水枪阵地,阻止火势从东北角楼梯向上层蔓延;沿原建楼西北角疏散楼梯进入2层设置2个水枪阵地堵截火势向西蔓延。

15时11分,总队指挥中心启动《处置重特大灾害事故跨区域应急救援预案》,调动海东消防支队9辆消防车以及西宁机场、中铝、青海宜化3支企业专职消防队2辆水罐车、1

辆高喷消防车到场增援。

（二）增援力量到场，开辟救援通道，内外夹击火势

西宁支队全勤指挥部做出相应作战部署：

① 城东中队 2 个攻坚组沿新建楼东北角疏散楼梯进入新建楼 2 层设置 2 个水枪阵地，对 2 层新建楼和原建楼连廊处防火卷帘进行冷却，防止大火烧穿卷帘向新建楼蔓延。

② 特勤一中队利用 37m 云梯车在原建楼北侧开辟空中救援通道，对 8、9 层及天台被困人员进行救助。16m 高喷车在原建楼南侧从外部打击 3 层火势。53m 举高车在原建楼南侧利用车载水炮在原建楼和新建楼结合部进行防御，随时打击外围火势，阻止火势向新建楼蔓延。另外派出攻坚组从新建楼东北角疏散楼梯进入新建楼 5 层设置 2 个水枪阵地，阻止火势向新建楼蔓延。

③ 城西中队 2 辆水罐车分别停于原建楼南侧，派出 2 个攻坚组从原建楼西北角疏散楼梯深入 3、4 层设置水枪阵地实施内攻，阻止火势向新建楼蔓延。1 辆水罐车连接水泵接合器向室内管网增压（由于原建楼扩建改造，原建楼内部的消防系统停用，导致加压无效）。

④ 城北一、二中队各派 2 个攻坚组沿新建楼东北角疏散楼梯进入新建楼 3、4 层各设置 2 个水枪阵地，防止火势向新建楼蔓延。

15 时 38 分，西宁东川中队（2 辆水罐车），中铝青海分公司保卫部（1 辆水罐车）、青海宜化专职队（1 辆高喷消防车）到场，加强火场灭火力量。

（三）成立现场指挥部，实施统一指挥，全面控制火情

15 时 40 分左右，迅速成立了以省长为总指挥及公安、消防、安监、水务、燃气、供电、卫生、预备役等主要单位为成员的火场总指挥部。

火场总指挥部迅速做出决定：一是由消防总队政委负责火灾现场的救人及火灾扑救工作。二是由西宁市委书记统一协调指挥水务、燃气、供电、卫生等部门，做好现场协调配合工作。三是由省政法委书记负责指挥交通、治安，做好现场的警戒和周边群众的疏导工作。

总队全勤指挥部根据现场事态发展、力量调集和火场总指挥部作战部署情况，确定了"搜救排查人员，全力堵截火势，减少财产损失，确保自身安全"的指导思想，并制订作战方案：一是派出 4 个攻坚组再次进入新建楼，全力搜寻各楼层是否仍有被困人员。二是派出 3 个侦察小组再次进行火情侦察，重点察看新建楼和原建楼 3~5 层结合部火势发展情况。三是派青海宜化专职队高喷消防车从原建楼南侧压制窗口外部火势，加强外攻力量。四是派出 4 个攻坚组沿新建楼电动扶梯上 4 层设置阵地，强力消灭 4 层明火，全力阻止火势通过电动扶梯向上层商场蔓延。五是主战车任务不变，调整公安队部分车辆，企业专职队和环卫洒水车进行供水。同时，在指挥部的协调下，市自来水公司对现场周边市政管网进行局部加压，并由起火建筑东南侧青年巷内市政消火栓处铺设一条长达 600m、口径为 110mm 的供水线路，保证火场供水不间断。六是在新建楼西北侧 4、5、6 层疏散楼梯间设置排烟阵地。七是调用市政挖掘机对新建楼和原建楼结合部进行强制破拆，打通外攻通道。

（四）总攻时机成熟，彻底消灭残火，全面清理火场

21 时 50 分，火场灭火力量充足，总攻时机成熟，现场指挥部下达了总攻命令。22 时 32 分，明火全部被扑灭。

三、案例分析

（一）经验总结

1. 利用装备，开辟通道，成功救人

战斗中消防官兵共疏散员工、顾客和住户 2000 余人，利用 37m 云梯车开辟空中通道，深入被大火和浓烟封锁的 8、9、10 层和屋顶搜救，2 个攻坚组在 22min 内，成功救出被火势和浓烟围困的 16 名被困者（其中 1 人死亡）。

2. 有效控制，内外夹击，强攻灭火

该建筑总面积 55400m²，作战官兵发扬青海消防精神，英勇顽强、不畏艰辛，与火魔殊死搏斗，保护建筑面积 47400m²，有效阻止了火势向新建楼和原建楼北侧立体钢架停车场蔓延，保护住了新建楼 1、2、3、5、6、7 层商铺、8～30 层 184 户住宅，原建楼 1 层商铺、7～9 层办公区及停车场内 18 辆轿车的安全，把损失和伤亡降低到了最低程度。

3. 组织有序，统一指挥，果断决策

参加灭火战斗的社会联动部门、救援车辆及各警种人数是西宁近年之最。火灾发生后，省委、市委等领导先后赶赴火灾现场组织指挥灭火救援工作，并做出了"救人第一、控制火势、减少损失"的重要指示。

4. 身先士卒，深入内攻，坚守火线

这次灭火救援行动的成功是近年来打造消防铁军成果的充分体现，战斗中先后派出 24 批次攻坚组队员深入浓烟烈火的最前沿，全力压制和消灭建筑内部火势，加之一批具有丰富灭火救援经验的营、团职干部亲自坚守前沿组织指挥，确保了攻坚组队员灭火救援行动科学、高效、安全。整个战斗行动，530 名参战官兵无一伤亡。

5. 整合资源，合理调配，保障有力

这次战斗行动充分汲取玉树抗震、格尔木抗洪、甘肃舟曲特大泥石流抢险救灾战勤保障经验，及时调集供气车、照明车、油料保障车、器材保障车、饮食保障车、运兵车赶赴火灾现场进行作战保障。其间共调集 11 类器材装备共 3117 件套（空气呼吸器 230 具、水带 190 盘、多功能水枪 27 支、安全绳 125 条、海洋王强光照明灯 60 把、灭火救援服 160 套、战斗靴 60 双、头盔 65 顶、手套 1000 双、毛巾 1000 条、手电筒 200 个），供应柴油 4500L，汽油 1000L 以及 600 份盒饭等，保障了灭火救援行动的顺利开展。

6. 部门联动，协调统一，形成合力

在政府的统一领导下，消防部队会同相关部门第一时间疏散搜救，整个疏散过程未发生人员受伤及治安案件。第一时间调集了公安、交通、卫生、水利、供电、燃气、城建及民兵预备役等部门，实施道路交通管制，切断周边区域供电和燃气，保障灭火水源，安排救治伤员等，确保了灭火救援各项工作井然有序。

（二）存在不足

① 邻近增援中队对非辖区重点单位建筑结构不熟悉，相关情况掌握不全面，战斗人员相互配合不够协调。

② 基层一线指挥员实战经验欠缺，参战官兵实战经验少。在基层中队干部中，地方大学生干部、任职不满3年的干部占有一定比例，指挥灭火战斗较少，在复杂的灾害现场，对灾情的发展方向不能做出准确的判断；另外，西宁市10年内未发生重特大火灾，官兵应对大型火场的经验明显不足。

③ 消防水源不足，火灾现场可用的市政消火栓仅有1个，周边单位内部消火栓压力不足，只能采取运水供水的方式，增加对供水车的需求。

④ 火灾现场干扰因素较多，造成了通信联络时断时续，占频现象严重。通信器材落后，无法适应多中队和多支救援力量协同作战的需要。

⑤ 火场进车秩序混乱，给灭火行动带来不便。在调集力量过程中，许多中队未请示火场指挥员，就擅自将战斗车开进或接近火场，堵塞入口，造成反复调整，使灭火行动变得很被动。

⑥ 西宁地区平均海拔2300m，含氧量为内地的70%左右，在处置高海拔地区高层建筑火灾时，官兵承受的体能和生理压力比低海拔地区更大。储量6.8L的空气呼吸器在满压的情况下，使用时间不到35min，致使战斗员在火场内连续作战受到影响。

（三）案例启示

① 进一步加强"六熟悉"工作的落实，同时要针对基层指挥员经验不足寻找解决对策。

② 寻找解决消防员长时间内攻灭火作战安全的有效措施。

附：图2.4.1　2层起火点、火灾蔓延及内攻力量部署平面图

图2.4.2　3层火灾蔓延及内攻力量部署平面图

图2.4.3　4层火灾蔓延及内、外攻力量部署平面图

图2.4.4　5层火灾蔓延及内、外攻力量部署平面图

思考题

1. 结合本案例研究，总结高层建筑火灾火场供水方式及使用条件。

2. 结合本案例中基层指挥员经验不足问题，思考解决对策。

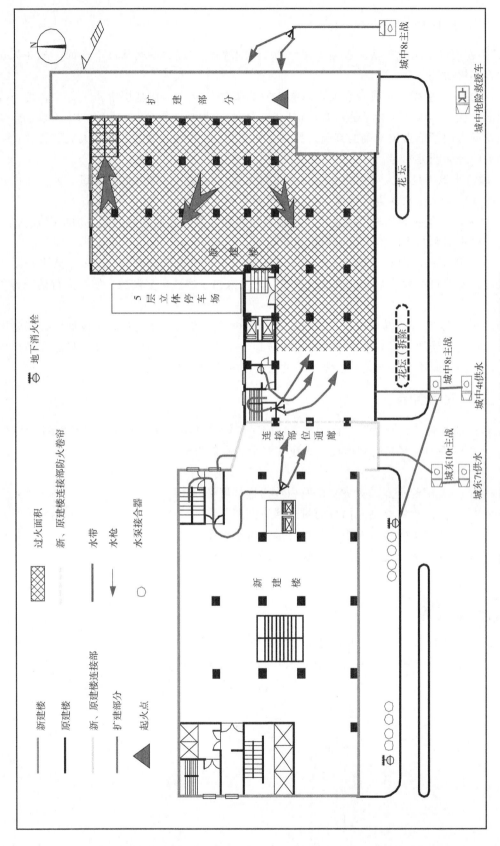

图 2.4.1　2 层起火点、火灾蔓延及内攻力量部署平面图

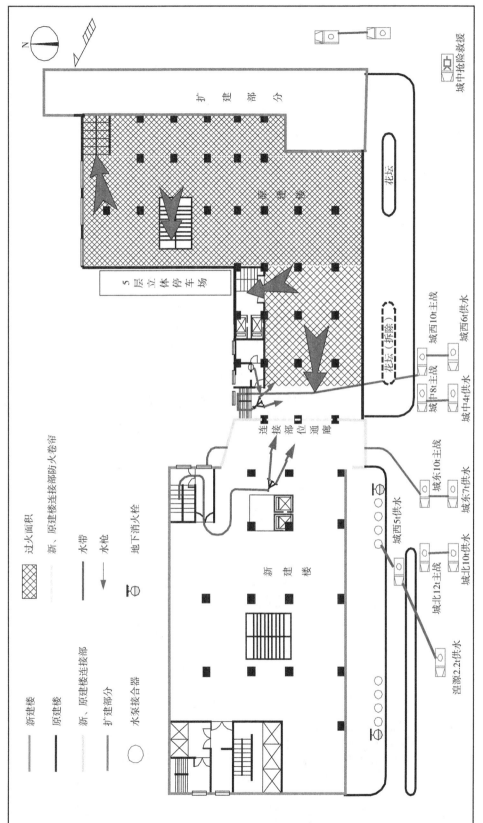

图 2.4.2 3层火灾蔓延及内攻力量部署平面图

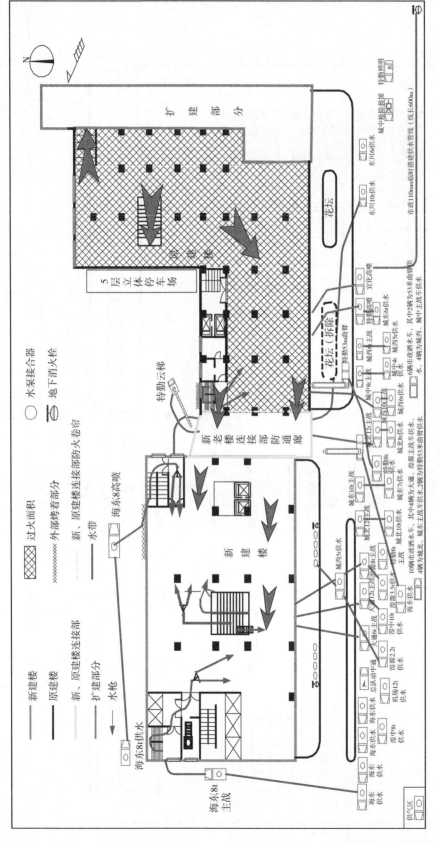

图 2.4.3　4 层火灾蔓延及内、外攻力量部署平面图

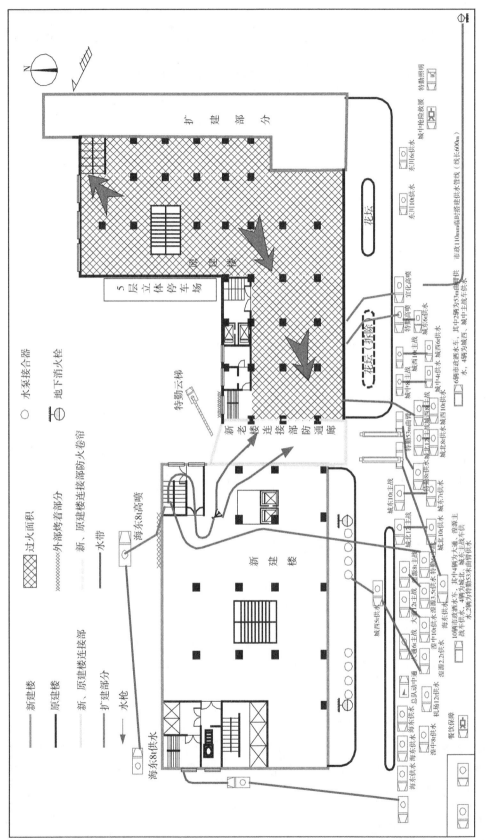

图 2.4.4 5层火灾蔓延及内、外攻力量部署平面图

案例5 陕西延安"12·22"国贸大厦火灾扑救案例

2012年12月22日凌晨4时许，陕西省延安市国贸大厦发生火灾。接到报警后，延安市公安消防支队迅速调集6个公安消防队、9个企业消防队、43辆消防车、270余名指战员赶赴火场，并向总队指挥中心报告。陕西省公安消防总队119指挥中心接到报告后，迅速从榆林市和铜川市调集4个消防中队、10辆消防车、60名官兵跨区域增援。经过约9h的奋力扑救，大火于当日中午12时50分许被完全扑灭，保住了国贸大厦主楼5～13层及毗邻的中延国际大厦和延安百货大楼。此次火灾过火面积约5000m²，共造成3人死亡、20人受伤，商场内250个经营摊位商品全部烧毁，直接经济财产损失4983万元。火灾扑救过程中共成功营救受伤人员16名，引导疏散被困人员34名，疏散毗邻建筑内的群众1700余人。

一、基本情况

（一）地理位置

国贸大厦位于延安市宝塔区二道街，东临中延国际大厦，西邻中心街，北邻新华书店建筑工地，南邻小东门巷，距离辖区特勤中队约6km。

（二）起火建筑情况

国贸大厦主楼建筑高度48m，地上14层，总建筑面积约10500m²，为钢筋混凝土框架剪力墙结构。1～5层每层建筑面积约1200m²，6～14层每层建筑面积约500m²。国贸大厦为综合性商住楼，大楼1～4层为国贸商场，5层为滚石生态园火锅店，6层为宝塔区经贸公司办公区，8层为信用联社办公区，12层闲置，7、9、10、11、13和14层均为国贸宾馆客房。

（三）内部固定消防设施情况

国贸大厦建筑内部设有火灾自动报警系统、自动喷水灭火系统和消火栓系统等。主楼设有2部封闭楼梯间。其中，东侧封闭楼梯间从1层直通14层，与5层以下商场和火锅店完全隔绝，西侧封闭楼梯间在4～5层休息平台设有一扇防火门将楼梯间截断，5层及以上人员须通过5层屋面到达室外楼梯进行疏散，4层以下供商场使用。东北侧室外楼梯从5层屋面平台直通1层，与商场完全隔绝。商场内1～4层东南角另设1部楼梯间，供商场使用。商场内1～4层靠北部设1部自动扶梯，扶梯四周设有防火卷帘。

（四）建筑周边水源情况

起火建筑周边市政供水管网形式为支状管网，主干管网口径为400mm。国贸大厦周边500m范围内，有4个市政地下消火栓，仅有1个能够正常使用，地下消火栓的出水口径为100mm，出口压力为0.4MPa。

（五）毗邻建筑情况

国贸大厦西侧、南侧、北侧均无毗邻建筑，东侧毗邻中延国际大厦，2～5层与中延国际大厦相邻，1层为消防车通道。

（六）着火原因

引发火灾的原因是国贸大厦北侧新华书店进行建筑基础施工时，用电热水盆盛水通电加热给混凝土保温，炽热盆体引燃了混凝土外包裹的棉被。

（七）天气情况

当日晴间多云，气温－18～2℃，西北风4～5级。

二、扑救经过

（一）首战力量到场，积极疏散周边人员，控制火势蔓延

凌晨4时20分，延安市公安消防支队指挥中心接到报警后，支队指挥中心立即调派辖区宝塔中队2辆水罐消防车、1辆抢险救援车和20名指战员赶赴现场实施灭火救援。4时26分，宝塔中队抵达现场，发现建筑内部浓烟弥漫，1层东北侧有明火，2、3层均有火焰从窗口冒出，火势已呈猛烈燃烧态势，经现场询问得知当晚有51人入住国贸宾馆。中队立即按照"救人第一、控制火势、防止蔓延"的指导思想展开灭火救援。一是组织2个搜救小组深入建筑内部，重点对宾馆6～14层进行搜索；二是组织人员破拆大楼北侧彩钢板，对内部火情进行进一步侦察；三是出2支水枪压制1层火势，并掩护破拆小组作业；四是设置火场警戒，禁止无关人员进入建筑内部。

按照部署，中队各战斗小组立即展开战斗。侦察小组通过侦查发现，大厦1层顶部不断有燃烧物坠落，烟雾极大，能见度极低，内部情况十分复杂。经过侦察后，中队指挥员命令通信员向支队指挥中心报告火情并请求增援。搜救小组佩戴空气呼吸器由东侧疏散楼梯深入建筑内部，对6～14层进行搜索。搜救小组紧贴墙壁搜索前进，在强光手电能见度不足1m的情况下，穿越烟雾，到达6层，通过大声呼喊，逐个撞击突破宾馆房门进行搜救，发现部分旅客已出现昏迷、受惊、慌乱等状况。搜救小组利用宾馆毛巾捂住被困群众口鼻，通过背、扶、扛、抬等方式，营救被困群众。最终，搜救小组多次上下楼梯，经过4次搜救，营救被困群众16人，引导疏散27人。

（二）增援力量到场，开辟救援通道，内外夹击火势

4时43分，延安公安消防支队指挥中心接到宝塔中队的增援请求后，先后调集特勤、姚店、富县、黄陵、吴起5个公安消防中队和川口采油厂、甘谷驿、永坪等9个企业消防队赶赴火场增援。

5时10分，支队领导带领支队全勤指挥部人员到达现场，第一时间成立火场指挥部，听取情况汇报后，确定了"全力搜救被困人员，坚决堵截火势蔓延"的战术思想，并及时调整力量部署：一是组织特勤、宝塔、姚店中队各出1个搜救小组对大厦5层以上楼层进一步搜索救人。二是组织特勤、宝塔等3个攻坚组，由大厦北侧利用无齿锯、双轮异向切割锯与

大锤、撬杠等联用的方法破拆 2 层彩钢板，强行内攻；组织姚店中队灭火攻坚组出 1 支水枪，从东侧入口（宾馆吧台北侧）进入 1 层，内攻灭火。三是部署企业消防队高喷消防车、大吨位水罐消防车各出 1 门水炮，分别从西侧、西南侧压制火势向上层蔓延；特勤中队云梯消防车出 1 支水枪由南侧阻止大火向上层蔓延。四是组织特勤中队出 1 支水枪堵截火势向毗邻中延国际大厦蔓延。此次战斗部署后，在烟雾极大、能见度不足 20cm 的情况下，姚店中队搜救小组在大厦 6～7 层处发现 7 名被困群众，并成功救出。

5 时 50 分，陕西公安消防总队指挥中心接到延安支队火情报告，要求总队全勤指挥部做好赶赴火场的准备工作。7 时许，总队领导立即赶到指挥中心，命令总队全勤指挥部人员赶赴火灾现场，调集榆林、铜川支队精锐力量赶赴火场增援，并迅速向省公安厅和公安部消防局报告情况，并启动现场 3G 传图，向总队、部局进行音视频传送。7 时 10 分，延安市政府领导及应急救援单位到场，成立现场总指挥部。火场指挥部根据现场情况作出调整：一是宝塔中队组织攻坚组利用中延国际大厦室内消火栓出 2 支水枪对国贸大厦与中延国际大厦 5 层连接处的彩钢房进行冷却，防止火势向中延国际大厦蔓延。二是特勤、宝塔、姚店中队组织 4 个攻坚组，分别从南侧、东南侧、西南侧三个方向进入商场，再次组织内攻灭火。三是宝塔大队及机关干部，协同公安机关及中延国际大厦、百货大楼管理人员，紧急疏散毗邻建筑内的 600 余户 1700 余名群众。

在灭火战斗调整后，战斗进攻路线增多，但消防车往返运水量有限，无法满足火场的不间断供水。火场指挥部迅速作出部署，通过临近的亚圣酒店、高第美尚城、百货大楼、中延国际大厦等建筑的室内消火栓，铺设 13 条供水线路向参战车辆供水。

（三）调整力量部署，全面消灭火灾

8 时许，省政府领导在听取汇报和了解火情后，立即成立了以公安、消防、安监为主要成员的重大灾害事故应急处置总指挥部，负责协调、调集相关应急力量和救援物资，并通过音视频系统实施远程指挥，同时设立前沿指挥部，全面负责攻坚灭火作战任务。前沿指挥部根据总指挥部命令，立即整合现场参战力量，统筹灭火、搜救和供水部署，在确保不间断供水的情况下，实施强攻近战，坚决控制火势发展。经过全体官兵艰苦奋战，11 时许，大火被有效控制；12 时 50 分许，大火被扑灭。

（四）搜寻失踪人员，全面清理火场

15 时 20 分，公安部消防局灭火专家组到达火灾现场，进入楼内实地察看了火场情况，随后组织召开协调会，对灭火救援行动进行部署：一是组织 10 个搜救小组沿楼层开展地毯式搜索搜寻失踪人员；二是由延安支队负责彻底清除商场 2～4 层阴燃火点。

16 时 40 分左右，延安支队搜救小组在 5 层火锅店吧台处发现 1 具遇难者遗体；榆林支队搜救小组在 5 层与 4 层的楼梯口转角处发现了 1 具遇难者遗体；21 时许，延安支队搜救小组在 1 层中部楼梯间底部夹层房间内发现最后 1 具遇难者遗体。22 时 30 分，火场全部清理完毕。前沿指挥部命令延安支队、黄陵中队和吴起中队现场监护，其余作战力量全部返回。

三、案例分析

（一）经验总结

1. 充分利用各类救援装备，坚持"救人第一"的原则

此次灭火作战中，各级指挥部能够统一思想，在战斗中始终坚决贯彻"救人第一，先控制、后消灭"的作战思想。搜救小组冒着生命危险先后多次深入火场内部搜救被困人员，第一到场力量宝塔中队指挥员运用战术正确、指挥有力，在仅有 20 名指战员情况下，成功搜救出 43 名被困群众。

2. 明确重点，层次推进，指挥措施得力

指挥部能够明确火场主要方面：坚持救人，防止火势向毗邻建筑蔓延，同时把火势牢牢控制在国贸大厦 5 层以下。通过艰苦的战斗，保住了国贸大厦主楼 5~14 层及毗邻的中延国际大厦和延安百货大楼两栋高层建筑，确保了灭火救援行动科学、高效、有效展开。

3. 参战官兵意志坚强，作风过硬，克服不利天气条件连续作战

在恶劣的天气条件下，战斗服、战斗靴冻透结冰，寒风刺骨，这些对全体参战官兵的意志和体能都是严峻的考验。官兵在恶劣条件下连续作战 20 余小时，冲锋陷阵、英勇无畏，表现出了高度的政治觉悟、顽强的战斗精神和过硬的战斗作风。

（二）存在不足

1. 应对重特大火灾事故作战行动准备不够充分

由于灭火指挥调度系统不完善，数据更新不到位，接出警人员素质不高，无法实现一键式调度。指挥员请求增援不及时，对火场初期情况判断不准确，没有按照夜间发生火灾总队必须一次性调集 3 个以上中队的要求执行，致使火灾初期阶段力量调集不足。部分装备操作不熟练、性能不熟悉，68m 登高平台消防车由于通信电缆、交通道路等因素干扰，出现操作失误现象，影响战斗效能发挥。应急救援联动机制不健全，灭火初期，交通、供水、医疗等社会联动不到位，造成火灾初期现场交通堵塞，被救人员没有被集中统一安置，大楼被困人员不能一次性确定等现象。

2. 火场供水组织不力，连续供水能力不足

首战力量到场后，火灾已进入快速发展阶段，部分着火区域已开始猛烈燃烧，火灾荷载大，火场用水量大，加之周边水源短缺，在初战控火阶段依靠运水供水难以充分满足火场需要，很难形成不间断供水，打打停停影响灭火进程。

3. 城市公共消防设施建设相对滞后，无法满足城市火灾扑救的需求

延安市区按现建城区面积至少应建 6 个城市消防站，实际只有 3 个，欠账 50%，且分布不合理，姚店中队距离主城区 22km，发生火灾时难以快速到场。市区应建消火栓 501 个，实有 125 个，因维护保养不善，有 61 个无法使用，欠账率和损坏率分别高达 75% 和 48.8%。延安天然地表水源不足，延河无水可取。火灾当日，国贸大厦周围 500m 内的 4 个市政消火栓仅 1 个能正常使用。

4. 单位消防设施维护不完善，日常消防监督检查不利

火灾自动报警系统在当日火灾发生时正常运作（71号探头最早报警，和认定的起火部位相符），却无人员对报警系统进行操作处理，未能及时发现火灾，未在第一时间内向消防队报警。着火当日自动喷淋系统的电机控制柜电源控制开关处于手动状态，且大厦消防控制室晚上无专人值守，火灾发生时，未对自动喷淋系统进行操作，贻误了最佳灭火时机。大厦外部的水泵接合器被装饰石材遮蔽，消防员在灭火战斗过程中砸开石材发现接口已经冻死，无法向室内消火栓系统供水。14层室内消火栓充实水柱仅有3～4m，不能满足实际灭火作战需要。建筑内部疏散通道结构设置复杂，室内楼梯通道狭窄，室外楼梯不能直接通向国贸宾馆，导致人员疏散效率大打折扣。

附：图2.5.1　国贸大厦商场平面示意图

图2.5.2　火场水源分布图

图2.5.3　灭火作战力量部署图

思考题

1. 结合案例研究，谈谈如何解决火场水源条件不好时的供水问题。
2. 结合案例研究，试分析高层建筑火灾时，固定消防设施的应用技术问题。

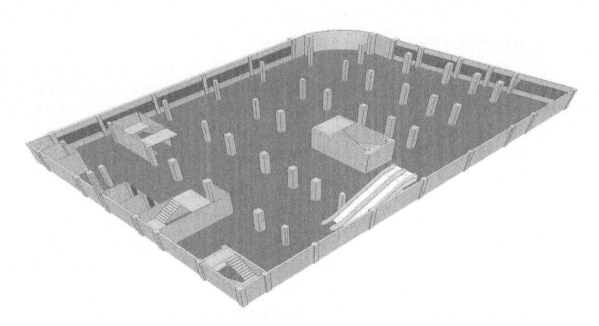

图2.5.1　国贸大厦商场平面示意图

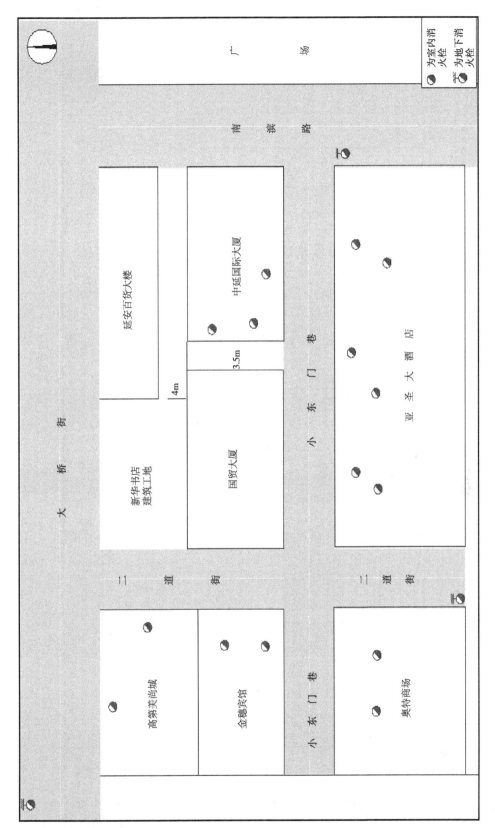

图 2.5.2 火场水源分布图

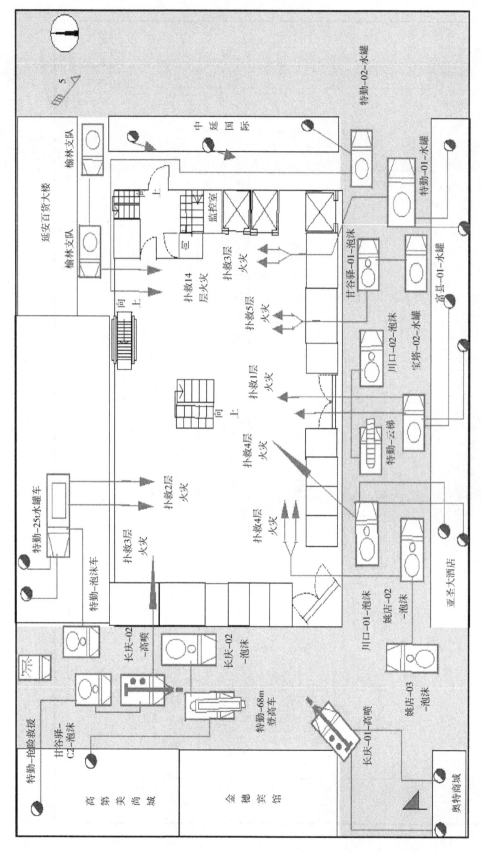

图 2.5.3 灭火作战力量部署图

案例6 湖北武汉"7·11"紫荆嘉苑小区住宅楼火灾扑救案例

2015年7月11日23时27分，武汉市公安消防支队指挥中心接到报警，武汉市汉阳区紫荆嘉苑小区1栋2单元电缆井起火。接警后，武汉公安消防支队指挥中心先后调集七里庙、墨水湖、汉阳3个中队，共7个编组（其中，2个灭火编组、3个抢险救援编组、2个高空编组）、13辆消防车，共计53名官兵赶赴现场。随后，支队、大队两级全勤指挥部相继赶赴现场指挥灭火救援，参战官兵按照"快速排险、合理搜救、分组展开、不留盲点"的战术思想，迅速展开人员搜救、火场排烟和灭火战斗行动，共营救被困人员23人。当日23时53分，明火被成功扑灭；12日1时50分，现场排烟完毕；12日1时56分，现场清理完毕。此次火灾共造成7人死亡、12人受伤。

一、基本情况

（一）地理位置

汉阳区紫荆嘉苑小区位于汉阳大道紫荆路邵牛湾42号，距离主战七里庙中队约1.3km，途中共有3个红绿灯路口，小区紫荆路口处因施工封堵。

（二）起火建筑情况

该建筑为地上33层、地下1层单元式住宅，建筑高度99.6m，总建筑面积44386m²，内部疏散楼梯为剪刀式防烟楼梯。该建筑为2梯4户，共131户，其中入住67户共132人，11户正处于装修状态。

（三）消防设施及水源情况

建筑内部每层设有室内消火栓2个、消防水池一座（400m³）、正压送风系统、常闭式防火门、火灾自动报警系统等消防设施。小区有室外消火栓4个，管径为150mm，压力为0.25MPa。

（四）天气情况

当日天气为北风2~3级，气温24~34℃，阴转晴。当日天气为入夏以来武汉温度最高的一天。

二、扑救经过

（一）初战力量到场，积极控火救人

11日23时27分，支队指挥中心接到报警后，立即调派辖区七里庙中队6辆消防车赶赴现场扑救。23时35分，中队官兵到达现场。经初步侦察发现，起火部位为电缆竖井，楼梯内充满浓烟，有部分居民自行通过楼梯向下疏散逃生。

中队指挥员按照支队领导在指挥中心调度时下达的战术思想，迅速下达作战命令：一是成立3个搜救组全力搜救被困人员，搜救1组疏散18层以下人员，搜救2组和3组重点对

18～32 层逐层搜索，做好标记；二是利用排烟机排除烟气，破拆楼梯间外窗玻璃，提高楼梯间排烟效率；三是灭火组出水枪堵截控制火势蔓延；四是联系物业人员及时切断电源；五是做好火场照明，设置现场警戒，防止无关人员进入。

战斗过程中，搜救 1 组发现 1 层电缆井不断掉落燃烧物，8 层电缆井有明火冒出，烟雾较大。搜救 1 组迅速利用 8 层室内消火栓出 1 支水枪扑灭明火。搜救 2 组搜救至 18 层时，发现浓烟弥漫，有群众往下逃生；迅速联系司机班利用车载扩音器，通知住户稳定情绪，待在屋内等待救援；同时，迅速利用 18 层室内消火栓出 1 支水枪灭火。23 时 53 分，电缆井明火被彻底扑灭。搜救 3 组搜救至 24 层时，发现 3 人口捂湿衣服试图向下逃生，搜救组成功将其营救；随后，发现 5 名群众从房间出来往楼梯间逃生，搜救 3 组果断劝阻，要求进入房内，封堵烟气进入，做好简易防护措施，在房间通风处等待救援。战斗过程中，支队作战指挥中心利用报警电话安抚被困居民情绪，并提示：不要盲目逃生，留在家中关好门等待救援。中队利用排烟机进行排烟，破拆组逐层破拆楼梯间外窗玻璃，实施自然排烟。通过疏散楼梯，成功营救 13 人，均移交 120 送医。

（二）增援力量到场，加强引导疏散

为加强现场救援力量，23 时 36 分，支队指挥中心又先后调集墨水湖中队 5 辆消防车（1 个抢险救援编组、1 个灭火编组、1 个登高编组），汉阳中队 2 辆消防车（1 个抢险救援编组）赶赴现场增援。

12 日 0 时 03 分，支队全勤指挥部到场，第一时间成立火场指挥部，确定了"攻坚轮换、全力疏散、应急保障"的战术措施，并及时调整力量部署：一是成立 3 个搜救小组，进一步搜索楼内人员；二是设立器材集结地，做好应急救生、人员转移、供气保障等工作。战斗部署后，在烟雾浓度大、能见度差的情况下，经过反复搜救，通过疏散楼梯，成功营救 14 人；通过屋顶平台转移 3 名危重人员至地面，均移交 120 送医。

（三）彻底消灭残火，全面清理火场

12 日 1 时 50 分，现场排烟完毕。12 日 1 时 56 分，火场全部清理完毕。火场指挥部命令七里庙中队现场监护，其余参战力量全部返回。

三、案例分析

（一）经验总结

1. 出警迅速，处置效率高

起火建筑距离主战七里庙中队约 1.3km，消防队到场时间用时约 8min，途中共路过 3 个红绿灯，加之百灵路两侧停满车辆，消防车通过时出现交通堵塞。到达该小区紫荆路路口发现大门因道路施工被锁，中队指挥员果断下达命令进行破拆。主战中队到达现场后，5min 内将楼内电源切断，18min 内分别在 8 层和 18 层各出一支水枪灭火，并在 1 层进行排烟，整个救援过程紧张有序，快速高效。

2. 采取多种方式实施人员疏散和搜救，人员搜救速度快

此次被困居民营救采取了车载扩音器喊话、电话劝阻、逐层疏散、安抚被困居民、强制破拆通往天台的门等方式进行施救。事后经调查和询问知情人得知，救治的 23 名人员（不

含 7 名死亡群众），其中 11 名经救助后无需治疗的住户均居住在 18 层以下，11 名受伤者需治疗的均居住于 19～29 层，另 1 名伤者（患有多年病史的哮喘）和同一住宅内的 4 名居民在 30～31 层的楼梯间，同时被消防员救至 1 层移交 120 送医，该伤者被送往汉阳五医院救治，现已康复出院，与其同一住宅内的 4 名居民送往汉阳铁树医院经抢救无效死亡。另外 3 名人员在 32 层电梯室前昏迷，后经消防员破拆楼顶逃生门，通过相邻单元的电梯救至 1 层移交 120 送医后经抢救无效死亡。由此得出，电缆井火灾烟囱效应明显，大量高温烟气向上蔓延速度快，聚集在楼顶顶部是造成人员疏散困难和致死的主要原因。

（二）存在不足

1. 没有在第一时间调集充足的灭火救援力量

支队指挥中心在接到群众报警称室外电缆井着火，出于慎重考虑，高层住宅夜间情况复杂，仅一次性调集七里庙中队所有执勤力量到场处置。但未能一次性调足火场所需战斗力量，在今后执勤备战中需要引起高度反思和警醒。

2. 社会应急响应力量调动不及时，没有形成统一科学的调配

医院规模、急症能力、专业科室配备、能否及时实施对现场人员的救治有很大的影响。针对大量需要送往医院救治的伤员，应根据伤员伤害的部位、所伤害的程度进行分类分级，并做相应的标记，掌握周边医院救治条件并合理送治。急症救护车辆及随车医生和护士应具备比较专业的救治知识和救治水平，在送往医院途中能采取先期措施进行救治。

3. 搜救被困人员方式单一，缺乏专业的救治装备和器材

在施救过程中，中队主要利用担架、背、抱等较为初级的救人方式。大队指挥员到场后，及时购买了矿泉水和毛巾作为简易救生工具。但没有配备和携带较为专业的器材，如简易逃生面具等施救装备，离实战化的标准还有较大差距。

4. 人员搜救缺乏统一指挥，造成资源浪费

搜救过程中现场指挥员只是通过电台向指挥中心报告，未采取统一标识，致使搜救工作存在重复性。

5. 没有及时对搜救群众进行身份登记，导致信息漏报

参战消防员对疏散和救助下来的居民未进行身份登记，直接移交给现场 120 救护车，未及时跟踪，致使信息上报不及时，造成工作被动。

6. 消防宣传教育有待进一步加强，提高民众的火场逃生意识

事后问卷调查发现，70% 的受伤者认为逃生至地面并离开着火建筑才是安全的，所以很多住户均选择第一时间沿楼梯逃生，未携带有效防护装具和采取有效逃生方法。在 26 层一住户 3 名人员在逃生过程中受浓烟威胁，用尿液浸湿的衣物捂住口鼻强行跑至 24 层，后在消防员的协助下安全转移。绝大部分居民在逃生过程中均求助消防员，需要取得帮助和引导其逃生。通过数据分析，只有约 30% 的居民是按照消防员和 119 指挥中心电话提醒关闭门窗返回室内等待救援，70% 的居民从不同楼层盲目逃生，消防员施救频次增高，导致无法快速到达顶层搜救人员。由此得出选择正确的逃生方式、逃生路线、防护装具和普及消防安全知识至关重要。

附：图 2.6.1 着火建筑方位图

　　图 2.6.2 着火建筑剖面图

　　图 2.6.3 灭火救援力量部署图

？ 思考题

1. 通过案例研究，总结高层住宅火灾主要特点及扑救难点。

2. 通过案例研究，如何提高居民疏散逃生的能力。

图 2.6.1　着火建筑方位图

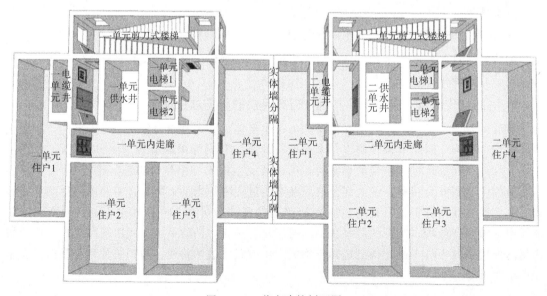

图 2.6.2　着火建筑剖面图

图 2.6.3　灭火救援力量部署图

第三章
人员密集场所火灾扑救案例

导语

　　根据《中华人民共和国消防法》规定，人员密集场所包括宾馆、饭店、商场、集贸市场、客运车站候车室、客运码头候船厅、民用机场航站楼、体育场馆、会堂以及公共娱乐场所等公众聚集场所，医院的门诊楼、病房楼，学校的教学楼、图书馆、食堂和集体宿舍，养老院、福利院、托儿所，幼儿园，公共图书馆阅览室，公共展览馆、博物馆的展示厅，劳动密集型企业的生产加工车间和员工集体宿舍，旅游、宗教活动场所等。此类建筑具有结构复杂，火灾危险性大，一旦发生火灾，燃烧速度快，容易造成大量人员伤亡，扑救难度大等特点。近年来此类场所火灾时有发生，均有人员伤亡情况。本章选择六个案例均为商场类，其中案例1是天津蓟县（今蓟州区）"6·30"莱德商厦火灾扑救案例（10人死亡）；案例2是北京市"10·11"喜隆多购物中心火灾扑救案例（2名消防指挥员牺牲）；案例3是襄阳市"4·14"迅驰星空网络会所火灾扑救案例（14人死亡、47人受伤）；案例4是黑龙江"9·1"哈尔滨金龙商厦火灾扑救案例（2人死亡）；案例5是辽宁营口"1·25"商业大厦火灾扑救案例；案例6是吉林长春"3·31"金源家居城火灾扑救案例。此类火灾具有扑救时间长，参战力量多，疏散救人任务重，灭火进攻困难等共性问题。

　　此类火灾案例分析的重点是如何确保疏散救人的效率，尽可能减少人员伤亡；合理使用灭火力量，解决火场供水和内攻问题。

案例1　天津蓟县"6·30"莱德商厦火灾扑救案例

　　2012年6月30日15时41分，天津市公安消防总队119作战指挥中心接到报警，称蓟县城关镇文安街中昌北路莱德商厦发生火灾。接警后，天津市公安消防总队119作战指挥中心先后调派了16个公安消防中队、2个企业专职消防队，共55辆消防车、436名消防员赶赴现场扑救。火灾发生后，天津市委、市政府、市公安局、市消防总队有关领导赶赴现场指挥。蓟县县委、县政府、县公安分局以及相关联动单位到场协助灭火。公安部消防局相关领导亦率工作组连夜赶赴现场指导火灾扑救及善后处理工作。经过全体参战官兵努力扑救，火势于当日19时被基本控制，22时20分大火被彻底扑灭，灭火中抢救、疏散被困群众53人，保护了毗连的东方商厦和蓟县行政许可中心。火灾造成10人死亡、16人受伤，过火面积6800m²。

一、基本情况

（一）单位概况

莱德商厦位于蓟县城关镇文安街中昌北路，是该县较大的商业场所之一，该商厦于2005年11月建成。东侧为青少年活动中心，西侧为中昌北路，南侧为东方商厦，北侧为行政许可中心。该商厦建筑为钢混结构，共5层（第5层为局部），总建筑面积6800m²。1层经营化妆品和鞋类，2、3层经营服装，4、5层经营床上用品。该商厦为民营企业，共出租给了100多家商户经营。建筑内1~4层有3部楼梯，4层通往5层有2部楼梯，设置了4个安全出口，每层设有4个室内消火栓。

（二）火灾发展概况

据调查，当日15时30分许，从1层东南角传出响声，随后发现有烟雾从库房冒出。该商厦员工15时41分利用手机报警。根据商厦监控录像显示，从1层营业员15时39分55秒发现烟雾至41分45秒浓烟充满1层仅用时110s。15时49分，辖区中队到达现场时，火势已处于发展阶段，1层燃烧面积逾500m²，火势迅速通过内部3部楼梯和外部窗口垂直蔓延，并沿内部空间水平蔓延，整栋建筑被浓烟包围，1层内部3条疏散通道全部被烟火封堵，2、3、5层均有人员呼救。16时20分许，1、2层基本全部过火，3层南侧局部火势突破外窗。16时42分，第一支增援力量到场时，1、2、3层全部过火，4、5层南侧局部火势突破外窗。17时08分，第二支增援力量到场时，火势已突破各层外窗，整栋建筑已呈猛烈燃烧态势。

（三）天气情况

蓟县当日天气情况为：晴，东南风2~3级，最高温度35℃，为6月份最高气温。

二、火灾特点

（一）易燃可燃物多，很快形成大面积燃烧

该商厦1层存放物资多为化妆品和鞋类，2~5层多为服装、床上用品等纺织品，且各层均设有多个中转库房，内有大量纸制包装品、木制货架。可燃物大量囤积造成较大的火灾荷载，且燃烧速度快，发生火灾后短时间内迅速形成大面积燃烧。

（二）蔓延速度快，迅速发展成立体燃烧

该商厦各层商户间的分隔物多为夹芯板、三合板等可燃材料，商厦内部火势沿连排货架水平快速蔓延的同时，借助内部3部疏散楼梯迅速向上层蔓延，由于火灾时仅部分防火卷帘动作，致使该商厦在短时间内整个建筑就被高温浓烟包围；加之该商厦外部玻璃幕墙受高温炙烤后炸裂，火势迅速沿外窗向上蔓延，导致整幢建筑形成上下贯通、内外相连的"立体敞开式燃烧"。

（三）疏散救生难度大，造成群死群伤

火灾发生在该商厦节假日营业时间，由于火灾初期整个商厦内部已满是浓烟，大大降低

了现场能见度，辖区中队到场时初战救生力量薄弱，造成初期侦察过程中仅掌握到商厦内有120余名营业人员，而顾客数量难以及时统计，被困人员位置亦难以确定。同时，商厦内存放的化妆品、塑料制品等有机物质燃烧释放出大量有毒高温烟气，造成人员中毒或窒息，导致着火层以上人员逃生自救、疏散救生均极为困难，造成群死群伤。

（四）作战时间长，战勤保障任务重

这起火灾扑救中，参战400余名官兵连续作战近7h，由于现场温度高，部分官兵出现了中暑脱水现象，给这起跨区域作战增加了难度。据统计，战勤保障部门现场共计充装气瓶400余具次，提供油料9660L、饮食600份，供应矿泉水92箱，保障胶靴、手套、头盔、照明灯等装备数百件，并为参战官兵及时补充葡萄糖、生理盐水等。

三、扑救经过

（一）力量调派

2012年6月30日15时41分，天津市消防总队119作战指挥中心接到报警，称蓟县城关镇莱德商厦发生火灾，有大量人员被困。接到报警后，总队119作战指挥中心一次性调派了辖区渔阳消防中队，增援宝坻区消防支队九园消防中队、挹青路消防中队，东丽区消防支队金钟街消防中队，河北区消防支队幸福道消防中队、建昌道消防中队，河东区消防支队特勤消防中队等7个公安消防中队和2个企业专职消防队（大唐国际电厂、国华盘山电厂）共26辆消防车、180余名消防员以及总队全勤指挥部，蓟县、宝坻区、河北区消防支队全勤指挥部到场扑救。渔阳中队到场后迅速上报火场情况，119作战指挥中心根据上报情况，于15时50分许增派了河北区消防支队中山路消防中队，河东区消防支队万新消防中队、六经路消防中队，保税区消防支队西九道消防中队、中环西路消防中队，红桥区消防支队特勤消防中队，河西区消防支队特勤消防中队等9个中队、29部消防车、200余名官兵以及总队战勤保障大队、修理所、消防医院前往增援。至此，现场共调集了16个公安消防中队和2个企业专职消防队，共计消防车55部、436名消防员。

（二）初战阶段

15时49分，蓟县渔阳消防中队4部消防车、25名官兵和蓟县支队全勤指挥部到达现场。经侦察发现，一层燃烧面积逾500m²，火势已突破1层门窗向上翻卷，整栋建筑被浓烟包围，内部3条疏散通道全部被烟火封堵，2、3、5层均有人员呼救，火灾处于发展阶段。指挥员按照"救人第一"的指导思想，首先组织了2个攻坚救人组抢救人员，从西侧外部分别架设了一架6m拉梯和一架15m拉梯，破拆玻璃幕墙营救疏散2、3层受火势威胁最严重的被困人员，抢救出31人，并通过喊话稳定5层被困人员情绪，引导被困人员向楼顶平台安全地带转移。同时，分别部署在1层出3支水枪压制火势；2层出2支水枪阻止火势向上蔓延。但是，5支水枪根本控制不住猛烈的火势，水枪手无法忍受内部的浓烟和高温。短短数分钟内，2层水枪被迫撤至楼梯间控制火势，1层水枪撤至外部射水灭火。

（三）全力控制蔓延阶段

当日16时42分，第一增援力量宝坻区消防支队挹青路消防中队到场，1～3层火势已

突破外壳，呈猛烈燃烧态势，严重威胁着南侧毗连的东方商厦和北侧毗连的行政许可中心大楼。据此，挹青路消防中队立即组织 2 个攻坚救人组内攻搜救被困人员，同时采取二供一的战斗编成，设置了 3 个水枪阵地阻截火势向南侧东方商厦蔓延。17 时 10 分许，宝坻区消防支队九园消防中队、东丽区消防支队金钟街消防中队到场，宝坻区消防支队九园消防中队在商厦中部西侧正门出 1 门车载水炮，压制向上蔓延的火势；东丽区消防支队金钟街消防中队在商厦东侧后院设置 2 个水枪阵地，堵截火势向北侧行政许可中心蔓延；组织攻坚组从东北侧架设 15m 金属拉梯，破拆 3、4 层防盗窗实施内攻灭火和搜救任务，并在商厦中部东侧出 1 支带架水枪控制外部火势向上蔓延。

（四）攻坚阶段

当日 17 时 30 分许，天津市消防总队全勤指挥部和增援力量相继到场。此时，商厦 1～5 层呈立体燃烧，转移至着火商厦楼顶和毗连行政许可中心楼顶的大量人员，正受浓烟围困，处境十分危险。总队立即成立了以总队长为总指挥、副总队长为前沿指挥长的火场指挥部。

根据现场情况，总指挥部确定了"全力抢救被困人员，全力强攻围歼火势，全力内攻层层搜救"的作战思路。由天津市消防总队副总队长、参谋长现场指挥作战，先后部署四项作战任务：

一是组织幸福道消防中队云梯车在北侧开辟救生通道救助被困群众，从毗连行政许可中心 4 层楼顶疏散出 20 名被困群众，架设一架 6m 拉梯至着火商厦 5 层楼顶成功抢救出 2 名被困群众，并破拆着火商厦北侧 5 层两个窗口（一个为砖砌，另一个为简易封闭板房小窗），开辟 2 条进攻通道。

二是组织后续增援部队增设 10 架 15m 金属拉梯、2 门高喷水炮、3 门车载水炮、6 支水枪从外围压制火势，全力保护北侧行政许可中心和南侧东方商厦安全。

三是组织 15 支水枪，深入内部穿插分割，逐片消灭火势。组织了 15 个攻坚组，在水枪掩护下梯次更替，开展地毯式搜寻，逐层搜救被困群众。

四是组织后续增援部队增设 8 条供水干线，保证前方作战用水不间断，并组织战勤保障大队确保空气呼吸器、照明、油料、饮食等供给。

至此，整个火场形成了 31 个水枪阵地、5 个水炮阵地，开辟了 12 条救生进攻通道，铺设了 12 条供水干线，现场供水能力约 300L/s，对起火建筑形成四面合围的态势。18 时 15 分，攻坚组在 2 楼搜寻出 6 名遇难人员；19 时许火势得到有效控制；19 时 40 分，在 4 层搜寻出 1 名遇难人员；20 时 05 分，在 5 层搜寻出 3 名遇难人员。22 时 20 分，经反复搜寻，确认已无被困人员，残火全部被扑灭。

经过全体参战官兵近 7h 的艰苦奋战，成功抢救出被困人员 53 人，搜寻出 10 名遇难者遗体，保护了商厦南侧毗连的东方商厦、北侧毗连的行政许可中心大楼，尽力减少了人员伤亡和财产损失。

四、案例分析

（一）经验总结

1. 救人是第一要务

在火灾扑救中，参战官兵坚持"救人第一"的指导思想。在初战力量相对薄弱时，辖区中队指挥员按照救人与控火同步进行的方法，开辟了 2 条救生通道，救出 31 名被困群众。增援力量到场后，破拆楼顶墙体抢救出 2 名遇险被困人员，疏散出 20 名被困群众，搜寻出 10 名遇难遗体，组织了 15 个攻坚组强行内攻，层层搜救被困人员，尽力减少了人员伤亡。

2. 应灭早、灭小、灭初期

火灾发生后，总队 119 作战指挥中心根据掌握的情况，一次性调派了 7 个消防中队、2 个企业消防队和总队全勤指挥部、3 个支队全勤指挥部，随后又根据现场上报情况增派 9 个中队，共 55 部消防车、436 名官兵到场扑救，并联动调派战勤保障大队、消防医院、修理所等保障力量。但是，距离现场最近的增援力量也在 60 余千米外，赶到现场时，火势已发展到猛烈阶段，呈立体燃烧态势，只能救出已自行疏散到楼顶的人员，控制火势不向两侧建筑蔓延，设置外部阵地压制火势。扑救初期没有足够的力量强攻救人控火，后期增援力量到场时现场已不具备内攻条件，最终商厦 1～5 层全部过火，所有可燃物基本烧光。如果第一时间跨区域增援，及时请求北京和河北就近的消防中队增援，救人和灭火的机会会多一些。

出战兵力的部署尤为重要，一楼燃烧面积逾 500m²，辖区队 4 辆消防车、25 名官兵，若能够有效地利用固定消防设施，"固移结合"出 10 支水枪控制火势，在前方作战的战斗员着避火服，作战结果可能会重写。初期作战情况决定整个火场的作战结果，基层指挥员的地位和作用是至高无上的。我们所说的"救人第一"不能仅仅理解为先救人，而应该理解为围绕着救人展开的一切作战行动都是救人第一。

3. 扑救大火靠战勤保障

在长达近 7h 的作战中，436 名参战官兵冒着酷暑、高温浓烟，保持着顽强的斗志，坚守一线阵地。部分官兵出现了中暑脱水现象，在补充了生理盐水、稍事休息后，立即重新投入战斗。总队战勤保障大队共计充装气瓶 400 余具次，提供油料 9660L、饮食 600 份，供应矿泉水 92 箱，保障胶靴、手套、头盔、照明灯等装备数百件，现场抢修作战车辆 4 辆；消防医院及时为中暑官兵提供生理盐水和葡萄糖，圆满完成了现场战勤保障任务，为灭火救援作战顺利进行提供了有力保障。

4. 启动预案作用明显

火灾发生后，总队立即启动了《跨区域灭火救援联动方案》，司、政、后、防各部门通力配合；各参战单位按预案履行职责、协同作战，为火灾扑救奠定了基础。蓟县县委、县政府以及县公安分局、医疗、安监、环保、交通、气象、供电、供水等单位按照应急联动方案及时到场参战，实施了交通管制、现场警戒、医疗救护，为火灾扑救提供了有力的支持。

（二）存在不足

1. 后期火场供水不力

莱德商厦周边 3 条路上消火栓管径均为 200mm，自来水公司加压后也无法保证现场用水需求。现场最长的供水线路达到 600 余米，水带铺设混乱，部分水带爆破后更换时间较长，车载水炮和举高车水炮都出现了断水现象。

2. 指挥员指挥能力弱

一是调派了大唐国际电厂、国华盘山电厂各 1 辆消防车到场扑救，辖区支队指挥员仅对 2 个专职队下达了协助控火的任务，没有充分利用专职力量与公安队形成临时作战编队。2 辆专职水罐车各自为战，均采取了往复运水、射水的单独作战形式，没有在初战控火时发挥大的作用。二是北京市平谷区与天津市蓟县相邻，平谷支队有 4 个执勤中队，距离莱德商厦最近的和平街中队路程约 33km，最远的马坊中队路程约 46km，均能在 30～50min 内跨区域增援到场。火灾发生后，总队指挥中心和全勤指挥部没有第一时间考虑到申请调派跨区域增援力量。

3. 舆情控制不到位

火灾发生后，市政府成立了信息发布办公室，在蓟县"6·30"莱德商厦火灾发生当晚通过北方网第一次发布信息称，初步确认这次火灾中，10 人死亡，16 人受轻伤；7 月 6 日，市政府第二次发布信息称，经过 DNA 比对，确认了此次火灾中有 10 名人员遇难，并公布了遇难者名单；7 月 15 日，市政府第三次发布消息称，火灾事故犯罪嫌疑人已移送司法机关处理，相关责任人正在调查认定。期间，互联网上出现了大量谣言，例如，7 月 5 日，一个自称"武警战士"的网民发布消息谎称，蓟县莱德商厦火灾发生后，当时有 5 辆卡车拉着 300 多具尸体运往了蓟县殡仪馆。针对上述谣言，新华网、央视《东方时空》等主流媒体均发布新闻辟谣，公安部消防局指挥中心《舆情传递》中也刊载了《天津蓟县莱德商厦火灾舆情跟踪》。但是，舆情引导和控制不力，造成了负面影响。这也再次提醒我们在处置有人员伤亡火灾时，情况通报机制的建立和完善是非常重要的一项工作，切不可掉以轻心，给坏人以可乘之机。

附：图 3.1.1　单位位置示意图

　　图 3.1.2　初战阶段力量部署示意图

　　图 3.1.3　总体作战部署示意图

　　图 3.1.4　遇难人员分布示意图

思考题

1. 结合案例分析此类火灾事故主要危险和处置难点。

2. 结合辖区实际，分析人员密集场所灭火预案制订的重点。

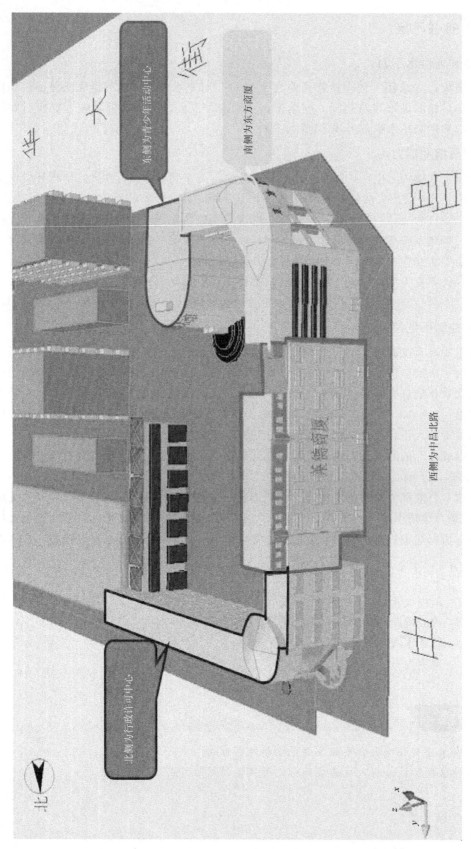

图 3.1.1 单位位置示意图

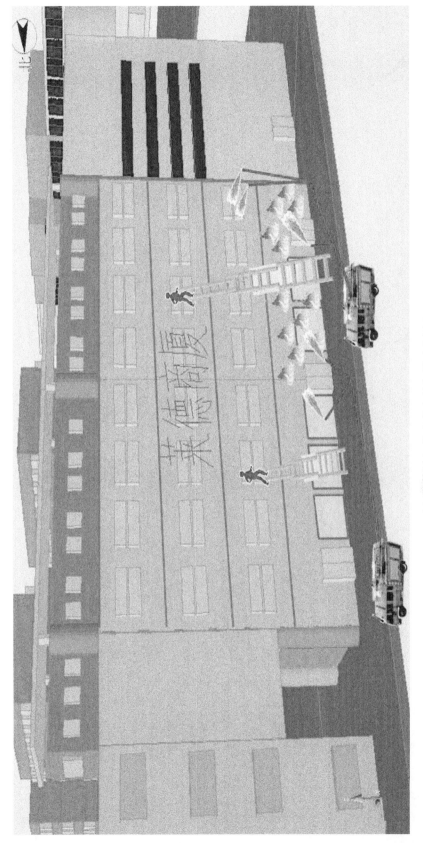

图 3.1.2 初战阶段力量部署示意图

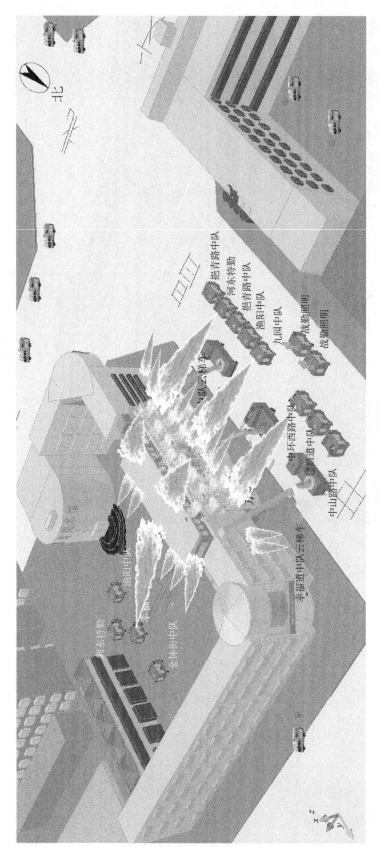

图 3.1.3　总体作战部署示意图

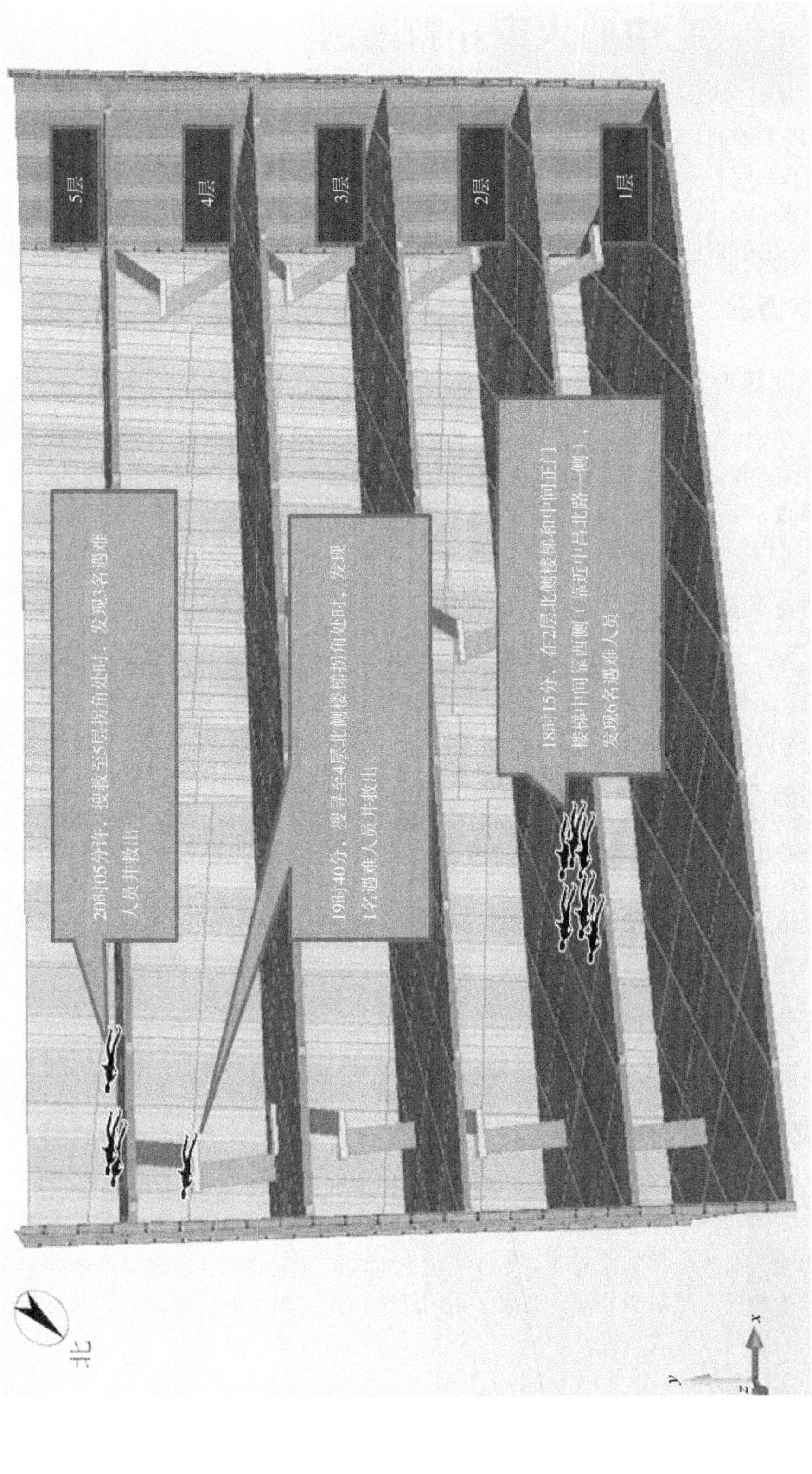

图 3.1.4 遇难人员分布示意图

案例 2 北京市 "10·11" 喜隆多购物中心火灾扑救案例

2013 年 10 月 11 日 2 时 59 分，北京市公安消防总队作战指挥中心接到石景山区苹果园南路 13 号（喜隆多购物中心）发生火灾的报警，先后调集 15 个消防中队、63 辆消防车、300 余名消防官兵到场扑救火灾，调集总队及石景山、海淀消防支队全勤指挥部到场指挥。经过参战官兵的扑救，10 时 20 分火势得到控制，11 时许大火被扑灭，成功保住了起火建筑 1、2 层摊位及周边毗邻建筑，在此次火灾扑救中有 2 名消防指挥员牺牲。

一、基本情况

（一）单位基本情况

北京市喜隆多购物中心有限公司位于北京市石景山区苹果园南路 13 号，该单位为地上 4 层框架结构连体建筑，1 层为底商，2～4 层局部为购物摊位（小商品批发市场），4 层局部为餐饮，建筑高度 18m，建筑总面积为 8206m²（其中外接彩钢板建筑约 3884m²），有商户 460 家，设安全出口 4 个。

（二）力量调集情况

总队作战指挥中心接警后，首先调派辖区八大处消防中队和邻近的 5 个消防中队、23 辆消防车到场扑救，总队及石景山消防支队全勤指挥部到场指挥，随后又调集了海淀支队全勤指挥部及周边 9 个消防中队，新训团应急处突力量及总队战勤保障基地等增援力量赶赴现场。

（三）消防设施情况

喜隆多购物中心周边 1km 范围内共有地下消火栓 6 个，其中东侧毗邻建筑天宇市场有地下消火栓 1 个（内部），距火场 200m 处 1 个，500m 处 1 个，800m 处 3 个，管径为 300mm。设有室内消火栓 18 个、水喷淋喷头 690 个、湿式报警器 17 个、喷淋泵 2 个、消火栓泵 2 个、灭火器 520 个、疏散指示标志 42 个。

（四）天气情况

当日气温 9～23℃，西北风 3～4 级。

二、火灾特点

（一）立体燃烧

火灾形态多变、荷载大，迅速发展为立体火灾。起火后，火势迅速引燃了西侧外立面广告牌，随即沿广告牌向上及东侧蔓延，形成了封闭式大跨度、大空间建筑火灾，是典型的外立面与大跨度大、空间交叉式火灾。

（二）热量积聚

易燃可燃物多、排烟口少，浓烟辐射热逐层聚集。喜隆多购物中心各层商户间分隔物多为存放可燃商品货架，有大量纸制包装品、纺织品、塑料和橡胶制品，且南侧、东侧外立面被广告牌封死，燃烧速度快，排烟困难，发生火灾后迅速扩散并形成大面积燃烧。

（三）结构复杂

建筑结构复杂、连体搭建，高温燃烧易造成坍塌。该购物中心为钢混、钢架及彩钢板结合式建筑，跨度长、纵深大，4层北侧为钢结构支撑的彩钢板建筑，由于建筑火灾荷载大，发生火灾后建筑内钢架支撑结构易受热变形。

（四）布局无序

功能布局杂乱、内攻受阻，攻坚组挺进极为困难。该购物中心商户多，经营方式复杂多样，集餐饮、购物、娱乐为一体，共有 460 个摊位，摆放货架 1000 余个，且货架间隔较小，通道狭窄。燃烧后导致货架倒塌和燃烧物坠落，堵塞通道，进攻路线严重受阻。

（五）搜救困难

突发人员被困、调整战术，灭火与搜救同步进行。当指挥部接到 2 名同志被困的报告后，指挥部立即调整战斗部署，组成多个搜救组，从北侧、南侧、东南侧三个通道深入火场开展搜救。同时利用挖掘机破拆外围广告牌，打通排烟及灭火通道，并调整水枪阵地紧随保护搜救人员。

三、扑救经过

灭火战斗中，总指挥部坚持"内攻近战、压制火势，堵截蔓延，逐片消灭"的作战思路，先后 3 次调集力量。作战期间，形成有效供水线路 11 条，设置举高车阵地 3 个、水炮阵地 3 个、水枪阵地 19 个，成立灭火、搜救攻坚组 20 个，火灾扑救共分 3 个阶段展开。

（一）初期火灾控制阶段

总队作战指挥中心接警后，首先调派辖区和邻近的 5 个消防中队、23 辆消防车赶赴现场展开灭火战斗，调集石景山消防支队全勤指挥部到场指挥。

3 时 14 分许，辖区中队 4 辆消防车、27 名官兵到场，在西南侧分别出 2 支水枪、1 门移动炮合力压制外立面广告牌火势；随后，增援中队 5 辆消防车、26 名官兵到场。

3 时 37 分许，石景山消防支队全勤指挥部到场，成立现场指挥部。此时外立面火势已得到初步控制，随机命令攻坚组从正门破拆防火卷帘深入 2 层实施内攻。此时，后续增援力量 13 辆消防车、77 名官兵到场。

4 时 07 分许，总队全勤指挥部到场，命令一部云梯车出水炮消灭西南侧 3、4 层外立面残火，攻坚组深入内部内攻灭火。并在火场外部划定供水车辆集结区域，全面协调组织后方供水、战勤保障工作。

（二）灭火攻坚阶段

4 时 18 分许，北京消防总队总队长、参谋长相继到场，听取指挥部汇报后，果断调集朝阳、海淀、丰台消防支队及总队消防培训基地增援力量，确定了"分割、堵截、夹攻、合击"的战术方法，将火场分为南侧、北侧、东侧 3 个战斗面。

火场南侧：成立2个攻坚组出5支水枪，强行堵截2层内部向东侧蔓延的火势；待控制火势后，破拆两道防火卷帘，延伸3支水枪继续对3层火势进行控制；增派1个攻坚组出2支水枪深入3层协助内攻灭火，成立1个攻坚组进行替补增援。

火场东侧：根据现场火情侦察，火势危及商场东侧毗邻建筑，情况万分危急，石景山消防支队参谋长转移指挥阵地，带领八大处消防中队副中队长沿东侧楼梯进入3、4层开展内部侦察，并命令出1支水枪进行掩护，1支水枪在3层阻止火势向东侧毗邻建筑蔓延。

火场北侧：部署5个攻坚组，分别在北侧2、3、4层沿外部楼梯铺设水带，压制向东侧蔓延的火势，其中4层1支水枪担负着冷却液化石油气罐的任务。

6时24分许，经过3个多小时的燃烧，三层内部温度高，攻坚组难以向前推进，已成"火强我弱"的态势。就在此时，指挥部接到石景山消防支队的报告，指挥内攻的支队参谋长和八大处消防中队副中队长失去联系。

（三）灭火搜救阶段

6时30分许，北京市公安局、北京市公安消防总队有关领导相继赶到现场，强化现场组织指挥工作，指挥部立即对战斗任务作了进一步明确：一是全力搜救，组成多支搜救组从火场东侧、南侧、北侧全力搜救失联人员；二是利用挖掘机破拆南侧广告牌，打开排烟、灭火通道；三是组织攻坚力量掩护搜救人员和内攻灭火；四是立即控制相关责任人，做好火灾原因调查。北京市灭火应急联动力量到场后也分别开展现场秩序维护、远端疏导、供水、开辟进攻通道等辅助和保障工作。

火场南侧：组织3个攻坚组从南侧正门进入2、3层内部实施灭火搜救；另4个攻坚组沿南侧东部和西部分别架设三节拉梯深入3层灭火。

火场东侧：出1门车载水炮压制火场东侧3、4层火势，出2支水枪深入东侧3、4层实施灭火搜救。待火场南侧搜救完毕后，再次组成3个攻坚组，从东侧疏散楼梯依次进入2、3、4层内部实施搜救灭火。

火场北侧：部署1支水枪通过西北角处外部楼梯和3层顶部通道控制4层内部火势；并在2层顶部自西向东破拆3层北侧外立面彩钢板（破拆21个排烟口）；转移北侧疏散楼梯2、3、4层3支水枪至北侧2层顶部，透过3层外立面，进行排烟灭火。

10时20分许，经过全体参战官兵艰苦作战，火势得到有效控制；11时许明火被彻底扑灭。指挥部立即命令所有参战力量全面转入人员搜救阶段。

12时许，按照任务分工开始对1~4层进行拉网式搜救；同时为加强搜救力量，指挥部再次调集消防总队新训团100人应急处突力量参与搜救工作。

15时21分许，在火场3层西北角坍塌的废墟处发现了被埋压的北京市石景山区消防支队参谋长和八大处消防中队副中队长2名战友，经现场急救人员确认2名战友已经牺牲。

16时许，经过对埋压的2人遗体全力实施营救，2名战友遗体被抬出。

四、案例分析

（一）经验总结

1. 力量调集充分

火灾发生后，北京市消防总队作战指挥中心调集5个公安消防中队、23辆消防车、100

余名官兵和总队、参战消防支队全勤指挥部赶赴现场遂行灭火作战任务；北京市政府应急办接到报告后及时启动《北京市重大灾害事故应急处置预案》；北京市公安消防总队启动局党委成员召回机制，全面投入灭火救援战斗指挥，并结合火势发展情况陆续调集 10 个消防中队、40 辆消防车、200 余名消防官兵及总队新训团 100 人应急处突力量到场增援。

2. 官兵作风顽强

指挥部确定"内攻近战、压制火势、堵截蔓延、逐片消灭"的作战思路后，根据火势发展变化情况，果断决策，科学部署，特别是铁军攻坚组，在火势最猛烈阶段，破拆障碍，纵深火场内部，开展灭火和搜救战斗。

3. 预案启动及时

火灾发生后，北京市消防总队启动《战勤保障预案》，北京市政府应急办协调公安、交通部门维持秩序、远端疏导、开辟应急通道；市政、环卫部门出动 25 辆洒水车为现场供水；住建部门出动 2 辆挖掘机开辟进攻通道；供电、急救等社会联动力量也到场配合作战。

4. 作战保障有力

灭火战斗中，各战斗阵地全面发挥举高喷射车、大功率水罐车等作战车辆和破拆、排烟、搜救等高精尖器材装备的作用，并按照模块化保障结构设计，调集灭火、抢险保障模块，全时段确保火场器材装备补给供应。同时，各参战力量科学占领有效水源，大批量调集供水中队，采取串联供水的方式有效保障各战斗阵地用水充足。

（二）存在不足

1. 现场通信不畅

存在通信联络不畅通、通信器材使用不规范、不按规定使用电台、不能坚持值守电台等现象，致使参战力量在各战斗阶段及水枪阵地执行指挥部命令迟缓。

2. 灭火技能不强

灭火救援战斗技能有待加强。一是止水器使用不当，部分中队攻坚组内攻灭火时未携带止水器，导致往返作业，人员体力消耗较大；二是基础技能亟待强化，部分战斗员射水姿势、方向单一，对部分常规破拆装备使用不熟练。

3. 安全管理缺位

作战行动安全落实不到位。一是个人防护意识有待加强，个别指挥员未携带呼救器，部分战斗员未佩戴手套，未能较好预判火场发生坍塌的情况；二是安全员职责不明确，进入火场人员未及时登记空气呼吸器使用时间，未做到同进同出，战斗员调整后未及时告知双方指挥员等；三是安全防护措施不到位，2 名指挥员在火场内部侦察过程中仅携带强光灯、空气呼吸器、呼救器等基本的侦察和自身防护装备，没有采取设置导向绳等必要的安全措施。

4. 火场情况不熟

"六熟悉"工作不够深入扎实。对着火建筑结构情况不够熟悉，没有预先得知建筑 4 层为钢结构支撑的彩钢板，由于建筑火灾荷载大、燃烧时间长、内部温度高，发生火灾后建筑内钢架支撑结构受热变形，导致 4 层北侧发生坍塌，造成人员伤亡。

（三）改进措施

1. 强化实战训练

坚持训战一致，突出实战化练兵。以总队培训基地为中心，通过全力推进专业化培训，重点解决"如何打仗""如何打胜仗"的问题。坚持从难从严、从实战需要出发的原则，转变基层训练模式，进一步规范组训方式方法，制订贴近实战的各类模拟训练操作规程，编制模拟训练设施操法，组织基层指挥员、攻坚班组集中开展高温、浓烟、黑暗等实战环境下的适应性训练和高层、地下、石油化工、地震倒塌等模拟化演练，提高各级指挥员临危处置和攻坚班组攻坚制胜能力。

2. 突出现场演练

进一步强化特殊建筑火灾战术研究和实战演练。通过这次火灾，我们已深刻认识到当前灭火救援工作面临的严峻考验，随着北京市城市化进程加速，类型、典型、特型灾害事故不断发生，系统安全控制难度增大，需更深层次研究灭火救援战术战法，不断总结成功经验，抓好战评，并结合辖区内所有重点单位开展拉网式实战演练，通过演练不断完善灭火救援预案，全面提升重大火灾事故灭火救援实战能力。

3. 注重作战安全

加强个人安全防护，确保灭火作战行动安全。加强全体官兵安全教育，强化官兵自我防范意识，抓实个人安全防护，并贯穿整个灭火作战行动的全过程，在采取登高、内攻、破拆、救人等战斗行动时，参战人员必须要精、要强，要有一定的火场经验，在保证安全防护的基础上做好突发情况处置各项准备，将整个战斗行动危险降到最低。同时，为规范灭火救援作战行动，加大对不按规程处置、违反火场纪律、忽视火场安全等行为的处罚力度，北京公安消防总队制定了相应的作战准则，有效规范了灭火救援现场秩序，提升了官兵安全防护意识。

附：图 3.2.1 喜隆多购物中心方位图

图 3.2.2 第一阶段建筑东、南侧初战力量部署图

图 3.2.3 第二阶段建筑东、南侧 2 层灭火内攻力量部署图

图 3.2.4 第二阶段建筑东、南侧 3 层灭火内攻力量部署图

图 3.2.5 第二阶段建筑北侧灭火内攻力量部署图

图 3.2.6 第三阶段建筑北侧灭火搜救力量部署图

图 3.2.7 第三阶段建筑东、南侧 3 层灭火搜救力量部署图

图 3.2.8 第三阶段建筑东、南侧 4 层灭火搜救力量部署图

图 3.2.9 第三阶段建筑东侧灭火搜救力量部署图

？ 思考题

1. 结合案例，分析火灾事故安全防护带给我们的启示。

2. 结合案例，分析平时训练中应注重哪些环节？

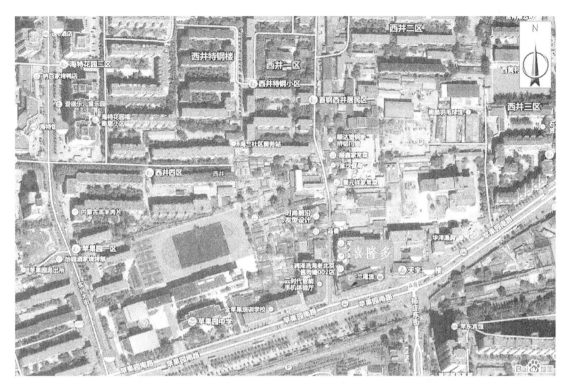

图 3.2.1　喜隆多购物中心方位图

图 3.2.2　第一阶段建筑东、南侧初战力量部署图

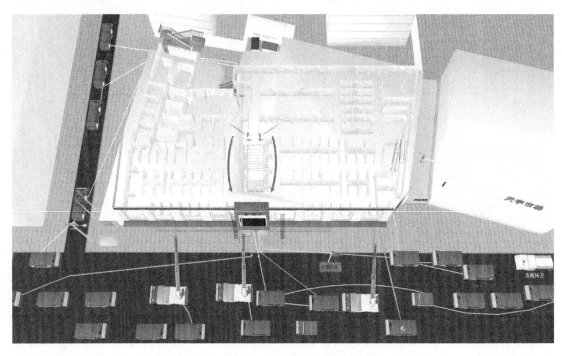

图 3.2.3　第二阶段建筑东、南侧 2 层灭火内攻力量部署图

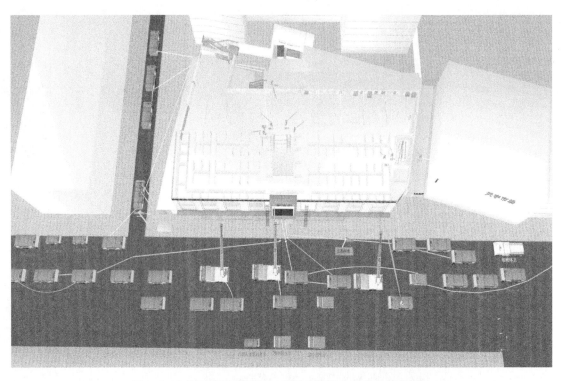

图 3.2.4　第二阶段建筑东、南侧 3 层灭火内攻力量部署图

图 3.2.5　第二阶段建筑北侧灭火内攻力量部署图

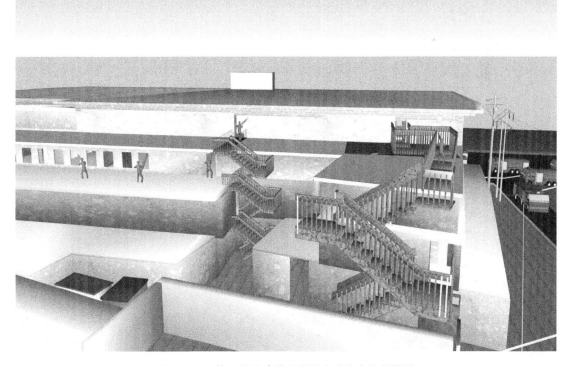

图 3.2.6　第三阶段建筑北侧灭火搜救力量部署图

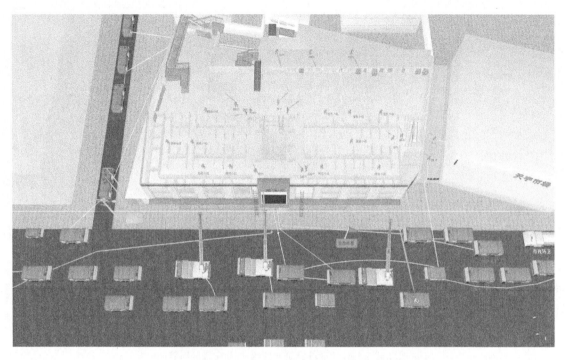

图 3.2.7　第三阶段建筑东、南侧 3 层灭火搜救力量部署图

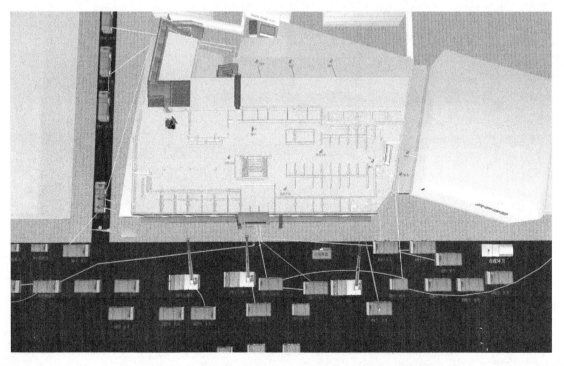

图 3.2.8　第三阶段建筑东、南侧 4 层灭火搜救力量部署图

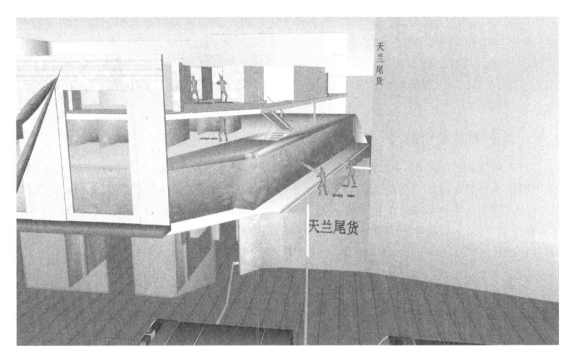

图 3.2.9　第三阶段建筑东侧灭火搜救力量部署图

案例 3　襄阳市"4·14"迅驰星空网络会所火灾扑救案例

2013 年 4 月 14 日 6 时许，位于湖北省襄阳市樊城区前进路 158 号的一景城市花园酒店 2 层迅驰星空网络会所发生火灾。襄阳市公安消防支队接警后，先后调集 6 个公安消防中队、1 个战勤保障大队，共 16 辆消防车、126 名官兵赶赴现场扑救火灾，支队全勤指挥部遂行出动。8 时 48 分火灾被扑灭，参战消防官兵先后疏散和抢救被困人员 68 人。此次火灾过火面积约 510m²，共造成 14 人死亡、47 人受伤。

一、基本情况

（一）地理位置

一景城市花园酒店位于襄阳市樊城区前进路 158 号，东面为龙池温泉会所，南面为民房，西面为前进路，北面为瑞泰欣城小区。辖区樊东消防中队距酒店 1.8km，特勤一中队距酒店 3.3km。

（二）单位情况

一景城市花园酒店建筑为砖混结构，高 19.8m，占地面积 947m²，建筑面积 4044m²，主体建筑 5 层，局部 6 层，呈 "L" 形，分为西侧、北侧两部分，长边向西，短边向北。在南侧、东侧和北侧各有一部疏散楼梯，装有木质防火门。其中南侧楼梯可以直通局部的 6 层，其他两部楼梯通往 5 层，南侧设有一部电梯。建筑 1 层为临街商铺及酒店大堂、餐厅，建筑面积 947m²，其中西侧长边为临街商铺（共 8 间）和酒店大厅，北侧短边为多功能餐厅；2 层为迅驰星空网络会所和餐厅包房，建筑面积 842.1m²，其中西侧长边为网吧（396.74m²），北侧短边为餐厅包房（6 间）；3～5 层为酒店客房，每层建筑面积 647.78m²，每层客房 18 间；6 层建筑面积 176.83m²，有客房 4 间。酒店共有 58 间客房，其中 20 个单间，38 个标间。

（三）着火部位情况

着火部位为 2 层网吧，分为大厅区和包房区，共有 146 台电脑。大厅区位于网吧东部，采用钢架在 2 层东面约 205m² 的露台上搭建，西面高度 3.3m，东面高度 2.6m，向建筑外倾斜 5.8°，顶棚为彩钢板（中间夹聚苯乙烯泡沫），顶棚下采用石膏板吊顶，东面为玻璃外墙（装有窗帘），分 6 排沿东西方向布置 84 台电脑。包房区位于网吧西部，为砖混结构，由包厢、竞技区、机房、卡座共 11 间组成，共放置 62 台电脑。

（四）消防设施情况

该建筑除 2 层网吧外，均设有室内消火栓系统、火灾自动报警系统和自动灭火系统，泵房位于 1 层东侧楼梯口，消防控制室位于南侧楼梯口，共有室内消火栓 17 个，其中 2 层 2 个，分别位于南侧和东侧楼梯口，3 层以上每层 5 个，分别位于三部楼梯口及两侧走廊中间。

（五）水源情况

酒店 300m 范围内共有 3 个市政消火栓，环状管网，管径 400mm，压力为 0.25MPa。分别位于北面 10m 处、南面 100m 处、南面 300m 处。

（六）事故原因

经调查，此次火灾起火时间为 5 时 40 分许，起火原因为 2 层网吧包房区、竞技场一区吊顶内的电气线路短路引起。

（七）天气情况

火灾发生当日天气晴，气温 16～27℃，微风小于 3 级，湿度 44％。

二、火灾特点

（一）火势蔓延迅猛

室内装修采用的可燃材料及电脑部件燃烧产生大量浓烟和有毒气体，沿着网吧坡形屋顶向建筑内部集中，通过网吧吊顶、封闭楼梯间敞开的防火门向上迅速蔓延，并通过空调通风口直达房内。酒店各楼层走廊所有窗户均处于关闭状态，大量浓烟、高温有毒气体聚积在酒店 3～5 层走廊及客房内（宾馆监控录像显示 6 时 47 分 37 秒宾馆 5 层 501 房间有人坠楼），是直接造成人员伤亡的主要原因。

（二）人员疏散困难

建筑内部共有三部疏散楼梯，其中两部被封堵（北侧楼梯 2～3 层之间被防盗门锁死、南侧楼梯被火势封堵），北部客房外窗全部装有钢制防盗网，致使被困人员无法逃生自救。宾馆当日登记入住的 67 人分散在 54 个房间内，只有及时从外部开辟救生通道，打通被封堵的楼梯，才能快速营救被困人员。

（三）消防作业面狭窄

建筑西面非机动车道被外来车辆占用后不足 4m 宽，加之建筑物与非机动车道之间有树木及架空线缆，北面紧临建筑的绿化带宽度为 15.9m，致使举高车、高喷车无法展开救援。加上西面浓烟烈火从窗口窜出，窗户玻璃炸裂坠地，消防车难以抵近，救生气垫无法铺设，只能使用拉梯、挂钩梯、绳索等开辟通道救人。

（四）固定消防设施失效

火灾发生后，消防控制室无人值班，消防泵处于手动状态，自动消防设施形同虚设。消防官兵内攻时发现室内消火栓系统无水，宾馆断电后消防泵房无法启动，在高温浓烟环境下，消防官兵只能沿楼梯通过水枪梯次推进，强攻近战灭火，破拆房门救人。

实际上，消防官兵应该具有应急启动固定消防设施的能力，如果做到这一点，遇难的人员可能会少一些。

三、扑救经过

（一）调集力量，救人控火

1. 调集力量，启动预案

6 时 47 分 12 秒，襄阳市公安消防支队作战指挥中心接到报警称前进路与幸福路口一网吧着火。指挥中心接警后，于 6 时 48 分 59 秒调集特勤一中队 2 辆水罐车出动。

6 时 51 分，特勤一中队指挥员途中与报警人联系后，利用手持台增调本中队 1 辆举高车、1 辆高喷车、1 辆水罐泡沫车、1 辆抢险救援车出动，并向指挥中心请求增援。指挥中心立即调集樊东中队 2 辆水罐车及支队全勤指挥部前往增援。

7 时 02 分，根据全勤指挥部命令，指挥中心先后调集樊西、襄城、特二、襄州等 4 个消防中队和战勤保障大队 8 辆消防车和 55 名官兵赶赴现场增援及社会联动力量协助救援，同时向湖北省公安消防总队和襄阳市委、市政府、市公安局报告情况。湖北省公安消防总队总队长、政治委员随即率领总队司令部、防火部相关人员赶赴现场指挥火灾扑救。

2. 疏散人员，内攻控火

6 时 57 分，特勤一中队、樊东中队相继到场。经侦察发现：2 层网吧已全部燃烧，西侧网吧包房火势从 2 个窗口向外翻卷，东侧网吧大厅火势已处于下降阶段，玻璃墙已全部爆裂；3 层南侧 4 间客房及 3、4、5 层部分走廊出现明火，整栋建筑内部已充满浓烟，3～5 层部分客房窗口有人员呼救，群众反映已有 3 人跳楼，室内消火栓无水。

特勤一中队立即将力量分成四组：一是从外部开辟救生通道救人，第一组、第二组分别从西侧、北侧利用拉梯与挂钩梯联挂开辟救生通道，营救在窗台的被困人员；二是深入内部救人、灭火，第三组从南侧楼梯进入内部疏散营救被困人员，第四组从西侧单干线出 2 支水枪掩护搜救，控制火势向上蔓延，22m 举高车在北侧出 1 支水炮掩护救人。

樊东中队进入院内单干线出 2 支水枪，从南侧楼梯掩护特勤一中队疏散营救被困人员，压制火势，组织 2 个搜救组从东侧楼梯进入客房部营救被困人员，同时实施破窗排烟。

（二）全力搜救，强攻灭火

7 时 15 分许，全勤指挥部及增援力量相继到场。指挥部当即确定了"内部救人与外围救人相结合，救人与灭火同步展开"的作战方案，调整力量部署：在加强特勤一中队、樊东中队已开辟的救生通道救人灭火的同时，重新开辟救生通道强攻灭火救人。

1. 强攻近战，全力救人

参战各消防中队共开辟 7 个救生通道，组织 13 个搜救组，在 9 支水枪的掩护下全力营救被困人员、控制火势蔓延。

一是襄城消防中队利用举高车从东侧营救被困人员，樊西消防中队从西侧外围开辟 1 个救生通道，营救被困人员。

二是樊西消防中队 1 个搜救组在 2 支水枪的掩护下，从北侧楼梯破拆防盗门进入 4 层营救被困人员。

三是襄城消防中队、特勤二中队组织 3 个搜救组在 3 支水枪的掩护下，从南侧楼梯分别进入 3、4、5 层营救被困人员。

四是襄州中队 2 个搜救组从东侧楼梯进入 5 层营救被困人员。

五是襄城、特勤二中队各组织 2 个破拆小组破拆客房走廊所有外窗玻璃，实施自然排烟。

特勤一中队、樊东中队、樊西中队共 6 支水枪在掩护搜救的同时扑灭 2 层网吧火灾；襄城、特勤二中队共 3 支水枪在掩护搜救的同时消灭 3～5 层部分客房、局部走廊火灾。

2. 就近占据水源，力争供水不间断

在全力开展灭火救人的同时，指挥部命令参战中队就近占据 3 个市政消火栓，并利用消防车运水供水，确保现场供水不间断。

一是特勤一中队、襄城消防中队、樊西消防中队分别使用 10m、100m、300m 处市政消火栓铺设供水干线。

二是襄州、特一、樊东、樊西消防中队共 6 辆消防车，环卫 1 辆洒水车采用运水供水的方式向火场供水。

（三）消灭残火，清理现场

8 时 48 分，明火基本被扑灭。指挥部一方面组织官兵对网吧及过火房间进行逐一清理，防止复燃，另一方面组织人员对所有客房开展拉网式搜索，防止遗漏。

9 时 30 分，现场清理完毕。火灾造成 2 层网吧全部烧毁，一景城市花园酒店 3 层 4 间客房及 3～5 层走廊局部吊顶过火，面积约 510m²，参战官兵通过外部开辟的 4 个救生通道营救 15 人，通过 3 部楼梯营救 25 人，疏散 28 人。

四、案例分析

（一）经验总结

1. 调集足够增援力量

襄阳公安消防支队作战指挥中心值班员在调集第一出动力量后，根据后续信息迅速

升级灾情，共调集 6 个消防中队、1 个战勤保障大队，共 16 辆消防车、126 名官兵赶赴现场救援，同时通知防火处及辖区大队相关人员赶赴现场，通知交警、派出所、医疗、供水、供电、环卫等相关部门到场协助救援（离现场仅 500m 的铁路中心医院在辖区中队之前到场），并迅速向湖北省公安消防总队和襄阳市委、市政府、市公安局报告灾情。

2. 坚持"救人第一"

首批力量到场时，2 层网吧已全部燃烧，并向上蔓延，现场浓烟滚滚，3~5 层客房窗口有大量人员呼救。现场指挥员紧紧围绕"救人第一"的指导思想，组织参战官兵先后采用拉梯与挂钩梯联挂、绳索攀爬、举高车救援等方式从建筑外围开辟救生通道，在烟雾浓、毒气重、火场温度高的情况下，顽强组织内攻，打开封闭的疏散通道，短时间内建立 7 个救生通道，组织 13 个搜救组利用梯次进攻、交替掩护方式，从外部营救 15 人，在内部营救 25 人，在酒店各层疏散 28 名被困人员。

3. 进行网络舆情引导

火灾发生后，媒体和网民高度关注。湖北省公安厅、消防总队、襄阳市政府分别成立了火灾舆情处置领导小组，全天候对报纸、电视、电台、网络等舆情进行收集、整理，针对网上质疑出警慢、无云梯车、未铺设气垫、消火栓无水等问题，襄阳市委宣传部统一召开 3 次新闻发布会，发送官方微博 27 条，上传视频、图片 18 批次，发帖、评论 543 条次，在中央电视台《新闻 24 小时》《焦点访谈》以及新华社、中新社等媒体栏目上发布权威信息，尽力引导舆情。

（二）存在不足

1. 单位自救能力弱

此次火灾的起火时间为 5 时 40 分许。火灾发生后，网吧值班人员未组织人员疏散和火灾扑救，离开现场时未报警，也未告知宾馆值班人员；宾馆值班人员发现起火后，见火灾无法扑灭，随即离开现场逃生，未组织人员疏散，也未报警。6 时 47 分 12 秒襄阳市公安消防支队指挥中心接到首个报警电话，6 时 57 分辖区消防中队到场时，此时网吧已全面燃烧并向宾馆蔓延。由于报警迟、初期控制不力，贻误了最佳的灭火救援时机。

2. 部队战斗准备不充分

一是举高类车辆配备不足。襄阳市区已建成的 50m 以上高层建筑有 101 栋，但城区只有 4 辆举高车，最高的只有 32m，无法满足当前城市灭火救援的实际需要。二是现有装备使用不足。此次火灾扑救中，参战官兵从外围开辟救生通道时，习惯于使用两节拉梯、挂钩梯，不习惯用 15m 金属拉梯；救人过程中，习惯使用湿毛巾，不习惯使用空气呼吸器；内攻灭火时，习惯使用水枪，不习惯使用移动水炮。

3. 指挥员指挥能力弱

基层指挥员对人员密集场所灾害事故认识不足、准备不充分、临战意识不强，在火场燃烧猛烈并有大量人员被困的情况下，感到恐慌，不能清醒地判断火场主要方面和冷静地指挥灭火作战。

（三）改进措施

1. 做好灭火救援准备工作

一是加强全勤指挥部建设，调配精干人员充实全勤指挥部，规范执勤秩序，实行全勤指挥部和大队主官联勤联动，实现专业化指挥；二是配齐配强灭火救援装备，将拉梯、挂钩梯、15m金属拉梯等救援器材编在第一出动编成，将移动水炮等大流量射水器材放在首车，以满足火场需求；三是加强第一出动，确保第一出动力量不少于15t水；四是加强辖区结合部力量调集，今后凡辖区结合部火灾，同时调集辖区中队和邻近中队同时出警。

2. 强化指挥员能力培训

一是加强业务培训，使基层指挥员熟练掌握灭火救援基本理论和各类灾害的处置规程；二是加强案例学习，每一名基层指挥员至少熟悉10个以上国内典型灭火案例；三是建立灭火救援评价机制，对每一起灭火救援从接警出动、途中指挥、灾情侦察、战斗展开、安全防护、主攻方向把握等环节进行得失评价，进一步提高基层指挥员大局掌控和初战指挥能力。

3. 深化执勤岗位练兵

一是加强攻坚组建设，按照"高""精""尖"的标准，配强攻坚组人员，配齐攻坚组装备；二是开展浓烟、毒气、黑暗、高温、高空等特殊环境下的适应性训练，提升攻坚组突破攻坚能力；三是强化高层、地下、人员密集、石油化工等场所的火情侦察、楼层进攻、破拆排烟、强攻排险等操法训练，缩短练与战的距离，提升部队专业处置能力；四是强化接警员素质培训，定期开展辖区情况熟悉和接处警能力考核，不断提高指挥中心接警员专业化水平。

4. 培育战斗精神

一是强化辖区灾害事故研讨，熟悉辖区灾害类型和处置对策，对症下药，建立科学的应对措施；二是加强战训骨干队伍建设，优化战训干部生长环境，保留战训骨干；三是培育战斗精神，建立严格的奖惩措施，从平时训练的一招一式、一点一滴抓起，提高官兵的战术素养和快速反应能力，培育敢打必胜的战斗精神。

附：图 3.3.1　一景城市花园酒店总平面图
　　图 3.3.2　2层平面示意图
　　图 3.3.3　第一阶段力量部署图
　　图 3.3.4　第二阶段力量部署图
　　图 3.3.5　遇难人员分布图

？ 思考题

1. 结合案例，分析此类火灾救人方法。
2. 结合辖区实际，分析此类火灾扑救行动要点和注意事项。

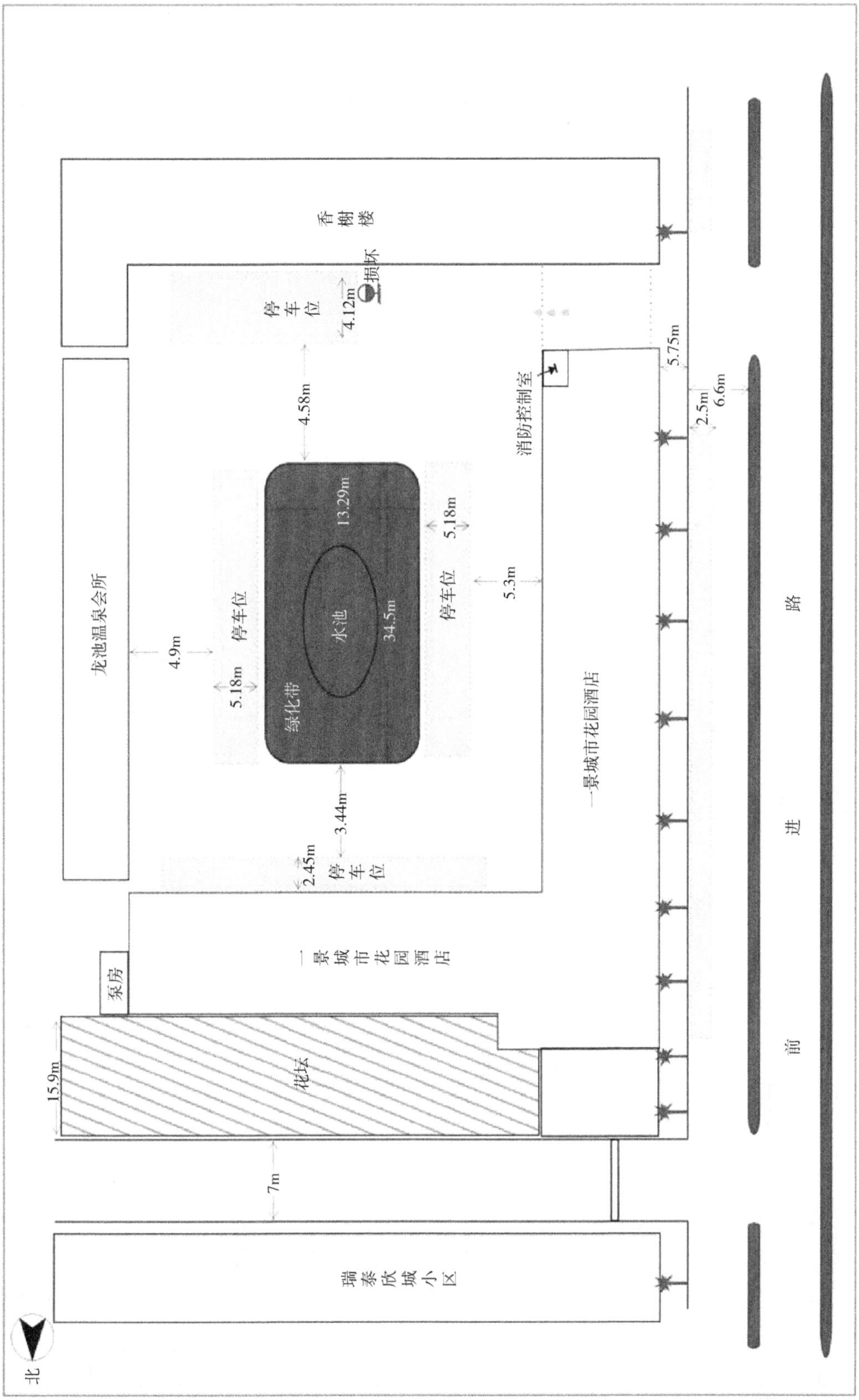

北

香樹楼

损坏

停车位

4.12m

4.58m

停车位

13.29m

水池

34.5m

停车位

5.18m

5.3m

消防控制室

5.75m

2.5m

6.6m

龙池温泉会所

4.9m

5.18m

绿化带

2.45m

3.44m

停车位

一景城市花园酒店

泵房

花坛

15.9m

7m

瑞泰欣城小区

进

前

路

一景城市花园酒店

图 3.3.1 一景城市花园酒店总平面图

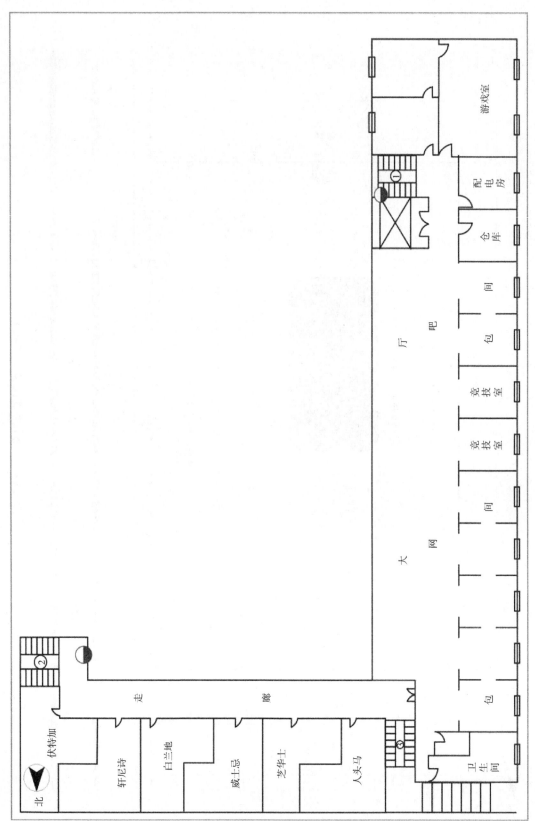

图 3.3.2　2 层平面示意图

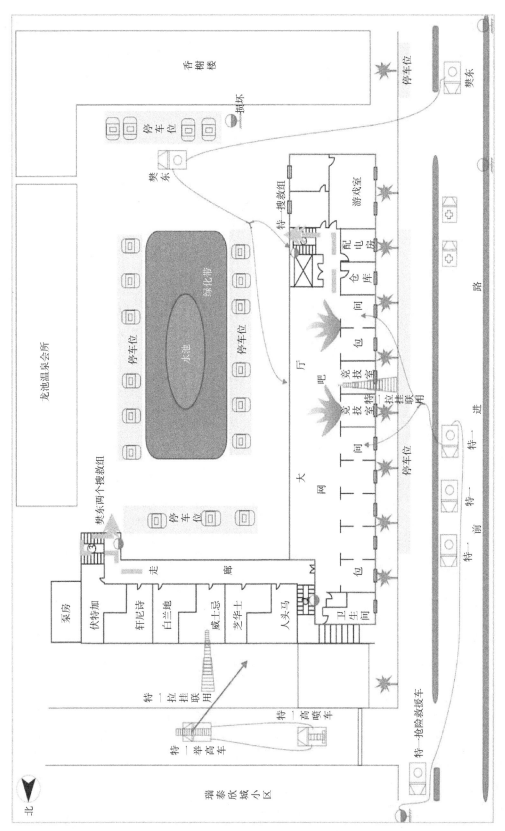

图 3.3.3　第一阶段力量部署图

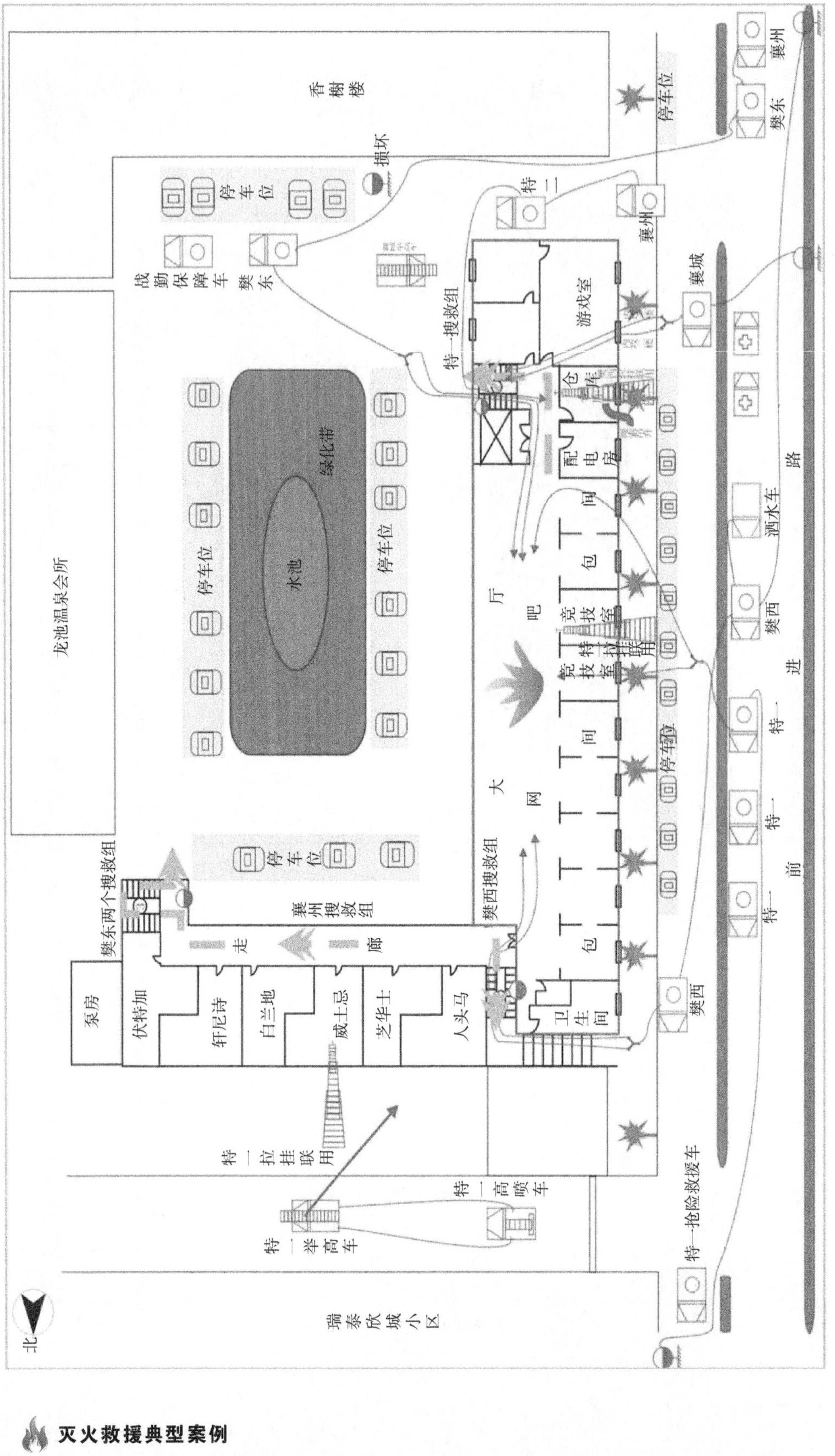

图 3.3.4 第二阶段力量部署图

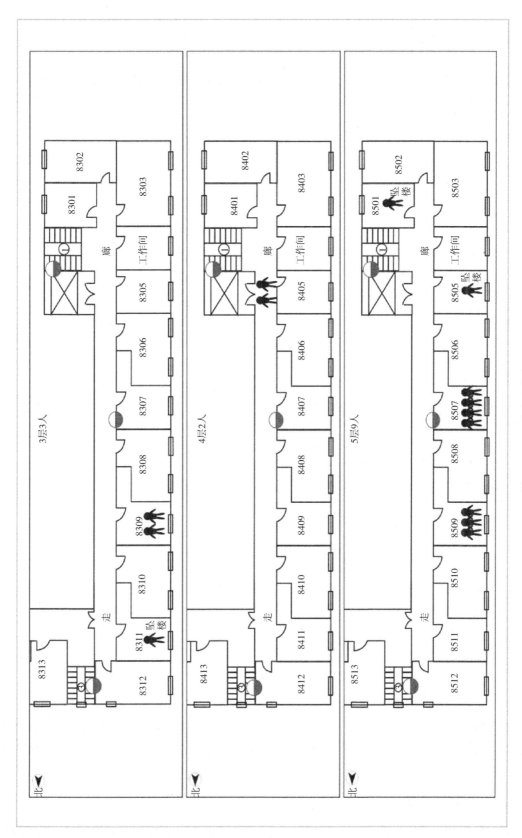

图 3.3.5　遇难人员分布图

案例 4　黑龙江"9·1"哈尔滨金龙商厦火灾扑救案例

2014年9月1日20时59分，哈尔滨市公安消防支队作战指挥中心接到道外区金龙商厦有限公司发生火灾的报警后，立即启动《哈尔滨市重特大火灾事故应急预案》，调派22个公安消防中队、78辆消防车、480名指战员迅速赶赴现场扑救火灾，同时调集公安、交警、电力、市政、医疗等应急联动单位到场协同作战，并第一时间向总队作战指挥中心和市政府应急救援指挥中心报告灾情。火灾于9月2日1时15分得到有效控制，4时23分明火被彻底扑灭，11时现场监护清理工作结束。此次火灾过火面积约16700m²，射水1216余吨，疏散1000余人，保护了商厦1层周边商铺和周围300余户居民住宅的安全。火灾造成2人死亡、2人失踪。

一、基本情况

（一）单位概况

起火建筑位于哈尔滨市道外区南十六道街191号，处于道外区繁华商业区中心地带。东侧为西顺街，宽度9m，相距11m为荟芳里小区；南侧为孝纯街，宽度8m，相距11m为建筑工地；西侧为南十六道街，宽度9m，相距12m为露天市场；北侧为仁里街，宽度18m，相距21m为居民住宅。

该建筑始建于1992年，长方形建筑，总建筑面积21191.2m²，地上3层，地下1层；建筑高度15.05m，砖混结构，楼板为混凝土预制板，耐火等级二级，属多层公共建筑。该建筑由金龙商厦有限公司（以下简称金龙商厦）和玛克威外贸服装商场（以下简称玛克威商场）两家单位合用，两家单位的1～2层中间用防火墙分隔。建筑内南侧为金龙商厦，地上3层，地下1层，总建筑面积18572.2m²。地下1层处于闲置状态，地上1层主营服装，地上2层主营针织品，地上3层主营百货、服装。建筑内北侧为玛克威商场，地上2层，总建筑面积2619m²，主营服装。

建筑内部有自动扶梯1部，位于建筑中间部位，由1层通往2、3层。有疏散楼梯5部，其中3部位于金龙商厦内，直通地下1层至地上3层；另2部位于玛克威商场，由1层通至2层。该建筑1层共有通向室外的安全出口8个。

该建筑设有消防控制室、防火卷帘、消火栓、自动喷淋、防排烟等固定消防设施。有消防泵3个、水泵结合器3组、烟感报警器187个、温感报警器96个、喷淋头1262个、消火栓47个、灭火器500个，每层防火分区6个。有消防水池1个，储水量90t；消防水箱1个，储水量50t。

（二）消防水源情况

建筑周边有4处消防水鹤，分别为距离火场5m的仁里街水鹤、距离火场1000m的北十八道街水鹤、距离火场1100的振江街水鹤、距离火场1700m的南极街水鹤，流量均为50L/s。

（三）起火原因

起火原因初步认定为商厦夜间停业后，工人焊接3层自动扶梯时，电焊火花引燃周边可燃物。

（四）天气情况

当日气温为 14～27℃，多云，偏南风，风力 1～2 级。

二、扑救经过

（一）多点启动，加强首批力量调派

支队 119 作战指挥中心接到报警后，调派责任区道外中队和临近的承德、太平、道里、爱建、南岗、化工、动力等 8 个中队、46 辆消防车、177 名官兵到场扑救，支队全勤指挥部遂行出动。

支队全勤指挥部于 21 时 40 分增派开发区、供水破拆、清障排烟、战勤保障、太阳岛、群力、新香坊、哈西、世茂、平房、香坊、南直、顾乡、阿城等 14 个中队到场增援，并调集公安、交警、电力、市政、医疗等应急联动单位到场协同作战。同时，将现场情况上报总队作战指挥中心和市政府应急救援指挥中心。至此，共调集了 22 个公安消防中队、5 个社会联动单位、78 辆消防车、480 名官兵到场扑救。

（二）堵截火势，全力搜救被困人员

21 时 07 分，责任区道外大队指挥员和道外中队 23 名指战员、6 辆消防车到达现场。经侦察，商厦 3 层约三分之二的面积已过火，现场浓烟滚滚、温度极高，猛烈的火势由窗口喷射而出，火势已处于猛烈燃烧阶段；2 层自动扶梯周围已过火，猛烈的火势正向 1 层蔓延，且有人员被困，位置不明。大队指挥员命令：防火参谋占领消控中心，启动固定消防设施；中队一个攻坚组从商厦东侧楼梯进入 3 层，利用室内消火栓出 1 支水枪堵截火势，并掩护搜救组；搜救组由建筑东南侧楼梯进入 3 层，搜救被困人员；2 个攻坚组利用水罐消防车出 2 支水枪交替掩护、梯次进攻，进入 2 层直击自动扶梯周围火点，并在 2 层西南侧楼梯间利用室内消火栓出 1 支水枪堵截火势。21 时 09 分承德中队 22 名指战员、5 辆消防车到达现场，向大队指挥员请示作战任务后，立即展开战斗，2 个搜救组在商厦北侧架设 15m 金属拉梯进入 3 层（由于有高压线，举高车无法使用），边破拆排烟边在水枪掩护下搜救被困人员；攻坚组在商厦西侧 1 层直通 3 层的孔洞处堵截火势向垂直方向蔓延。21 时 15 分左右，道里、太平、爱建 3 个中队 63 名指战员、18 辆消防车和马景波副支队长带领的支队全勤指挥部相继到达现场，听取道外大队汇报并再次进行火情侦察后，全勤指挥部命令道里中队在商厦东侧设置阵地，利用举高车水炮压制 3 层窗口向外喷出的火势；架设 15m 金属拉梯进入 2 层出水枪堵截火势蔓延；搜救组进入商厦内部搜救被困人员；从建筑东北侧疏散楼梯进入玛克威商场 2 层，利用室内消火栓出 1 支水枪设防；利用 1 辆 35t 重型水罐车通过水泵接合器向起火建筑内部消火栓系统供水。命令太平中队在商厦北侧架设 15m 金属拉梯进入 3 层实施控火；利用举高车对 3 层窗户实施破拆，进行火场排烟；搜救组进入 3 层搜救被困人员；利用 1 辆水罐车占据建筑北侧仁里街水鹤形成 2 条供水线路持续供水；利用 35t 重型水罐车通过水泵接合器向起火建筑内部喷淋系统供水。命令爱建中队在商厦西侧利用高喷车压制 2～3 层窗口喷出的火势；搜救组架设 9m 拉梯进入 2 层搜救被困人员；举高车在 3 层破拆窗户，实施火场排烟，并出枪压制 3 层火势；由建筑西北侧疏散楼梯进入玛克威商场 2 层，利用室

内消火栓出 1 支水枪设防。

21 时 35 分左右，南岗、动力、化工三个中队相继到场。指挥部按照支队首长的指示，命令南岗中队在商厦东南侧利用直臂云梯车水炮直攻 2、3 层火势；命令动力中队在火场西南侧利用举高车水炮压制 2、3 层的火势；在 2 层疏散楼梯处设置水枪阵地；在 3 层疏散楼梯间设置 1 部遥控水炮，堵截火势蔓延；搜救组进入火场内部搜救被困人员。命令化工中队清理街道两旁无关车辆，拓宽消防车道，进一步扩大警戒范围，疏散荟芳里小区居民；攻坚组在商厦东侧中部架设 2 部 15m 金属拉梯，分别在 2、3 层窗口出枪压制火势。至此，参战力量已对火场形成了上下合击、四面包围之势，有效遏制了火势的快速发展。

21 时 40 分许，太平中队在商厦 3 层东北侧一办公室内发现 1 名男性被困人员趴在地上，搜救组利用举高车将被困人员救出，经 120 急救人员鉴定已死亡。21 时 50 分许，承德中队在商厦北侧 3 层靠近西北角一办公室内发现 1 名男性被困人员躺在窗台下，搜救组利用救生担架，采用"一点吊"的方式将其救出，经 120 急救人员鉴定已死亡。

（三）强攻近战，科学组织官兵避险

22 时 13 分许，第二批增援的 14 个中队相继到场，总指挥部将火场分为东南西北 4 个战斗片区，每个片区由 1 名支队党委常委负责组织指挥。东侧片区由南岗、化工、道里、香坊 4 个中队负责。香坊中队在建筑东侧中部楼梯间分别在 2、3 层设置水炮阵地，堵截火势，其他阵地保持不变。南侧片区由开发区、哈西 2 个中队负责，开发区中队在建筑南侧 1 层出 2 支水枪设防，并接替动力中队在建筑西南侧 3 层楼梯间设置的水炮阵地，堵截火势；哈西中队接替南岗在建筑东南侧 3 层楼梯间的水炮阵地，接替道里中队利用 35t 重型水罐车向水泵接合器供水。西侧片区由爱建、道外、南直、动力 4 个中队负责，爱建中队利用 9m 拉梯在 2 层增设 1 个水枪阵地堵截火势；道外中队实施内攻的 2 支水枪由 2 层转移至 1 层自动扶梯处堵截火势，接替承德中队在建筑西侧水枪阵地；南直中队利用 9m 拉梯和 15m 金属拉梯分别在建筑 2、3 层窗口出水枪堵截火势，其他阵地保持不变。北侧片区由承德、太平 2 个中队负责，承德中队利用 9m 拉梯在 3 层增设 1 支水枪堵截火势，其他阵地保持不变。各中队搜救组继续搜救被困人员，其余中队负责保障供水。参战力量灵活采取夹击、突破、合围、强攻、破拆、排烟等技战术措施，在进行人员搜救的同时全力控火。

9 月 2 日 0 时许，经过长时间燃烧，现场安全员发现建筑东、西两侧外墙出现裂缝，浓烟从裂缝处穿墙而出，商厦内部部分楼板开始弯曲变形，少量楼板已经塌落，建筑有坍塌危险。经总指挥部确认后，立即命令参战中队迅速撤出所有内攻、搜救人员。将 1 层自动扶梯处和 2 层实施内攻的阵地由水枪改为遥控水炮继续控火，其他力量在建筑外部利用举高车水炮、高喷车水炮和水枪实施外部控火。

0 时 30 分左右，商厦北侧和自动扶梯附近的屋顶、3 层楼板、2 层楼板大面积塌落，建筑内北侧玛克威商场屋顶和 3 层部分楼板先后塌落，且分隔金龙商厦和玛克威商场的防火墙部分已发生坍塌。火势迅速将商厦 1 层和建筑内北侧的玛克威商场引燃，造成整个建筑立体燃烧。

（四）外部控火，适时组织实施围歼

建筑形成立体燃烧后，总指挥部命令道外、爱建、动力、南直 4 个中队在建筑西侧原有外攻阵地基础上部署 2 辆高喷车压制窜出屋顶的火势，在 1 层建筑出入口处设置 1 门水炮、

3 支水枪阵地控制火势。命令道里、化工、南岗、香坊 4 个中队在建筑东侧保持原有外攻阵地的同时，在建筑出入口处设置 2 门水炮、1 支水枪阵地控制火势，南岗中队在荟芳里小区 7 层屋顶出 2 支水枪防止引燃居民住宅。命令太平、承德 2 个中队在建筑北侧原有外攻阵地基础上在 1、2 层分别部署 2 支水枪控制火势。命令开发区中队在建筑南侧设置 2 支水枪压制火势。

在参战官兵的奋力扑救下，1 时 15 分火势得到控制。由于商场内部空间大，可燃物多，如不深入内攻，会严重影响灭火进程，致使建筑坍塌，危险性增大，造成更大损失。鉴于此情，总指挥部召开第三次作战会议，对建筑承载能力进行了评估，认为楼板虽然部分坍塌，但建筑主体框架结构暂时无坍塌危险，可以选择未发生形变的楼板开辟进攻通道。随后，总指挥部命令：一是利用举高车在 3 层逐个窗口打击火点，现场高喷车和遥控水炮停止射水，改由水枪实施内攻灭火；二是各中队攻坚组要按照先 1 层、后 2 层、再 3 层的顺序交替掩护深入内部逐层消灭火点；三是内攻人员必须做好安全防护，防止发生伤亡事故；四是火场安全员要密切关注火场变化，一旦发现建筑有倒塌危险，要立即示警；五是成立 8 个搜救组继续搜救被困人员。参战官兵按照总指挥部的命令迅速行动，共成立 8 个搜救组，设置 33 个水枪阵地，顶浓烟、冒高温、战烈火，按照各自区域分工，不断开辟进攻通道，交替掩护实施内攻近战，循序渐进、逐片消灭，于 4 时 23 分将建筑内明火扑灭。

（五）清理残火，留守力量现场监护

明火熄灭后，整栋建筑还笼罩在烟雾水汽之中，火场不时还冒出零星的火苗，随时都有复燃危险。5 时 04 分，总指挥部命令道外、承德、太平、道里、爱建、南岗 6 个中队进行火场监护清理，并调集搜救犬中队 3 只搜救犬到场，继续搜救失踪人员，其他中队归队待机。11 时许，整个现场清理完毕，未发现商厦报告的失踪人员迹象，留守部队全部撤回。

三、案例分析

（一）经验总结

1. 果断采取措施，确保参战官兵安全

总指挥部在多组织、全方位、立体式搜救被困人员的同时，科学研判灾情发展，严格控制内攻人数，严密监控楼体变化，及时下达避险命令，在参战官兵多、火场面积大、处置时间长的情况下，保证了官兵无一人伤亡。

2. 切实发挥战勤保障作用，保障一线阵地指战员一切需求

总指挥部充分利用火场邻近水鹤，通过水罐车双干线不间断供水，并一次性调派 18 辆 35t 重型水罐车及其他水罐车，形成 14 条供水干线，确保了火场供水不间断。战勤保障各模块现场充装呼吸器气瓶 150 余具次，提供各类器材 580 余件套，抢修 4 辆消防车，为消防车加油 32 辆次；支队后勤处为现场 480 名参战官兵提供饮食保障，为消灭火灾打下了坚实基础。

3. 协同作战、各司其职，联动作用发挥明显

在火灾扑救过程中，交警部门按照联动方案，第一时间调派了灾害事故现场周边、沿途执勤交警对现场实施交通疏导和临时管制；120 急救部门按照联动方案，一次性出动 6 辆急救车、21 名医疗人员到场；电力部门第一时间到场实施断电工作；灭火行动初期，供水部

门加大起火建筑周边管网压力。在现场总指挥部统一指挥下，各社会联动单位协同配合、高效工作，为灭火救援行动提供了可靠保障。

（二）存在不足

1. 火灾扑救中采用战术措施、灭火方法欠妥

部署的灭火力量对火势形成了上下合击、四面包围之势；在内攻的同时，在建筑外部采取对窗口喷出的火势进行水枪压制的方式，使得火灾形成的大量能量没能及时消散出去，火灾久扑不灭。在大火长时间烘烤下，逐渐对建筑内部结构产生破坏性影响，导致部分楼板坍塌。

2. 力量部署没有考虑到自然环境因素的影响

风力虽然不大，但是由于火势较大，对火势的发展仍起到了一定的作用。在风的影响下，火势蔓延迅速，为有效阻止火势蔓延，在下风方向设置水枪阵地，部署力量，对参战人员安全造成了一定威胁。

3. 组织大量搜救人员进入的秩序、方式欠妥当

人员搜救几乎到场的每个中队都有参与，但是每个进入火场的搜救组都没有一个专门的组织者进行负责，各个中队搜救组各自为战，容易出现安全漏洞，威胁搜救人员安全，并很容易出现重复搜救，增加不必要的工作量。

4. 单位自救措施不力，员工避险意识不强

火灾发生时，现场员工先后使用30余个灭火器进行扑救，但由于内部可燃物多、火势蔓延迅速，未能及时控制住火势，且未在第一时间报警，而是由附近居民报警，辖区消防中队到场时，火势已处于猛烈阶段。同时现场自救员工因缺乏避险意识，在火势迅速蔓延、浓烟大量充斥起火建筑的情况下，贸然往返多次进入现场施救导致伤亡。

总结起来，本案例在理解包围战术时有失偏颇，只想到了包围，并未给内部热烟流出留有途径；贯彻阵地设置应尽量避开下风向原则有误，搜救人员战斗行动组织水平有待提高。这就要求我们在教学和日常训练实践中应注意加强。

附：图 3.4.1～图 3.4.5　建筑总平面图及各层平面图

图 3.4.6　水源分布图

图 3.4.7～图 3.4.9　第一阶段力量部署图

图 3.4.10　被困人员分布图

图 3.4.11～图 3.4.13　第二阶段力量部署图

图 3.4.14～图 3.4.16　第三阶段力量部署图

图 3.4.17～图 3.4.19　第四阶段力量部署图

图 3.4.20～图 3.4.22　第五阶段力量部署图

? 思考题

1. 分析此次火灾案例中指挥员指挥决策的有效性。

2. 结合辖区实际，总结此类火灾主要特点和灭火行动要点。

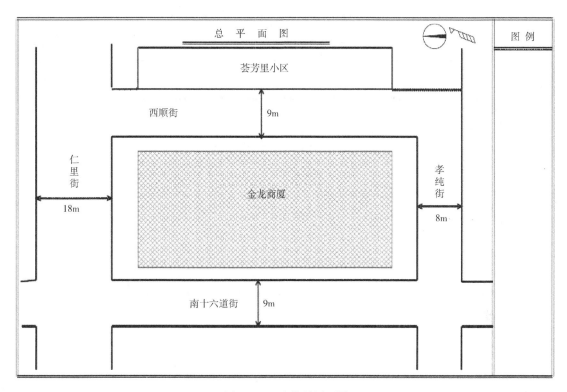

图 3.4.1　建筑总平面图

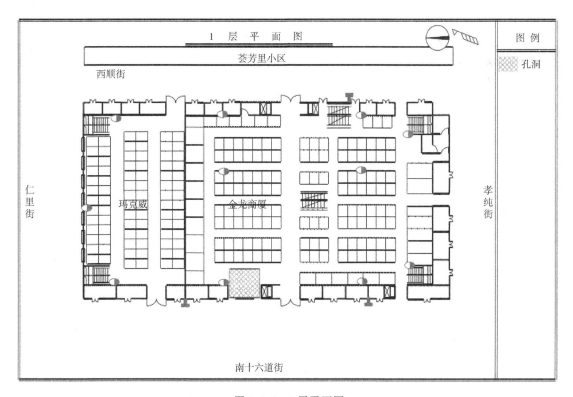

图 3.4.2　1层平面图

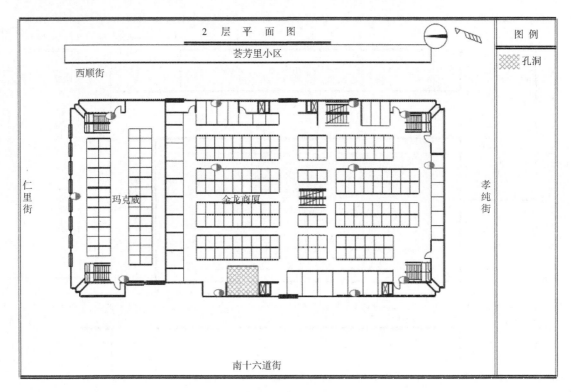

图 3.4.3　2 层平面图

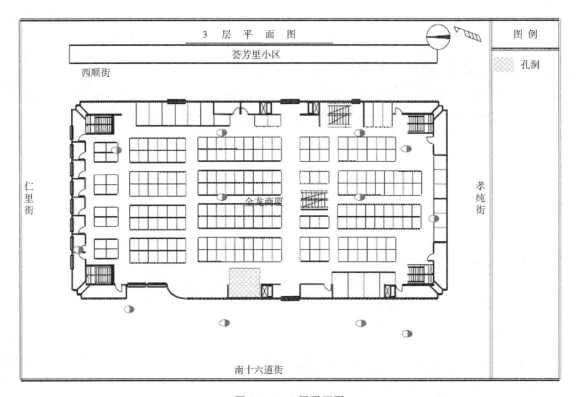

图 3.4.4　3 层平面图

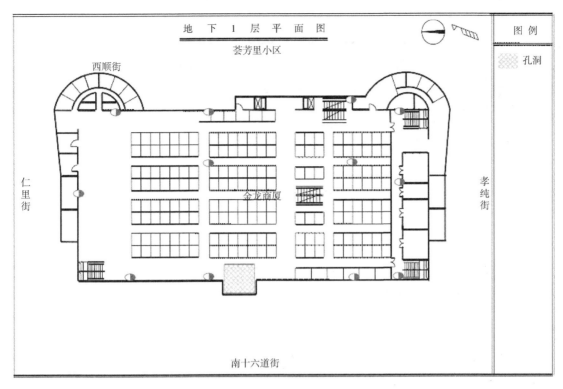

图 3.4.5　地下 1 层平面图

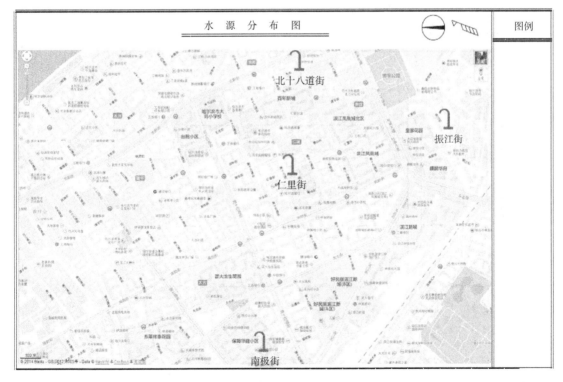

图 3.4.6　水源分布图

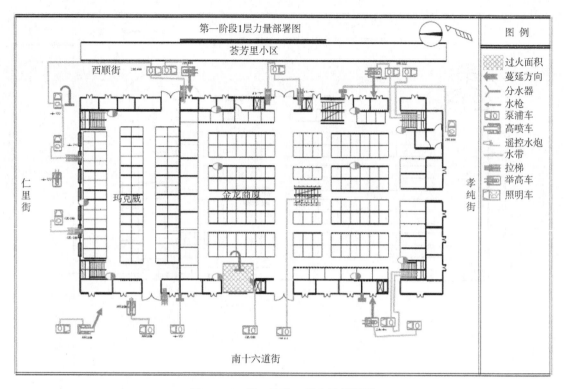

图 3.4.7　第一阶段 1 层力量部署图

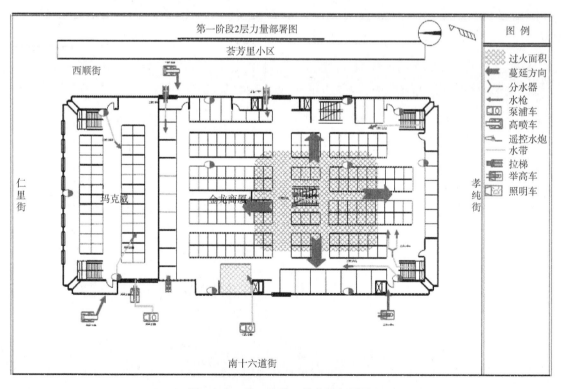

图 3.4.8　第一阶段 2 层力量部署图

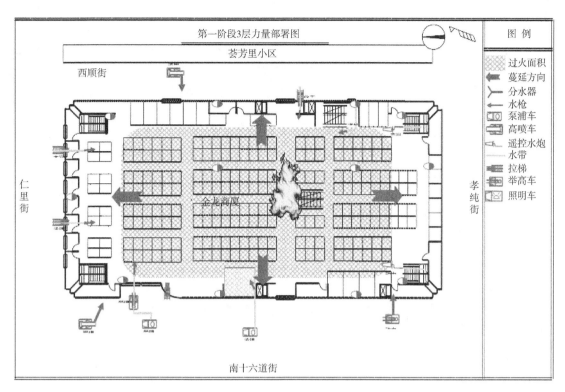

图 3.4.9　第一阶段 3 层力量部署图

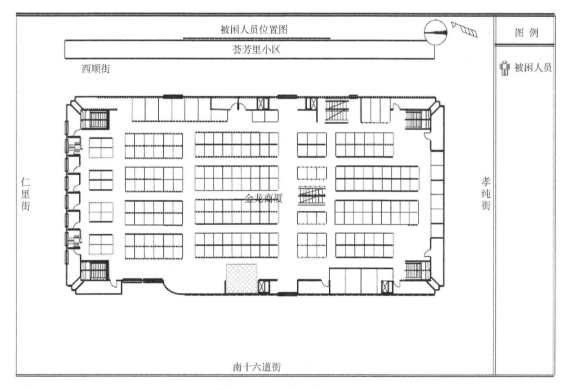

图 3.4.10　被困人员分布图

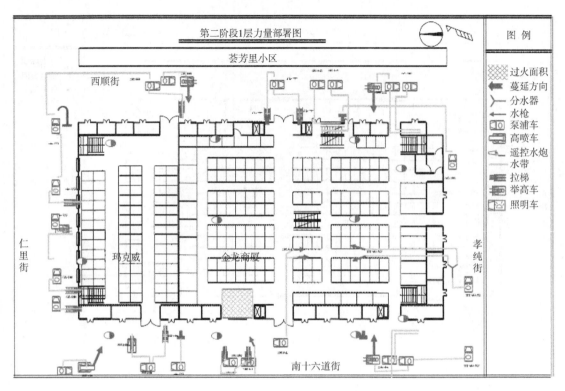

图 3.4.11　第二阶段 1 层力量部署图

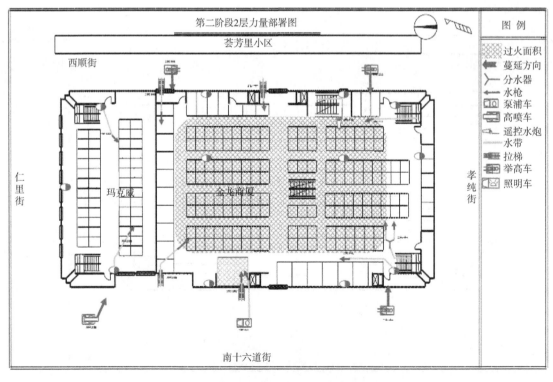

图 3.4.12　第二阶段 2 层力量部署图

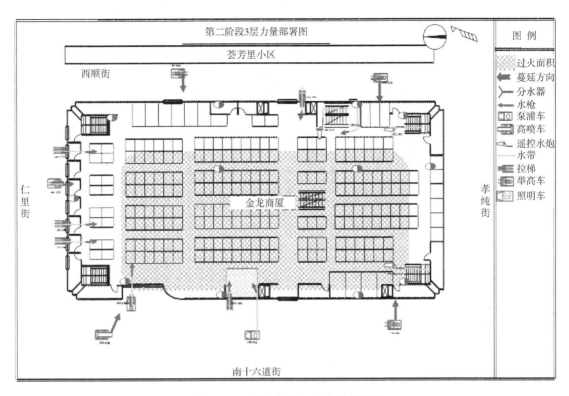

图 3.4.13 第二阶段 3 层力量部署图

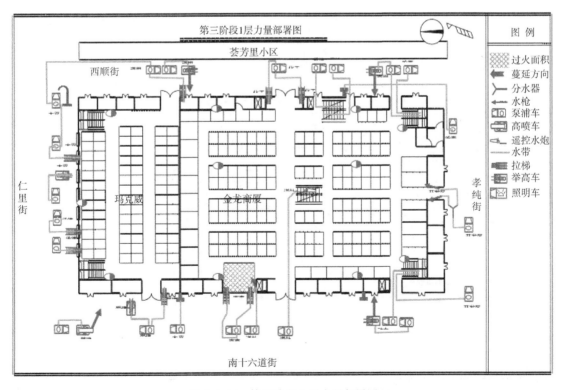

图 3.4.14 第三阶段 1 层力量部署图

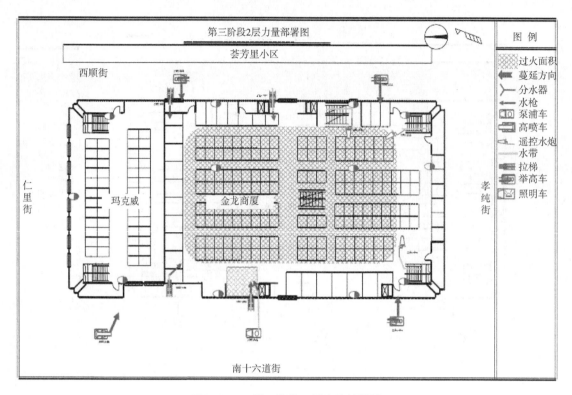

图 3.4.15　第三阶段 2 层力量部署图

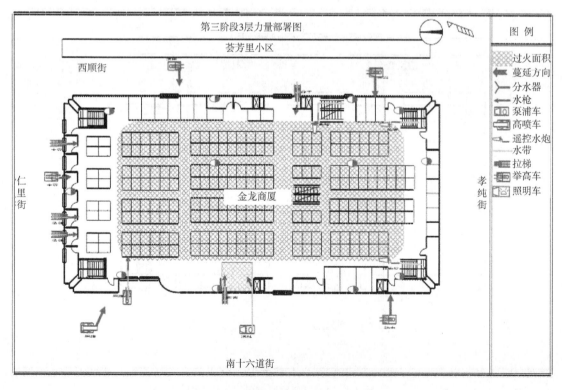

图 3.4.16　第三阶段 3 层力量部署图

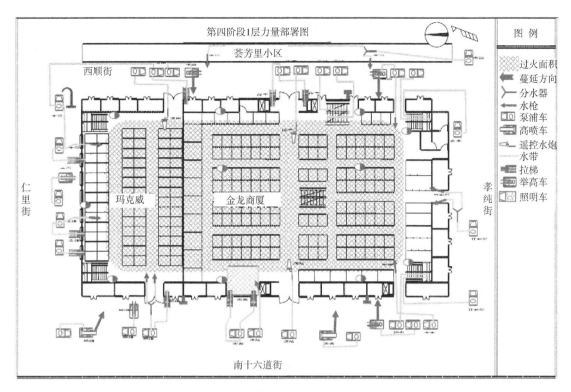

图 3.4.17 第四阶段 1 层力量部署图

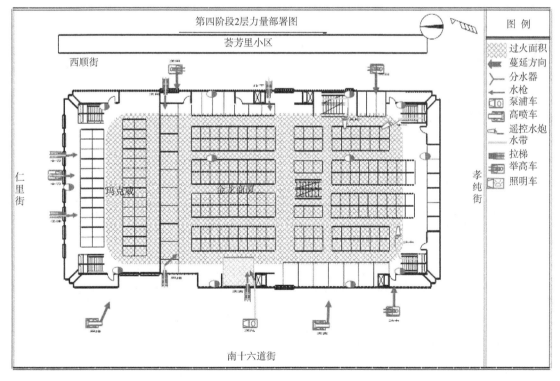

图 3.4.18 第四阶段 2 层力量部署图

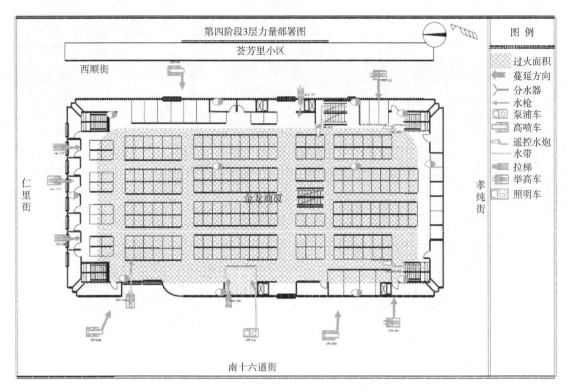

图 3.4.19　第四阶段 3 层力量部署图

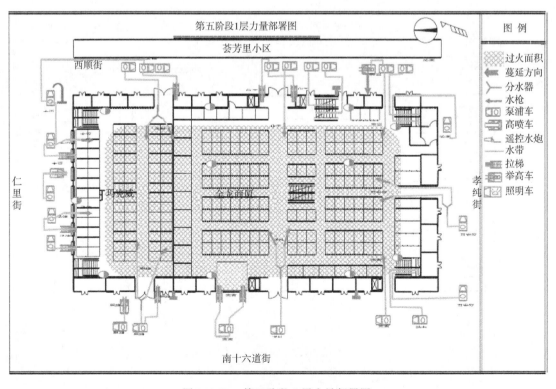

图 3.4.20　第五阶段 1 层力量部署图

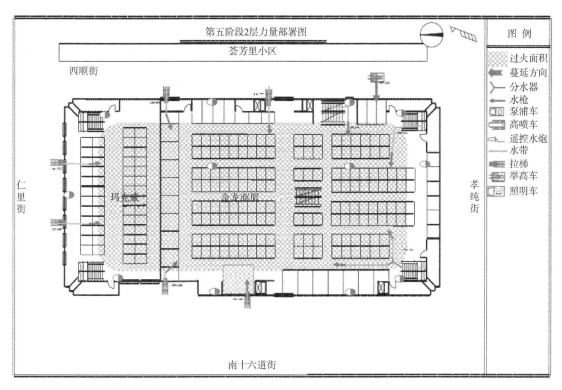

图 3.4.21　第五阶段 2 层力量部署图

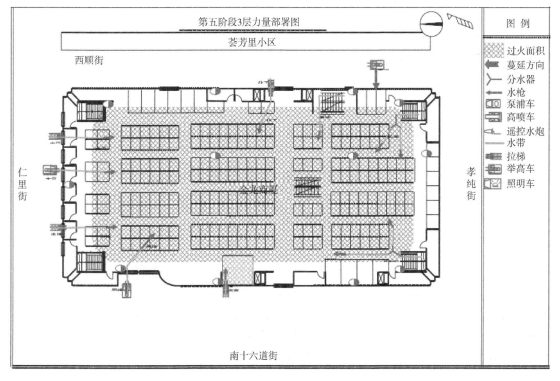

图 3.4.22　第五阶段 3 层力量部署图

案例 5　辽宁营口"1·25"商业大厦火灾扑救案例

2016 年 1 月 25 日 3 时 01 分，营口市公安消防支队 119 作战指挥中心接到报警，位于营口市开发区昆仑大街中段的商业大厦发生火灾。营口市公安消防支队立即调集 9 个公安现役消防队、2 个政府专职消防队、3 个企业消防队，共 58 辆车、190 名消防员赶赴现场救援，并请示上级启动《营口市重大火灾事故应急预案》，通知相关单位到场协同处置，同时向总队报告情况。辽宁省公安消防总队接报后，立即启动《跨区域灭火救援预案》，调集大连、鞍山、本溪、辽阳、盘锦等 5 个支队，共计 90 辆车、360 名官兵前往增援。经过消防官兵全力扑救，火灾于 25 日 16 时扑灭。保住了大厦南侧 13000m² 商铺和西侧居民楼的安全，现场无人员伤亡。

一、基本情况

（一）单位基本情况

商业大厦位于辽宁省营口市经济技术开发区昆仑大街中段，东侧为昆仑大街；西侧为职工住宅楼；南侧为万隆广场；北侧为淮河路。该建筑始建于 1990 年，1991 年竣工营业，始建时建筑面积 11752.93m²；2001、2005 年经两次扩建后面积达到 42000m²。

该大厦为框架结构，地上 5 层、地下 1 层。地下 1 层为仓库、地上 1 层为烟酒食品区、2 层为电器日常用品、3 层为服装鞋帽、4 层为钟表电器、5 层为玩具和床上用品，内有商户 400 余户。建筑高度 22.45m，总建筑面积为 42000m²。大厦沿昆仑大街成"L"形，东西长 147.2m，南北长 93.3m，层高约 4.5m。

（二）消防水源情况

该大厦周边可利用水源有 9 处，其中消防水鹤 2 处，最远点距现场 3km；地下市政消火栓 7 处，最远点距现场 4km；距离营口港码头 4km。

（三）天气情况

当日天气晴，气温−15～−3℃，西南风 4～5 级。

二、扑救经过

（一）辖区大队到场后力量部署情况

2016 年 1 月 25 日 3 时 01 分，营口开发区公安消防大队接到指挥中心命令，开发区商业大厦发生火灾。大队立即调派开发区一中队、二中队 2 个中队 15 辆车、46 人赶赴现场。3 时 13 分，开发区大队力量到达现场，迅速成立三个侦察小组对现场实施火情侦察。通过侦察发现大厦东侧、北侧 1、2、3 层有大量浓烟向外冒出；内部 1、2 层，东侧、北侧、南侧共享空间内已全部燃烧，3 层浓烟较大，火势正处于猛烈燃烧阶段，并形成立体燃烧趋势。

现场指挥员确立"内部强攻、堵截火势"的作战思想，占据大厦北侧消火栓，分别对大厦东侧、东南角、东北角入口实施破拆，打通内攻通道，各设两支水枪阵地，进攻火势。同时在南侧、西侧、北侧入口沿疏散楼梯1、2、3层分别设水枪、水炮阵地，进攻火点，堵截火势。

（二）支队增援力量到场后力量部署情况

4时12分，营口支队全勤指挥部及12个大、中队增援力量（共43辆车、144人）相继到达现场，立即成立现场指挥部。并组织4个侦察小组，分别从东、南、西、北四个方向入口进入火场，实施二次侦察。通过侦察发现大厦东侧、西侧、北侧火势已突破2、3层建筑外壳。建筑内部2、3、4层东侧、西侧、北侧已全部燃烧，高温浓烟聚集，形成强烈"烟囱"效应，火势迅速向上蔓延。南侧高档商品区已有不同程度浓烟蔓延。

指挥部根据侦察小组反馈的现场情况，第一时间出动远程供水系统保障现场供水，同时调集大型破拆工具，对大楼东侧外墙实施破拆，开辟2层进攻窗口。

在大厦东侧开发区大队设3个高喷炮，控制突破建筑外壳的火势向上蔓延；盖州大队设2支水枪阵地，同高喷阵地形成立体进攻趋势；西市大队在东南侧入口设1个水炮阵地和2支水枪阵地，进攻火势，堵截蔓延；老边大队设高喷炮，压制2层破拆口内部火势；大石桥大队设3支水枪阵地，通过破拆通道扑救2层火势，并在东南侧设置车载水炮进攻火点。

在大厦南侧站前大队沿疏散楼梯设2支水枪阵地，进入建筑内部堵截火势，组织力量全力抢运小吃城内液化石油气钢瓶，并设1个高喷炮，同内攻阵地形成内外结合，全力堵截火势向西蔓延；中石油天然气公司抚顺末站企业专职消防队设高喷炮，持续进攻火势。

在大厦西北侧滨海大队利用"L"形拐角处外挂楼梯，在2、3层设水枪、水炮阵地，同南侧站前大队高喷阵地形成夹击堵截趋势，阻止火势蔓延，并组织攻坚力量深入建筑内部破拆窗口，进行排烟散热，同时在西北角入口沿疏散楼梯进入内部强攻扑救火势；盖州大队占据大厦北侧消火栓，利用"L"形拐角处外挂楼梯，在4、5层设水枪阵地，阻止火势向西侧蔓延。

在大厦北侧华能电厂企业专职消防队，为开发区大队高喷阵地实施供水；营口港企业专职消防队在大厦东北侧设高喷炮实施扑救。

（三）总队增援力量到场后力量部署情况

8时20分，总队全勤指挥部赶到现场，增援的鞍山、盘锦、大连、辽阳、本溪支队相继到场，并成立现场总指挥部。总队参谋长带领相关人员深入现场实施火情侦察。通过侦察发现，大厦东侧、南侧、北侧2～5层火势已突破建筑外壳，内部1～5层东侧、南侧、北侧已全部燃烧，正处于猛烈燃烧阶段，并迅速向西侧蔓延。

总队指挥部依据侦察的现场情况，作出作战部署：一是要全力组织力量内部强攻，全力攻坚，指挥员靠前指挥，堵截火势向西南侧蔓延。二是建立350M现场无线组网，实施扁平化指挥，将火灾现场划分为东西南北四个区域，设立区域指挥长实行区域指挥。三是营口支队联系住建单位，组织建筑专家对建筑结构进行实时监测，确保官兵作战安全。四是各支队自成作战体系，由区域指挥长负责指挥。五是营口支队负责整个火场的战勤保障工作，联系自来水公司、园林绿化单位，调集营口港企业消防队，采用直接供水、运水供水、远程供水等方式，保证火场用水。战勤保障大队负责器材装备以及食品的供给。六是已经在商场内部的攻坚人员，要交替掩护，死看死守，坚决堵截火势，确保商场西南侧高档商品区的安全。

经建筑专家确定建筑强度符合内攻作战安全的条件后，指挥部当即命令：鞍山、营口支队在南侧建筑外部设3个水炮阵地、3个高喷炮阵地堵截火势向西侧蔓延，利用疏散楼梯口分层设3支水炮阵地组织实施内攻；盘锦、营口支队利用北侧"L"形拐角处外挂楼梯，组织力量交替掩护实施内攻；大连支队协同营口、盘锦支队分别在2～5层实施内攻；辽阳、本溪支队在西南角入口处设水枪、水炮阵地，内攻堵截火势向西侧蔓延。现场共设置4个高喷车阵地，2个车载炮阵地，10个移动水炮阵地，23支水枪阵地。

（四）总攻阶段力量部署情况

13时40分，火势得到有效控制，现场指挥部再次组织建筑结构专家对建筑进行安全监测和评估，确认建筑安全后，现场指挥部果断做出决策："集中力量，强力破拆，打开进攻口，快速彻底消灭火灾"，要求各阵地逐步向纵深推进，南侧建筑2、3、4层的内攻人员推进到东侧防火分区位置。命令大连支队、本溪支队消灭大厦4、5层火势；辽阳支队消灭大厦2、3层西侧火势；鞍山支队消灭大厦2、3、4层西侧火势；营口支队消灭大厦4、5层东侧火势；盘锦支队消灭大厦2、3层东侧和地下1层火势。

经过13h的奋力扑救，于16时许将大火扑灭。

三、案例分析

（一）经验总结

1. 调度及时，集结迅速

接到报警后，营口支队一次性调集充足的消防力量到场。市政府及时启动应急预案，相关单位第一时间响应到场。总队启动《跨区域灭火救援预案》，按照等级调派原则，迅速调集辽南战区5个支队、90辆消防车、360名指战员到场增援，总队全勤指挥部遂行出动，为成功处置火灾创造了有利条件。同时，营口支队及时启动《战勤保障预案》，第一时间调集战勤保障模块编队、远程供水编队车辆到达现场成立战勤保障小组，现场充装气瓶690余瓶；调集环卫等社会联动力量洒水车，为现场实施供水保障，总供水量9650余吨，为前方作战提供了强有力的支撑。

2. 分区作战，科学指挥

总队全勤指挥部到场后，科学部署，决策果断，分区作战，确立了"内外结合、上下夹击、分割围歼"的作战思想，及时明确火场的主要方面，调整作战部署。组织建筑专家对起火建筑进行安全监测和评估，保证官兵安全，为成功扑灭火灾打下了坚实基础。

3. 编组合理，战术明确

支队增援力量及后续增援力量车辆和人员的编配具有较强的科学性，在灭火作战中充分体现了主战车辆与大吨位供水车辆的合理编组。运用内外结合的战术措施，在外部高喷车持续压制外围火势的同时，出移动水炮深入火场内部实施内攻灭火，从而使内部火势完全得到控制。

4. 指挥果断,敢于取舍

由于报警距起火晚了近1.5h,大厦1、2、3层已成猛烈燃烧态势,内攻控火已相当困难。根据现场情况,指挥部果断决策,将主要力量部署在大厦南侧,保住了南侧大部分区域。大厦南侧经营黄金和电器,挽回了大量经济损失。

(二)存在不足

1. 报警时间及到场时间晚,失去扑救初期火灾的最佳时间

通过调取监控录像显示,自1时36分起火,火灾报警时间比起火时间晚近1.5h,辖区消防力量到场后,大厦东侧、北侧1、2、3层已有大量浓烟向外冒出,内部1、2层东侧、北侧、南侧共享空间内已全部燃烧,3层内部浓烟较大、温度较高,火势已发展至猛烈燃烧阶段,并形成立体燃烧,初战力量失去最佳灭火时机。营口经济技术开发区行政区面积268余平方千米,建成区面积60余平方千米。但区域内仅建有2个消防队站,与营口市区最近的消防站相距60余千米,难以满足辖区的灭火救援需要。

2. 重点单位灭火救援预案制订不够完善

开发区大队为独立接警大队,商业大厦未制订支队级重点单位预案。中队制订预案过程中,平面图、室内消火栓、防火卷帘等重要信息绘制不够准确、详细。

3. 作战协同配合不够默契

到达火场后,各参战力量未能及时反映各处阵地情况,通信电台较少,出现各自为战情况,指挥员下达的任务难以实施,而且信息反馈不及时,严重影响了指挥员的指挥效率。在灭火救援过程中,存在不同中队之间、班组之间协同配合不到位的现象。如,供水力量与前方灭火作战力量不能做到有效配合,实施内攻人员之间的协同配合不够默契等。

此次火灾扑救行动给我们带来主要启示是加强初期火灾扑救工作刻不容缓,落实在行动上就是要加强消防站布局优化和微型消防站的建设,以应对初期火灾扑救需要;同时消防队要进一步加强业务基础建设和针对性训练工作。

附: 图3.5.1 商业大厦火灾现场周边道路、水源情况示意图
　　 图3.5.2 商业大厦火灾辖区大队扑救力量部署示意图
　　 图3.5.3 商业大厦火灾辖区支队扑救力量部署示意图

思考题

1. 分析此次火灾扑救行动给我们带来的主要启示。

2. 结合案例,分析此类火灾扑救预案制订时应注意哪些问题?

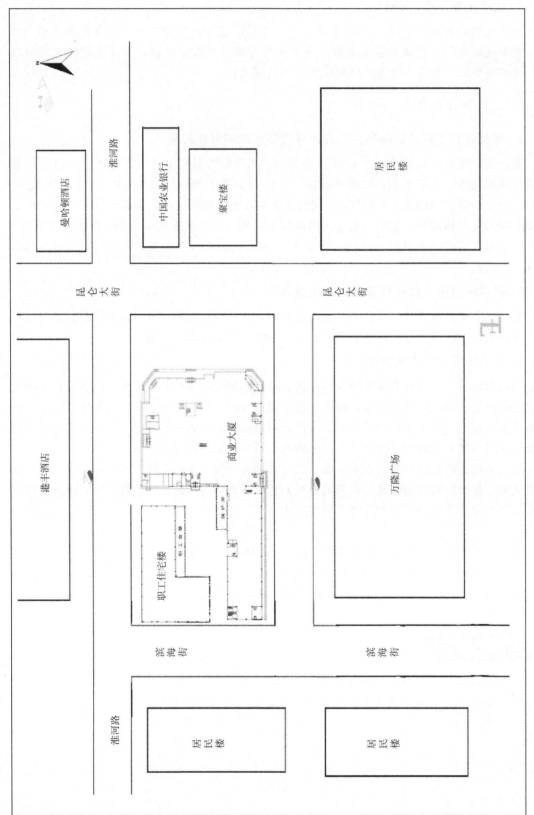

图 3.5.1 商业大厦火灾现场周边道路、水源情况示意图

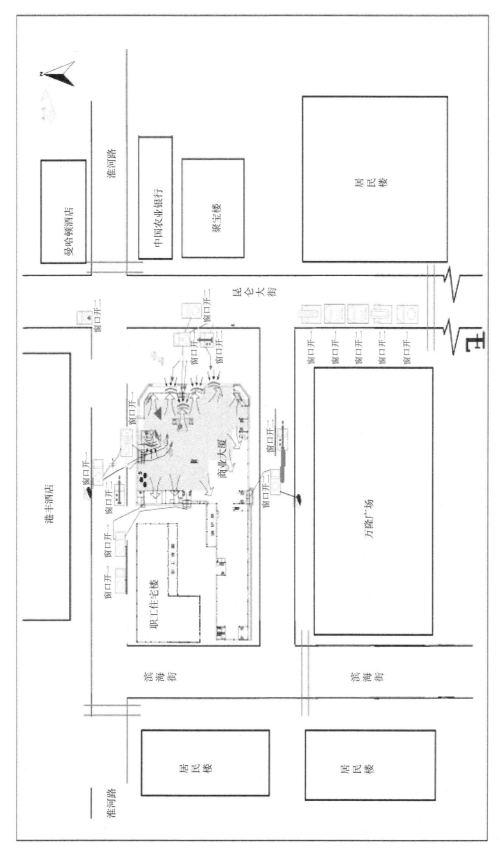

图 3.5.2　商业大厦火灾辖区大队扑救力量部署示意图

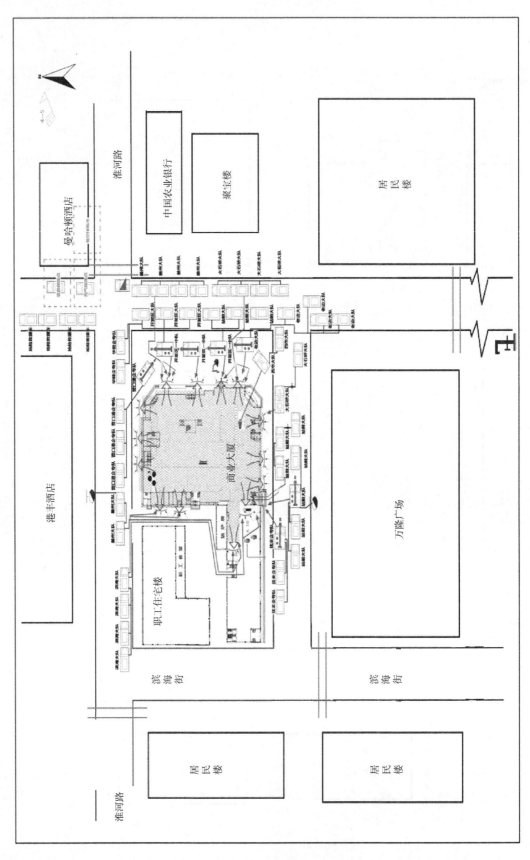

图 3.5.3 商业大厦火灾辖区支队扑救力量部署示意图

案例 6　吉林长春 "3·31" 金源家居城火灾扑救案例

2016 年 3 月 31 日 10 时许，吉林省长春市金源家居城发生火灾。10 时 04 分，长春市公安消防支队接到报警，立即调出 17 个中队、1 个战勤保障大队，共 77 辆消防车和工程车、410 名指战员以及社会相关联动力量赶赴现场实施救援。吉林省公安消防总队接到报告后，又调出吉林市公安消防支队 14 辆消防车、53 名指战员进行跨区域增援。总队、支队两级领导和全勤指挥部在接到通知后第一时间赶赴现场实施指挥。12 时 20 分，火势得到有效控制。16 时许，明火基本扑灭。此次灭火救援行动经后期统计共疏散抢救单位员工和群众 400 余人，无人员伤亡，成功保护了金源家居城 55000m² 建筑及毗邻的吉林日报社业务中心的安全。

一、基本情况

（一）单位情况

金源大市场是金源集团于 2007 年投资开发建设的重点项目之一。旗下设有五大经营区：金源家居城、金源家具城、板材五金日杂城、精品陶瓷城、精品家具家电城。金源家居城，总建筑面积约为 63000m²，主体为 7 层，属于钢筋混凝土结构，附楼为 3 层，其中 1、2 层为钢筋混凝土结构，3 层为钢结构，顶层和外墙为岩棉夹芯彩钢维护结构。

（二）使用功能

金源家居城 1 层主要经营家具和地板，外围门市经营橱柜；2 层主要经营橱柜、各式门类、吊顶类；3 层主要经营窗帘、灯饰等；4 层是加工操作区，主要以加工窗帘为主；5、6 层为仓库；7 层为办公区。

（三）消防设施

金源大市场内部有 1 个 1500t 消防水池、1 个地下消火栓；家居城的建筑消防设施主要包括火灾自动报警系统、消火栓系统、水喷淋系统等。

（四）毗邻情况

金源家居城东侧 50m、东北侧 10m 分别为中东大市场和吉林日报社；南侧 15m 为金源大市场家具城；西侧 20m 为一汽富晟李尔内饰件有限公司；北侧 400m 为吉刚汽车公司。

（五）水源情况

金源大市场周边 1500m 内共有 4 座消防水鹤，分别位于浦东路交东环城、浦东路交会展大街、自由大路交东环城路、浦东路交兰州街；有 4 个消防水池，分别为一汽富晟李尔内饰件有限公司 1 个 600t 水池，北侧吉刚汽车公司 1 个 500t 水池，东北侧吉林日报社有 1 个 500t 水池，东侧中东大市场 1 个 1400t 水池和 3 个单位地下消火栓。

（六）天气情况

当日多云，西南风 4～5 级，瞬间风力达 6 级，温度 10～21℃。

二、扑救经过

此次灭火救援作战行动主要分为三个阶段。

（一）快速反应，全力疏散，控制火势

10时04分，长春支队作战指挥中心一次性调出6个中队、1个战勤保障大队共计31辆消防车、150名官兵赶赴现场，同时通知公安、交警、水务、医疗等社会相关力量到场协助救援，命令全勤指挥部人员立即赶赴现场，同时向总队指挥中心、市局指挥中心汇报。随后，又按照总队、支队指挥员的指示要求，迅速调派11个中队、46辆消防车、260名官兵到场增援，并对首批到场中队进行部署。省消防总队接到报告后，立即调派吉林支队14辆消防车、53名指战员实施跨区域增援。此次火灾共调集17个公安消防中队、1个战勤保障大队77辆消防车和工程车，一次性载水量595t，参战官兵410人。

10时07分至10时15分，辖区浦东路中队以及增援的东郊中队、亚泰中队陆续赶到现场。到场后，辖区浦东路中队侦察组通过外部观察起火建筑顶部浓烟滚滚，火势突破北侧3层5个窗口，其他窗口有浓烟冒出；内部侦察发现起火建筑2层局部和3层全部已被大火吞噬，火势正向1层和东侧蔓延，室内烟雾较大，楼内有大量滞留人员。浦东路中队迅速向支队作战指挥中心汇报现场情况并请求增援，迅速占据消防控制室，在单位技术人员的指导下启动消防水泵和起火区域的防火卷帘；成立2个疏散小组对楼内被困人员进行引导疏散；从南侧2号门进入并在3层出2支直流水枪控制火势向东侧蔓延，从东北侧利用外挂楼梯在2、3层各出1支水枪堵截火势，中队供水车占据一汽李尔富晟内饰件有限公司单位内部消火栓单干线给主战车供水；命令增援的东郊中队从主楼1号门进入并在3层南、北两端各出1支水枪阻截火势；命令增援的亚泰中队从主楼1号门进入并在3层出1支水枪堵截火势向东侧蔓延。

10时18分，增援的繁荣路中队、东荣大路中队和岳阳街中队相继到达现场。辖区大队大队长命令繁荣路中队从南侧1号门进入，在4层出1支直流水枪阻截火势；岳阳街中队从北侧中部利用外挂楼梯出2支水枪消灭3层火灾；东荣大路中队为浦东路中队供水。

（二）划分战区，分隔堵截，确保重点

10时25分许，长春支队指挥员与全勤指挥部到达现场，增援的11个中队陆续到达现场。此时，现场浓烟滚滚，火势燃烧猛烈，水平和垂直蔓延速度进一步加快，严重威胁着未起火区域的安全，情况十分危急。如不果断采取措施，火势将继续蔓延扩大，前期作战成果将前功尽弃，作战意图将由主动变为被动，国家和人民财产安全将蒙受巨大损失。根据现场情况，迅速成立了支队长任总指挥员、副支队长任副总指挥员的现场作战指挥部，坚决贯彻执行"确保重点、兼顾一般、保持稳定供水"的作战原则，果断采取"有效破拆、有攻有放、重点防御、全力围歼"的战术措施，将火灾现场划分4个作战区域共14个作战阵地。

10时30分，总队全勤指挥部到达现场指挥灭火救援工作。

11时20分，现场作战指挥部决定，对家居城附楼与主楼连接部位进行破拆分隔（连接部位的建筑长35.6m、宽14.8m、高15.3m，面积达1043m²），对附楼下风方向的立面外墙进行破拆排烟，从而有效减缓火势蔓延的速度，降低对未燃烧区域的威胁程度，暂时降低了东侧和东北侧主要作战阵地的压力。

（三）攻坚克难，重点突破，逐片消灭

11时30分，总队指挥员到达火灾现场，接替现场指挥权，要求参战官兵必须全力保护主楼，确保作战安全，同时命令：一是大型破拆机械调整至东北侧实施破拆分隔；二是特勤一中队、特勤二中队、南湖大路中队组成6个攻坚组全力堵截火势向主楼蔓延；三是其他作战区域充分利用移动装备和水枪阵地实施外控近战；四是加强个人防护，确保官兵安全。

此时，位于东侧和东北侧的防御阵地瞬间风力已达6级，还具有气旋涡流的特点，担任防御任务的特勤一中队、特勤二中队、南湖大路中队组成的6个阵地共12支直流水枪冒着浓烟、高温烈焰的熏烤，坚守在各自防御阵地长达2个多小时，更换气瓶130多具，全力堵截火势。同时，长春支队大型破拆机械经过近40min的连续工作，顺利打通起火建筑东侧东北角处排烟散热口，改变了火势发展蔓延的方向。

12时20分，主楼与起火区域的隔离带完全打通，火势被完全阻挡在起火区域范围内。

13时许，按照总队指挥员的指示要求，支队现场作战指挥下达了"分片消灭、纵深推进"战术措施，4个作战区段分别采取边破拆边灭火的作战方法，开始内攻推进，逐片消灭。

14时30分，增援的吉林支队14辆消防车、53名指战员到场。按照总队领导的命令，协助长春支队开展灭火和供水任务。

16时，明火被基本扑灭。18时40分，残火被彻底扑灭，除留有监护力量外，其他作战中队陆续撤离现场。

三、案例分析

（一）经验总结

1. 首战控制得力，力量调集充足

接到报警后，长春支队作战指挥中心一次性调出6个中队、1个战勤保障大队共计31辆消防车、150余名官兵赶赴现场，同时通知公安、交警、水务、医疗等社会相关力量到场协助救援。首战力量充足，确保了疏散救人与堵截控火同时展开，及时疏散抢救单位员工和群众400余人，同时最大限度地控制了灾情的发展，为后续灭火作战行动的开展争取了宝贵的时间。后续又调派11个中队、46辆消防车、260余名官兵到场增援，确保了现场作战力量的充足。

2. 现场态势把握准确，战术运用灵活

现场作战指挥部能够科学研判火场情况，准确抓住火场的主要方面和主攻方向，并根据火场态势及时调整作战部署，将火灾现场划分4个作战区域共14个作战阵地。并且在不同作战时段、不同作战区域灵活运用堵截、夹攻、破拆、排烟、突破、分隔、围歼等技战术措施，尤其是在火势发展最猛烈阶段，果断决定将着火建筑与主建筑进行破拆分割，成功保住了家居城主楼，同时果断破拆下风方向立面围墙，减轻内攻作战压力，为最终取得胜利起到了决定性作用。

3. 火场供水高效，战勤保障有力

此次灭火战斗始终将火场供水作为重点任务，迅速占据4个消防水鹤、5个单位水池和

4个单位地下消火栓,最大限度地利用各类水源,共形成15条供水干线向作战阵地不间断供水,连续供水长达5个多小时,总供水量达4000t,有效地保证了前方灭火的需要。同时,战勤保障大队为参战官兵补充空气呼吸器瓶300余个,补充水带80余盘,现场加油2500L,饮食服务1200人次,确保参战力量可以持续作战,为灭火战斗提供了有力保障。

(二)存在不足

1. 跨辖区协同作战有待强化

由于建筑体量大、结构复杂,增援力量到场后,对建筑内部结构不熟悉,对现场情况掌握不全面,对力量部署情况不了解,因此难以及时做到与初战力量的对接。同时在灭火救援过程中,存在不同中队之间、班组之间协同配合不到位的现象。如,个别供水力量与内部作战力量不能做到有效配合,部分内部作战人员之间的协同配合也不够默契。

2. 参战官兵安全意识有待加强

在灭火救援过程中,虽然在火灾现场设置了火场安全员,但还不够科学合理,个别安全员职责履行还不够到位;个别进入火场人员没有按照要求进行安全防护,尤其在消灭残火阶段,有不戴头盔、手套和呼吸器的现象。

3. 灭火装备作战效能有待提高

此次火灾扑救过程中灭火剂使用单一,参战力量在此次灭火战斗中将水作为唯一的灭火剂,控火堵截时,没有尝试利用A类或B类泡沫等其他灭火剂,未有效利用其他高效灭火剂发挥灭火效能。同时,主战消防车和高喷消防车的消防泵平均射水量为60L/s,缺少大流量、高性能、现代化的灭火装备,导致内攻堵截和外部控火的作战效能较低。

4. 作战和通信秩序仍需强化

由于现场面积大、参战力量多,大量人员和车辆聚集,导致现场车辆停靠、攻防阵地转换、工程破拆车辆与高喷和主战消防车辆位置调整以及前后方通信联络都显得有些忙乱无序,甚至出现前方灭火与后方供水脱节现象。

此次火灾扑救行动告诉我们,忽视安全防护不可取,要求消防队伍以加强安全防护为重点针对性训练,同时加强战术与指挥协同训练也不容轻视。

附:图3.6.1 第一阶段金源大市场火灾扑救力量部署图
图3.6.2 第二阶段金源大市场火灾扑救力量部署图
图3.6.3 第三阶段金源大市场火灾扑救力量部署图
图3.6.4 金源大市场火灾现场供水图

思考题

1. 结合案例存在的问题,分析如何做好指战员安全防护工作。
2. 结合案例,总结家具城火灾特点和扑救行动重点。

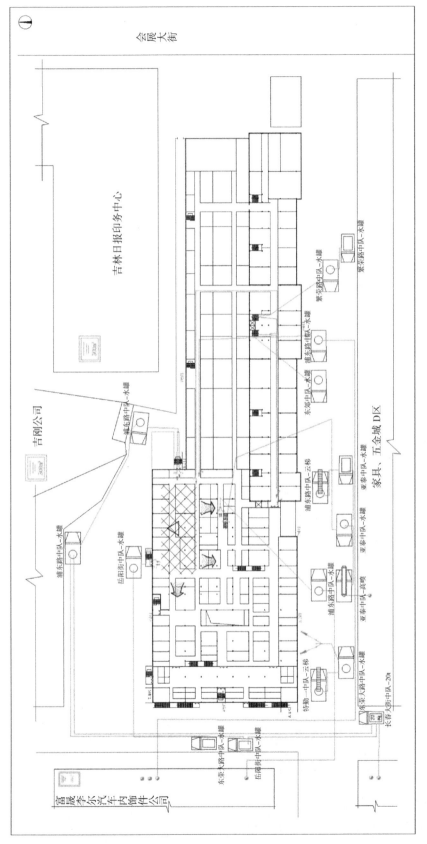

图 3.6.1 第一阶段金源大市场火灾扑救力量部署图

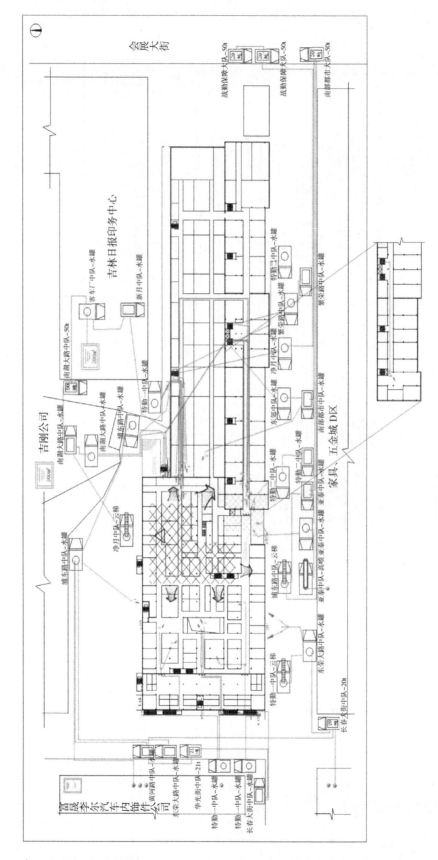

图 3.6.2　第二阶段金源大市场火灾扑救力量部署图

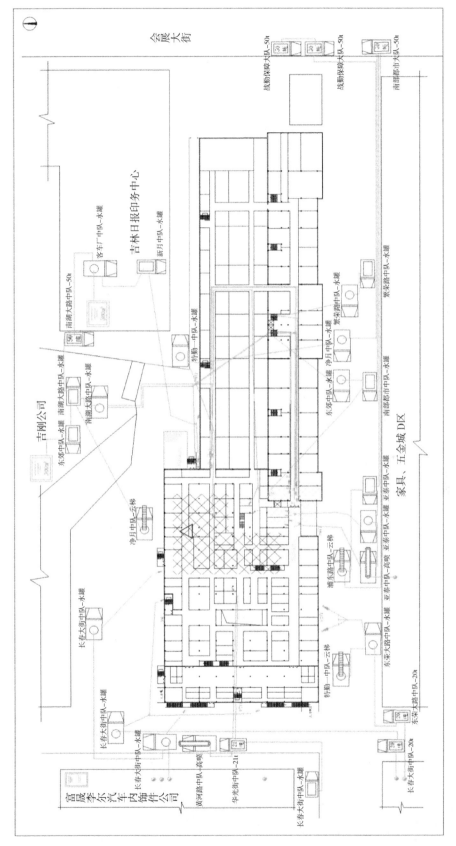

图 3.6.3　第三阶段金源大市场火灾扑救力量部署图

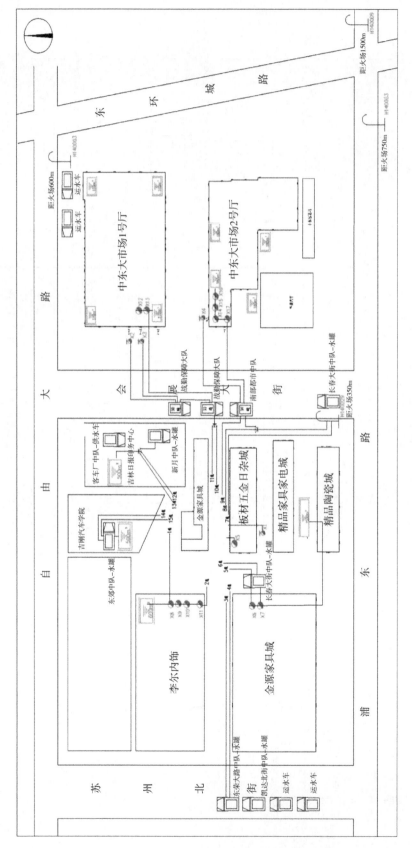

图 3. 6. 4　金源大市场火灾现场供水图

第四章
石油储罐火灾扑救案例

导语

石油储罐火灾是石油化工火灾中较为常见的一类。石油储罐火灾具有爆炸危险性大、火焰温度高和辐射热强等特点。重质油品燃烧易发生沸溢喷溅，油品易扩散形成大面积燃烧，具有复燃复爆性，油蒸气具有一定毒害性。根据石油储罐火灾发生的原因，火灾可分为稳定型燃烧、爆炸型燃烧和沸溢型燃烧三种基本类型。根据油品燃烧的状态，石油储罐火灾燃烧形态分为火炬状燃烧、敞开式燃烧、塌陷状燃烧、流散形燃烧和立体式燃烧。

石油储罐火灾灭火基本要求：坚持冷却保护，防止爆炸和沸溢，充分发挥固定、半固定消防设施的作用，同时兼顾移动灭火力量，适时消灭火灾。石油储罐火灾扑救行动主要任务分为冷却和灭火，重点是冷却力量和灭火力量估算和部署。

本章选取了近年来较为典型的六起案例，案例1为中石化上海分公司"5·9"储油罐爆炸火灾扑救案例，是一起典型石脑油储罐的塌陷状燃烧火灾；案例2为中石油大连石化分公司"8·29"柴油储罐火灾扑救案例；案例3为陕西榆林天效隆鑫化工有限公司"3·21"煤焦油储罐火灾扑救案例；案例4为新疆阿克苏地区"7·9"石化厂原油储罐爆炸火灾扑救案例；案例5为福建漳州"4·6"古雷石化腾龙芳烃有限公司爆炸火灾扑救案例，是一起重整油罐立体燃烧火灾；案例6为江苏泰州"4·22"德桥仓储有限公司火灾扑救案例，是一起典型液化烃储罐爆炸火灾。

案例分析和研究的重点应放在油罐的规格、类型和油品的种类，油罐火灾特点梳理，油罐火灾扑救行动中主要面临的危险，石油储罐区消防设施作用发挥，消防队战斗行动主要采取的技战术措施，尤其是冷却和灭火力量的部署情况等方面。

案例1 中国石化上海分公司"5·9"储油罐爆炸火灾扑救案例

2010年5月9日11时20分左右，中国石化上海分公司浦东新区高桥炼油事业部2号罐区1613罐发生爆燃。接警后，迅速调集高桥、保税区、东沟、金桥、外高桥、庆宁、国和、吴淞、翔殷、彭浦等33个消防中队，2个战勤保障大队，77辆消防车，400余名官兵赶赴现场处置。13时23分，火势得到控制，14时39分熄灭，5月10日凌晨6时救援工作全面结束。

一、基本情况

（一）起火单位情况

中国石油化工股份有限公司上海高桥分公司炼油厂是全国特大型以生产燃料、润滑油为主的综合性石油化工骨干企业之一，年原油加工能力达800万吨，拥有41套现代化炼油生产装置，能生产汽油、煤油、柴油、润滑油和石蜡等12类、130多种石油化工产品，其中润滑油产量每年40多万吨。

（二）燃烧区域情况

爆炸燃烧罐区为炼油厂油品二车间2号罐区，该罐区主要存放连续重整、延迟焦化、重整加氢装置原料油及重整汽油、产品油浆。罐区现有5000m³油罐17个，着火罐为存放石脑油的直径21m、高16.378m的铝浮顶罐。

（三）燃烧物理化性质

燃烧物为石脑油，无色或浅黄色液体；不溶于水，溶于多数有机溶剂；相对密度为0.78～0.97；闪点为－2℃；爆炸极限1.1%～8.7%。对皮肤和眼睛可引起刺激或灼伤；燃烧产生刺激性、有毒或腐蚀性的气体；蒸气可引起头晕或窒息；灭火的废水可导致污染。

（四）水源情况

该罐区周边共有稳高压消火栓43个，炼油厂周边道路水源充足。

（五）天气情况

当日为阵雨，气温17～15℃，风向为东南风，风力4～5级。

二、扑救经过

（一）冷却抑爆

11时35分，第一出动的6个公安队和3个企业队、30辆消防车（其中泡沫车23辆、水罐车5辆、泡沫运输车1辆、抢险车1辆）到场，现场1613罐正处于敞开式猛烈燃烧，邻近的1615罐已发生变形，随时有燃烧、爆炸的危险。第一到场力量根据化工火灾处置程序，优先对着火罐和相邻罐实施冷却，在变形的1615罐受火面架设3门移动炮、6支水枪实施冷却，在着火的1613罐四周架设10门移动炮、3支水枪实施冷却灭火；同时架设1门车载炮和3支水枪冷却保护相邻的1612罐，并启动周边罐的雨淋自卫设施，防止灾情继续扩大。

（二）打击火势

12时57分，全勤指挥部和应援的24个中队、2个战勤保障大队（其中泡沫车21辆、水罐车3辆、泡沫运输车7辆）相继集结到场，优势兵力基本形成。火场指挥部随即部署灭火力量，调整后续力量继续不间断为着火罐和邻近罐实施冷却抑爆，并对着火罐的防护堤内喷射泡沫；随后分别在 1612 罐顶部部署 3 门移动炮，在着火罐东南侧部署 2 门移动炮、西侧部署 5 门移动炮、北侧部署 3 门移动炮，在着火罐西北侧、东北侧分别部署 1 门大功率车载炮，在着火罐南侧部署 2 门高喷车载炮，并准备数倍灭火强度的泡沫灭火力量。13 时 23 分，总攻条件基本成熟，随即实施总攻灭火。

（三）登顶强攻

14 时 33 分，着火罐敞开裸露部位火势强度明显减弱，但因罐体变形形成的几个封闭空间仍有余火，时而引燃裸露部位油品，外攻难以奏效。指挥部果断命令特勤支队组成攻坚组，借助罐体损坏的悬梯强行登顶，从罐体变形缝隙处出泡沫管钩和泡沫枪打击油罐死角火势，并辅以二节拉梯架设移动炮。同时，为防止液面升高造成油品外溢，及时组织工艺导流泄放罐底积水，以降低液面，提高泡沫覆盖层。14 时 37 分，火灾被成功扑灭。

（四）持续冷却

火灾扑灭后，经测温仪检测，着火罐体温度较高，火场指挥部命令继续实施冷却，并对罐内不间断喷射泡沫，确保泡沫覆盖层厚度，防止复燃。并协调环境监测部门做好现场监测，防止次生灾害发生。与此同时，战斗员补充给养，车辆补充油料和药剂，确保持续战斗力。次日 0 时，经测温罐体内降至常温，指挥部将现场交由主管中队和企业专职消防队实施驻防监护。

三、案例分析

（一）到场力量充足，战勤保障有力

油罐火灾扑救时，冷却、灭火力量需求非常大，必须有充足的人员、车辆、器材和灭火剂，才能够确保火灾的成功扑救。在此次火灾发生后，第一时间内启动重大灾害事故处置方案，调派了 30 多个消防中队、2 个战勤保障大队、70 余辆消防车、400 余名官兵赶赴现场处置。

第一到场力量充足且对周边情况相对熟悉，不仅合理选择了水源和进攻路线，满足了前方大流量供液灭火的需要，又保证了后方不间断供水，在第一时间有效控制了灾情的发展。同时为保证长时间灭火需要，迅速启用战勤保障方案，及时调集充气车、装备给养车等战勤保障车辆和 150t 泡沫液等物资，为灭火作战提供了可靠的保障。

（二）指挥员科学指挥，战术运用得当

油罐火灾扑救时，最重要的战术方法即为"前期冷却，待力量充足后实施灭火，灭火后持续冷却防止复燃"，火场指挥部靠前组织指挥，果断采取"冷却抑爆、关阀断料、导流放空"等工艺灭火措施，有效阻截了再次爆炸和火势扩大的危险。随着后续增援力量到场并形成规模作战效应，指挥部不断调整战术措施，分别实施强攻近战、围歼消残、控制次生灾害等战术措施，成功处置了这起火灾，最大限度地降低了火灾损失。

（三）精良的车辆装备作用突出

在本次火灾扑救中，以大功率消防车为主的先进车辆装备，在 80m 外便能直供灭火剂

强压火势，在此次火灾扑救中发挥了不可估量的作用。同时，围绕先进车辆技术装备积极开展应用技术训练，实现了人与装备的最佳配合，凸显消防救援队伍科学救灾、专业救灾的先进理念。

（四）大兵团作战现场组织协调困难

大兵团作战具有投入兵力多、作战时间长、指挥协调难度大等特点，此次火灾扑救共出动 30 多个消防中队，70 多辆各种类型的消防车和数 10 辆战勤保障、应急联动救援车辆。各层级指挥员特别多，现场协调困难。尤其是各分片、分块作战区域的指挥协调，总攻力量的整体推进，泡沫喷射覆盖和冷却水枪的整体协调作战，长距离的接力供水保障等方面都凸显了大兵团作战组织协调的高难度。

进一步提升多力量协同训练水平，构建高效和有序指挥机构，提高指挥效率是当务之急。

？ 思考题

1. 分析此次火灾扑救行动给消防队指战员哪些启示？
2. 结合案例分析石油储罐火灾现场供水方案选择。

案例 2　中国石油大连石化分公司"8·29"柴油储罐火灾扑救案例

2011 年 8 月 29 自 9 时 56 分 44 秒，中国石油大连石化分公司八七罐区 875 号柴油罐发生爆炸火灾事故。大连消防支队接到报警后，立即启动应急预案，一次性调集 19 个消防中队、73 辆消防车、316 名官兵赶赴现场实施扑救。于 12 时 10 分控制火势，13 时 06 分将大火彻底扑灭。

一、基本情况

（一）单位基本情况

中国石油大连石化分公司位于大连市甘井子区山中街 1 号，占地总面积 447.7 万平方米，年原油加工能力 2050 万吨，生产汽油、煤油、柴油、润滑油、石蜡、苯类、聚丙烯等石化产品 200 多种。

（二）起火部位情况

储运车间八七罐区位于厂区西南侧，占地面积 13.8 万平方米，共有各类储罐 67 个。其中，柴油罐 22 个，储量 37 万吨；汽油罐 16 个，储量 14.5 万吨；芳烃罐 3 个，储量 3000t；甲基叔丁基醚（MTBE）罐 6 个，储量 2.4 万吨；液化气球罐 20 个，储量 2 万立方米。

875 号罐所在新柴油罐组占地面积 1.5 万平方米，由 4 个 2 万立方米的柴油罐组成。该罐组东邻 5 万立方米柴油罐组，西邻无铅汽油罐组，南临汽油罐组，北临南运罐组。875 号罐为拱顶油罐，北侧为 874 号罐，西侧为 877 号罐，西北侧为 876 号罐。起火时，875 号罐内储存柴油 800 余吨，874、876、877 号罐均为满罐存储状态。

（三）消防设施情况

厂区内共有消防泵房 10 处，泡沫站 8 处（储存泡沫 95t），雨淋室 6 处，消火栓 1097 个，独立管网，由泵房吸海水供应；海水码头可作为消防车取水平台使用。

八七罐区有 172 个消火栓，环状管网，管径 300mm，供水压力 0.36MPa；各个储罐均设有自动喷淋和泡沫灭火装置及半固定灭火设施。火灾时，874、875 号罐的灭火设施被损坏，不能使用。

（四）天气情况

当日阵雨，温度 22℃，南风 4～5 级。

二、扑救经过

（一）初战阶段

10 时 05 分，第一批战斗力量石化公司企业专职队所属 4 个中队和甘井子中队、特勤二中队、周水子中队 30 辆车相继到达现场。此时，从 875 号罐底部和管线流淌出来的柴油，在防火堤内形成一片熊熊大火，将 875 号罐和 874 号罐及其管线团团包围，火焰高达数十米，巨大的黑烟直冲云霄。875 号罐已经被大火完全吞没，874 号罐外部保温层多处被烧落，情况万分危急。

为了有效扑救流淌火，防止发生爆炸，第一到场力量立即投入战斗，甘井子中队和石化一中队在东侧设置 2 门高喷炮、2 门车载炮、1 门移动泡沫炮、2 门移动水炮和 4 支泡沫枪，冷却罐组东侧管线和 874 号罐，堵截流淌火向东侧蔓延。特勤二中队和石化二中队在南侧设置 1 门高喷炮、1 门车载炮、1 门移动泡沫炮、2 门移动水炮和 4 支泡沫枪，冷却罐组南侧管线和 875 号罐，堵截流淌火向南侧蔓延。石化三中队在西南侧设置 2 门移动泡沫炮、1 门移动水炮和 2 支泡沫枪，协助冷却罐组西南侧管线，堵截西南侧防火堤内的流淌火。周水子中队和石化四中队在北侧及西北侧设置 2 门高喷炮、2 门车载炮和 3 支泡沫枪，重点冷却保护受火势威胁的 874 号罐，堵截北侧防火堤内的流淌火。第一批到场力量共设置 5 门高喷炮、5 门车载炮、5 门移动水炮冷却 874 号罐和管线，设置 4 门移动泡沫炮、13 支泡沫枪进攻防火堤内火势。面对强大的火势，现场的力量仍显不足，被大火包围的 874、875 号罐险情没有得到缓解，相邻防火堤内 876、877 号罐受到强烈热辐射，情势岌岌可危。

（二）相持阶段

10 时 20 分，大连市消防支队全勤指挥部及其余增援力量陆续到场，现场成立了灭火指挥部。此时火势依然凶猛并有扩大之势。在对火情进行充分侦察了解的基础上，指挥部果断作出六项决策：一是启动固定消防装置，采取固移结合方式加强冷却保护；二是组织厂方技术人员和企业专职队员关闭着火罐周围储罐和管线的进出阀门；三是全力扑灭防火堤内的流淌火；四是全力冷却保护 874 号罐；五是实施远程供水；六是向现场调运泡沫液。

在指挥部的统一指挥下，支队 6 名指挥长按照前沿指挥、车辆摆布、后方供水等任务分工负责，还明确设立了火场各级安全员。按照指挥部的命令，西岗、特勤三、中华路、马栏等 4 个中队在西侧设置 3 门移动水炮、1 门移动泡沫炮、8 支泡沫枪，从西侧保护 874、876、877 号罐，压制防火堤西侧的流淌火。泡崖中队出 3 支泡沫枪支援北侧阵地，加强对 874 号罐底部、管线和阀门的冷却保护。高新园中队、大孤山中队在东侧阵地增设 7 支泡沫枪，重点加强对 874 号罐的冷却保护，压制防火堤东侧的流淌火。特勤一中队、中山中队、星海湾中队在南侧阵地，增设 2 门移动水炮和 8 支泡沫枪，加强南侧管线的冷却保护，压制防火堤南侧的流淌火。现场共调整设置了 5 门车载炮、5 门高喷炮、11 门移动水炮、5 门移动泡沫炮和 33 支泡沫枪，对火场形成了合围态势。参战官兵使用高喷炮向 874 号罐喷射泡沫强化冷却，使用泡沫炮、泡沫枪向防火堤内猛烈喷射泡沫实施覆盖，使用水炮全面冷却管排和进出 874 号罐的管线及阀门。

10 时 45 分和 11 时 15 分，现场西侧管线两次出现具有爆炸预兆的嘶鸣声，指挥部得到安全员的紧急报告后立即下达撤退命令，前沿战斗人员迅速撤离阵地，待爆炸形成稳定燃烧后又立即投入战斗。面对 874 号罐随时爆炸的危险，面对烈焰近距离烧烤，参战官兵审时度势、进退有度，与大火展开了艰苦的拉锯战。

为了保证灭火用水，现场采取了六项供水措施：一是占领罐组周边 8 个消火栓直接供水；二是利用远程供水编队停靠南侧海边铺设了 9 条供水干线；三是利用海上消防艇搭建 4 条供水干线；四是利用革镇堡中队、特勤三中队、星海湾中队 3 辆消防车停靠西侧海边，组成 6 条供水干线；五是利用重型水罐车及城建局洒水车组成 3 个运水供水编队和供水干线，为前方不间断供水；六是在新柴油罐组前沿设置 4 个泡沫液供给点，为前沿阵地补给充足的泡沫液。

（三）总攻阶段

12 时 10 分，现场火势得到有效控制，各战斗段泡沫液和供水干线得到充分准备后，指挥部决定强行推进，总攻灭火。在指挥部统一指挥下，5 辆高喷车不间断对 874 号和 875 号罐体实施冷却降温，北侧泡沫枪向南平行推进，南侧阵地积极配合保护罐组南侧管线。此外，东侧和西侧阵地所有泡沫炮、泡沫枪同时出击，对防火堤内的流淌火进行全力压制和消灭。在强大射流的作用下，874 号罐周边的流淌火于 12 时 30 分被彻底扑灭，流淌火被控制在 875 号罐的南侧和西侧。

为尽快扑灭流淌火，取得最后的胜利，西侧阵地官兵不顾炽热的火焰辐射，将泡沫钩管架设到防火堤上，将泡沫沿防火堤向内推进压制火势，而后组织泡沫枪、泡沫炮强行登上防护堤内的输油管线，梯次进攻实施近距离灭火。13 时 06 分，明火被彻底扑灭，至此灭火战斗取得了决定性胜利。

（四）继续冷却，监护阶段

明火被消灭后，指挥部命令参战力量继续对 874、875 号罐及周边管线进行全面冷却降温。15 时 30 分，指挥部命令公安消防力量撤离现场，冷却监护任务由石化企业专职队负责。

此次火灾扑救，消耗泡沫液 120t、水 7000t。

三、案例分析

（一）快速调集优势兵力，是成功扑救的重要前提

火灾发生后，大连市公安消防支队调度指挥中心根据火场情况，第一时间快速调集了73辆消防车到场，确保了灭火战斗所需要的优势兵力。省消防总队接到报告后，也立即启动《跨区域增援预案》，沈阳、鞍山、丹东、营口、盘锦、抚顺等6个支队做好了实施跨区域增援的准备。公安、交警、安监、城建等社会联动力量也在第一时间赶到现场，履行职责、协同作战。

（二）指挥果断，战术得当，是成功扑救的重要保证

各级领导第一时间到场科学决策，现场指挥部坚决贯彻"先控制、后消灭"的战术原则，确立了"冷却毗邻罐组和输油管线，保护874号罐"的作战方针，在着火罐组防火堤周边有效组织了59个枪（炮）阵地，形成了高中低立体控火态势，冷却、灭火同步开展，从而把握了灭火战斗的主动权。在施救过程中，指挥部审时度势，合理设置火场安全员，在现场两次发生爆炸的关键时刻，砭时有序组织撤离行动，确保了前方作战人员的安全。

（三）装备精良，供水得力，是成功扑救的重要保障

此次战斗，现场投入枪炮阵地多，冷却灭火用水量大，远程供水编队再次发挥现场供水主力作用，消防艇、消防车也直接占领码头向前方不间断供水，现场形成了近20条的海水补给线，为前方扑灭火灾奠定了基础。同时，近40辆主战车泵的耐腐蚀性能和多功能水成膜泡沫车的灭火性能，也经受了一次实战考验。

（四）单兵战斗经验需要进一步累积

个别消防员经验不足，技术配合不娴熟。由于灭火和冷却保护储罐在同一作战区，有的水枪手对冷却射流把握不好，将水喷溅到流淌火区域，对泡沫覆盖层造成了一定的破坏，影响灭火效果。战斗初期的作战车辆停放不合理，水带线路没有靠道路内侧铺设，影响增援力量的进入和作战部署的调整。

此次火灾扑救行动告诉我们，建立规范的战斗操作规程势在必行，如不同环境下水带路径，消防车阵地设置规程等。

？ 思考题

1. 试分析带有保温材料的油罐火灾的冷却效果。
2. 结合油罐火灾特点，分析泡沫灭火剂的使用应注意哪些问题？

案例3 陕西榆林天效隆鑫化工有限公司"3·21" 煤焦油储罐火灾扑救案例

2013年3月21日20时30分许,陕西省榆林市神木县(今神木市)天效隆鑫化工有限公司7#煤焦油储罐发生爆炸燃烧。接到报警后,迅速启动《跨区域增援预案》,先后调集榆林、延安、铜川、西安和内蒙古鄂尔多斯5个支队、21个执勤中队、8个企业消防队、65辆消防车、418名消防官兵赶赴现场扑救,经过全体官兵连续奋战,大火于3月22日17时22分被扑灭。此次火灾过火面积约12180m²,烧毁油罐5个,保住了年生产能力15万吨的煤焦油深加工生产装置,无人员伤亡。

一、基本情况

(一)单位基本情况

天效隆鑫化工有限公司位于陕西省榆林市神木县孙家岔镇马镰湾村,占地约17400m²,属私营企业,主要从事煤焦油深加工。该公司2009年6月建成投产,设计年产量为15万吨,厂区内共有13个立式固定顶煤焦油储罐(设计总容量为9120m³),其中1号防火堤内1#~4#罐设计容量均为1500m³,2号防火堤内5#~8#罐设计容量均为570m³,9#、10#罐设计容量均为300m³,11#、12#、13#罐设计容量均为80m³。爆炸起火的7#罐位于2号防火堤内,6#、8#罐之间,东临煤粉堆垛,西侧停有6辆储油罐车。起火时,3#、4#罐各储存170t和200t煤焦油,5#、6#、7#罐各储存80t、100t、150t煤焦油,其余8个罐内有煤焦油残液。

(二)周边水源情况

厂区、罐区及装置区无消火栓系统、水系统及蓄水池,2km范围内无任何水源,水源极度缺乏。最近的执勤中队距火场36km,省内最近增援力量延安支队距火场388.5km。

(三)天气情况

火灾发生当日(3月21日)天气为晴天;气温0~15℃;风向为西北风;风力4~5级。22日天气为晴天;气温0~16℃;风向为西北风;风力5~6级。

二、扑救经过

(一)启动预案,快速响应,积极控火

辖区力量到场处置,调集企业消防队,重点实施警戒、侦察、疏散、控火,并向支队指挥中心报告,支队立即启动了《重大灾害事故应急救援预案》,调集增援力量。

3月21日21时05分,榆林市大柳塔镇消防大队接到火灾报警后,立即调集距现场最近的内蒙古神东和神华2个企业消防队、4辆消防车、25名消防员赶赴现场扑救。

22时05分,2个企业消防队到达事故现场,7#罐处于猛烈燃烧阶段,4#罐被流淌火引燃并发生爆炸,1#~3#罐被流淌火包围(1号防火堤内),5#~9#罐被流淌火引燃

（2号防火堤内）。大量流淌火通过排污沟引燃了北侧北汇亚圣洗煤厂的煤粉堆垛；飞火引燃了东面的浩正型煤有限公司煤粉堆垛；现场辐射热较高，无人员被困。

根据火场情况及到场力量，现场指挥员命令：划定警戒区域，做好警戒工作；疏散厂区内无关人员及车辆；立即联系厂区负责人及相关技术人员到场，为灭火工作提供技术支持，并联系市政洒水车向火场进行运水供水；同时命令所有车辆出车载炮及泡沫管枪扑灭地面流淌火防止火势蔓延，并向支队指挥中心报告情况，请求增援。

22时40分，榆林支队指挥中心接到增援请求后，立即启动支队《重大灾害事故应急救援预案》，迅速调集神木、府谷、特一、特二、上郡路、红山路等6个消防中队，2个企业消防队，28辆消防车，164名官兵赶赴火灾现场，支队全勤指挥部遂行出动。

（二）冷却降温，分割包围，堵截火势

第一批增援力量及全勤指挥部到场，根据现有力量和火场态势，划分战斗区域，采取分割、阻截灭火战术，阻止火势蔓延。同时，对参战力量进行整合，补充灭火剂，重点夹击2号防护堤内残火，对4#罐实施强攻近战。

23时40分至次日1时05分榆林市神木中队、特勤一中队、兖州煤炭企业队、府谷中队先后到达现场，立即投入战斗，利用车载消防炮对3#、4#罐进行降温，同时出泡沫管枪对地面流淌火进行堵截。

1时25分，榆林支队全勤指挥部到达现场。了解情况后，按照"先控制、后消灭""确保重点、兼顾一般"的原则，根据现场情况，调整了作战力量，将火场划分为三个战斗区域，设立了四个观察哨，密切监视罐区火势发展和风向变化情况。

第一战斗区域（1号防火堤），神木中队设置2门移动泡沫炮对1#、2#罐进行降温，2支泡沫管枪对地面流淌火进行堵截。兖州煤业企业队设置1门车载炮并利用移动炮对3#、4#罐进行冷却。

第二战斗区域（2号防火堤），特勤一中队、神东企业队各设置2支泡沫管枪压制输油管线、阀组的火势；特勤一中队设置2门移动炮，神东企业队设置1门移动炮对11#、12#、13#罐降温；同时组织力量，采取沙土筑堤、覆盖的措施配合泡沫管枪，全力堵截流淌火蔓延。

第三战斗区域（装置区），府谷中队、神华企业队各设置1门移动炮和1支泡沫管枪对装置区进行冷却，并压制输油管线及地面流淌火。

2时13分至3时04分，4#、7#罐再次发生爆炸，导致7#罐输油法兰损坏，大量煤焦油泄漏，火势猛烈，失去控制，指挥部及时发出撤离信号，没有造成人员伤亡。

3时20分，榆林市特勤二中队、上郡路中队、红山路中队先后到场并投入战斗。

3时54分，8#～13#罐、装置区及部分管线大火基本扑灭。

5时41分，部分车辆进行了灭火药剂补充。府谷中队、红山路中队加入第一战斗区域，配合特勤二中队，各设置1门移动炮，对3#罐进行冷却降温（其他中队作战任务不变）。

7时03分左右，参战官兵强攻近战，用4门移动炮对4#罐强攻，另外2支泡沫管枪消灭3#罐周围的流淌火，2辆高喷车对3#罐冷却降温。

7时24分，观察哨发现4#罐火焰高度增加，颜色由深变亮且发白，并发出嘶嘶声，指挥部立即分析判断并下达了撤离命令。随后，4#罐发生大规模沸溢，由于参战人员及时撤离，无人员伤亡。

发生沸溢后，煤焦油喷射出防火堤外 30m，形成大面积流淌火。1 号防护堤内全面燃烧，指挥部立即组织泡沫管枪对流淌火进行扑灭。现场指挥员立即将火场情况上报支队领导，调集绥德、米脂、定边、靖边 4 个中队的 6 辆消防车和 33 名官兵，作为第二批增援力量赶赴现场，支队指挥中心向总队指挥中心上报火灾情况。总队指挥中心接到报警后，第一时间调集西安、铜川、延安 3 个支队共 17 辆消防车和 85 名官兵增援，并上报部局。周详总队长带领总队全勤指挥部人员乘飞机赶赴现场指挥。部消防局即调集内蒙古鄂尔多斯支队 10 辆消防车、35 名官兵实施跨区域增援。榆林市政府领导迅速调集公安、供水、供电、医疗等单位协同作战。

8 时 45 分，经侦察发现：装置区地下暗渠有少量余火；第二战区 5♯、6♯、7♯ 罐被引燃，其余储罐被流淌火包围；3♯ 罐体上部严重变形，其输油管法兰损坏，大量煤焦油向外喷射。

（三）协同配合，实施堵漏，持续降温

第二批增援力量到达现场，开辟进攻路线，对泄漏罐实施堵漏，防止流淌火蔓延，加强对着火罐的冷却，创造总攻条件。

10 分 01 分，榆林支队政委张大连带领支队机关除值班以外的全体人员到场，立即成立了现场作战指挥部，下设七个小组。同时要求：全体参战官兵进入危险区域必须佩戴好防护装备；观察哨注意观察，再次明确撤退信号和路线；推倒厂区西侧围墙，为总攻开辟进攻路线。

11 时 37 分，支队紧急调集的 18.5t 泡沫到场，此时加上车载 29.2t，现场可用泡沫量达到 47.7t。

11 时 45 分，现场作战指挥部命令：主战车辆使用车载炮，2 辆涡喷消防车从西南、西北两侧对 1♯、2♯、3♯、4♯ 罐进行冷却；其余到场力量给主战车辆供水；压制火势，创造战机，利用堵漏器材对 7♯ 罐底部管线泄漏点实施堵漏（由于现场火势和罐内压力大，堵漏无法实施）。

12 时 07 分，内蒙古鄂尔多斯支队增援力量到达现场，并根据现场作战指挥部的部署，迅速投入战斗。至此，火场所有现役队、企业专职队和跨区域协同作战力量全部到场投入战斗。

（四）集中力量，科学部署，发起总攻

总队指挥员到场，整合现场力量，建造作业掩体，部署梯次进攻，集中优势力量和优势装备，做好总攻准备。

12 时 10 分，总队长带领总队全勤指挥部到达现场。现场成立了以总队长为总指挥，榆林支队沈佐亮支队长、张大连政委为副总指挥的总指挥部。同时，设立前沿指挥部，榆林支队参谋长郝凯任指挥长，其他各战区指挥员为成员，负责按照总指挥部的命令攻坚灭火。总队战训处韩少华处长负责火场联络，及时掌握各参战力量执行命令情况。

为了最大限度地降低火灾损失，快速扑灭大火，总队长深入生产装置区和罐区前沿进行实地勘察，进一步了掌握火场信息。

① 沙漠边缘风向变幻无常，前期 1 辆消防车被烧；

② 所有调集力量全部到位；

③ 所有车辆灭火药剂全部加满；

④ 个人防护已进行了更新和替换。

周详总队长决定采取强攻战术，全面压制火势，控制灾情发展，命令：榆林支队在南侧、西侧、北侧共出 10 支泡沫管枪（南侧 2 支、西侧 4 支、北侧 4 支），神华企业队从南侧出 2 支泡沫管枪，扑救地面流淌火；利用 2 辆涡喷消防车在南、北两侧压制火势，防止风向突变对人员车辆造成威胁；榆林支队 3 辆高喷消防车对 3♯、4♯ 罐实施灭火；鄂尔多斯支队出 2 门车载炮，长庆企业消防队出 1 门车载炮分别对 1♯、2♯ 罐降温灭火；其余参战力量对外围罐进行冷却。由于强攻中 2 辆涡喷消防车呈保护态势，吹散部分泡沫，降低了灭火效能，3♯、4♯ 罐罐顶严重变形，大面积流淌火因没有掩体无法实施强攻近战，火场存在一定部位和区域的死角，火势虽然得到了有效控制和压制，但未能一举扑灭。

总指挥部根据现场火势变化和消防水源匮乏的现实情况，及时总结了强攻经验，确定了"各种优势力量饱和供给，抓住战机一举歼灭"的指导思想，命令部队全力做好总攻准备：利用推土机沿防火堤构筑沙土掩体，提供进攻作业面；所有车辆加足灭火药剂，梳理供水线路，并确定供水编成，保证水源充足；所有一线参战人员佩戴好个人防护装备。

15 时 20 分，部消防局指挥员到场，听取了火灾扑救情况报告，并深入罐区实地查看火势情况，要求参战部队：一是根据火势发展和到场力量，加强一线作战力量；二是最大限度调集泡沫等灭火药剂；三是切实做好个人防护措施，确保全体官兵安全。

17 时许，总指挥部根据风向变化，综合现场火情、参战力量、泡沫灭火药剂储备等情况发出总攻命令。按照总攻部署，2 辆涡喷车在北侧同时向着火罐喷射泡沫压制火势，高喷车沿涡喷车进攻方向向起火罐区内喷射泡沫，攻坚组紧抓战机利用 2 支泡沫钩管向 4♯ 罐内灌注泡沫；同时，12 只泡沫管枪按照梯次进攻的方法向前推进消灭流淌火，对着火罐进行强攻近战，经过全体参战官兵的奋勇作战，大火于 17 时 22 分被彻底扑灭。

（五）冷却监护，扑灭外围残火，防止复燃

大火扑灭后，为防止复燃，部署留守力量，消灭地沟、管道残火，对罐体持续降温和全方位监护。罐区大火被扑灭后，现场战斗力量继续对所有罐体进行冷却，防止复燃；利用推土机、挖掘机等大型机械掩埋着火罐区，防止罐体温度变化引燃邻近罐，对泄漏的管道、阀门及沸溢出罐体的煤焦油进行埋压。

19 时 59 分，1 号防火堤火场温度逐渐降低，榆林支队红山路中队、府谷中队、上郡路中队继续对火场进行不间断冷却和现场监护，防止复燃和发生其他突发事故；神木中队、特勤一中队负责扑灭隔壁厂区沟渠内的残火，并监护该厂区着火的煤场；铜川支队、榆林特勤二中队负责扑灭北边煤场沟渠内的残火，并监护着火的煤场；延安支队继续负责扑救隔壁厂区煤粉车间的火灾。

3 月 22 日 18 时，灭火战斗任务结束。

三、案例分析

（一）靠前指挥，英勇顽强

火灾发生后，引起了各级领导高度重视。陕西消防总队长一线指挥灭火作战，各级指挥员面对随时可能发生爆炸的罐体、滔天的烈焰，沉着冷静、靠前指挥，准确把握了灭火救援

的有利战机。全体参战官兵勇敢顽强、不怕牺牲，贯彻指挥部命令坚决果断，毫不退缩，充分展现了陕西消防铁军敢打必胜的战斗作风。

（二）措施有力，攻坚克难

指挥部灵活运用战略战术，确定"涡喷车横向压制、高喷车空中打压、泡沫管枪地面堵截、泡沫钩管重点覆盖、水枪阵地冷却掩护的立体攻击模式"，将战斗力量分为 3 个作战区域、10 个作战小单元，分区、分片设置灭火阵地，明确作战任务。利用大型挖掘机在罐区周围筑起 2m 高的围堤，建立掩体，阻止火势蔓延，提供进攻作业面；利用推土机、铲车开辟隔离带，引流疏导，掩埋流淌液体。利用堤外掩体，设置外部冷却阵地，对罐区进行不间断冷却，为成功扑灭大火提供了科学的技战术保障。

（三）强化保障，协同配合

榆林消防支队装备器材完备，性能优良，应急联动机制建设完善，先后与 120 急救中心、灭火剂生产厂家、车辆维护保养中心、大型超市、加油站等 15 家单位签订战勤保障联动协议，战勤保障快速有力。火灾发生后，各应急联动单位在指挥部的统一指挥下，各司其职，密切配合，集中优势兵力、优势装备、优势作战物资，有效保证了火场水、油、泡沫、大型机械设备等各类物资的供应。

（四）力量不够集中，判断有欠缺

辖区大队灭火经验不足，到场后对火场信息判断不够准确，没有及时汇报现场情况，而是单独处置了 35min 后才请求支队增援。没有一次性调集足够增援力量和有效装备，力量调集出现零敲碎打现象，短时间内无法形成绝对优势。受地理条件限制，火场 2km 内无天然水源，15km 内无消火栓，水源极度缺乏，依靠市政洒水车和消防车向火场运水供水，难以保持不间断供水。

此次火灾扑救行动告诉我们加强初战训练刻不容缓，为保障初战有效，必须制订辖区消防队初战基本规程，确保减少失误。

附：图 4.3.1　榆林天效隆鑫化工有限公司总平面图、毗邻单位示意图
　　图 4.3.2　榆林天效隆鑫化工有限公司平面图
　　图 4.3.3　罐区立体图
　　图 4.3.4　第一阶段力量部署图
　　图 4.3.5　第二阶段力量部署图
　　图 4.3.6　第三阶段力量部署图
　　图 4.3.7　总攻阶段力量部署图

思考题

1. 分析此次火灾战术运用的得与失。
2. 分析此次火灾指挥员决策的有效性。

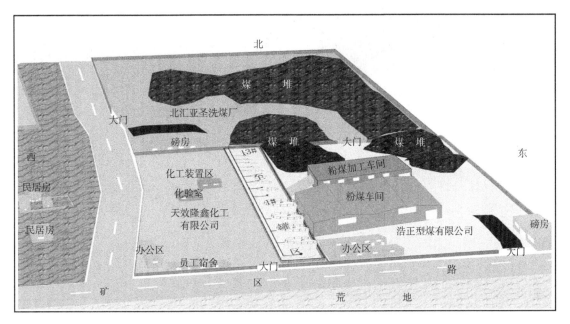

图 4.3.1　榆林天效隆鑫化工有限公司总平面图、毗邻单位示意图

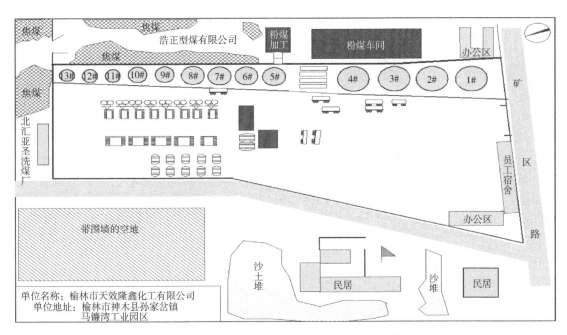

图 4.3.2　榆林天效隆鑫化工有限公司平面图

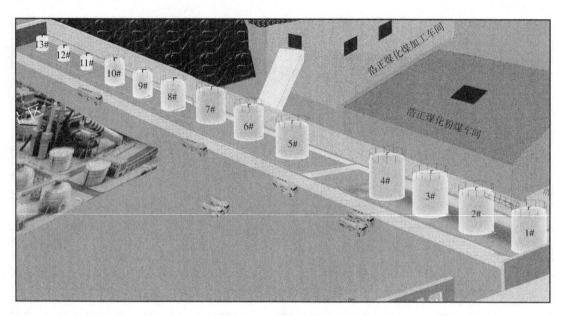

图 4.3.3　罐区立体图

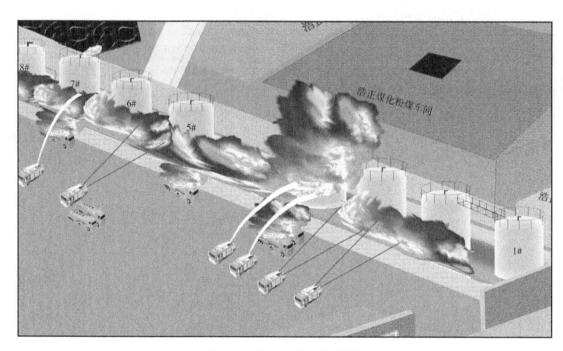

图 4.3.4　第一阶段力量部署图

图 4.3.5　第二阶段力量部署图

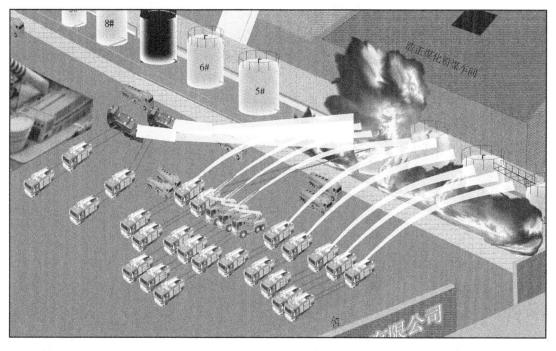

图 4.3.6　第三阶段力量部署图

图 4.3.7　总攻阶段力量部署图

案例 4　新疆阿克苏地区"7·9"石化厂原油储罐爆炸火灾扑救案例

2014 年 7 月 9 日 2 时 10 分，新疆阿克苏地区消防支队 119 指挥中心接到报警称，位于库车县天山东路的天山环保库车石化有限公司原料储罐区一容量为 5000m³ 的立式固定顶油罐发生火灾。接警后，总队、支队先后调集 14 辆消防车、63 名消防人员到场处置，两级全勤指挥部现场指挥。经过 17h 的连续奋战，于 19 时 30 分将大火成功扑灭，火灾未造成人员伤亡。

一、基本情况

（一）单位基本情况

天山环保库车石化有限公司，位于库车县天山路南侧、经四路东侧，距库车县城 10km，占地面积 632 亩（1 亩＝666.67m²），东为库车县新成化工，南为农田，西为经四路，北为库车县紫光化工。公司成立于 2006 年 9 月，主要从事沥青、乌洛托品、甲醇、甲醛的加工和销售。

（二）罐区情况

发生事故的罐区是该企业新建的改性沥青项目储罐区，位于厂区西南角，东邻沥青装车台，南距厂区围墙 9.3m，西侧由东向西依次为卸车泵房、卸油台、装车台、厂区西围墙，北邻甲醇装置区。该罐区分为原料油罐区和成品罐区。西侧为原料油罐区，设置原油储罐 3

座，轻质柴油储罐 4 座，均为立式固定顶钢质储罐。原油储罐位于南侧，由西向东分别为 G101、G102、G103，每罐设计储量为 5000m^3。事故发生时，分别储存原油 508m^2、524m^2、1781m^3。轻质柴油储罐位于北侧，由西向东分别为 G201、G202、G203、G204，设计储量分别为 1000m^3、1000m^3、1500m^3、2000m^3。事故发生时，G201、G202 分别储存柴油 486m^3、592m^3，G203、G204 分别储存原油 56m^3、369m^3。罐区东侧为成品罐区，设有立式固定顶钢质储罐 4 座，北侧两座储罐由西向东为 G301、G302，南侧两座储罐由西向东为 G303、G304。G301、G302 设计储量为 4000m^3，G303、G304 设计储量为 3000m^3，事故发生时分别储存改性沥青 1808m^3、131m^3、483m^3、946m^3。

（三）着火罐基本情况

着火罐为 G103 罐，直径 22m，高 16m，设计储量为 5000m^3，实际储存原油 1781m^3。罐顶为拱形，外覆的珍珠岩-混凝土保温层，厚度 5cm。罐壁从基座向上每隔 2m 焊接一圈钢筋龙骨，填充 10cm 厚的珍珠岩保温层，龙骨铆接固定 0.5mm 铁皮形成保温层。罐体设有 2 个透光孔、1 个通气孔、1 个量油孔、2 个泡沫发生器。其中，透光孔直径 50cm，1 个位于上人盘梯处，另 1 个对称分布在正西侧，用于油罐安装和清洗时采光和通风；通气孔直径 20cm，位于罐顶正中央，上部设置有通气阀；量油孔直径 15cm，位于上人盘梯处，用于测量罐内油量；罐壁上部东、西两侧各设一个泡沫发生器。爆炸发生后，泡沫发生器从焊缝处撕裂脱落，罐顶西南角与罐壁焊接处撕裂形成一条长约 20m 的裂缝，裂口处罐顶、罐壁钢板扭曲变形。罐区内其他储罐完好。

（四）固定消防设施及周边水源情况

厂区建有消防水池 1 个，储水量 2000m^3，并设有 1 条管径 300mm 的自来水补水管线和 2 条管径 200mm 的地下井补水管线；建有循环水池 1 个，储水量 1000m^3；设有消防水泵 3 台，每台流量 60L/s；设有管径 300mm 的环状管网室外消火栓 40 个，其中着火罐区域有 10 个；设置泡沫站 1 座，储存抗溶性氟蛋白泡沫 10t，泡沫泵 2 台，流量为 60L/s。

（五）起火原因

7 月 3 日，G103 罐经加热盘管加热，罐内温度一直保持在 50℃ 左右。7 月 8 日 11 时，企业开始对该罐原油进行升温准备脱水，12 时 45 分已达到正常脱水温度 60℃。由于当班操作工对加热温度监控不力，至 7 月 9 日 2 时 03 分，罐内温度达到 77.5℃，罐内超温长达 13h 左右，导致大量油蒸气从罐顶呼吸阀外溢，在 G103 罐西南方向形成了长 155m、宽 48m 爆炸性可燃气体混合物聚集区域。2 时 05 分，蔓延至装卸区碘钨探照灯空气开关产生的电火花发生爆燃，回燃引起 G103 罐闪爆起火。

（六）天气情况

当日天气晴，气温 15～28℃，起火前期为东北风四级，后期无持续风向，微风 1～2 级。

二、 扑救经过

（一）集结力量，冷却抑爆

2时10分，支队指挥中心接到报警后，迅速调集辖区大队龟兹、开发区中队8车37人以及塔化专职队3车12人前往处置，调集相邻的沙雅县中队1车4人赶赴增援。总队接到报告后，立即启动《跨区域增援预案》，调集邻近的巴州轮台县中队2车10人以及南疆物资储备库50t泡沫实施增援。

2时26分，首战力量龟兹中队4车20人到达现场，经现场侦察发现，着火罐为一容积为5000m³的原油储罐，实际储存原油1781m³，爆炸致使罐顶撕裂出一条长约20m、宽10～50cm的裂缝，明火从裂缝处向外翻滚，着火罐自身无冷却系统，固定泡沫灭火系统在爆炸时损坏。掌握现场情况后，指挥员迅速组织实施初战控制：一是立即要求厂区工作人员启动固定消防设施；二是进行冷却抑爆，利用水罐消防车从北侧出2门移动炮对着火罐实施冷却，出1门遥控水炮对西侧邻近罐进行冷却；三是确保现场供水不间断，通知市政部门对着火区域供水管网实施局部加压。

2时31分，增援力量开发区中队4车17人到场，从北侧利用举高车对邻近罐进行冷却，架设2门移动炮对着火罐实施冷却。2时36分，库车大队指挥员和塔化专职队3车12人到场。大队指挥员迅速部署了五项作战行动：一是塔化专职队从南侧架设1门移动炮对邻近罐进行冷却；二是按区域划分作战任务，将到场车辆合理编成，利用高喷车水炮和铺设水带干线架设移动水炮，占据罐区消火栓进行不间断供水；三是安排专人负责打开储水池管径300mm的自来水补水管和2条管径200mm的地下井补水管，及时补水，确保现场供水不间断；四是立即关闭3个原油罐底部蒸汽加热管阀门，降低原油罐内温度；五是设立现场安全员，密切关注火势发展蔓延情况，明确紧急撤离信号，随时做好避险准备。

（二）调整部署，外部灭火

3时55分，增援力量沙雅县中队到场，同时库车县委、县政府、应急办、安监、环保、公安等部门先后到场。4时32分，支队全勤指挥部和巴州轮台县中队相继到场，此时着火罐呈稳定燃烧状态。指挥部根据现场情况调整力量部署：一是沙雅县中队高喷车部署在着火罐西南侧，从罐顶裂缝处向罐内喷射泡沫实施灭火；二是轮台县中队在临近罐罐顶出一支PQ16泡沫枪，从罐顶裂缝处向罐内喷射泡沫实施灭火；三是做好利用泡沫钩管登罐强攻准备。

（三）强攻登罐，开孔灌注

由于罐顶爆炸缝隙小，燃烧猛烈，无法挂接泡沫钩管，外部强行灌注泡沫灭火效果较差，无法有效控制火势。9时25分，在上述战术措施无效的情况下，总队全勤指挥部要求现场灭火力量登罐强攻，开启罐顶透光孔和采样孔，灌注泡沫实施灭火。现场指挥部迅速做出部署：一是保持冷却强度，确保稳定燃烧；二是组织攻坚组在水枪、水炮掩护下，强行沿盘梯登顶，打开着火罐顶罐东侧的透光孔和采样孔，利用泡沫管枪向罐内灌注泡沫灭火。在参战官兵的努力下，先后设置了4支泡沫管枪向罐内灌注泡沫，但由于灌注的泡沫无法沿罐壁向下流淌形成覆盖，加之液位较低，受辐射热、罐内紊流影响，泡沫损耗大，灭火效率差。至13时许，火势仍无显著变化。

（四）蒸汽抑制，泡沫灭火

13时35分，总队姚清海副总队长带领全勤指挥部到达现场。此时，罐顶局部已严重变形。指挥部认真分析了前期施救不力的原因，充分听取了相关技术专家的建议，确定了"蒸汽填充抑制、泡沫择机覆盖"的战术措施，由县政府负责协调相关蒸汽管路到场，石化公司组织人员负责蒸汽管路的架设，库车县大队组织官兵实施掩护。此外，全面做好塌罐应对准备工作，由县政府调集铲车到场，在着火油罐南侧地势较低处挖掘排污沟，确保一旦塌罐能够及时将原油疏导至安全区域。战斗任务部署完毕后，各小组迅速行动。17时40分，消防官兵和技术人员组成的攻坚组强行登罐，完成蒸汽管路架设固定。17时45分，开始灌注蒸汽。19时05分，经80min灌注蒸汽后，火势明显减小，总攻条件成熟，指挥部决定同步组织泡沫管枪灭火，提高灭火效果。19时10分，指挥部下达总攻命令，在全面冷却的基础上，4只泡沫管枪同时进攻，对着火罐实施泡沫覆盖。19时30分明火被扑灭。22时30分，经过3h不间断冷却，利用测温仪检测着火罐上部温度下降至正常温度，至此灭火战斗全部结束。

三、案例分析

（一）战术措施应用灵活

固定顶油罐发生火灾，通常最有效的处置措施是利用固定灭火系统和泡沫钩管灭火。但此次火灾中，固定灭火系统损坏不能使用，同时油罐顶部近三分之一被爆炸波撕裂，呈不规则开口，最大开口处只有50cm，不具备泡沫钩管灭火的条件。如何制订有效的战术措施，一度成为灭火行动的瓶颈。最终指挥部结合现场实际，因地制宜采取了蒸汽窒息和泡沫灭火相结合的方法，战术措施的不拘一格为成功扑灭火灾奠定了坚实的基础。

（二）技术专家作用突出

火场指挥部及时吸纳了失火单位、塔河炼化、华锦化肥厂、安监、公安等部门技术专家组成了现场指导组。在技术专家的集思广益、群策群力下，研究提出了"蒸汽窒息辅助灭火"的方法。指挥部果断决策，及时部署了蒸汽管路的准备、架设、固定、充气等任务。这一措施的实施，立竿见影，收到了良好的效果，也为今后扑救此类火灾提供了一条有效途径和参考。

（三）侦检器材运用合理

在火灾扑救过程中，始终将安全监测置于战术措施的首要环节，全程安排人员占据制高点观察着火油罐是否有沸溢或喷溅征兆，利用测温仪和热成像仪监测油罐温度。在火灾扑救后期，火情发生变化，从外部难以准确判断火势。通过利用热成像，指挥员准确发现火势变化，组织水炮阵地准确实施打击，有效压制了火势。

（四）战术意图落实欠缺

在火灾扑救过程中，疏忽了对已部署战术措施落实情况的检查，导致部分战术措施落实不到位、不及时，延误了战机。指挥部于 9 时 25 分就下达了登罐强攻的命令，但直至 11 时 40 分许，才相继完成了 4 支泡沫管枪的架设和固定。同时，由于塔化专职队主战的西格纳泡沫车故障导致泡沫发生器失效，至 13 时许，在强攻持续近 90min 后，指挥部发现火势仍无明显变化，再次登罐检查泡沫灌注情况时，才发现泡沫管枪打出来的不是泡沫液，而是水。

（五）个人防护和现场警戒有待加强

战斗中，部分消防员没有佩戴全套灭火救援防护装备，长时间在高温油污环境下作业，造成个人防护装备存在不同程度的损坏，但是由于现场备份不足，导致防护装备未得到及时更换。同时，火灾扑救过程中，火场警戒范围设置不够，且警戒不严格，存在在警戒区内使用非防爆通信器材、地方人员随意进出火场、参战人员随意进入防火堤等现象。

（六）对石化企业火灾扑救的技战术措施研究不足

参战指战员对石化火灾扑救技战术的研究和训练还较为欠缺，特别是对掌握石化企业工艺流程和技战术措施对火灾扑救的作用认识不够，没有第一时间利用 DCS 操作室的监控设备了解油温状况，未能对事故原因和火势蔓延发展的趋势作出准确的判断，在一定程度上影响了指挥决策的准确性。

附：图 4.4.1　着火单位平面图
　　图 4.4.2　第一阶段首战力量部署图
　　图 4.4.3　第一阶段增援到场后力量部署图（1）
　　图 4.4.4　第一阶段增援到场后力量部署图（2）
　　图 4.4.5　第二阶段力量部署图（1）
　　图 4.4.6　第二阶段力量部署图（2）
　　图 4.4.7　第三阶段力量部署图

思考题

1. 结合案例，分析低液位储罐灭火行动要点。
2. 本次案例中采用了蒸汽灭火手段，分析总结该工艺措施灭火的要点。

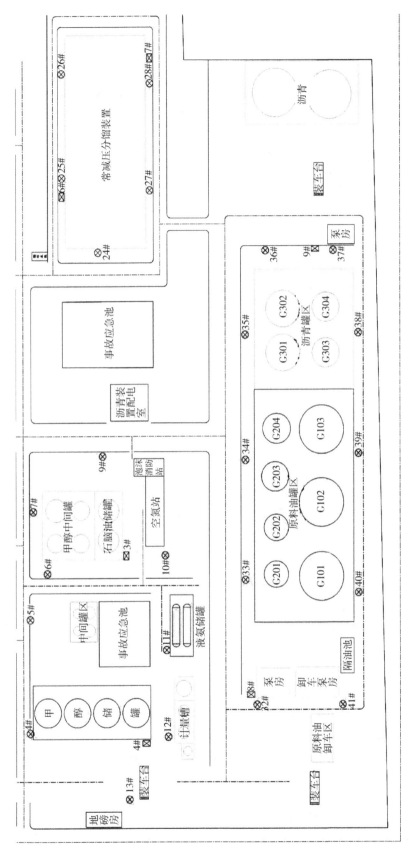

图 4.4.1 着火单位平面图

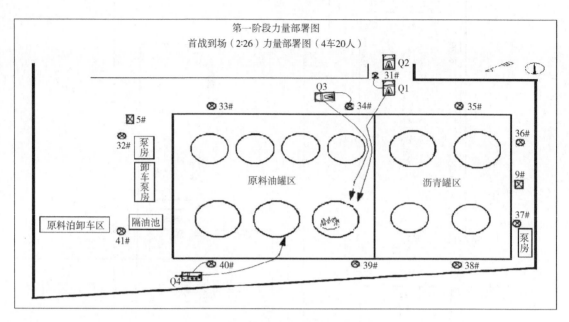

图 4.4.2　第一阶段首战力量部署图

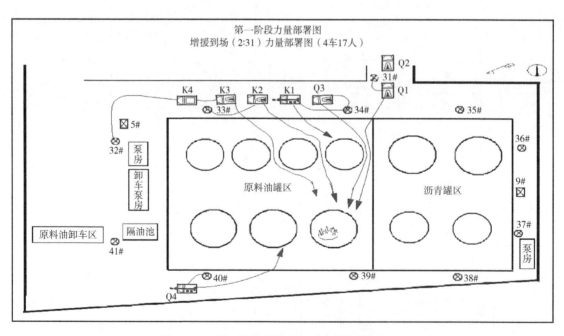

图 4.4.3　第一阶段增援到场后力量部署图（1）

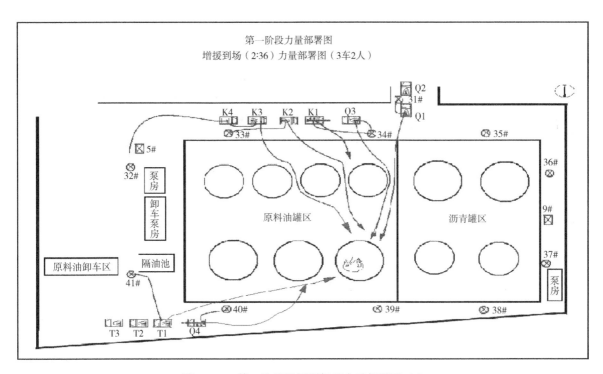

图 4.4.4　第一阶段增援到场后力量部署图（2）

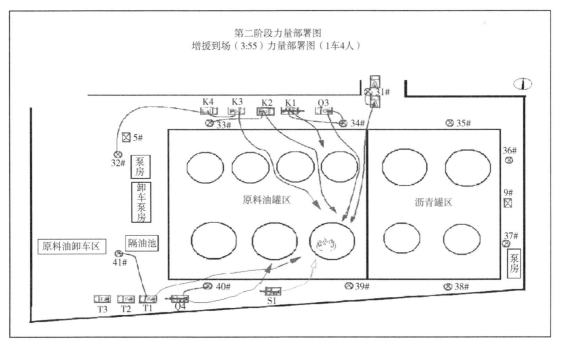

图 4.4.5　第二阶段力量部署图（1）

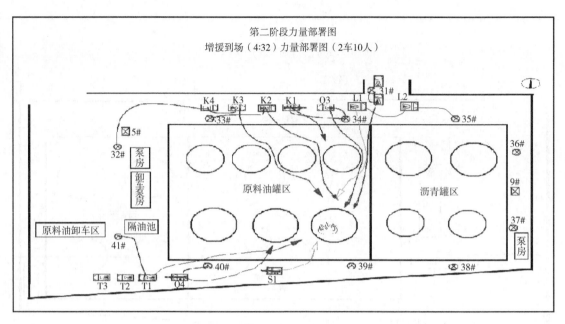

图 4.4.6　第二阶段力量部署图（2）

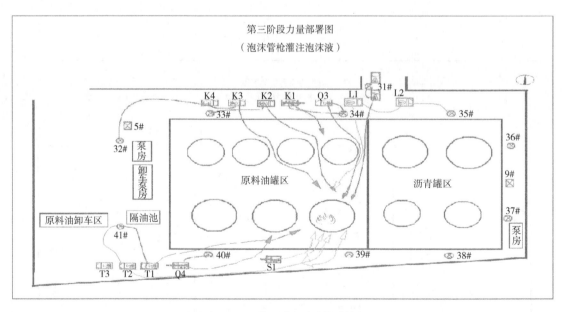

图 4.4.7　第三阶段力量部署图

灭火救援典型案例

案例5 福建漳州 "4·6" 古雷石化腾龙芳烃有限公司爆炸火灾扑救案例

2015年4月6日18时54分，漳州市古雷石化腾龙芳烃有限公司，吸附分离装置41单元加热炉东侧管廊1层21号焊口，因焊接缺陷造成断裂，泄漏大量混合芳烃组分蒸气，被加热炉高温引爆，造成吸附分离装置和中间罐区3个储罐发生火灾。火灾发生后，各级迅速启动预案，到场协同处置，在部局领导直接指挥下，经过全体参战官兵56h奋战，4月9日凌晨2时57分油罐火被完全扑灭。4月15日，经工艺排险和残液输转处理，现场险情完全排除，灭火救援工作圆满完成。

一、基本情况

（一）腾龙芳烃（漳州）有限公司基本情况

腾龙芳烃（漳州）有限公司位于漳州市漳浦县古雷半岛古雷经济开发区腾龙路1号（古雷半岛西南面），占地面积2085.6亩，距离漳浦县和漳州市区分别约38km和83km，总投资额138亿人民币，该公司目前拥有两条对二甲苯（PX）生产线，年产160万t对二甲苯及邻二甲苯、苯、轻石脑油、液化气、硫黄等石化产品，是目前国内规模最大的对二甲苯项目。厂区分为原料罐区和仓库，中间罐区，成品罐区，以及生产和配套设备区等部分。由储罐区、对二甲苯工厂、热电站及制氮站、循环水场、水处理及空压制冷站、变配电设施、各类仓库、维修中心等辅助设施区等组成。厂区内共有各类化学品储罐76个（内浮顶罐41个，外浮顶罐2个，固定顶罐20个，球罐13个，气柜1个），总容量70.8万立方米。在毗邻厂区码头有储量分别为30万吨的凝析油储罐区和常渣油储罐区各一个。

厂区东面为翔鹭石化对苯二甲酸（PTA）厂区，南面海顺德厂区，西面为新杜古线，东面为腾龙路。

（二）生产工艺流程

企业主要通过对凝析油和常渣油进行加工，裂解提炼出轻/重石脑油等中间产物，经再加工，提炼出对二甲苯及邻二甲苯（OX）、苯、轻石脑油、液化气（LPG）、硫黄等石化产品，是重要的化工上游产业。

（三）着火设施情况

着火中间罐区位于厂区中，由607～610号罐共4个1万立方米内浮顶罐组成。每个罐高16.58m，直径30m。其中607、608号罐为重石脑油罐，609、610号罐为轻重整液罐。着火当日，607号罐储量6622m³，608号罐储量1837m³，609号罐储量1563m³，610号罐储量4020m³。罐区共用一个长95m、宽95m、高2.1m防护堤。罐距离围堰10m，罐与罐间距15m。

罐区毗邻情况为：罐区东面间隔道路为吸附分离装置，间距62m；西面间隔道路为凝析油灌区（有2个5万立方米内浮顶储罐，编号201、202，高度19.3m，直径60m，罐与罐间距25m，防护堤长165m、宽82.5m、高2.2m），间距72m；南面间隔道路为常渣油罐区

（有 2 个 2 万立方米外浮顶储罐，编号 101、102，高度 17.8m、直径 40.5m，罐与罐间距 19.5m，防护堤长 136m、宽 89m、高 2.2m）间距 55m；北面为对二甲苯等中间油罐区（有 8 个 1 万立方米内浮顶储罐，编号 601～606、611～612，高度 16.58m、直径 30m，罐与罐间距 15m，防护堤长 145m、宽 100m、高 1.4m），间距 48m。凝析油罐和常渣油罐各通过 7.5km 输油管道同厂区码头相应的 30 万立方米储罐区连接。着火罐区距离东侧管廊 30m，北侧管廊 40m。东侧通道宽 9m，南、西、北侧通道 6m。

（四）燃烧物质理化性质

1. 石脑油（轻/重石脑油）

石脑油，化学俗名为溶剂油、粗汽油，是一种无色或浅黄色易燃液体，有特殊气味，其蒸气与空气混合，能形成爆炸性混合物。相对密度为 0.78～0.97，闪点小于 −18℃，燃点为 260℃，爆炸极限为 1.2%～6.0%，不溶于水，溶于多数有机溶剂，主要成分为烷烃的 C_4～C_6 成分，能够通过呼吸道吸入、皮肤接触、食入等方式进入体内，危害健康。石脑油蒸气可引起眼及上呼吸道刺激症状，如浓度过高，几分钟即可引起呼吸困难、紫绀等缺氧症状。蒸气比空气重，沿地面扩散并易积存于低洼处，遇火源会着火回燃。

2. 轻重整液

轻重整液为芳烃联合装置连续重整产物，为混合物，无确定的组分，无固定理化性质。

（五）固定消防设施情况

厂区东部设有消防水池 1 个，共储存消防用水 1.4 万立方米，水池采取市政管道补水，补水能力 6000m³/h。消防水池一侧有雨水监控池 1 个，储存水 5000m³。有工业用水池 1 个，储存水 1.1 万立方米。

厂区内设环状消防管网，管网直径 500mm，消防用时供水压力 0.7～1.2MPa，共设地上消防栓 291 个，每个消防栓间距不大于 60m。

厂区内设有泡沫站 2 座，共储存 6% 水成膜泡沫液 40t。设 96 个泡沫栓，环状泡沫管网，管径 300mm，压力为 1.0～1.2MPa。罐区按标准设固定雨喷淋和固定、半固定泡沫设施。

厂区外 1km 内有市政消火栓 12 个，其中腾龙路 6 个，新杜古线 6 个，环状管网，压力 0.3MPa。

厂区北面 3km 有古雷水厂，东面毗邻有排洪渠，北面临海，可供消防远程供水系统吸水取水。

企业设有专职消防队，配备泡沫水罐车 4 辆（载泡沫 18t），16t 水罐车 1 辆，干粉泡沫联用车 1 辆（载 2t 泡沫、2t 干粉），专职消防员 36 人。

（六）天气情况

4 月 6 日：多云转阴，气温 23～29.9℃，偏北转偏东风，平均风速 2 级（1.9m/s），阵风 4 级（6.3m/s）。

4 月 7 日：阴有小雨，气温 17.4～24.5℃，偏东风，平均风速 4 级（6.7m/s），阵风 7 级（15.1m/s）。

4月8日：阴有小雨，气温13.6～16.5℃，偏东风，平均风速3级（5.7m/s），阵风6级（15.4m/s）。

4月9日：阴有小雨，气温11.6～17.2℃，偏北转偏东风，平均风速3级（3.4m/s），阵风6级（12m/s）。

二、扑救经过

（一）接警调度

4月6日18时56分，漳州支队古雷大队接警后，迅速调集10车60人到场处置，并逐级向支队、总队、省公安厅、部局指挥中心报告灾情，总队指挥中心同时将情况通报省政府值班室。各级迅速启动应急预案。漳州支队指挥中心调集支队79车329人到场处置，总队指挥中心一次调集厦门、龙岩、泉州、福州、莆田、三明等8个地市消防支队和炼化企业专职队以及长乐机场专职队108车500人赶赴现场。

部局调集广东总队2个重型化工编队和1个供水泵组编队38车179人，调集山东、江苏、广东、江西桶装泡沫液1048t赶赴现场增援，抽调河北、甘肃、辽宁等地化工灾害处置专家到场指导，通知江西消防总队增援力量在瑞金集结待命。

福建省政府先后调集货运专机8架次，大型运输车30辆，调集全省桶装泡沫液425t，各类灭火器材13000余件套，油料15万升，为灭火提供保障。

（二）初战控制

4月6日19时03分，辖区古雷大队到场侦察发现，厂区中的腾龙芳烃吸附分离装置发生爆炸，造成装置西侧中间罐区607、608号重石脑油储罐和610号轻重整液罐破裂发生猛烈燃烧。罐区固定消防设施受损严重，现场有多人受伤，邻近的半湖村12名村民被浓烟围困。大队官兵按"救人第一，科学施救"原则实施人员抢救和疏散，现场成功搜救6名受伤企业职工，疏散半湖村村民12人。同时，迅速召集厂方技术人员，研究处置措施。组织人员关闭相关输送管道阀门，检查并开启尚未破坏的固定消防炮和自动喷淋冷却系统，防止火势蔓延；出2门水炮冷却609号罐，出1门水炮冷却202号罐，出2门水炮冷却燃烧罐区下侧风方向101、102号罐。组织腾龙芳烃专职队出水炮冷却已发生爆炸的吸附分离装置区。

21时18分，支队全勤指挥部到场成立现场指挥部，立即与厂方技术专家、管委会人员研究处置措施，并及时向总队指挥中心报告现场情况。支队增援力量相继到场并投入战斗：

① 专职消防队继续冷却吸附分离装置；

② 支队对着火罐、周边邻近罐加强灭火冷却强度，保护南面下风向101和102号常压渣油罐、西面202号凝析油罐、北面的对二甲苯罐区，防止邻近罐区受火势威胁；

③ 古雷大队铺设1套远程供水系统，确保火场供水；

④ 厂区工程人员对现场未被破坏的固定消防设施进行调试、启动；

⑤ 关闭非临近罐的喷淋设施，加强对临近罐的冷却强度；

⑥ 加快调集灭火所需泡沫，为下一步灭火做准备；

⑦ 组织工程技术人员及相关专家对现场灾害进行评估；

⑧ 加强官兵安全防护，确保官兵安全；

⑨ 设立安全警戒，防止无关人员车辆进入现场。其中，东北角由特勤、石码、蓝田、南诏、西埔中队使用水炮对着火罐区北面 602、604 号罐，着火罐区 607、609 号罐进行冷却；南面由凌波、小溪、龙池、角美、岱仔、武安中队使用水炮对着火罐区 608 号罐，着火罐区西面 101、102 号罐进行冷却保护；由古雷、绥安、山城、金峰、东岳、云陵中队使用水炮对 202、606、609、610、612 号罐进行冷却保护。

22 时 45 分，总队全勤指挥部到场，立即召集现场指挥员、地方领导和专家技术人员听取现场处置情况汇报，研讨处置对策，根据陆续到场的灭火力量实际和现场灾情，进一步明确了"先控制，后消灭，科学处置，确保安全"的作战思路。

总队指挥部要求到场的厦门支队快速增设一套远程供水系统；增援力量加强对着火区域罐体的冷却，全力保护周边油罐。厦门支队出 1 门车载炮对 202 号罐冷却，出 3 门移动炮加强对 609 号罐体冷却；泉州支队出 2 门移动炮分别加强对 606 号罐和 609 号罐冷却；龙岩支队在火场东南侧部署一辆登高车和 1 门移动炮冷却 102 号罐，出 1 门移动炮冷却 608 号罐；莆田支队在火场西南面出 2 门移动炮冷却 101 号罐；三明支队出 2 门移动炮冷却 607 号着火罐；福州支队出 2 门水炮冷却保护 609 号罐，出 1 门移动炮冷却 610 号着火罐。

23 时 40 分许，厂区南面的燃煤发电总降站起火。一旦总降站失去供电功能，将导致厂区停电、供水中断、生产设备及物料化学反应失控，后果不堪设想。指挥部及时调派漳州支队一辆干粉泡沫联用车灭火。

次日凌晨 2 时 50 分，102 号常渣油外浮顶罐罐顶橡胶密封圈着火。在罐体固定泡沫设施损坏、地面喷射泡沫灭火效果不佳的情况下，漳州支队曾刚副支队长带领精干力量登罐灭火，成功将火扑灭。

其间，吸附分离装置多次发生爆闪。现场力量始终保持安全距离实施灭火冷却，并积极配合厂方技术人员对周边设施开展工艺排险。

（三）灭火进攻

1. 第一次灭火进攻

4 月 7 日 9 时 30 分，全省增援力量陆续到场，现场泡沫液总量已达 500t 以上。为降低 3 个着火油罐对 609 号轻重整液罐的威胁，现场全勤指挥部决定开展一次灭火进攻：加强对 609 号罐冷却保护，同时按照上风至下风方向依次逐个扑灭 607、608、610 号着火罐。

厦门支队 1 辆强臂破拆高喷车、福建炼化专职队 2 辆重型泡沫车向 607 号重石脑油罐喷射泡沫灭火；三明支队增设 2 门水炮进行冷却；漳州、龙岩、三明支队 7 门移动炮在 607 号罐火势熄灭后，向 608 罐喷射泡沫灭火；漳州、三明、泉州支队和长乐机场、福建炼化专职队在 608 号罐火势熄灭后，利用车载炮和移动炮向 610 罐喷射泡沫灭火。

9 时 50 分左右，607 号罐火势被扑灭。10 时 25 分许，608 号罐被扑灭。

10 时 40 分，部局领导听取情况介绍，认可总队全勤指挥部的力量部署，并要求：一是火场指挥部前移至着火罐附近装置区；二是加大进攻和冷却力度；三是由总队 2 名灭火和防火高工带队，协同厂方技术人员全面检查着火罐区和毗邻罐区管道阀门、着火罐区东侧和北侧管廊阀门，确保全部关闭，防止火势沿管道蔓延。

11 时 30 分，现场指挥部再次对力量部署进行调整，补给灭火剂，对 610 号轻重整液油罐发起进攻。期间，608 号重石脑油罐发生复燃，指挥部再次组织力量实施灭火冷却，于 13 时 30 分扑灭。

2. 第二次灭火进攻

16时30分许，广东总队增援力量陆续到达，在610号罐侧风方向设6门移动炮，福建总队原有力量部署不变，集中对尚未熄灭的610号罐发起进攻。

17时05分，610号着火罐明火完全熄灭。现场继续喷射泡沫覆盖油面，射水冷却罐壁。定期对罐体温度进行测量，至19时，607号罐罐壁温度21℃，608、610号罐罐壁温度24℃，610号罐罐顶温度60℃，各罐温度快速下降。

19时40分，610号罐油面泡沫覆盖层被强风和雨水破坏，高温油品暴露后与空气接触发生复燃。指挥部立即组织现场力量增强冷却强度。

3. 第三次灭火进攻

23时19分，泡沫液补给到位（达180t）。现场指挥部决定对复燃的610号罐发起进攻。23时30分，610号罐火势被扑灭。随后，参战力量继续使用泡沫覆盖油面，用水冷却罐体。其间，608号罐由于燃烧罐体坍塌形成灭火死角，不时有火光和黑烟冒出。

（四）控火冷却

1. 紧急撤离

4月8日2时30分，大量油品从608号罐破裂处泄漏，防护堤内出现大面积流淌火，引燃607、608、610号罐，并快速向堤外蔓延。防护堤附近的一线参战力量随时有被大火吞噬的可能。面对险情，现场指挥部果断发出撤离信号。现场官兵迅速撤离至厂区外安全地带。经人员核对，确认无一伤亡。

随后，部局、总队、支队领导和厂方技术人员组成侦察组，重新深入火场进行火情侦察，经侦察发现现场有2辆消防车、数门移动炮被烧损，流淌火已对管廊和相邻罐区构成威胁，命令福建总队调集第二批81车298人到场增援。

2. 重返阵地

5时许，部局消防局局长到达现场，组织召开指挥部会议，研究部署作战计划。此时608、610号罐火势减弱，607号罐处于猛烈燃烧中，现场已无流淌火。指挥部决定组织参战力量重新进入火场，迅速扑灭608、610号罐残火，重点对607、609、202号罐、4个对二甲苯罐和101、102号罐进行冷却。同时，组织当地驻军增运沙袋进入现场，以备用于围堵可能再次发生的流淌火。

10时20分，由于607号罐火势猛烈，相邻的609号罐在长时间辐射热作用下易被引燃。为保护609号罐，指挥部在增援泡沫液到齐后，决定立即调整力量对607号罐发起进攻：漳州、厦门、泉州、三明、莆田支队3门移动炮对607号罐体进行冷却，4辆高喷车、2门移动炮对着火607号罐进行灭火；广东总队、龙岩支队、福州支队3门移动炮和1门车载炮对毗邻609号罐进行冷却保护；广东总队1辆高喷车、6门移动炮对202号罐进行冷却保护；福州支队、泉州支队、厦门支队4门移动炮对燃烧罐区北侧4个对二甲苯罐进行冷却保护；3套远程供水系统保障现场供水。

10时58分，609号罐被引燃，罐顶爆裂掀开并呈猛烈燃烧状态，现场指挥部立即下达紧急避险命令。10min后，罐体稳定燃烧，官兵再次进入阵地。根据火情，现场指挥部确定了"冷却控火，稳定燃烧，重点保护"的作战思路，重点冷却着火罐，保护临近罐。在对二甲苯罐区增设6门移动炮冷却保护；在202号罐原有的冷却力量基础上，增设3门移动炮冷却；同时不间断测试临近罐温度。

4月9日1时10分，607号罐明火被扑灭；2时57分，609号罐明火被扑灭，现场继续保持对607、609号罐冷却；4时10分，根据专家建议，停止对607罐的冷却，降低对609号罐冷却强度；11时30分，指挥部根据现场情况，决定由总队指挥人员、漳州支队参战力量留守现场实施监护，其余增援力量有序返回。

（五）工艺排险

12时，现场指挥部使用无人机勘测中间罐区情况：607、608、610号罐内还有一定深度的残液；609号罐内物料已基本烧干。根据现场情况，指挥部决定由总队全勤指挥部和漳州支队100余官兵继续监护现场，组织工艺排险：

① 在607、608、609、610号罐区周边部署21辆消防车、16门移动炮实施监护，并在罐区北侧、东侧防护堤上设置6个泡沫钩管；

② 按照每个罐体设置上、下2门水炮同时冷却的原则，在602、604、606、612号罐周边重点部署8辆消防车待命；

③ 在西侧2个5万立方米凝析油储罐周边部署6辆消防车（其中1辆车为高喷车）、2门移动炮待命冷却；

④ 在四个方向设置4个固定观察哨和2个流动巡查组负责现场监控，现场采取白天工艺排液，夜间关阀观察的方法，逐个提取化验罐内残液，定期监测罐壁温度，组织技术骨干逐个罐做好残液排放和污水处理工作。

至4月15日，罐内残液基本排空，险情完全排除。

三、案例分析

（一）第一时间调集充足力量为本次事故成功处置提供有力保障

灾害发生后，漳州支队指挥中心及时通过总队、省厅、部局指挥中心逐级上报灾情，各级立即启动应急预案。总队第一时间调度284车1239名消防员投入战斗；部局迅速调集广东总队38车179名官兵，山东、江苏、江西等省1048t泡沫增援现场；福建省政府先后调集货运专机8架次，大型运输车30辆，从全省迅速调集了桶装泡沫425t、各类灭火器材13000余件套、油料15万升。快速、充足的力量和物质调度是这次灾害成功处置的有力保障。

（二）安全、科学处置是本次灾害成功处置的重要保证

在整个火灾扑救、处置过程中，现场联合装置区吸附分离装置发生余爆10余次；燃烧油罐受天气等因素影响先后多次复燃；8日凌晨608号罐可燃液体外溢燃烧形成大面积流淌火；609号罐冷却过程中罐顶突然崩裂燃烧，战场几度险象环生，尤其是后期工艺处置阶段，罐内残液仍不断闪燃闪爆，给现场处置带来了极大的困难和危险。但现场指挥人员和全体参战官兵，从将军到士兵始终英勇无畏，在坚持安全第一、专家指导、科学处置的前提下靠前指挥，抵近作战，既有效阻止了事故恶化，又确保整个战斗无一官兵伤亡。

（三）装备建设水平仍需提高

近年来，福建消防部队灭火救援装备在各级政府关心支持下取得较大发展，但应对此类重特大灾害仍显不足。目前福建总队配备的多是中低功率泡沫车和水罐车，移动炮射程近，应对油罐火灾车炮流量和射程都明显不足。泡沫液储备、远程供水系统、侦察无人机、高喷车、泡沫运输车等化工灾害处置重型和新型装备物资配备不足，与福建快速发展的石化产业消防安全保卫需求不相适应。

（四）作战指挥体系仍需完善

此次灾害处置是新中国成立以来福建省规模最大的化工灾害事故，也是参战力量最多、作战时间最长、处置难度最大的一次灭火救援行动。在重特大灾害事故面前，原有的灭火作战指挥体系已不能满足现场作战指挥需求，原有灭火预案和演练严重滞后于现实斗争需要。如古雷石化产业园在建设投产前期即制订了预案并开展了演练，同时邀请全国化工专家进行了预案评估。但通过此次战斗，发现在灾情设置、应急响应、力量调集、物资准备、组织指挥、技战术研究、战斗编成等方面，研判滞后，估计不足，与实战要求仍有很大差距。

（五）协同作战效能仍需提升

此次作战，涉及省内多个支队参战，广东总队增援，山东、江苏、江西等省运送泡沫，驻军、安监、治安、交警、交通、医疗、环保等多门协同作战。各部门之间的配合协同还不够顺畅，信息交流不够及时。灭火过程中，出现后方泡沫液短时间无法及时向前方战斗车辆补给，厂区储罐和生产设施相关数据指挥部无法及时准确掌握到位，现场医疗急救人员无法及时对一线战斗人员进行伤病和防毒的有效处理等问题。

附：图 4.5.1　总平面图
　　图 4.5.2　辖区大队到场作战部署图
　　图 4.5.3　漳州支队到场作战部署图
　　图 4.5.4　福建总队到场作战部署图
　　图 4.5.5　第一次进攻作战部署图
　　图 4.5.6　第二次进攻作战部署图
　　图 4.5.7　607 号罐进攻作战部署图
　　图 4.5.8　冷却作战部署图
　　图 4.5.9　现场监护作战部署图

思考题

1. 分析此次爆炸火灾事故主要特点及处置要点。
2. 分析此次火灾指挥决策的得与失。

图 4.5.1　总平面图

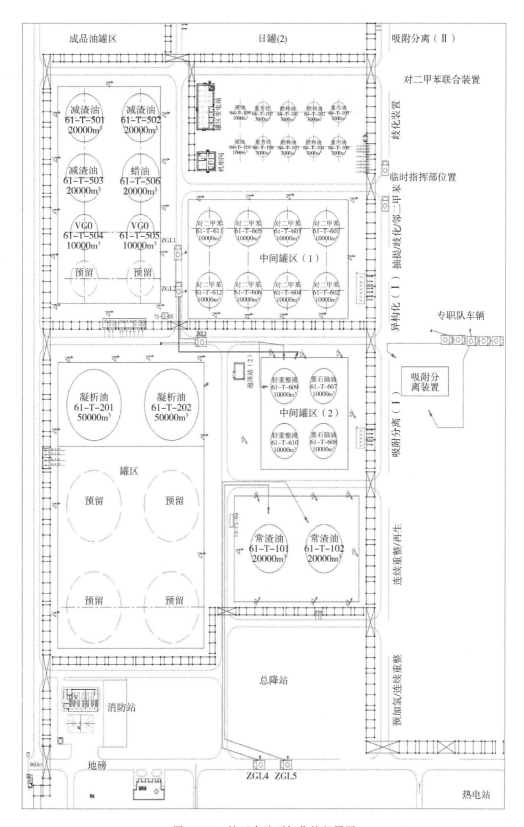

图 4.5.2　辖区大队到场作战部署图

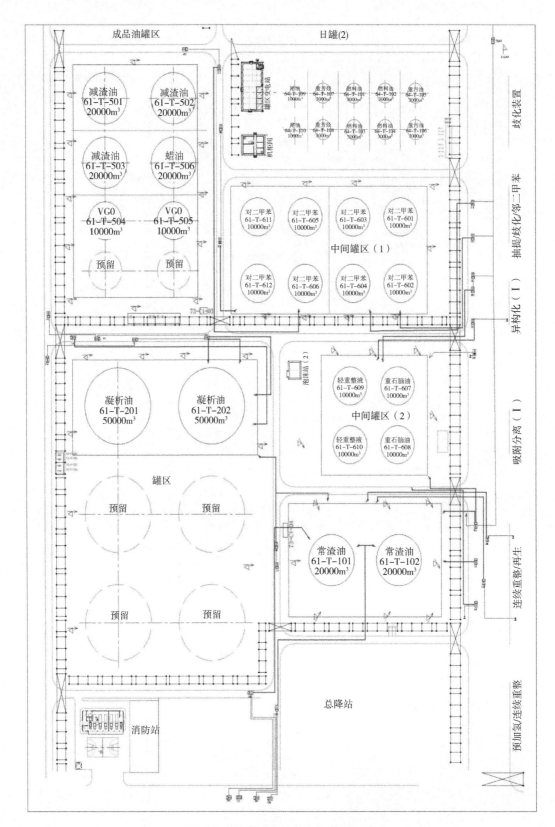

图 4.5.3　漳州支队到场作战部署图

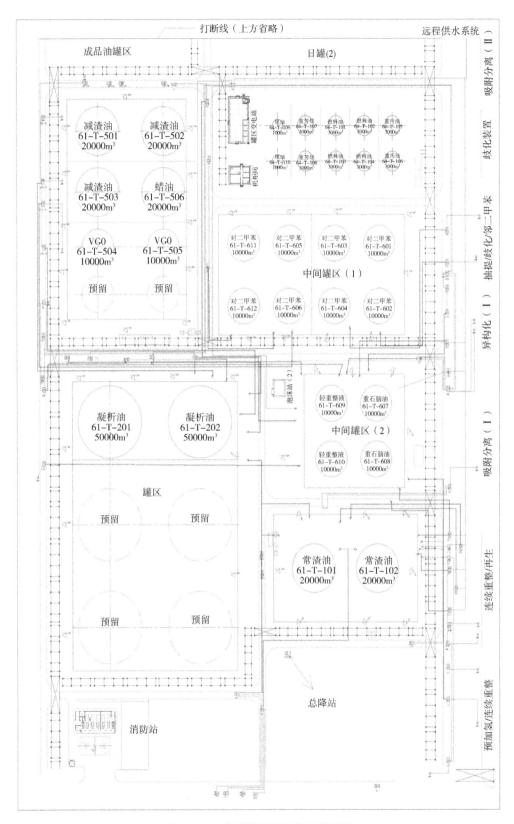

图 4.5.4　福建总队到场作战部署图

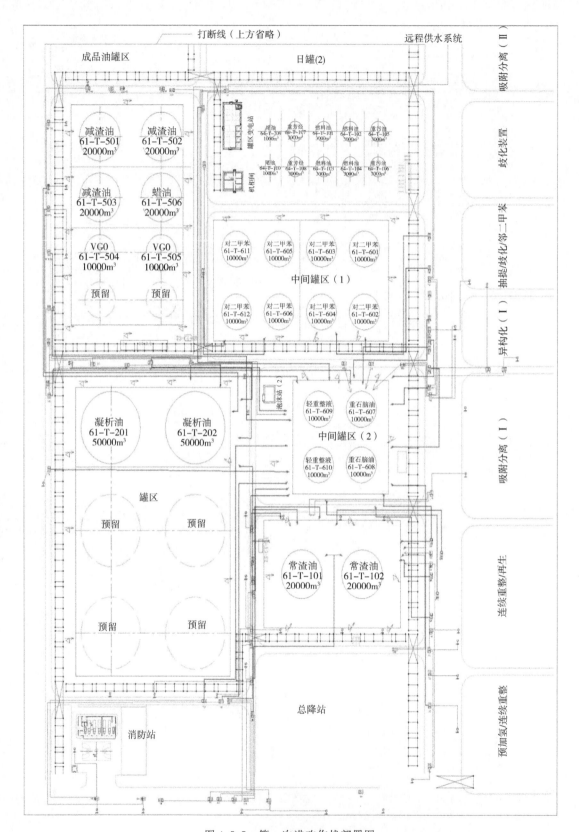

图 4.5.5　第一次进攻作战部署图

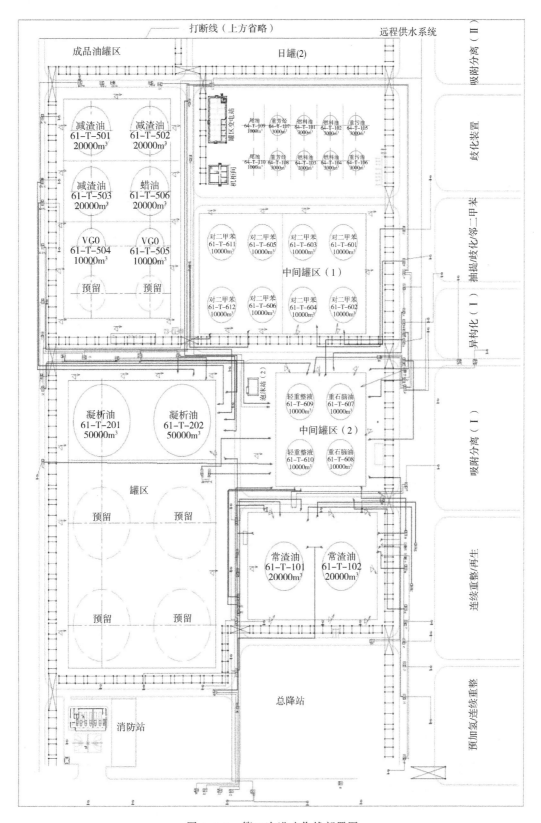

图 4.5.6　第二次进攻作战部署图

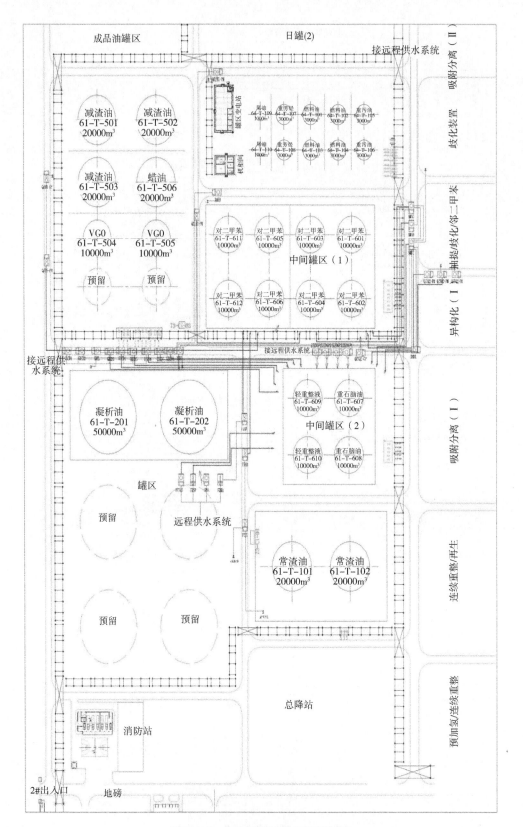

图 4.5.7　607 号罐进攻作战部署图

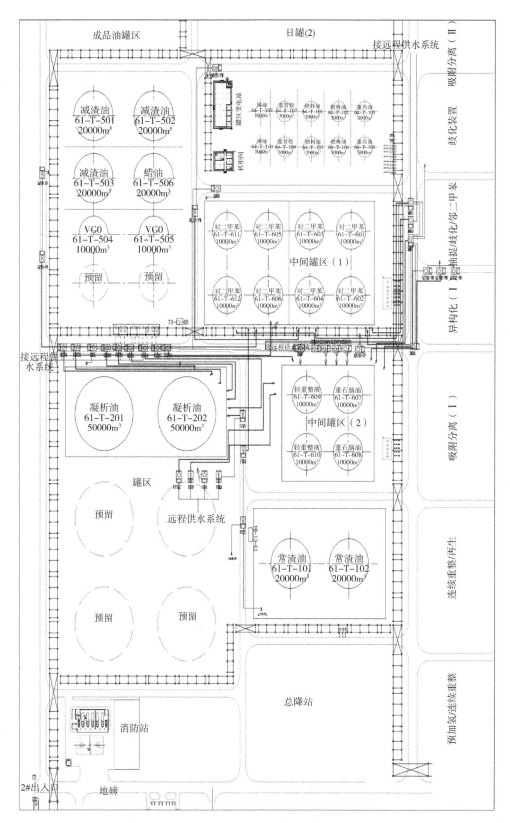

图 4.5.8　冷却作战部署图

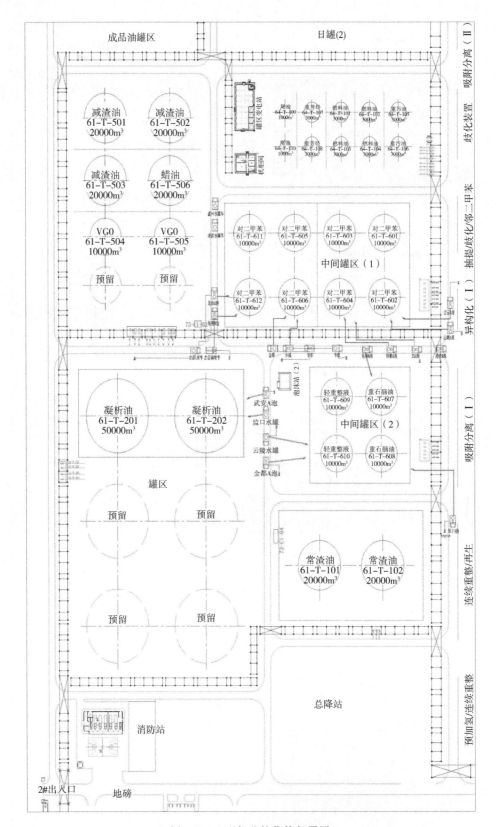

图 4.5.9　现场监护作战部署图

案例6 江苏泰州"4·22"德桥仓储有限公司火灾扑救案例

2016年4月22日9时13分，江苏省靖江市新港园区德桥化工仓储有限公司发生爆炸火灾事故。经过全体参战官兵18h的艰苦鏖战、浴血拼搏，成功扑灭了大火，避免了连环爆炸，保护了厂区139个危化品储罐和毗邻的联合安能石化有限公司等企业以及周边数十平方千米区域的安全，避免了长江水域被污染，赢得了灭火救援战斗的全面胜利。

一、基本情况

（一）单位基本情况

江苏德桥化工仓储有限公司位于江苏省靖江市新港园区，是由新加坡恒阳石化物流有限公司投资组建的液体石化产品储运公司，占地面积31.5万平方米，现有员工130人，罐区13个、储罐139个，储存能力约58.3万立方米。事故发生时储存有汽油、石脑油、甲醇、二氯乙烷、三氯乙烯、四氯乙烯、液化烃、芳烃、乙酸乙酯、乙酸丁酯、冰醋酸等25种危化品，共计21.12万吨，其中：油品约14万吨、液态化学品近7万吨，主要组分为C_3、C_4的液化烃约1420t。事故单位北侧400m为村庄，东侧120m为储存能力52万立方米、22个易燃易爆危化品储罐的联合安能石化有限公司，南侧300m为长江主航道，西侧50m为长江丹华港。

（二）主要工艺流程

德桥化工仓储有限公司是典型的危化品储运企业，主要从事液态散化、油品及液化气体的仓储中转、分拨、灌装业务。厂区设有2个软管交换站，作为物料集中配输中心，通过输送管线分别连接长江码头、罐区储罐和厂区装卸台，实现危化品物料从码头—罐区—装卸台间的进出双向输转。其中，1号交换站：设有发船泵5台、发车泵30台，对应11、12、21、22罐区60个储罐的物料分输；2号交换站：设有发船泵6台、发车泵36台，对应13、14、15、23、24、25罐区58个储罐的物料分输。

事故所在的2号交换站，位于厂区中间，24罐区北侧，为半敞开式框架结构，建筑面积1482m²，交换站下层管廊设有码头管线12根，连接长江码头，长度741～1102m、管径200～300mm；上层管廊设有发车管线36根，连接厂区装卸台，长度477～601m、管径100mm；底部分布有储罐内管线58根，分别连向各罐区储罐的罐根，因各罐区位置不同，管线长度也不一样，总长约为1.1km。事故发生时，长江码头上的码头海油318（船名）、赣华强化016（船名），正在通过2号交换站，分别利用码头206号管线（管径250mm）、305号管线（管径200mm）进行卸汽油至2411储罐，卸乙酸乙酯至2307储罐的作业。其他10条管线内有残留物料。

（三）重点危险罐区

厂区危险等级最高的物料：燃烧或爆炸能产生剧毒光气的2406号二氯乙烷罐（存量4274t）、1108号三氯乙烯罐（存量1988t）和1105、1109、2210、2213、2214号四氯乙烯罐（存量9315t）以及燃烧爆炸后威力巨大、主要组分为C_3和C_4的901～926号液化烃罐（存量1536t）。

二氯乙烷为无色或浅黄色透明液体，有类似氯仿的气味，微溶于水，可混溶于醇、醚、氯仿等，主要用作蜡、脂肪、橡胶等的溶剂及谷物杀虫剂；属于高毒类，对眼睛及呼吸道有刺激作用，吸入可引起肺水肿，抑制中枢神经系统、刺激胃肠道和引起肝、肾及肾上腺损害；其蒸气与空气形成爆炸性混合物，遇明火、高热能引起燃烧爆炸，与氧化剂能发生强烈反应，受高热分解产生有毒的腐蚀性气体；熔点−35.7℃、闪点13℃、沸点83.5℃、饱和蒸气压13.33kPa/29.4℃、爆炸极限6.2％～16％。有害燃烧产物：一氧化碳、二氧化碳、氯化氢、光气。

三氯乙烯为无色透明液体，有类似氯仿的气味，不溶于水，可混溶于乙醇、乙醚等多数有机溶剂，主要用于脱脂、冷冻、农药、香料、橡胶工业、洗涤织物等；吸入后出现头痛、头晕、酩酊感、嗜睡等，重者发生谵妄、抽搐，甚至昏迷、呼吸麻痹或循环衰竭；其蒸气与空气形成爆炸性混合物，遇明火、高热能引起燃烧爆炸，与强氧化剂可发生反应，受高热分解产生有毒的腐蚀性气体；熔点−87.1℃、闪点32.2℃、沸点87.1℃、饱和蒸气压13.33kPa/32℃、爆炸极限12.5％～90％。有害燃烧产物：一氧化碳、二氧化碳、氯化氢、光气。

四氯乙烯为无色液体，有类似氯仿的气味，不溶于水，可混溶于乙醇、乙醚等多数有机溶剂，主要用作溶剂；吸入可导致急性中毒并伴有上呼吸道刺激、流泪、流涎症状，随之出现头晕、头痛、恶心、运动失调及酒醉样症状；一般不会燃烧，但长时间暴露在明火及高温下仍能燃烧；若遇高热可发生剧烈分解，引起容器破裂或爆炸事故；受高热分解产生有毒的腐蚀性气体；熔点−22.2℃、沸点121.2℃、饱和蒸气压2.11kPa/20℃。有害燃烧产物：氯化氢、光气。

（四）着火区域情况

起火位置为2号交换站。事故发生时，2号交换站进出料管线内存有汽油、石脑油、甲醇、芳烃、乙酸乙酯、乙酸丁酯、冰醋酸等物料，与其相连的罐区共存储12种、约15.8万吨的危化品。后期起火的2401罐所在罐区，位于厂区中部，共有12个储罐，呈东、西两排分布，罐区防火堤长170m、宽70m、高1.1m，罐组隔堤高1m，最小罐间距10m。其中，2401～2408号为内浮顶罐、2409～2412号为拱顶罐，2401、2402罐罐容积为2500m³，其余均为3750m³。事故发生时，2401、2402、2403、2404、2407、2409、2410、2411罐储存汽油共计13482t，2408、2412罐储存甲醇共计1895t，2405罐储存汽油添加剂甲基叔丁基醚（MTBE）1675t，2406罐储存二氯乙烷4274t。

距离着火区域南侧7～8m为2401～2412罐区，储存裂解汽油、石脑油、甲醇、二氯乙烷等约1.8万吨；北侧66m为1301～1308罐区，储存甲醇约2.3万吨；东侧36m为2301～2316罐区，储存乙酸乙酯、乙酸丁酯、冰醋酸等约1.6万吨；西侧36m为2501～2504罐区，储存混合芳烃约1.5万吨；西侧100m为液化烃罐区，储存主要组分为C_3、C_4的液化烃约1536t。

（五）单位消防设施及水源情况

事故单位设有消防水池1个，容积4864m³；消防水泵房位于厂区东侧，设有消防水泵

3台，每台功率480kW、流量250L/s、扬程130m；消防给水管网为环状，管径500mm，采用稳高压系统，平时压力0.7MPa；厂区共有消火栓132个、固定水炮54门。泡沫站位于2号交换站北侧，设有泡沫储罐2座，储存3%型抗溶性水成膜泡沫18t，泡沫混合液主管道管径200～250mm。各罐区均设有水喷淋冷却系统，除液化烃罐区外，其他罐区还设有泡沫灭火系统；1、2号交换站未设置自动消防设施。厂区四面有人工河流（护仓河）环绕，南临长江航道，西连丹华港，均可作为消防取水码头。

（六）单位及周边消防力量情况

德桥化工仓储有限公司只建有微型消防站，没有企业专职消防队。周边20km范围有1个现役消防队、1个政府专职消防队，共有消防车11辆、队员53人、总载水量59t、泡沫量12.4t，距离最近的新港城专职队约5km。

（七）天气情况

气象资料显示：22～23日，白天多云，夜里多云转阴有小雨，东南风3～4级，最低气温15～16℃，最高气温26～27℃。

二、扑救经过

（一）力量调集

4月22日9时26分，泰州支队指挥中心接到报警，立即调集靖江、特勤、兴化、泰兴等9个中队及战勤保障大队、22辆消防车、113名官兵赶赴现场处置，支队全勤指挥部遂行出动，同时向总队指挥中心请求增援。总队一次性调集南京、镇江、常州、无锡、苏州、南通、扬州、盐城8个支队及总队培训基地共101辆消防车和663名官兵，以及扬子石化、金陵石化、仪征化纤等6个企业专职队，共15辆消防车、90名消防员赶赴现场，同时向部局指挥中心请示调派公安消防部队士官学校132名官兵到场增援，启动《重特大灾害事故战勤保障预案》，要求省内5个药剂厂家的库存泡沫全部运抵现场，并组织员工加急生产。9时30分，参谋长率总队全勤指挥部遂行出动。9时35分，总队相关人员赶赴现场，同时向省领导报告，提请省政府启动《重特大灾害事故应急处置预案》，并通过音视频系统向部消防局指挥中心报告现场情况。

11时40分，消防局副局长带领化工专家赶赴现场。途中，根据现场信息提出10条处置措施：一是立即对泡沫、干粉等需求量进行评估计算，调集本省及周边省份增援力量和灭火药剂，确保种类、倍数、比例一致；二是组织厂区技术人员，采取工艺措施，关闭所有罐区的进出口料联通阀，防止"火烧连营"；三是组织厂方力量立即关闭所有防护堤的雨排系统，并采取水封措施；四是立即部署力量，对着火罐区的防火堤进行冷却加固保护，防止开裂、塌陷；五是会同厂方力量摸清所有液化烃类储罐的类型及物料、储量，重点是全冷冻、半冷冻和全压力储罐，确保低温储罐冰机保障系统处于正常工作状态，如有必要，全部开启；六是对着火段管沟，选择合适位置利用黄沙填埋堵截，并部署力量防止蔓延扩大；七是对着火罐防火分区，采取控制燃烧战术，利用泡沫枪、泡沫钩管向防火堤内池火注入泡沫，控制火势，防止热辐射引燃周边罐组；八是对着火罐邻近罐组进行逐一、全面冷却控制，下风方向是冷却重点，邻近罐的通风口、呼吸阀是冷却保护重点；九是立即调取罐区平面图、管线走向图和流程图，利用无人机航拍实景图，并标注储罐的类型、储存介质和实际储量、液位状态；十是切忌急于灭火，确保科学、专业处置，待准备充分后，再统一行动。11时50分，总队全勤指挥部到场，增调徐州、宿迁、淮安、连云港等支队93辆消防车、387名官兵到场，组成战斗预备队。部消防局紧急调派上海总队40辆消防车、200名官兵，携带150t泡沫灭火剂驰援现场。

（二）辖区力量处置

4月22日7时许，江苏德桥仓储有限公司组织承包商（华东建设安装有限公司）3名工人进入厂区2号交换站进行检修作业；8时10分，在未实施有效监护的情况下动火作业；9时13分，因作业产生的明火引起2号交换站排污沟内残留油体燃烧，烧裂正在进料作业的206、305号管线与储罐间的连接软管，造成管线内的裂解汽油和乙酸乙酯大量外泄燃烧；现场人员关闭了206、305号管线的紧急切断阀，并进行自救；9时16分，DCS系统发出指令，关闭与2号交换站相连的物料输送管道的电动阀；9时18分，现场人员撤离前对2401罐未完全关闭的电动阀实施手动关阀（旋转了4圈）；9时18分55秒、9时19分38秒，大火烧裂交换站部分管线，物料外泄加剧，先后发生2次较大规模爆炸；9时26分，事故单位向119报警。

9时34分至49分，辖区中队新港城专职队和靖江中队相继到场。此时，2号交换站一片火海，燃烧面积约2000m²，火焰高达几十米，上层管廊出现局部坍塌。经询问单位技术人员，厂区所有生产系统已紧急停车，着火区域及邻近罐区的消防泵、喷淋系统和固定炮已开启，燃烧物质为醇、脂、油类等易燃液体（主要为206、305号管线内的裂解汽油和乙酸乙酯）。到场力量迅速进行战斗部署：新港城专职队一号泡沫水罐车停靠1号交换站附近，从着火区域东侧架设1门移动炮阻截火势、1门移动炮冷却2402罐；二号水罐车占据氮气站附近消火栓，向一号车供水；三号抢险救援车停靠厂区东门外，负责外围警戒和增援车辆引导。靖江中队一号压缩空气泡沫车停靠南侧2411罐附近，从着火区域西南侧架设1门移动炮冷却2401罐（后期改为2支泡沫枪灭火）；二号泡沫水罐车占据南侧人工河，向一号车供水；三号高喷车停靠西侧2501罐附近，从着火区域西北侧压制火势；四号泡沫水罐车占据西侧926罐附近消火栓，向三号车供水；五号泡沫水罐车占据北侧人工河，从着火区域北侧架设1门移动炮阻截火势；六号抢险救援车停靠厂区东门外，负责外围警戒和增援车辆引导。10时40分，2号交换站发生第三次爆炸，站内承重结构严重受损，管廊呈V形坍塌，与装卸台相连的36条管线以及与码头相连的12条管线被拉断，大量带压物料加速外泄，顺地势沿罐区东、西两侧道路急速流淌，瞬间形成"全路面"流淌火。现场指挥员立即下达紧急撤退命令，参战官兵按照既定路线，迅速撤离至邻近的2502罐南侧未使用的罐区防火堤内。

（三）支队增援力量处置

10时50分，支队全勤指挥部和特勤、泰兴、通扬路中队到场。此时，交换站及其东、南、西侧道路的流淌火近5000m²，火焰高度40~50m，严重威胁位于厂区南侧的液化烃输送管道及24、25罐区的16个储罐安全。指挥部立即组织力量从东、南、西侧部署1门暴雪泡沫炮、2支泡沫枪梯次掩护、强攻推进压制地面流淌火，并重新部署2门移动炮在西侧道路设置阻截阵地。同时，组织相继到场的姜堰、兴化、滨江、春晖路中队，分别从着火区域西南、东北、东南方向共增设 6 门移动炮,阻截火势,强行对邻近的 2401、2402、2403、2404、2502 罐实施冷却、抑制爆炸。

(四)总队增援力量到场

总队全勤指挥部出动途中,总队长通过指挥中心和移动视频终端实时跟踪灾情发展态势、了解战斗部署情况,并及时向前方指挥员下达指示要求:一是迅速查明燃烧物料的种类、性质和储量;二是力量到场后不得盲目靠近事故核心区,应边行进边侦检,在相对安全区域设置移动炮、车载炮等阵地,确保官兵自身安全;三是组织单位技术人员采取关阀断料、紧急停车、氮封保护、启动固定消防设施等工艺措施,有效控制灾情发展;四是根据火场态势和力量到场情况,集中全力加强对着火区域邻近罐体的冷却,防止火势扩大蔓延;五是及时关闭罐区雨排系统,安排力量提前筑堤设防,防止流淌火蔓延;六是派出安全哨,实时观察灾情发展态势,不间断监测罐体结构变化和罐壁温度,明确紧急撤离路线。

11 时 50 分至 12 时,总队全勤指挥部和总队长相继到达现场,第一时间在距离 2 号交换站 120m 的配电房附近设立火场总指挥部,责令事故单位指派熟悉厂区情况和工艺安全的技术人员到指挥部全程值守,同时架设无人机高空侦察。指挥部第一时间调取厂区平面图和 DCS 系统实时监测数据,并围绕着火区域进行火情侦察,确认着火区域南侧为混存裂解汽油、石脑油和燃烧爆炸产生剧毒光气的二氯乙烷罐区;北侧为甲醇罐区;东侧为冰醋酸、乙酸乙酯罐区;西侧为混合芳烃及主要组分为 C_3、C_4 的液化烃罐区。无人机航拍发现,2 号交换站燃烧猛烈,直接烘烤南侧 2401、2402 罐和西侧 2502、2504 罐;东、西两侧道路形成大面积流淌火并迅速向南蔓延;2401~2404 罐组防火隔堤内充满流淌火。

根据 DCS 系统监测结果和无人机侦察结果,考虑到现场力量与灾情态势不对等的现状,指挥部确定了"控制燃烧、冷却抑爆、筑堤设防、全程监测"的战术原则,并研究制定七项处置措施:一是明确将 2406 罐和液化烃罐区作为保护重点,集中力量冷却南侧的 2401、2402、2403、2404 罐和西侧 2502、2504 罐,阻止火势蔓延;二是组织力量在着火区域东南、西南、西北方向道路上筑堤设防,防止地面流淌火蔓延,威胁战斗阵地和官兵生命安全;三是核查着火罐区关阀断料情况;四是密切监视邻近储罐的结构变化,时刻监测罐体温度以及厂区可燃、有毒气体浓度;五是组织力量接应灭火药剂、装备器材厂家,做好向战斗阵地的输送投放;六是通知交通部门对长江航道采取禁航措施,撤离事故码头上下游船舶;七是通知环保部门做好防范水域污染的应对措施。12 时 05 分至 13 时 10 分,无锡、南通、扬州支队增援力量相继到场。指挥部命令:泰州支队占据着火区域西北侧阵地,继续阻截流淌火向西侧芳烃罐区蔓延,重点冷却 2502、2504 罐,防止火势威胁液化烃罐区;无锡支队在着火区域东、西侧道路及南侧设置阵地,扑灭地面流淌火,加强冷却 2401、2402、2403、2404 罐,保护 2406 罐;扬州支队占据着火区域北侧阵地,阻截流淌火蔓延,加强冷却 1307、1406 罐;南通支队 2 套远程供水泵组分别利用东南侧消防水池和北侧人工河,向无锡和泰州支队阵地供水。

12 时 15 分许,着火区域接连传出十几声"嘭嘭"的爆炸声。侦察发现,由于长时间火焰烧烤,与 2 号交换站相连的部分进出料管线及盲板炸裂,管线内残存的汽油、甲醇、芳烃、乙酸乙酯、冰醋酸等物料大量外泄(约 260t)。随着火势猛烈燃烧,流淌火再次向东、西两侧排水明渠和道路翻腾外溢,并流淌至厂区南侧人工河,同时越过西侧道路向芳烃罐区蔓延，2502、2504 罐被浓烈的烟火笼罩，2502 罐保温层局部脱落。根据火情，指挥部调整力量部署：在 2502 罐南侧未使用的罐区防火堤内设置 4 支泡沫枪阻截扑灭堤外流淌火；在 2405~2408 罐组防火堤内架设 4 门移动炮，加强对 2403、2404 罐冷却控制，继续保护 2406 罐；在西北侧架设 2 门移动炮，加强冷却 2502、2504 罐；在厂区南侧河面上，利用 15m 拉梯搭建紧急撤离通道；依托罐区道路和防火堤，从东南、西南、西北三个方向利用沙袋构筑防护堤。同时，考虑 2406 罐存在爆炸危险，为在紧急情况下掩护官兵撤退，指挥部调集 2 辆涡喷消防车增援现场。随即，指挥部前移至距离着火点 30m 左右的地点，将整个火场划分为前、后方两个战区。

前方以事故区域为中心，划分东、西、南、北四个战斗段，要求着火区域必须使用"全泡沫"灭火与冷却。西侧阵地：泰州、苏州、南通、镇江支队和总队培训基地部署 4 门移动炮、1 门车载炮、1 门高喷炮，阻截火势，加强对 2401、2403、2502 罐冷却，重点保护液化烃罐区。南侧阵地：无锡、常州支队部署 8 门移动炮，阻截火势，加强对 2401~2406 罐冷却，持续保护 2406 号二氯乙烷罐。东侧阵地：南京、常州、盐城、泰州支队部署 8 门移动炮，阻截火势，加强对 2401、2402、2404、2301、2303 罐冷却。北侧阵地：南京、扬州、泰州、南通、苏州支队部署 10 门移动炮、2 门高喷炮、2 门暴雪泡沫炮，阻截火势，加强对 1307、1308 罐冷却。后方调集全省 10 套远程供水泵组、4 辆泡沫原液供给车、40 台泡沫输转泵、1200t 抗溶性泡沫，依托厂区人工河和长江航道设立取水点，设置 2 个泡沫补给点，全力保障火场不间断供水、供液。远程供水：常州、无锡支队 2 套泵组利用厂区东南侧消防水池，向南侧、东侧阵地供水；苏州支队 1 套泵组利用北侧人工河，向北侧阵地供水；南通支队 3 套泵组分别利用厂区东南侧消防水池、北侧人工河和南面长江干道，向南侧、北侧阵地供水；扬州支队 1 套泵组利用北侧人工河，向北侧阵地供水；泰州支队 2 套泵组分别利用南侧人工河和长江主干道，向消防水池和东侧阵地供水；培训基地 1 套泵组利用北侧人工河，向西侧阵地供水。泡沫供给：分别在东、西门附近设置 2 个泡沫补给点，采取泡沫原液供给车输转、泡沫输转泵输转、人工搬运等多种方法，向各战斗阵地不间断补给泡沫药剂。14 时 50 分，指挥部决定：组织公安消防部队士官学校 132 名官兵，分别在东、西、北侧进攻路线上布设第二道防护堤，组织力量死看死守，牢牢将火势控制在交换站周边区域内。

16 时 11 分，2 号交换站火势突然急剧增大，巨大的火球腾空而起，近百米高的浓烟烈火笼罩厂区上空，东、西两侧部分道路和 2401~2404 罐防火隔堤内瞬间布满流淌火。加之厂区邻近长江，风向多次突变，固定泡沫站被大火完全吞噬，强大的热辐射对邻近 2 号交换站北侧的甲醇和西北侧的芳烃等罐区安全构成了极大的威胁，人员难以靠近。指挥部根据物料泄漏量、流淌速度及燃烧时间推断，2401~2404 罐组存在储罐阀门未完全关闭的可能，提出了"加强筑堤保护、全力阻截流淌火、持续强化冷却、伺机抵近关阀"的针对性措施。鉴于 1307、1308 罐体外壁温度均已超过 300℃，命令北侧阵地的扬州、泰州、苏州支队尽全力冷却 1307、1308 甲醇罐。16 时 45 分，紧急调集的 1.5 万米水带、30 门移动炮、100 套隔热服、30 台泡沫输转泵、300 套防毒面具全部到场，做好了打持久战的准备。18 时，指挥部根据兵力部署、火场态势和泡沫药剂、水源准备情况，发动第一次总攻，共部署 30 门移动炮、3 门高喷炮、1 门车载炮、2 门暴雪泡沫炮、21 支泡沫管枪强攻灭火。18 时 30 分，交换站东、西两侧地面流淌火被陆续扑灭，前期丢失的部分阵地重新占领，灭火力量与灾情态势相对均衡，火场进入拉锯相持阶段。18 时 40 分，指挥部明确四项措施：一是各阵地灭火冷却强度保持均衡；二是确保泡沫药剂、油料、供水不间断；三是加紧筑堤，巩固阵地；四是战斗预备队做好轮换准备。

19时许，淮安、宿迁、连云港、徐州4个支队，中石化华东片区的扬子石化、金陵石化、仪征化纤、南化公司、管道分公司、高桥石化6个企业专职消防队，共51辆重型泡沫车、342名队员，以及总队2套单车400L/s的超重型化工编队到达现场。按照指挥部要求，立即组成战斗预备队，做好随时轮换投入战斗的准备。19时45分，伴随着几声巨响，数个火球接连腾起，管道再次爆裂，交换站东、西两侧道路再次出现大面积流淌火，2401罐顶鼓起，呼吸阀和泡沫产生器罐壁连接处起火，呈火炬形燃烧。指挥部要求前沿指挥长密切监控火情，必要时有权决定撤退，确保安全。由于高喷车难以抵近作战、移动炮和车载炮射程不足，指挥部要求加大供给强度，加强2401罐冷却，责令企业调集氮气车沿2401罐的东南侧道路停靠，强制向2401罐实施充氮保护。

（五）消防局领导到场

20时10分，消防局领导到达现场。在听取情况汇报、查看无人机视频后，深入现场，抵近着火点侦察，与化工专家研判商讨后，作出战斗部署：一是即将到场的上海增援力量配合无锡支队在重点防御的西南侧阵地展开战斗；二是再次确认所有储罐阀门关闭情况；三是调用高喷车对受火势威胁较大的1307、1308罐进一步强化冷却。20时30分，上海总队增援力量到场。组织力量从着火区域西南侧架设6门移动炮，协助无锡支队阻截交换站火势，并对2401、2403罐实施冷却。

21时50分，指挥部研判火灾发展态势，迅速召集各战斗段指挥员和事故单位工程技术人员，提出五项处置措施：一是保持足够力量对着火邻近储罐进行大强度冷却，确保不发生问题；二是从临近地区调集氮气，架设临时管线，对受火势威胁的储罐进行充氮保护；三是外接临时电源，启动西侧半冷冻球罐冰机；四是备足力量和药剂，择机对交换站及罐区实施强攻灭火；五是树立底线意识，组织疏散半径5km范围内的群众。4个战斗区段分别增设1门移动炮加强对邻近罐冷却；组织对2401～2404罐组防火堤进行凿孔导流，降低液面、防止漫堤；加强对2401～2404罐补充氮气保护；协调当地政府疏散周边5km范围内的群众；各战斗阵地迅速补足泡沫和油料，组织预备力量轮换，做好总攻准备。23日0时左右，2号交换站内火势仍呈喷射状燃烧。根据现场情况，指挥部与专家分析认定，罐区内仍有管线阀门未关闭，随即要求0时至1时再次发动总攻，为关阀断料创造条件。0时30分，各阵地共部署42门移动炮、1门高喷炮、2门车载炮、2门暴雪泡沫炮、21支泡沫管枪，对着火区域及邻近罐区发起第二次总攻，2401～2404罐组内的流淌火、2401罐顶呼吸阀和泡沫产生器罐壁连接处的明火被全部扑灭，2号交换站火势有所减弱。前沿侦察小组冒着强辐射热，抵近火场最前沿，反复观察火情，认为现场已具备关阀条件，当即实施关阀断料。南京支队关阀攻坚小组，在雾状水掩护下深入罐区防火堤内实施关阀断料。0时40分，2403、2404罐的进出料阀门被彻底关闭。

1时10分，2401罐的进出料阀门被彻底关闭。随后，火势明显减弱。指挥部命令，在保证冷却力量的前提下，各战斗段抢抓战机，梯次掩护推进，全力围剿火势。3时10分，大火被彻底扑灭。

（六）冷却监护、移交现场

大火扑灭后，现场指挥部命令参战力量继续向着火区域液面喷射泡沫，增加泡沫覆盖厚度，防止复燃。同时继续冷却相邻罐体、持续降温，安排专人对罐体温度和水样、空气进行不间断检测。4 时 25 分，2401、2403、2404 罐壁温度降至 40℃ 以下，其他罐降至 20℃ 左右，空气、水体检测结果基本正常。9 时 30 分，指挥部召集参战队伍指挥员进行战斗小结，明确苏州、无锡、南通、镇江、扬州 5 个支队，共 25 辆消防车、150 名官兵留守现场，配合泰州支队实施监护，其余力量陆续返回。25 日 12 时，现场所有储罐温度均降至常温，增援支队全部撤回，泰州支队 17 辆消防车、102 名官兵继续监护。

三、案例分析

（一）突出重点设防，确保全局可控

针对着火区域固定消防设施基本瘫痪、爆炸危险性仍然存在、周边危险源较多等情况，指挥部科学研判、果断决策，确定"控制燃烧、冷却抑爆、筑堤设防、全程监测"的战术，分层次、有重点加强对流淌火、着火罐、重点罐、邻近罐进行灭火冷却，在着火区域北、东、西侧利用沙袋构筑 6 道防护堤，先后 5 次成功阻断流淌火，牢牢将火势控制在有限范围内，为成功处置事故奠定了良好的基础，赢得了有利战机。

（二）划分战斗区段，落实指挥责任

将现场划分为东、南、西、北四个战斗片区，每个片区设立阵地前沿指挥部，分别落实 1 名总队指挥员、1 名支队指挥员靠前指挥，安排 1 名单位技术人员、1 名安全哨实时监测罐区安全。各战斗片区自成作战体系，分段负责、各尽其责，整个作战现场秩序井然。

（三）科学分析研判，强化技术支撑

充分发挥专业技术优势，第一时间将单位工程技术人员编入指挥部，全程值守、辅助决策，及时获取准确的信息情报；根据现场灾情变化，组织化工专家和单位技术人员会商研判，分析灾情态势，评估处置风险，制订作战方案，提出了关阀断料、紧急停车、充氮保护等工艺措施，确保了作战指挥得科学高效。

（四）全程实时监测，安全贯穿始终

坚持侦检先行、全程监测的行动要求，分区设置 4 个安全哨，密切监视罐体结构变化，实时监测罐壁温度和厂区有毒、可燃气体浓度；架设 3 台无人机实施高空巡察，精准掌握灾情态势，为指挥决策提供了科学参考。根据灾情和实时侦察结果，先后组织 2 次总攻、5 次紧急避险，确保了作战行动安全。

（五）力量调集充分、响应迅速是有力支撑

针对石油化工火灾的特殊复杂性和灾情预判情况，总队第一时间提请省政府启动《重特大灾害事故应急处置预案》，按火灾最高等级调集全省 13 个支队和总队培训基地 28 个化工编队、4 个战勤保障编队、10 套远程供水泵组、124 辆大功率泡沫水罐车、151 门移动炮、

1200t抗溶性泡沫以及通信、侦检、洗消等装备器材，部消防局紧急调派公安消防部队士官学校和上海总队40辆车、332名官兵到场增援，为打好初战控制、有效遏制灾情扩大提供了有力保障。

（六）发挥专家作用、科学施救是关键所在

事故发生后，部消防局和总队紧急调派化工灭火专家遂行出动，辅助决策。专家组根据侦察结果，实时评估灾情发展态势和罐体设备安全，及时提出了筑堤设防、全力冷却、注氮排险等处置建议。

（七）应急联动高效、保障有力是重要基础

事故发生后，省、市两级市政府迅速启动应急预案和联动机制，公安、安监、交通、气象、卫生、供水、供电、环保等部门第一时间响应，调集了客运车、环境检测车、120救护车、挖掘机、叉车、运沙车等各种车辆40余辆和砂土、水泥等应急物资，协同开展了外围警戒、人员疏散、物资保障、环境监测、医疗急救等工作。总队、支队两级战勤保障力量遂行作战，调集战勤保障车22辆、器材装备600余件套、水带2万多米、泡沫灭火剂约1200t、油料约52t，现场累计供水量约10万吨、消耗泡沫液约860t、加油近100车次，为事故的成功处置提供了强有力保障。总队、支队应急通信保障分队，综合利用4G球机、3G单兵、卫星通信指挥车、无人机等设备，实时采集全景视频、火点分布、罐体温度等，不间断上传重点部位图像，为现场指挥决策提供了科学参考。总队政工组紧跟灭火救援战斗进程，抵近一线阵地，开展宣讲发动和慰问，激励官兵斗志，鼓舞队伍士气。

附：图4.6.1　德桥化工仓储有限公司航拍图
　　图4.6.2　德桥化工仓储有限公司总平面图
　　图4.6.3　德桥化工仓储有限公司DCS监测数据一览表
　　图4.6.4　辖区中队作战力量部署图
　　图4.6.5　泰州支队作战力量部署图
　　图4.6.6　第一次灭火总攻力量部署图
　　图4.6.7　第二次灭火总攻力量部署图
　　图4.6.8　火场供水供液路线图

> **思考题**

1. 结合案例分析液化石油气储罐爆炸火灾特点及危险性。
2. 结合案例总结分析处置液化烃储罐火灾行动要点。

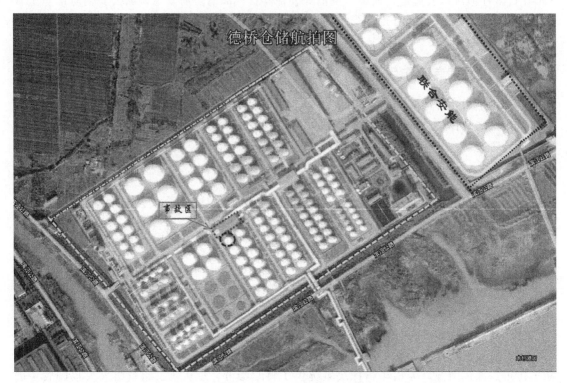

图 4.6.1　德桥化工仓储有限公司航拍图

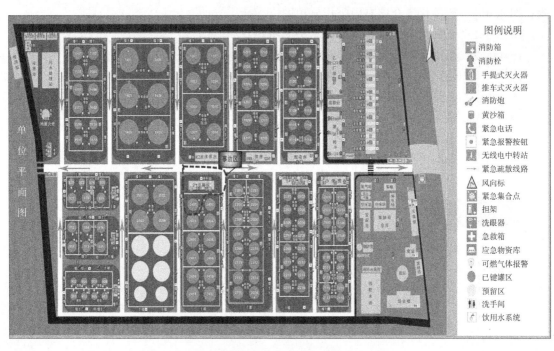

图 4.6.2　德桥化工仓储有限公司总平面图

图 4.6.3　德桥化工仓储有限公司 DCS 监测数据一览表

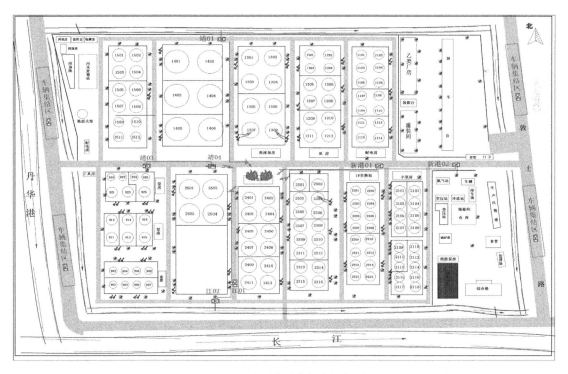

图 4.6.4　辖区中队作战力量部署图

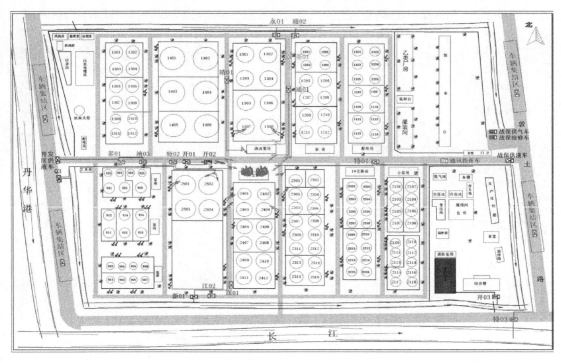

图 4.6.5　泰州支队作战力量部署图

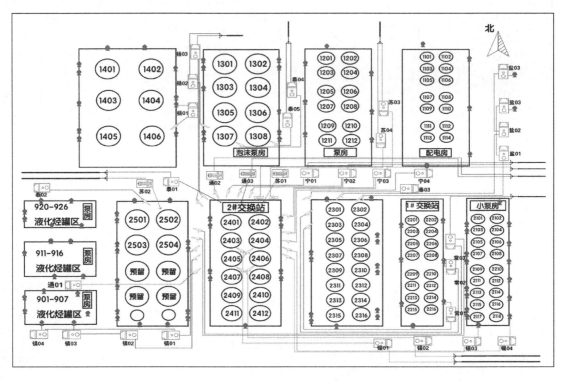

图 4.6.6　第一次灭火总攻力量部署图

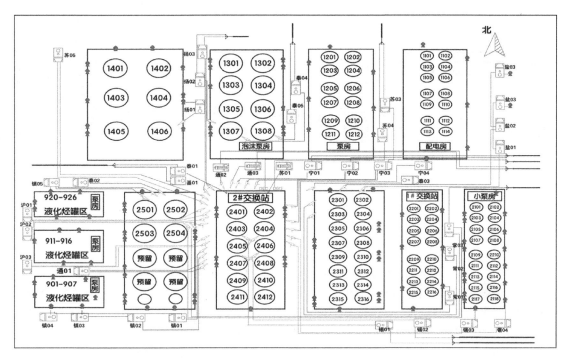

图 4.6.7　第二次灭火总攻力量部署图

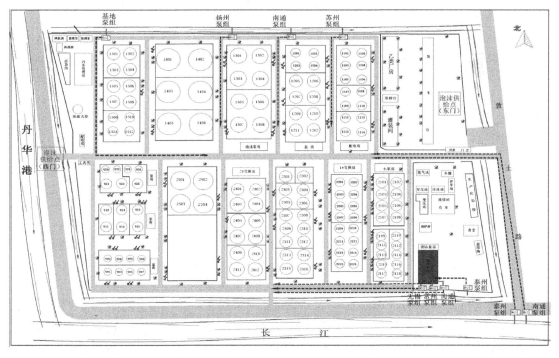

图 4.6.8　火场供水供液路线图

第五章
石油化工装置火灾扑救案例

导语

石油化工装置火灾是石油化工类火灾发生频率较高的一类火灾。石油化工生产工艺具有生产综合化、产品多样化、装置规模大型化、生产工艺参数控制要求高、生产装置高度密集、联合装置更为普遍、工艺管线多、阀门多等特点。石油化工装置火灾具有爆炸危险大，容易形成立体、大面积燃烧，燃烧速度快，扑救难度大，火灾损失和影响大等特点。

石油化工火灾扑救要在确保灭火救援力量充足和有效，全面掌握现场情况的前提下，采取工艺处置（关阀断料等）、积极冷却控制、堵截蔓延等措施。

本章选取了不同类型的生产装置火灾爆炸案例，案例1为兰州石化分公司"1·7"爆炸火灾扑救案例，是一起典型的多储罐和多介质石油化工火灾；案例2为大亚湾中海油惠州炼油分公司"7·11"化工生产装置火灾扑救案例；案例3为蚌埠八一化工集团"5·27"爆炸火灾扑救案例，是一起氯苯生产装置爆炸火灾；案例4为上海华谊丙烯酸有限公司"6·23"丙烯酸装置泄漏爆燃火灾扑救案例；案例5为南京"6·12"德纳化工有限公司多乙二醇丁醚生产装置爆炸火灾扑救案例；案例6为"8.6"镇江丹阳市常麓工业园电镀园区9号楼火灾扑救案例，是一起电镀生产车间火灾。

石油化工火灾扑救案例分析的重点是力量集结是否充足和有效，指挥员对现场情况判断是否准确，尤其对可能发生爆炸的风险的预判能力，扑救过程中，工艺措施选用是否恰当，撤退战法运用和安全防护是否到位等。

案例1 兰州石化分公司"1·7"爆炸火灾扑救案例

2010年1月7日17时24分，兰州石化分公司316罐区发生爆炸，导致11个储罐相继发生连环爆燃，距离中心位置700m范围内的设施被损毁，中心区过火面积8000m²，周边1.7km范围内房屋门窗玻璃全部被冲击波震碎，20km区域内均有明显震感。事故造成6人死亡、6人受伤。

这起火灾爆炸事故与大连"7·16"油罐区爆炸事故和南京"7·28"丙烯管道泄漏事故相比，更具危险性。由于整个罐区内储罐形状尺寸不一，储存形式不一，各个储罐所储存的物质（包括C₄、甲苯、丙烯、丙烷、1-丁烯等）种类不一，性质不一，既有液态的也有液化的，既有常压的也有带压的，既有常温的也有低温的，各种物质的理化性质、爆炸极限、最小点火能量均不相同，给处置工作带来极大挑战，处置难度相当大。全体指战员自始至终贯彻"分段包围、划定区域、强制冷却、控制燃烧、工艺处置"的指导思想,对罐区燃烧储罐采取"冷却抑爆、控而不灭",对管道火采取"关阀断料"的战术措施,始终把握了战斗先机,成功处置了这起事故。

一、基本情况

中石油兰州石化分公司,位于兰州市西固区,是我国西部地区最大的石化企业。公司集炼油、化工和化肥生产为一体,公司总资产达 340 亿元,年原油加工能力 1050 万吨,乙烯生产能力 70 万吨,化肥生产能力 52 万吨,位居甘肃工业百强之首,能源战略地位十分突出。

316 罐区始建于 1969 年,由兰州石化分公司 303 合成橡胶厂和 304 化工厂共用。东侧 50m 处为 8 万吨乙烯裂解装置,西侧 150m 处为铁路专用线。南侧 80m 处为储罐、泵房、火车装卸栈桥和汽车装卸栈桥,北侧 100m 处是空压机房、丙烯制冷站。现有各类大小储罐 52 具,总容积为 $10358m^3$。分别储存混合 C_4、甲苯、丙烯、丙烷、1-丁烯等近二十种化工物料。见图 5.1.1~图 5.1.4。

316 罐区消防设施除地下供水管网外,其余均被爆炸冲击波损毁。

二、扑救经过

接到报警后,支队第一时间调集市区 10 个中队、34 辆消防车、270 名官兵和全勤指挥部人员赶赴现场投入战斗,同时向总队战勤值班室报告。(这是第一时间力量调集和到场的情况记录。)

17 时 32 分,兰州支队 119 指挥中心迅速调集"静中通"通信指挥车、消防坦克、充气照明车、器材监测车、炊事车及备用空气呼吸器、泡沫、特种防护装备等物资赶赴现场;报告兰州市政府立即启动应急预案,并调集相关联动单位到场;通知市自来水公司为火场附近管网增压供水;通知市环卫局紧急调集 24 辆洒水车在兰州石化分公司 303 厂外围集结待命。

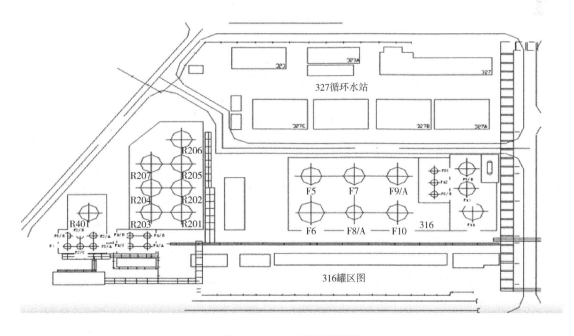

图 5.1.1　316 罐区平面图

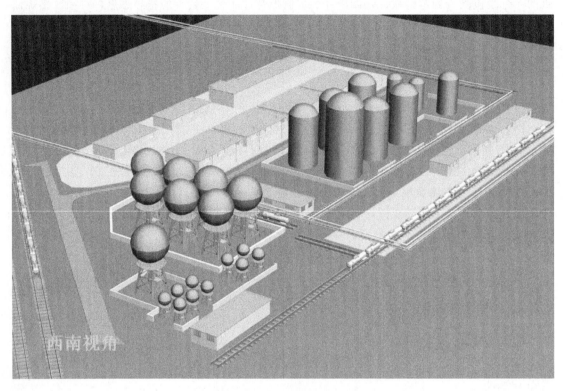

图 5.1.2　316 罐区立面图

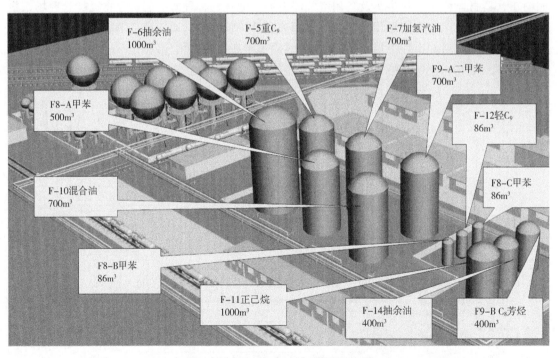

图 5.1.3　316 罐区立式罐储存物料图

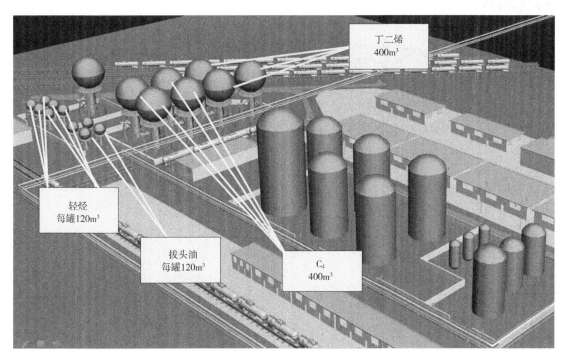

图 5.1.4　316 罐区球型罐储存物料图

17 时 35 分许，总队全勤指挥部人员赶赴现场。途中，又调集白银支队特勤中队火速赶往兰州跨区域增援。

（一）迅速展开，阻止蔓延

7 日 17 时 33 分，兰州支队西固中队在赶赴现场途中，位于 2 号罐区 120m³ F1-D 拔头油储罐发生剧烈爆炸，近百米高的浓烟夹杂着 30 多米的亮红色火焰笼罩在 316 罐区上空，见图 5.1.5。到场后发现爆炸冲击波将西南两侧的 13 节火车槽罐掀翻，巨大的气浪将炸飞的储罐残片抛至 100 多米外，316 罐区的 1、2、3 号罐群已呈猛烈燃烧态势，并向罐区东、南、北侧的 8 万吨乙烯裂解装置和生产工艺管线蔓延，火场情况危急。

17 时 50 分，到场的西固中队在进行火情侦察时，位于 5 号罐群的 F-5 重 C₉ 储罐发生第三次爆炸。根据火场情况，西固消防中队官兵在罐区东、南两侧各出 1 门水炮阻止火势蔓延，见图 5.1.6。兰州石化分公司消防支队在罐区西北侧出 2 门水炮、东北侧出 4 门水炮阻止火势蔓延，在罐区 500m 范围内实施警戒，见图 5.1.7。

18 时 05 分，现场成立火场指挥部，下设灭火救援、火情侦察、通信联络、医疗救护、后勤保障、火场供水、宣传报道、观察警戒等 8 个小组展开工作，确定了"分段包围、划定区域、强制冷却、控制燃烧、工艺处置"的总体作战原则，见图 5.1.8。各战斗小组按照指挥部分工，迅速展开行动。

18 时 08 分，火场发生第四次爆炸。待形势稍现平稳，指挥部当即命令七里河、龚家湾中队两个战斗组在罐区南侧各出 1 门水炮进行冷却堵截，特勤一中队、拱星墩中队两个战斗组各出 1 门移动水炮，控制罐区西侧火势，东岗、盐场、广场、高新区、安宁中队 5 个战斗组采用接力、拉运方式，确保火场供水。见图 5.1.9。

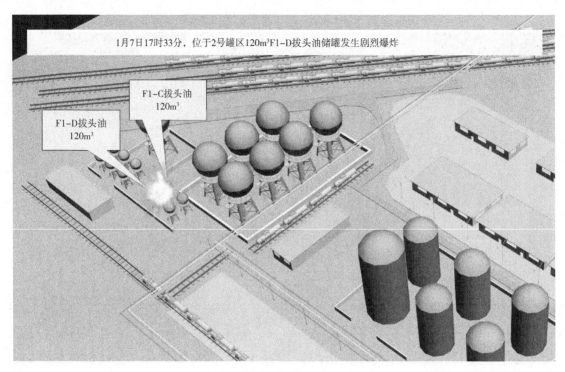

图 5.1.5　2 号罐区爆炸示意图

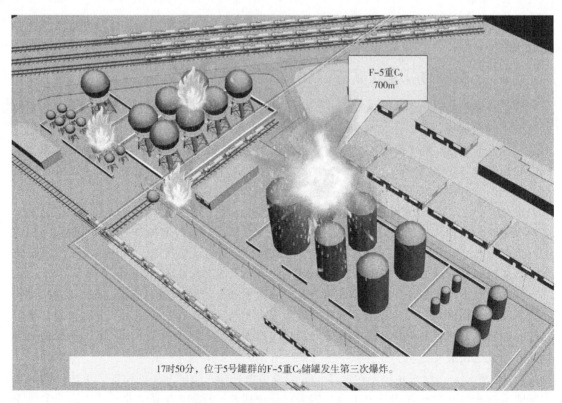

图 5.1.6　5 号罐区爆炸示意图

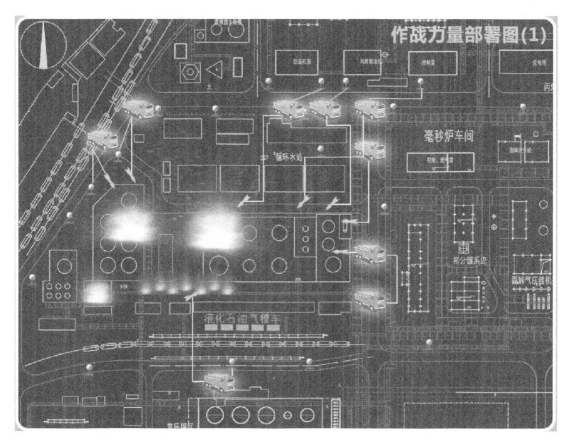

图 5.1.7 作战力量部署图（1）

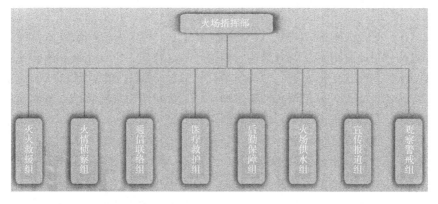

图 5.1.8 指挥部组成示意图

这个阶段采取的主要措施是：集中兵力于火场的主要方面，对已经爆炸燃烧的储罐采用冷却降压控火，使其稳定燃烧，防止蔓延扩大，对毗邻罐体和管线采取强制冷却保护，防止灾害扩大。

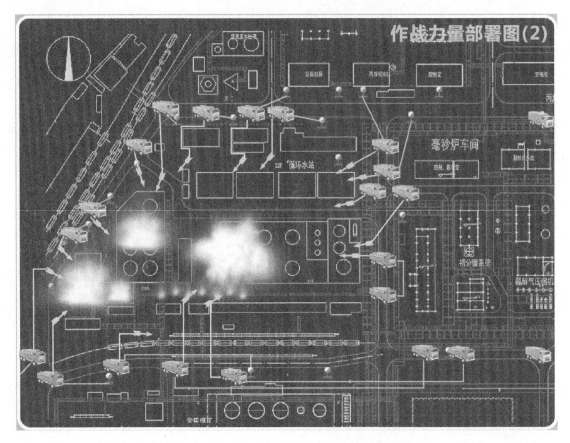

图 5.1.9　作战力量部署图（2）

（二）冷却抑爆，控制火势

19 时 05 分，火场指挥部按照省、市领导指示精神，根据火情侦察组提供的信息和兰州石化技术专家的意见，立即对现场力量进行调整：一是盐场、广场、高新区、安宁 4 个战斗组在罐区西、南两侧各出 1 门水炮，与前期堵截火势的 6 门自摆式水炮对 1、4 号罐群及南侧列车槽车进行控火冷却，防止再次发生爆炸；二是再次组织现场技术人员继续采取装置停车、切断物料、火炬排空减压等工艺措施控制火势。见图 5.1.10。

21 时 50 分，观察哨发现火场 4 号罐群的 F8-A 号罐火焰燃烧突然增大、现场情况再度发生异常，观察哨立即发出撤退信号，现场所有参战人员、厂区人员迅速转移到安全区域，见图 5.1.11。约 2min 后，F-10 号罐在邻近罐火焰的长时间炙烤下被烧裂，扩散出的部分油蒸气发生爆燃，随后呈稳定燃烧状态。指挥部命令两个攻坚组在消防坦克的有效掩护下，近距离对燃烧罐群实施高强度冷却保护。见图 5.1.12。

（三）控而不灭，稳定燃烧

23 时 53 分，1 号罐群的 F2-A 罐体发生爆燃，形成稳定燃烧。

8 日 0 时 50 分，指挥部按照"控而不灭，稳定燃烧"的战术措施，在罐区东、西、南侧留 6 门水炮及消防坦克，集中兵力对受火势威胁的罐体进行重点冷却；石化企业队在罐区

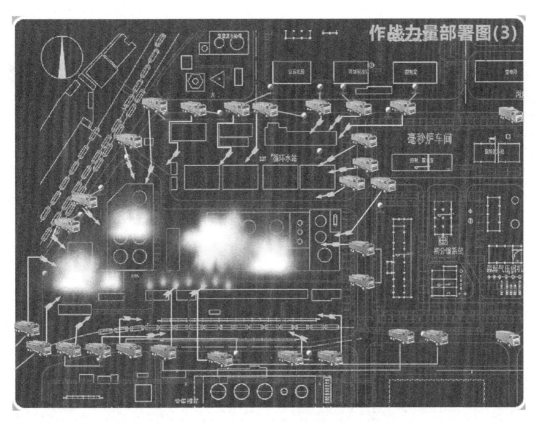

图 5.1.10　作战力量部署图（3）

21时50分，观察哨发现火场4号罐群的F8-A号罐火焰燃烧突然增大、现场情况再度发生异常！

图 5.1.11　F8-A号罐火势异常示意图

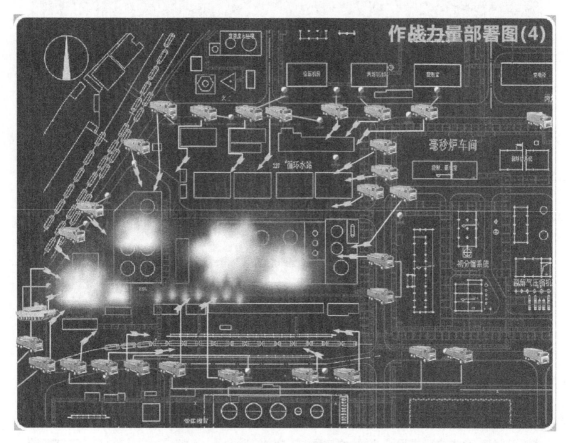

图 5.1.12　作战力量部署图 (4)

东、西、北侧利用 10 门水炮和 2 门车载炮对火势进行有效控制,见图 5.1.13。

13 时 30 分,通过实时监测,火场温度逐渐降低,现场除 1 号罐群的 F2-A~F3-A 罐、2 号罐群东侧管线阀门和 4 号罐群南侧管线 3 处稳定燃烧的火点外,其余火点均已熄灭。

(四)排查断源,消灭残火

17 时 20 分,指挥部根据 F2-A~F3-A 罐内液面下降、气相空间增大、爆炸危险性增大的实际情况,重新调整了力量部署:在罐区西、南两侧分别增加 1 门水炮加强对 1 号罐群甲苯和液化气槽车的冷却保护。

9 日 2 时 50 分,1 号罐群的 F3-A 罐体火焰突然窜高,颜色由蓝变白,同时发出嘶嘶的声响,观察哨立即发出撤退信号,所有参战人员立即撤离到安全区域。在现场 3 门水炮的不间断冷却下,F3-A 罐体燃烧渐趋平稳。

10 时 20 分,指挥部及相关技术人员深入罐区逐一排查,寻找 3 处明火的物料来源,发现阀门阀芯因高温损坏造成物料倒流,随即采取了更换阀门、加装盲板等技术措施切断物料来源。

13 时 30 分,管线余火被彻底扑灭,现场仅剩 F2-A~F3-A 号罐余火,在 3 门水炮的持续冷却下呈稳定燃烧。

15 时 30 分,指挥部根据现场情况,命令西固、七里河中队留守 4 辆水罐车继续对

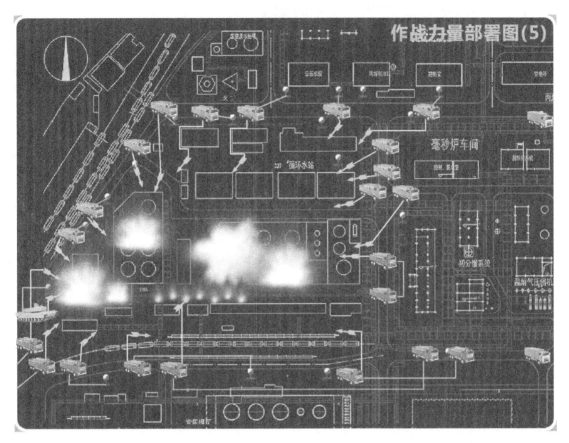

图 5.1.13　作战力量部署图（5）

F2-A～F3-A 号罐进行冷却监护，其余参战力量安全撤离。至此，持续 46h 的灭火行动宣告结束。

此次火灾共调集兰州、白银 2 个现役支队和 1 个企业消防队，共 85 辆消防车、487 名指战员，用水量达 20 余万吨。

三、案例分析

（一）迅速集中兵力是作战的保障

此次爆炸火灾事故发生后，全省各级消防部队快速反应，兰州支队迅速启动灭火救援预案，调集市区 10 个中队、34 辆消防车、270 名官兵和全勤指挥部人员赶赴现场投入战斗。并调集"静中通"通信指挥车、消防坦克、充气照明车、器材监测车、炊事车及备用空气呼吸器、泡沫、特种防护装备等物资赶赴现场；报告兰州市政府立即启动市政府应急预案，协调相关联动单位、人员和装备到场；通知市自来水公司为火场附近管网增压供水；通知市政公司调集各类大型挖掘、运输车 8 辆；通知卫生部门调集 120 急救车 13 辆；通知环保部门调集检测车和仪器到场；通知市环卫局紧急调集 24 辆洒水车集结待命。通过快速响应，在较短的时间内集中了各方面力量，为及时进行灭火救援战斗打下了很好的基础。

（二）火场通信是实施统一指挥的保障

事故发生后，由于造成人员伤亡，企业将主要精力放在善后处理上，特别是316罐区发生爆炸事故后，现场混乱，使先期到场部队无法了解详细内容，确定战术措施，给展开灭火行动带来极大困难。在整个扑救火灾的过程中，由于面积大、环境复杂、火情多变、参战力量多，现场记录和信息传递任务也较为繁重，所需要的信息量也较大，全勤指挥部无力承担。灾害事故现场，由总队、支队战训处（科）和秘书处（科）以及指挥中心确定专人组成前后方信息收集报送组（不同于宣传报道组），专门负责从接处警开始，在第一时间内，全面收集、整理、上报灭火救援情况，更好地保障现场作战指挥部进行决策的需要。

同时，各点、段、面上指挥员分工负责，所有行动听从指挥部的决策命令。在整个灭火救援过程中，全体参战官兵根据指挥部的统一指挥，针对火灾持续时间长、危险性大的特点，及时作出人员、车辆轮流调防，确保参战人员恢复体力和发生第二场火有足够战斗力。同时，坚决贯彻指挥部给出的"冷却抑爆、控而不灭"的战术措施，取得了明显的灭火成效，确保了火灾扑救任务的顺利完成。

（三）火场供水是一个系统工程

在处置大型火灾事故时，合理利用水源和组织好火场供水关系到整个灭火战斗的成败。因此，必须根据火场灭火力量及火场的实际需要，选择最佳的供水方法，保证火场不间断和科学供水，满足整个火灾现场灭火用水的需要。

用水量需求与供应能力这两个方面都要搞清楚，供水线路的供水能力，中队如何组织供水线路，供水线路怎样应用到灭火阵地等一系列问题是环环相扣的，要求火场作战指挥部要有人进行火场供水的统一优化。

（四）需拓展消防用水来源

此次火灾事故现场需要控制的火势面积较大、冷却点较多、持续时间长、用水量非常大，应当依托兰州地理特点，顺应"低碳消防"理念，优化消防工作发展思路，节能减排，创新技术，拓展可用消防用源。一是推广中水。中水的使用是节约水资源的重要举措。《建筑中水设计标准》第4.1.2条规定建筑中水应主要用于城市污水再生利用分类中的城市杂用水和景观环境用水等。香港消防用水即是中水。内地推广难点在于市政基础设施建设，建议在一定规模以上住宅小区和厂区先行推广，然后纳入城市新区建设项目，在推广至老区城市建设改造项目。二是尽可能多地采用江、河、湖水等天然水源，降低市政水源作为消防用水的用水量。目前，兰州的石油化工企业在地理位置上紧挨黄河，可考虑在黄河边建设上水平台，对消防吸水管进行改造，购置远距离供水设备，并研发灭火冷却水回流利用装置，综合应用各种装备和现场水源，彻底解决火场供水问题。

？ 思考题

1. 阻止火势蔓延可采用哪些方法？
2. 采用哪些方式可以有效防止复燃复爆？

案例 2　大亚湾中海油惠州炼油分公司"7·11"化工生产装置火灾扑救案例

2011 年 7 月 11 日凌晨 4 时 10 分，中海油惠州炼油分公司北厂区芳烃联合装置泄漏发生爆炸引发大火，惠州市公安消防支队迅速调集 15 个中队（含专职队）共 56 辆消防车、245 名指战员赶赴现场处置。惠州市、大亚湾区两级政府领导在火灾发生后迅速赶到现场组织指挥火灾扑救。总队指挥员第一时间赶赴火场指挥灭火作战，并从广州、深圳、东莞支队和总队直属特勤大队调集 40 辆消防车、248 名指战员增援。经过 13h 的战斗，明火于当日 17 时被扑灭，灭火救援工作全面结束。

一、基本情况

（一）单位概况

中海油惠州炼油分公司位于惠州市大亚湾石化区。占地面积 2.7km²，分为南、北厂区，距深圳大亚湾核电站直线距离约 46km。南厂区主要为成品储罐区；北厂区主要为生产装置区。厂区内共有 16 套装置。其东面为中海壳牌，南面靠海，西面为中海油发展用地，北面为山地。主要生产汽油、航空煤油、柴油、苯、液化气、乙烯裂解料、硫黄、石油焦等产品，年产量为 1200 万吨。见图 5.2.1。

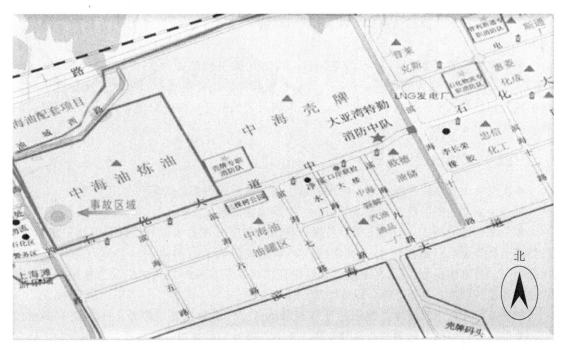

图 5.2.1　现场方位平面图

（二）着火装置情况

着火装置东面是制氢装置和高压加氢裂化装置，南面是储量为 3 万立方米重整芳烃中间储罐区和 80 万 m³ 的原料罐区，西面是中海油发展用地，北面是燃烧塔。东面和南面储存的物质都是极易爆炸和有毒的危险物品，如火势得不到有效控制将引起连环爆炸，整个石化区都将受到威胁。

生产工艺流程为：原油经过减压装置分馏生成石脑油，石脑油经过重整装置生成重整生成油，重整生成油作为原料进入芳烃联合装置生成二甲苯及其衍生物。发生爆炸泄漏起火的就是芳烃联合装置中的重整生成油塔。该装置有 7 个 1000t 的中间原料罐，装置内共存有约 4000t 原料，装置管道出口气体压力为 22atm（1atm＝101325Pa）。

（三）火灾基本情况

此次火灾是由于芳烃联合装置塔底泵轴承严重磨损，运行中产生高温并泄漏物料导致着火爆炸，引起邻近的白土塔塔底泵西侧管道起火，火灾的主要燃烧物质为重整生成油、苯及二甲苯等。起火的芳烃联合装置内有 7 个 1000t 的中间原料罐，储存易燃原料多、压力大，因剧烈燃烧爆炸导致出料阀门损坏，临近管道倒塌，作战人员无法近距离接近着火区域。发生火灾的为芳烃联合装置，过火面积约 400m²，燃烧物质主要为二甲苯，起火装置周围是储量为 3 万立方米重整芳烃中间储罐区和 80 万立方米的原料罐区。

着火装置内部管线高度集中，管道纵横交错，火势成立体燃烧，最高时火焰达 200 余米，经过两次局部爆炸和长时间的猛烈燃烧，在高温高压的环境下，起火区域管道线路坍塌严重，对水流和泡沫液形成阻碍，使其难以直接击中火点，在空间上给火灾扑救带来很大困难。

由于着火装置管道出口压力为 22atm，喷出气流引起的噪声高达 150dB 以上（90～130dB 耳朵疼痛），巨大的噪声对现场人员的心理和身体机能造成严重影响。现场燃烧的重整生成油和苯及二甲苯都属于有毒物质，短期内吸入的浓度较高可出现眼及上呼吸道明显的刺激症状，重者出现抽搐或昏迷。

（四）燃烧物理化性质

本次火灾主要燃烧物质是作为原料的重整生产油及作为成品的苯和二甲苯等。

重整生成油主要由汽油、苯、甲苯、二甲苯等物质组成。

苯为无色透明液体，不溶于水，易燃，其蒸气与空气可形成爆炸性混合气体，遇明火、高热极易燃烧爆炸。燃烧产生一氧化碳、二氧化碳等物质。闪点为 −11℃，爆炸极限为 1.2%～8.0%（体积分数）。高浓度的苯对中枢神经系统有麻醉作用，引起急性中毒，严重者发生昏迷、抽搐、血压下降，以致呼吸和循环衰竭。

二甲苯为无色透明液体，其理化性质与苯类似。二甲苯主要对眼及上呼吸道有刺激作用，浓度高时对中枢神经系统有麻醉作用。重者有躁动、抽搐或昏迷症状。其毒性在人体内的潜伏期长达 3 个月。

（五）消防组织情况

炼油厂设有 1 支专职消防队，共 49 人，泡沫水罐车 3 辆，其他保障车 5 辆。其车载泡沫共 18t，车载干粉共 6t。石化区除中海油专职队外还设有另外 4 支专职消防队、2 支现役消防中队、执勤消防车辆 28 辆、人员 207 人。

（六）消防水源及消防设施情况

厂区内设置有常高压消防给水系统，消防水池储量为 3 万立方米，设有消防水泵 3 台，管径 600mm，每台泵的流量为 360L/s，厂区内地上消火栓共 411 个，固定水炮 118 门（其中着火装置附近有 8 门）。还有一个储量为 20t 的泡沫液储罐，厂区外 500m 范围内有 2 个市政消火栓，管径 600mm，厂区所有储罐均设有自动灭火及冷却系统。

（七）天气情况

当日阴天有小雨，北风 2 级，气温约 26℃，相对湿度 74％。

二、扑救经过

（一）初期处置

1. 单位自救

4 时 10 分，中海油公司监控中心监测到火情后，立即调动本单位专职队 3 辆泡沫消防车、16 名消防员前往处置，并向大亚湾消防大队报警，同时用电动阀关闭主要输料管线，启动自动喷淋系统对周边装置和罐区进行冷却。

4 时 15 分，中海油专职队到达现场，经火情侦察后，立即利用 2 门车载炮分别对着火装置东、西两侧进行冷却。见图 5.2.2。

2. 重点设防，冷却抑爆

4 时 13 分，大亚湾消防大队接到报警后，迅速调集下属两个现役中队 2 组石油化工火灾力量编成 11 辆消防车、60 名指战员及 4 个企业专职队 3 组力量编成 18 辆消防车前往处置，同时向支队请求增援，并向区管委会报告。区管委会接到报告后立即启动石油化工灾害事故处置应急救援预案。

4 时 16 分～4 时 30 分，大亚湾区现役和专职消防队 5 组力量编成 29 辆消防车先后到达现场。大亚湾大队指挥员经侦察了解到，起火部位为芳烃联合装置中的重整生成油塔，该装置连接有 7 个 1000t 的二甲苯中间原料罐，罐内存有 4000t 原料。当时火势呈喷射状燃烧，发出刺耳的呼啸声，装置区过火面积约 400m²，火势有向东面装置区、南面罐区和北面燃烧塔蔓延的趋势。大亚湾大队立即成立火场指挥部，按照"重点设防、堵截火势、冷却抑爆"的原则，采取"固移结合"的方法，利用车载炮和固定炮，兵分三路对火场进行堵截、冷却，防止火势向东、南、北三面的装置区蔓延，同时对地面流淌火进行扑救。其中西南面由大亚湾特勤中队 1 辆泡沫车、大亚湾中队 2 辆泡沫车、中海壳牌专职队 1 辆泡沫车和 1 辆举高车、石化物流专职队 1 辆泡沫车共出 6 门车载炮以及 1 门移动炮和 2 门固定炮，对着火装置和相邻装置进行冷却，防止火势向南面蔓延；东南面由大亚湾中队 2 辆泡沫车、中海油专职队 2 辆泡沫车、石化物流和普利司通专职队各 1 辆泡沫车出 3 门车载炮和 3 门移动炮对着火装置和相邻装置进行冷却，并扑救地面流淌火，防止火势向东面和南面蔓延；东北面由大亚湾特勤 2 辆泡沫车、石化物流和中海壳牌及华德专职队各 1 辆泡沫车出 2 门车载炮和 1 门

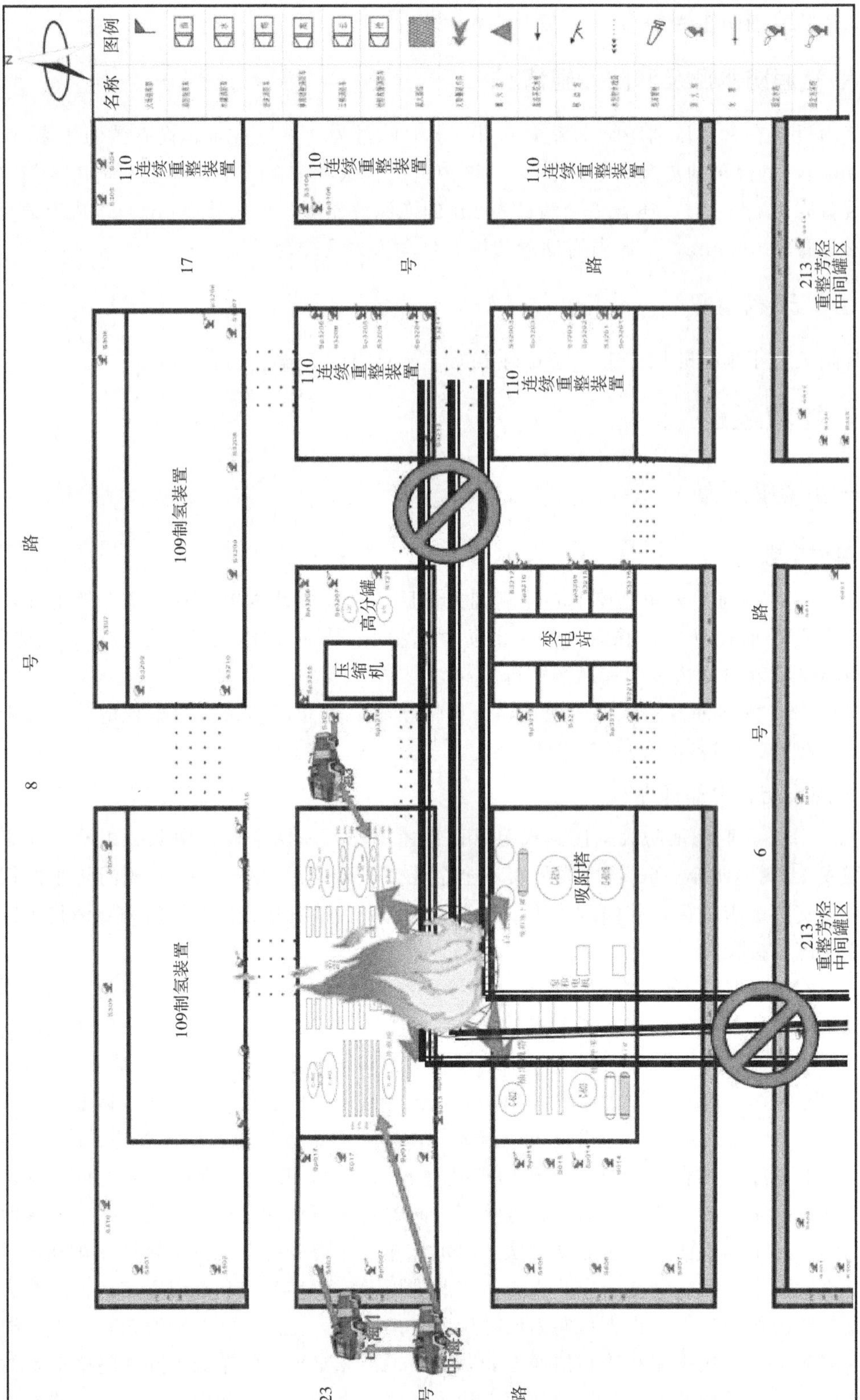

图 5.2.2 单位自救力量部署图

移动炮对着火装置和相邻的装置进行冷却并扑救地面流淌火，防止火势向北面蔓延。其余车辆负责警戒、供水和器材保障。见图 5.2.3。

这个阶段我们采取的主要措施是：及时采取工艺关阀断料，并集中优势兵力冷却抑爆。通过"固移结合"的方法对已经爆炸燃烧的装置、管道和毗邻区域进行冷却降压控火，有效遏制了火势向存有大量危险物质的东、南、北面蔓延的趋势，防止灾害进一步扩大。

（二）保护毗邻装置安全

1. 集中兵力于火场

4 时 15 分，惠州支队指挥中心接到大亚湾大队报告后，支队长立即率领全勤指挥部赶赴现场，并迅速按照石油化工五级火警启动"一键式"调度方案，调集江北特勤等 8 个中队 3 组石油化工火灾力量编成和 1 组战勤保障编成共 24 辆消防车、110 名官兵火速赶赴现场增援。在赶赴现场途中，根据反馈的情况，现场火势猛烈，情况紧急，支队立即向总队指挥中心报告并请求增援。

2. 调整力量全面推进

5 时 10 分，支队全勤指挥部到达现场，经火情侦察后，立即成立现场指挥部，由支队长任总指挥、政委任副总指挥，下设灭火指挥组、政治鼓动组、通信联络组、后勤保障组等 4 个功能组。其中灭火指挥组组长、副组长分别负责东面和北面，以及南面和西面的指挥工作。

同时指挥部对现场力量进行了重新调整和部署：一是调整南面大亚湾中队 2 辆消防车靠近装置南侧进行冷却；二是西面负责冷却、灭火的车辆向前推进，靠近装置区灭火、冷却，移动炮向前推进 10m；三是要求参战官兵做好防护措施；四是战勤保障中心的泡沫供给车随时为参战车辆补充泡沫；五是中海油派出油料补给车随时为灭火车辆补充燃料。

5 时至 6 时，支队各增援力量陆续到达现场，现场指挥部相继下达作战命令：在着火装置西面，惠阳大队出 1 门车载炮和 2 门移动泡沫炮，惠东大队出 1 门车载炮和 1 门移动水炮，江北特勤中队出 1 门车载炮和 1 门移动水炮对着火装置进行冷却和扑灭地面流淌火；在着火装置南面，城区大队、仲恺中队出 3 门移动炮，扑灭地面流淌火；为确保火场用水，立即关闭装置和罐区的自动灭火及冷却系统。见图 5.2.4。

6 时 15 分，现场指挥部通过 3G 图像传输系统将火灾现场情况实时上传到总队指挥中心，并报告火场情况。总队政委作出了四点指示：

① 立即采取关阀断料的工艺处置措施；

② 合理调整兵力，阻止火势蔓延，防止爆炸；

③ 做好参战官兵防护措施；

④ 迅速调集充足灭火剂及器材装备到火场。

6 时 35 分，现场指挥部决定由大亚湾特勤中队派出 2 个攻坚组与厂方技术人员再次进入现场，对无法采用电动方式关闭的所有进出料阀门进行强攻近战关阀断料，并将现场划分为重危险区、中危险区、轻危险区三个区域，要求所有进入重危险区的官兵必须佩戴空气呼吸器，做好个人防护。同时再次对参战力量进行了如下调整：东面部署 4 门车载炮、1 门移动炮、1 门固定炮，南面部署 3 门移动炮，西面部署 6 门车载炮、4 门移动炮、2 门固定炮，北面部署 3 门车载炮、1 门移动炮，水炮总数量达到 25 门，供水强度达到约 1280L/s。见

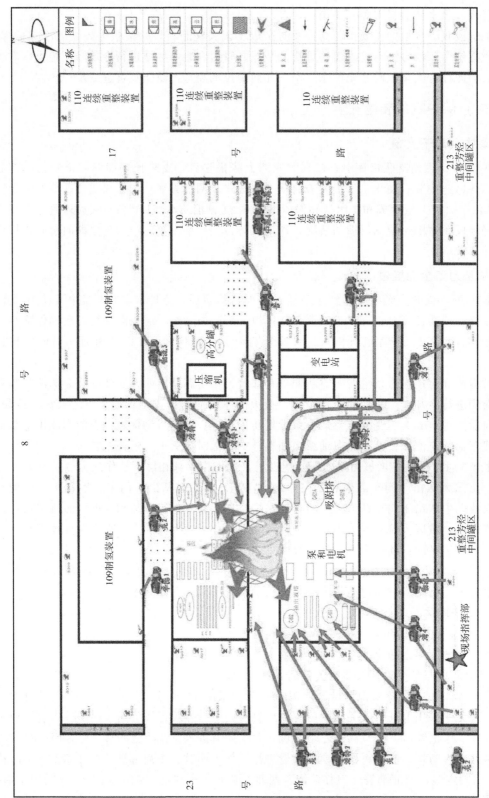

图 5.2.3 大亚湾大队力量到达现场后力量部署图

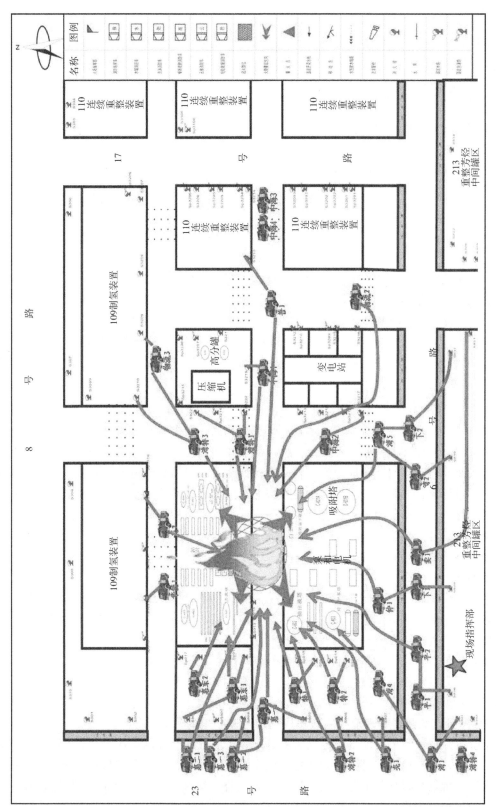

图 5.2.4　支队增援力量到达现场后力量部署图

图 5.2.5。

这个阶段采取的主要措施是：强攻近战关阀断料，划分警戒区域，科学调整作战力量，对着火部位和相邻装置实施堵截合围、灭火冷却，有效解除毗邻区域火势威胁，火势得到初步控制。

（三）控制稳定燃烧

1. 总队全勤指挥部及跨区域增援力量陆续到场

省总队接报后，立即启动《跨区域石油化工火灾力量编成调度预案》，先后调派广州、深圳、东莞支队和总队直属特勤大队共 5 组编成 40 辆消防车、248 名指战员赶赴火场增援。

7 时 15 分，深圳支队、东莞支队、总队直属特勤大队等增援力量相继赶到火灾现场。

8 时，总队政委、参谋长率总队全勤指挥部到场，立即成立现场总指挥部，政委任总指挥，参谋长、惠州市副市长、大亚湾区常委、中海油惠州分公司总经理任副总指挥。政委和参谋长亲自深入火场一线侦察，在全面掌握现场情况后随即召开了第一次指挥员会议，会上详细听取企业技术人员、各参战单位情况汇报后，指挥部果断制订了前期抑爆炸、后期防污染、事后重洗消的总体处置方案和"两控、三防、一保"的作战总要求，"两控"即控制火势蔓延，控制油品外溢避免环境污染；"三防"即防爆炸、防中毒、防噪声；"一保"即确保着火区域中分流塔、出液塔（C602）和地下罐等三个重点部位的安全。同时命令后勤保障组调集 180t 泡沫、400 具空气呼吸器、400 具防毒面具、500 个空气呼吸器气瓶等装备及灭火剂到场。

2. 分区域层层推进

根据现场情况，现场总指挥将火场划分为三个战区：西南面战区由惠州支队支队长任指挥长，东面战区由深圳支队参谋长任指挥长，北面战区由东莞支队副支队长任指挥长。其中东莞支队在北面再出 3 门移动炮，深圳支队在东面再出 3 门移动炮对着火装置全面实施灭火和冷却。同时要求各战区的参战部队按照作战编成的要求，实现独立作战，自成体系，自我保障。由于火灾现场噪声大，火场通信难以畅通，为确保指挥部能够随时掌握灭火战斗全过程，指挥部决定各战区指挥员每隔 30min 到指挥部当面汇报火场情况。

现场调整部署完毕后，各类型水炮达到 32 门，供水强度达到约 1800L/s，对着火部位和相邻装置全面实施灭火和冷却，火势得到有效控制。见图 5.2.6。

9 时，总指挥部召开第二次会议，要求各参战部队将水炮阵地向火点推进 10m，靠前作战；总队直属特勤大队负责现场警戒和设置洗消区；同时派出侦检小组携带有毒气体探测仪和测温仪对现场进行动态监测，另外派出精干人员组成的 2 个攻坚组在原地待命。

12 时 01 分，总指挥部侦察后召开第三次指挥员会议。在听取了各战区情况汇报的基础上，总指挥部对各参战部队作战任务再次进行调整和部署：所有水炮阵地再往前推进 10m，同时惠州支队重点保障分流塔、出液塔（C602）和地下罐等三个重点部位的安全。

12 时 30 分，火势得到完全控制，形成稳定燃烧。

这个阶段采取的主要措施是：控制火势蔓延，控制油品外溢避免环境污染；同时做好防爆炸、防中毒、防噪声的措施。针对装置内压力较高，为防止二次爆炸和有毒气体扩散造成的次生灾害，现场总指挥部决定采取保持其稳定燃烧、继续全面冷却降温的措施进行处置，待压力降到可控范围后，再将火势完全扑灭。

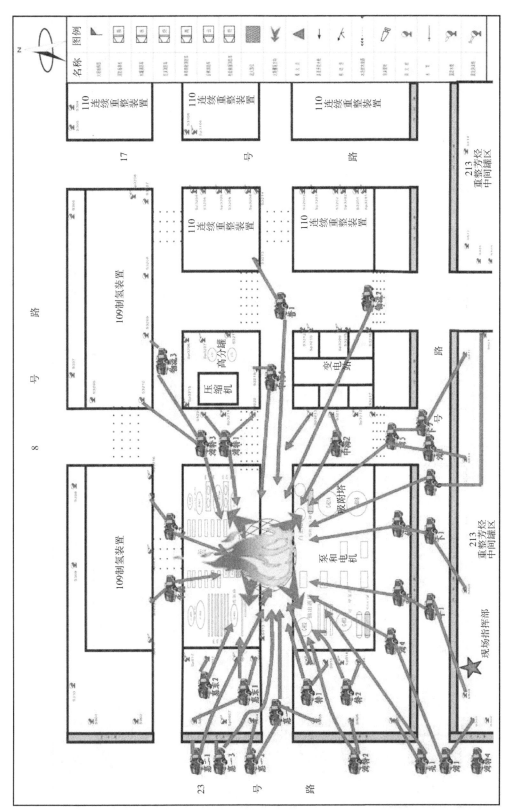

图 5. 2. 5　支队二次调整后力量部署图

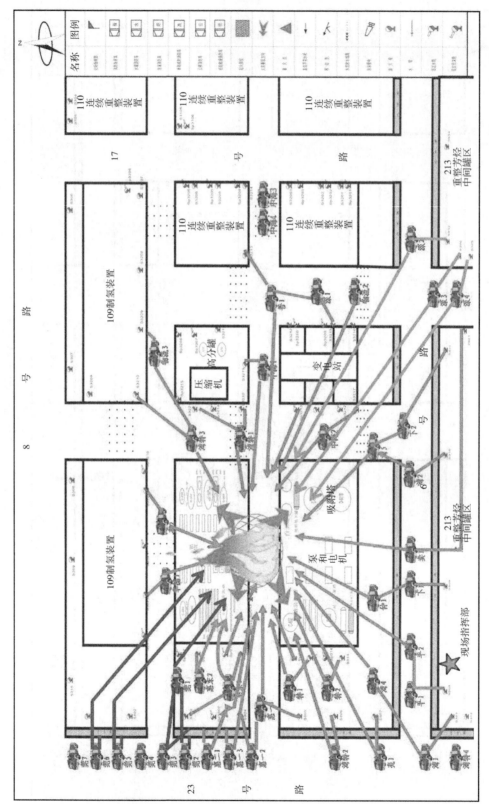

图 5.2.6 总队增援力量到达现场后力量部署图

灭火救援典型案例

（四）控制消灭、防止污染

当厂方技术人员汇报厂内的污水处理池快接近极限的情况后（5万立方米），为减轻污水排放，避免因灭火用水外溢污染环境，造成次生灾害，12时50分，指挥部召开第四次会议，下达了在确保冷却强度的基础上不撤阵地，逐渐减少水炮数量和抽取灭火用水循环使用的命令。

按照指挥部的命令，惠州支队和中海油专职队一方面组织人员利用沙袋封堵排污渠，以抬高液面便于北战区和西南战区部分车辆抽水灭火；另一方面调派惠州支队和中海油专职队共6辆消防车、9台排污泵从排污沟渠内抽取污水转移到邻近的10万吨原油罐区的防火堤内，有效防止了因污水处理池的容量不足而导致污水外溢造成环境污染。同时派出大亚湾特勤中队的4辆消防车和20名官兵对现场进行监护，做好防护措施，以便一旦发生意外事故能够及时处置。见图5.2.7。

13时50分，现场管道由于长时间受火焰烘烤导致坍塌并引发爆炸，管道内的大量物料迅速流出再次形成大面积流淌火，指挥部立即发出撤退信号，命令所有一线参战官兵撤至安全距离以外。同时派出技术专家组的人员对爆炸现场进行评估，待火势形成稳定燃烧后，命令官兵重新进入阵地展开战斗，将已停水的水炮立即出泡沫将地面流淌火扑灭。

14时20分，在确保灭火和冷却用水的前提下，逐渐减少水炮数量，水炮数量从最初的32门减到最后只剩5门。

16时50分，现场指挥部命令总队特勤大队派出2个攻坚小组深入内部进行详细侦察，根据侦察反映，着火装置管道压力下降，指挥部根据技术人员的综合分析判断，现场具备完全扑灭明火的条件，随即指挥部下达了灭火命令，现场水炮集中喷射火点。

17时，大火被完全扑灭，经过全体参战官兵的奋战，肆虐了13h的火魔终于被成功降服，灭火战斗取得全面胜利。

这个阶段采取的主要措施是：灭火和科学防污双管齐下，在确保火场冷却供水强度的前提下，逐渐减少水炮数量和抽取循环水灭火，待压力降到可控范围，确定稳定燃烧后，再将火势完全扑灭，实现了灭火救援和环境保护的双赢。

三、案例分析

（一）火场秩序为战斗展开提供便捷

为避免多支力量参与的大型火场秩序混乱的问题，指挥部命令参战部队所有车辆靠边停放，所有水带靠边铺设，横穿公路水带要用水带护桥保护，前期到达部队均预留出增援力量的停车位置和消防水源，为后续到达的人员和车辆留出足够的作战空间。整个火场秩序井井有条，所有参战官兵体现出很高的协同作战意识和战斗素养，为长时间的战斗展开提供了有利条件。

（二）始终贯彻安全第一

化工火灾危险性大，极易发生爆炸，为此，整个火场自始至终都使用移动水炮和车载炮（最高达到32门炮同时使用），尽可能减少前线作战的官兵，既保存了战斗员的体力，便于长期作战，又避免了因突发爆炸造成不必要的人员伤亡。

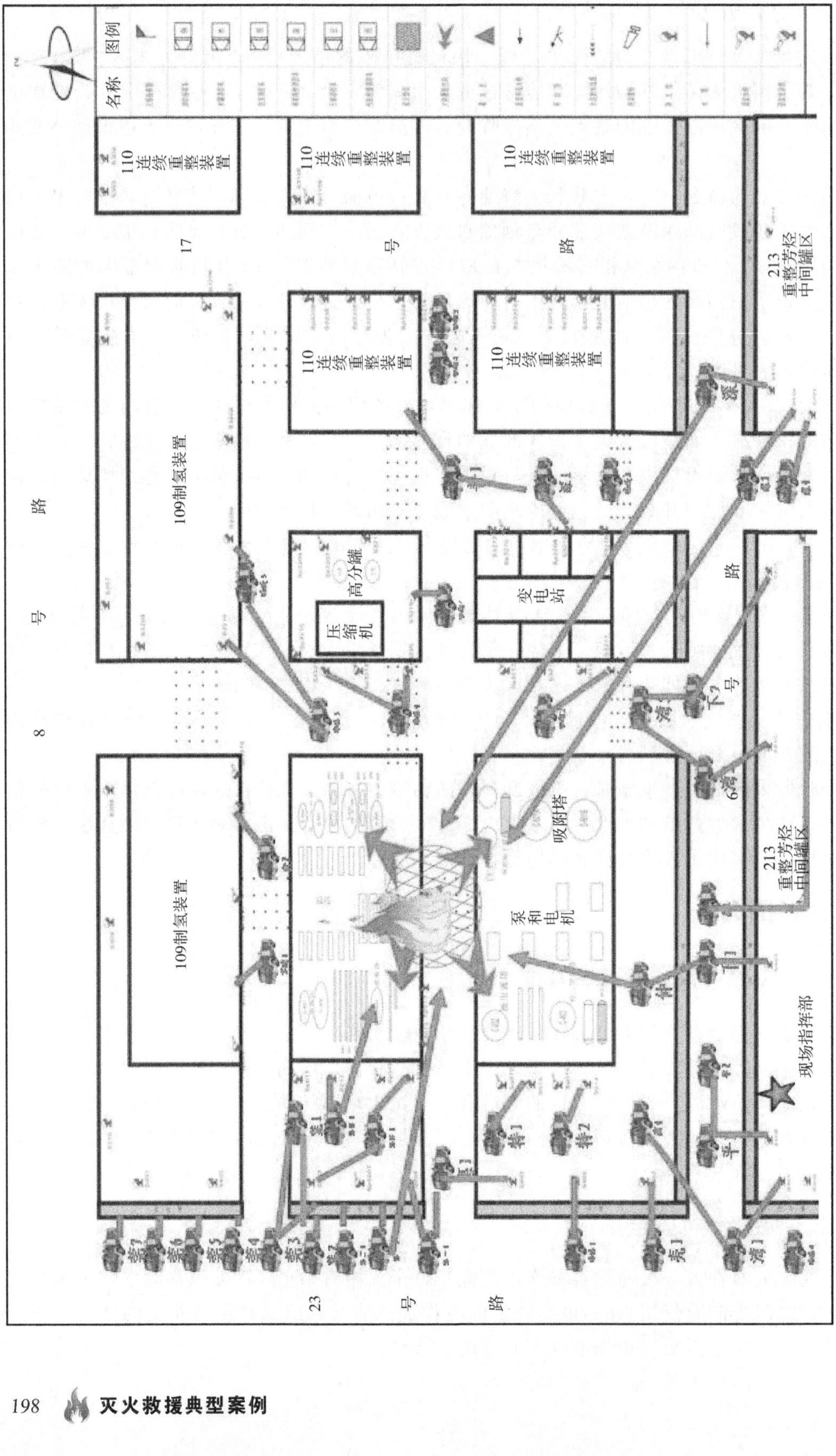

图 5.2.7 控制熄灭阶段力量部署图

灭火救援典型案例

（三）指挥层次明确

指挥部认真贯彻执勤中队作战编成规范化建设要求，战区与战区之间、支队与支队之间、大队与大队之间、中队与中队之间四级作战层次均以中队为基本作战单元，独立担负一方的灭火任务，实现了各战区与各编队、各编组之间供水和器材装备的自行保障，既解决了火场指挥调度混乱的问题，又在一定程度上提高了指战员的战斗自我保障意识。

（四）环保节约

灭火过程中利用围堵排水渠的方法收集灭火用水循环使用，既解决了火场供水不足的问题，又避免因灭火用水过多导致污水外溢造成次生灾害事故。据统计，此次灭火使用灭火循环用水达到整个用水量的三分之一，共节约超过 1.8 万吨水，确保了污水不外溢，未造成任何次生灾害。

（五）通信与防护需提高

此次火场噪声高达 150dB，近距离无法沟通，目前配备的通信器材基本不能发挥作用，指挥命令传达基本靠手势。为了掌握现场信息，参战指挥员每隔半小时到指挥部开碰头会议，便于前后方指挥员及时互通火场信息。在解决强噪声火场通信保障问题上，建议对讲机等现有通信设备必须革新，可利用现场通信指挥车用 LED 屏幕下达命令，或通过其他高科技手段解决有关问题。

在此次火灾扑救过程中，在指挥部多次强调一线指战员要做好个人防护装备配备，佩戴空气呼吸器的情况下，但还是有部分官兵因看见燃烧形态与普通火灾无较大差异而思想麻痹，加之长时间作战，指战员因过于疲劳而不愿意佩戴空气呼吸器，导致部分官兵个人防护不到位。火灾结束后，部分官兵出现了轻微中毒症状。专业医生指出，二甲苯虽然短时间对人体不会造成明显影响，但潜伏期却长达 3 个月以上。

❓ 思考题

1. 苯火灾扑救中要做到哪些安全措施？
2. 火灾扑救后，要注意哪些环保问题？

案例 3   蚌埠八一化工集团"5·27"爆炸火灾扑救案例

2012 年 5 月 27 日 23 时 20 分许，安徽省蚌埠市八一化工集团有限公司生产区发生爆炸火灾。安徽省公安消防总队共调集 5 个公安消防支队、47 辆消防车、304 名官兵，经过近 6h 将大火扑灭。安全疏散了 200 余名职工，有效保护了毗邻化工原料储罐和生产装置。处置过程中未发生人员伤亡、中毒和环境污染事故。火灾过火面积 2800m²，火灾直接经济损失 203 万元。

一、基本情况

（一）单位概况

蚌埠市八一化工集团有限公司位于蚌埠市禹会区涂山路西段，占地面积约 40 万平方米，使用面积 10.5 万平方米。厂区南面为涂山西路，北面为空厂房，东面为文笔路，西面为空地。该企业始建于 1968 年，是国家级重点高新技术企业。生产工艺是通过电解工业盐，产生液氯、氢气等基础原料，再与苯等化工原料合成氯苯后，通过多次化工工艺生成硝基氯苯、烧碱、对邻硝、酚钠、对酚等化工产品。见图 5.3.1。

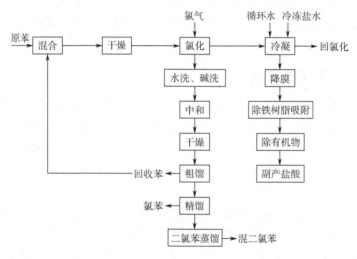

图 5.3.1　生产工艺流程图

厂区主要分为原料供应区和生产区。其中，原料供应 1 区为液氯分配区，存放 10 个 10m³ 的液氯储罐；原料供应 2 区为氢储区，有 6 座 1500m³ 的氢气柜，其中北侧 3 个储罐各存储氢气 1000m³（存储形式为气相），另外 3 个为空罐；原料供应 3 区为苯储存区，共有 4 个 5000m³ 的苯储罐；生产 A 区为氯苯合成工段，由 500m³ 立式苯罐（苯分配台）、中和罐、蒸馏塔、降膜吸收平台、冷凝塔等装置组成，统称氯苯西楼；B 区为硝基氯苯加工区；C 区为对硝基甲苯、邻硝基甲苯加工区；D 区为原料电化区；E 区为综合加工区；F 区为环保处理区。见图 5.3.2。

氯苯合成主要生产工艺为：苯与液氯液相法直接合成，生产装置为多釜（塔）串联，装置内压力为 0.02～0.04MPa，温度为 130～140℃。

（二）起火部位情况

起火部位为公司生产 A 区氯苯车间西楼降膜平台，平台由 4 个 30m 高的主蒸馏塔、1 个 10m 高的辅塔及 47 个氯苯中和罐串联组成，为 4 层敞开式钢混结构，最高处 32m。正常运行生产时，该装置内存有氯苯物料 360t。当天，由于 2 层装置平台（高 9.8m）因降膜吸收塔法兰处发生泄漏，产生静电，引发爆炸燃烧，随后蔓延至该区域内的蒸馏塔及南侧氯苯储罐，导致大量氯苯泄漏燃烧，并形成流淌火向四周蔓延。直接威胁到东侧仅相隔 6.5m 的

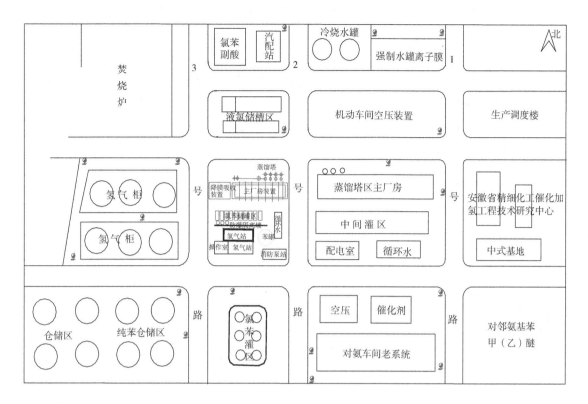

图 5.3.2　厂区平面图

硝基氯苯主厂房，西侧相隔 20m 的 3 个 1500m³ 氢气柜，南侧相距仅 6m 的 10 个 50m³ 氯苯卧式储罐和 1 个 500m³ 的粗苯立式储罐，以及北侧相距 19m 的 10 个总储量 100m³ 的液氯储罐。见图 5.3.3、图 5.3.4。

（三）灾害物质特点

氯苯为高闪点易燃液体，闪点 28℃，燃点 590℃。氯苯蒸气的爆炸极限浓度范围是 1.3%～9.6%。对水体、土壤和大气可造成污染。误吸入、食入或经皮吸收，对中枢神经系统有抑制和麻醉作用，对皮肤和黏膜有刺激性，接触高浓度可引起麻醉症状，甚至昏迷。可利用雾状水、泡沫、干粉、二氧化碳、砂土扑救。

氯苯燃烧后的分解产物主要为：一氧化碳、二氧化碳和氯化物。

（四）消防设施情况

厂区有消防泵房 2 个，供水管道为环形管网，管径 300mm。消防和生产循环共用水池 1 个，容量 1035m³，水池底部由市政管网供水。水泵启动后，管网压力 0.3MPa。

厂区内共有室外消火栓 27 个，室外泡沫栓 13 个，移动式泡沫灭火推车 14 台，备有泡沫液共 10t，其中普通蛋白泡沫液、水成膜泡沫液各 5t，分别存储在两个消防泵房内，通过比例混合器直接进入泡沫管线，向泡沫栓供给。

厂区外 1500m 范围内有市政消火栓 11 个，压力为 0.2～0.3MPa。

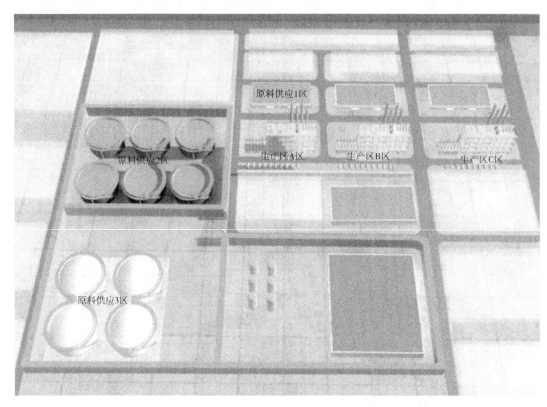

图 5.3.3　原料供应区和生产区示意图

图 5.3.4　爆炸瞬间示意图

（五）天气情况

当日天气晴天，气温 19～31℃，风向东南，风力 2 级。

二、扑救经过

（一）紧急的初战

5 月 27 日 23 时 20 分，蚌埠市公安消防支队接到报警后，立即调集禹会区、高新区消防中队 6 辆消防车、48 名官兵赶赴现场。并随即启动《化工企业灭火应急救援预案》，同时调集蚌山、特勤、龙子湖、淮上、经开、怀远 6 个消防中队和战勤保障大队 20 辆消防车、120 名官兵到场增援。

23 时 24 分，禹会区、高新区消防中队第一时间到达现场。通过火情侦察发现，降膜平台的 4 层生产装置已呈立体燃烧状态，火焰顶部高达近百米。泄漏燃烧引发的流淌火面积近 300m²，火势蔓延导致南侧氯苯储罐区的 2 号罐发生猛烈燃烧，相邻近的 1、3、4 号氯苯储罐正处于火焰中，随时可能发生爆炸。虽然厂方在初期组织职工利用厂区消火栓、泡沫栓及干粉灭火器等设施进行灭火，但因火势发展迅猛，未能奏效。同时，由于发生火灾时车间处于工作运转状态，整个装置内有 300 余吨氯苯物料，正在持续泄漏燃烧并不时发生爆燃。如果得不到控制，极易发生连锁爆炸，造成更加严重的后果。

根据现场情况，禹会中队迅速利用厂区泡沫栓在着火装置北侧出 3 支泡沫管枪，在东侧出 2 支水枪，阻截火势向北侧氯气分配车间蔓延。高新中队利用车载炮和移动水炮分别在东侧、北侧设置水炮阵地 2 处，压制高塔火势，控制流淌火，冷却苯分配区 500m³ 立式苯罐罐体。同时，安排厂方将 200 余名职工转移至上风方向安全区域，并组织安保人员实施现场警戒。见图 5.3.5。

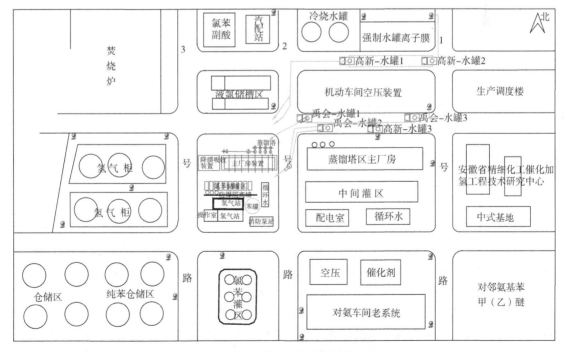

图 5.3.5　第一阶段力量部署图

蚌埠支队于 0 时 23 分许向总队全勤指挥部和市政府汇报情况。总队全勤指挥部接报后立即启动《跨区域灭火救援预案》，调集合肥、淮南、滁州、宿州 4 个支队，20 辆消防车，136 名官兵赶赴现场增援。蚌埠市政府同时启动应急预案，调集安监、公安、环保、医疗等社会联动单位到场，做好现场警戒、环境监测，准备医疗急救，市政府常务副市长张孝成在现场组织协调。

（二）控制防御

23 时 40 分，蚌埠支队全勤指挥部到场，成立了火场指挥部。此时，47 个分布于装置各层的氯苯中和罐形成多处火点，纵横连接的管道导致整个 4 层降膜平台装置区形成立体燃烧，地面流淌火向南侧、西侧蔓延。指挥部根据火势猛烈，可能形成更大面积蔓延，引发周边储罐和装置连锁反应的严峻形势，命令：

① 组织厂方技术人员在已经关闭粗苯、氯气供给阀门，开启装置预设阻火阀的基础上，进一步采取在与装置相连的管道上设置盲板并局部拆除横向管道等工艺手段，阻断火势向东侧硝基氯苯生产区域蔓延的通道。

② 增设并调整水枪、水炮及泡沫炮阵地，全力冷却装置，保护西南侧的氢气柜、南侧氢压机房和粗苯立式储罐。并组织厂方重型机械在燃烧区西南侧范围内利用沙石筑堤，防止流淌火蔓延至原料供应 2 区和 3 区。

23 时 35 分至次日 0 时 10 分，蚌埠支队增援力量相继到场后，根据指挥部命令，迅速展开战斗。蚌山中队在火场东南侧出 2 支水枪冷却东南侧苯罐和南侧氢压机；特勤中队利用水枪和泡沫管枪在西南角压制蒸馏塔和氯苯中和罐火势，32m 高喷车在东南侧，从高处对装置火势进行打击，在西南侧设一台泡沫炮压制事故处理区内的流淌火，阻止火势向西侧蔓延；龙子湖中队出 1 支泡沫管枪和 1 个移动泡沫炮打击起火的 2 号氯苯卧罐火势，并冷却保护邻近卧罐。

23 时 55 分许，厂区配电室受火势波及中断供电，消防泵无法正常运行，加之 3 号路段供水管道破裂泄压，无法满足火场供水需要。蚌埠支队立即调整 7 辆水罐车，利用厂区周边的市政消火栓，采取运水方式向前沿供水。见图 5.3.6。

28 日 1 时 16 分，与着火装置连接的横向管道全部拆除，盲板设置完毕，关阀断料成功实施，切断了火势延管道向东侧蔓延的途径。蚌埠支队到场力量初步形成了对装置平台、起火氯苯罐和地面流淌火的分别控制，至此，灭火行动呈现出相持态势。

（三）艰难的攻防战

28 日 0 时 30 分，总队曹忙根政委到达作战指挥中心坐镇调度指挥，邹晓宁总队长带领总队全勤指挥部赶赴现场指挥作战。

2 时 30 分，邹晓宁总队长率张华参谋长、吴振坤部长和总队全勤指挥部到达现场。立即成立火场总指挥部，根据主战支队前期阻止火势蔓延措施虽已取得初步成效，但燃烧依然呈多点、持续、猛烈的火场态势，确立了"持续冷却、分片控制、重点防范、逐片消灭"的作战思路。2 时 55 分、3 时 28 分，淮南支队、合肥支队增援力量相继到达现场，迅速投入战斗。指挥部根据火场装置持续泄漏燃烧、氯苯罐区可能发生爆炸、流淌火威胁氢气储柜、蒸馏塔可能向北倒塌引发氯气泄漏等情况，将火场分为装置区、氯苯罐区、氢气储柜区、氯气罐区、供水及保障 5 个战斗段，主要利用高强度射流对燃烧区域和邻近区域罐体、装置实

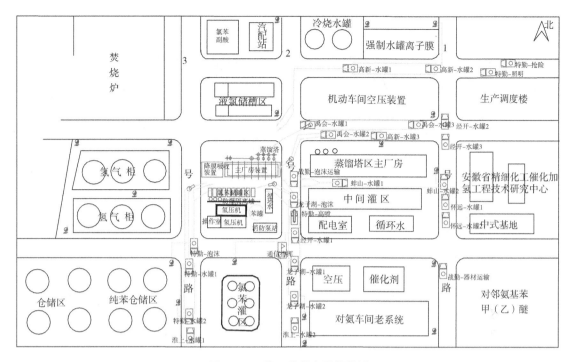

图 5.3.6　第二阶段力量部署图

施冷却；蚌埠支队攻坚组力量利用移动水炮和高喷车水炮在南侧对氯苯罐区和生产装置实施立体冷却；由合肥、蚌埠支队组成 3 个攻坚组在火场西侧构筑防线，对向氢气柜蔓延的地面流淌火实施堵截；由合肥、淮南支队协同蚌埠支队在火场东南以车载炮、移动炮对可能发生倒塌的蒸馏塔持续强力地冷却保护，全力消除装置倒塌引发氯气泄漏的灾难性后果。并命令蚌埠支队战勤保障大队加强灭火药剂和装备器材供应，安排专人协调后方供水和其他保障。见图 5.3.7。

在高强度冷却和装置内燃烧物料消耗的共同作用下，火势猛烈程度有所下降，形成数十处相对稳定的燃烧点。但由于燃烧引起装置内部压力升高，金属管件、法兰、阀门受温变形，产生新的泄漏点，仍不时发生轰燃。与此同时，火灾现场安监部门和工厂车间主任向指挥部提供了 A 区 1 号蒸馏塔根基发生变形，另外三座蒸馏塔也产生不同程度的倾斜，有倒塌可能的重要信息。指挥部根据火场态势立即对北侧进攻阵地实施调整，命令各攻坚组在不降低进攻效率的前提下，在倒塌可能波及的范围之外设置阵地，利用移动灭火装备进行远距离打击，并使用泡沫覆盖泄漏燃烧的氯苯。同时组织车间主任、工段组长等厂方技术人员进入前沿，向一线指挥员提供准确信息。并要求各主攻阵地指挥员、安全员密切观察装置倒塌和爆燃征兆，确保一线作战行动安全。

2 时 48 分、2 时 55 分，靠近降膜平台 2 层的 10m 辅塔和 30m 的 1 号蒸馏塔先后向北侧倒塌，由于正确预测、有效防范，避免了官兵伤亡情况的发生。

（四）集中兵力逐片消灭

主战支队和跨区域增援力量坚决贯彻总指挥部确立的作战总体思路，按照战斗区域分工，持续冷却、重点保护、逐步推进，火势被初步控制在生产装置区域内，为总攻创造了有利条件。

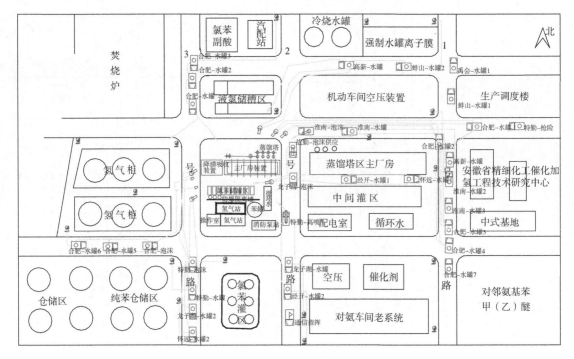

图 5.3.7　第三阶段力量部署图

3 时 40 分许，滁州、宿州支队 4 辆重型水罐消防车也相继到场，向前方车辆实施供水。

优势兵力的集结扭转了火场态势，形成了对 4 个重点区域的分割包围，燃烧强度的下降为总攻提供了有利战机。5 时 40 分，总指挥部命令：各战斗段对火场实施全面进攻。在巩固持续冷却控制战果的基础上，命令蚌埠支队组成 4 个攻坚组，合肥、淮南支队各组成 2 个攻坚组，分别从西南、东南和南侧向火场纵深和装置平台推进，采取泡沫覆盖、强水流冲击火焰根部、喷雾水窒息等方法，对燃烧区域实施灭火，逐点逐片予以消灭。

6 时 30 分，大火被基本扑灭。

8 时 20 分，现场明火全部扑灭。指挥部命令蚌埠支队组织力量对现场继续实施监护，增援力量依次撤离火场。残留物料由厂方安排技术力量进行环保处理。

三、案例分析

（一）大面积化工火灾适合划区分段扑救

此次火灾过火面积共计 2800m^2，且火点众多、位置分散，所以根据火场实际情况，采取划区分段的战法，各战斗段既独立，又互相统一。各片区力量部署分工明确，战斗任务清晰，作战行动的组织和实施也随之更加有序和高效，取得了较好的战果。

（二）集中兵力是永恒不变的用兵之术

本次火灾一次性将市区内所有公安消防队和战勤保障大队集结于火场，同时调集合肥、淮南、滁州、宿州 4 个支队的增援力量，并要求增援支队优先调派大功率水罐、泡沫车辆，体现了"集中兵力于火场"的作战理念，为形成对火场的力量优势赢得了主动，争取了灭火战斗的主动权。

（三）指挥部的判断决策是关键

火灾现场呈现出装置大范围起火、储罐和氢气柜受火势威胁、氯气可能发生泄漏等危险局面，指挥部根据火场情况，始终把消除四大危机作为作战行动的关键环节，集中兵力于火场的4个重点区域，实施强力控制，始终坚持持续、强力的冷却，控制了灾情的进一步发展，达到了防止爆炸和消耗物料两个目的，这一决策得到了部队很好的贯彻，各参战力量投入战斗后，很快取得了对火场的控制，使危机得以成功化解。再次证明了火场态势的准确研判和火场主要方面的强力掌控对火灾扑救至关重要。

（四）缺水地区火场供水是关键

化工火灾现场需水量大，快速组织好稳定的供水线路是关键。此次火灾扑救中，由于厂区消防泵房受损，仅靠内部消防管线供水难以满足火场需要，虽然采取了运水供水的方式，但方法单一，没有形成长距离相对稳定的供水线路，在一定程度上影响了供水效率。

一条稳定的供水线路首先是指挥部要有总体的规划，有什么可以利用的水源，距离火场多远，是采用大功率远程供水系统，还是采用消防车单双干线供水。一般每车单干线供水的距离为160m（按10盘D80水带计），供水强度为15～16L/s，双干线供水距离为80m（按10盘D80水带计），供水强度为30～32 L/s。建立供水干线的中队要能领会指挥部的意图，做好供水的衔接。

（五）安全意识要永不懈怠

虽然是敞开空间行动，但仍需要加强安全意识。部分官兵在进入前沿阵地时，对现场环境观察不细，对现场态势和潜在危险预见不够，个人防护装备佩戴不齐全。官兵在安全防护训练和实战应用方面仍然存在差距。

思考题

1. 对立体燃烧的装置及地面流淌火的蔓延，指挥部注意采取了哪些控制措施？
2. 对于苯氯物料火灾，除可以用泡沫扑救外，还可以用哪些方法扑救？

案例4　上海华谊丙烯酸有限公司"6·23"丙烯酸装置泄漏爆燃火灾扑救案例

2013年6月23日11时许，浦东新区浦东北路2031号上海华谊丙烯酸有限公司的丙烯酸二车间发生物料泄漏并引起装置爆燃。市应急联动中心接警后，迅速调派高桥、庆宁、龙阳等33个消防中队、91辆消防车、800余名官兵赶赴现场处置，火势于12时47分得到控制，于13时50分熄灭，事故未造成人员伤亡和次生灾害。

一、基本情况

（一）单位情况

上海华谊丙烯酸有限公司是全国最大的丙烯酸及酯系列产品专业生产商之一，年生产能力约 50 万吨，主要拥有丙烯氧化提纯、轻酯生产、重酯生产等装置。

（二）燃烧区域情况

发生爆燃的是丙烯酸二车间的氧化单元（U3100），占地面积约 4200m² （长 137m，宽 31m，最高处 16.5m），年产丙烯酸 4 万吨，主要以丙烯为原料，通过两步氧化法生产丙烯酸。装置南侧为空地，东侧为成品罐区，北侧为软化水装置，西侧为循环水、生化水处理装置。起火部位为该单元的第二氧化反应器（R3102）下方的 2 个阻聚剂罐，分别存放约 3t 丙烯酸、4t 辛醇。见图 5.4.1。

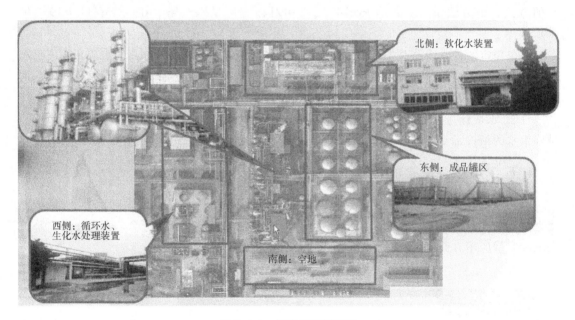

图 5.4.1　燃烧区域情况图

（三）燃烧物质理化性质

燃烧物质为丙烯酸和辛醇。丙烯酸为无色液体，有刺激性气味，低毒。闪点为 68.3℃，其蒸气比空气重，其蒸气爆炸浓度极限为 2.4%～8.0%，可与水混溶，可混溶于乙醇、乙醚。易燃烧，受热分解放出有毒气体，与空气混合可形成爆炸性混合物，遇高热或明火能引起燃烧爆炸。有腐蚀性和刺激性，与氧化剂能发生强烈反应。辛醇为无色有特殊臭味的可燃液体，低毒，闪点为 81℃，遇明火、高温、强氧化剂有燃烧和爆炸的危险，可溶于约 720 倍的水，与多数有机溶剂互溶。若遇高热，容器内压增大，有开裂和爆炸的危险。蒸气比空气重，易在低处聚集。蒸气能扩散到远处，遇到点火源着火，并引起回燃。

（四）装置生产工艺流程

丙烯酸生产由丙烯酸氧化和丙烯酸分离精制两部分组成的。见图 5.4.2。

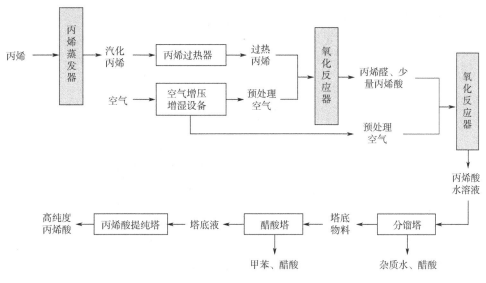

图 5.4.2 装置生产工艺流程

1. 丙烯氧化

丙烯和增湿空气，以一定配比在混合器内充分混合后，送入第一氧化反应器，丙烯在装有催化剂的列管式固定床反应器内进行气相氧化反应，得到丙烯醛（ACR）及部分丙烯酸（AA）的混合气体。该反应在320℃左右温度下进行，反应放出的热量靠循环熔盐（HTS）带出。从第一氧化反应器出来的混合气，经特殊的温度调节后，进入第二氧化反应器。同样在反应内进行第二段氧化反应，混合气中丙烯醛进一步氧化成丙烯酸。

2. 丙烯酸提纯

反应气体经冷却后，气体由塔下部进入，丙烯酸被塔喷淋下来的水吸收，生成丙烯酸水溶液，由泵送到分馏塔，以进一步提纯丙烯酸，其浓度大于99.8％，从塔顶回流，一部分作为酯化原料，一部分经进一步提纯加工成合醛量很低的冰晶型丙烯酸。

（五）消防水源情况

单位内部有消防泵5台（最大供水能力达800L/s）、4000m³消防水池1个以及高压消火栓87个（管径350mm）、常压消火栓35个（管径200mm）。事故装置设有紧急氮气系统，周边有5门固定水炮。单位300m、500m范围内各有市政消火栓8个、12个，管径均为300mm，厂区1号门东侧有1条河浜可停靠消防车。见图5.4.3。

（六）天气情况

当日天气为阴转大雨，气温24～32℃，西南风3～4级。

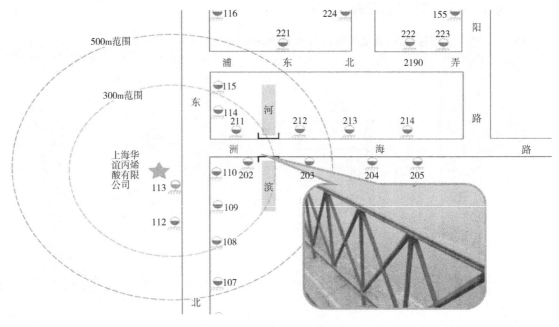

图 5.4.3　消防水源情况示意图

二、扑救经过

（一）初战冷却控制

11 时 09 分，高桥、保税区、庆宁等第一批力量陆续到达现场。此时，大量烟雾从装置顶部逸出，笼罩了装置及周边区域。辖区中队指挥员通过厂方技术人员初步了解掌握事故泄漏部位、物料等情况，并确认厂方已采取关阀断料、装置停车、氮气吹扫等措施后，一方面协同厂方实施人员疏散和现场警戒，防止造成重大人员伤亡；另一方面，会同先期到场的企业专职消防队，组织车辆在上风、侧上风有利位置就近停靠水源车准备出水。在实施战斗展开的同时，U3100 装置突然发出刺耳啸叫，高桥 1 号指挥员随即命令现场人员暂时撤离。

11 时 16 分许，U3100 装置发生爆燃，装置顶端结构遭到严重破坏，噪声急剧增大，被炸开的角钢、钢管等闪着火光往四处坠落，泄漏物喷溅而出形成大面积地面火，整个装置顿时呈现从上至下的立体燃烧态势，严重威胁毗邻装置、管线和前期到场处置力量的安全。爆燃发生后，现场指挥员与厂方技术人员会商，果断采取"固移结合、冷却抑爆"的处置措施，启动装置周边固定消防水炮，加大冷却强度；运用技术手段打开事故装置旁通管道对部分未燃烧物料实施输转，减少燃烧物料总量；组织 6 个攻坚组由东、西、北三个方向深入装置内部，高桥中队在着火部位东面下风方向出 1 门车载炮、2 门移动炮，西侧出 1 门移动炮堵截火势，保税区、庆宁中队在装置东侧出 3 门移动炮，重点实施设防堵截，防止火势向下风方向和毗邻装置蔓延，企业专职消防队在装置西侧、北侧出 2 门车载炮堵截火势向毗邻装置蔓延。见图 5.4.4 和图 5.4.5。

在灭火战斗展开过程中，现场官兵充分考虑二次爆炸的可能性，保持低姿势并依靠掩体在现场行动。同时，在水炮阵地设置好之后，减少前方人员，并加强个人防护。在首批力量

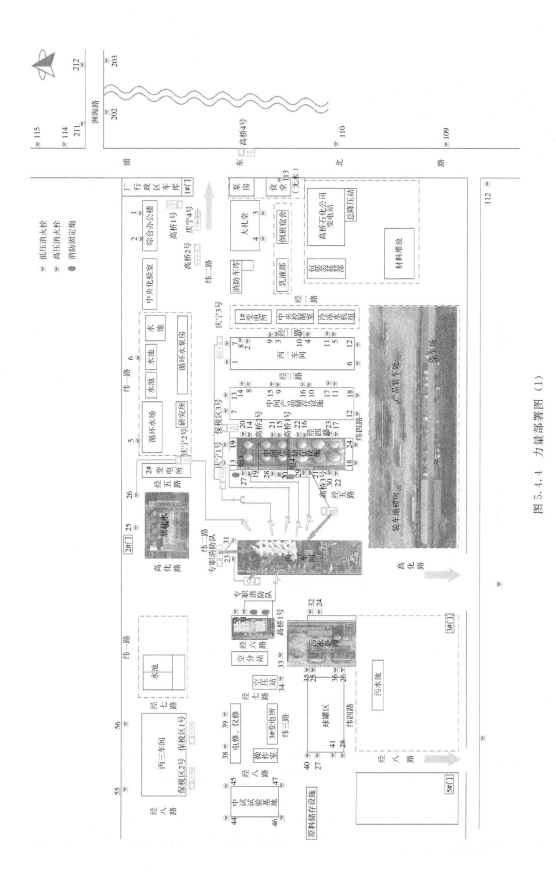

图 5.4.4 力量部署图 (1)

图 5.4.5　现场作战图

合力堵截下,有效阻止了火势蔓延,避免了着火装置的再次爆炸,为后续处置打下坚实基础。

(二)控制稳定燃烧

11 时 30 分,总队和浦东支队全勤指挥部以及铜山、外高桥、曹路、翔殷、国和、金桥、龙阳等增援力量相继到场,迅速成立火场指挥部。见图 5.4.6。

此时,装置内 2 个主要泄漏罐的火势猛烈,并伴有局部爆燃,部分区域地面火势仍未完全扑灭,高分贝噪音充斥现场,严重影响通信指挥。根据现场态势,指挥部立即采取相应措施:一是在东北、东南、西侧设置安全观察哨,不间断观察现场火焰、噪音、烟雾等变化情况,观察装置整体结构变化情况,全程监测现场气体浓度,全面收集现场火情信息,不间断向现场指挥部报告;二是实施分段指挥,将现场划分为前、后两个作战段,后方安排专人负责车辆集结和供水组织,前方按照方位划分为东南、西北两个作战片区,由现场支队及全勤指挥部包干指挥,逐级部署任务;三是加大冷却强度,在扑灭地面火点后,外高桥、翔殷、金桥中队在着火装置东侧出 4 门移动炮、5 支水枪冷却保护着火装置及周边管线,塘东中队在着火装置西南侧上方 2 层平台架设 1 门移动炮冷却保护着火装置,铜山、曹路、金桥中队在着火装置西侧出 6 支水枪、2 门移动炮、云梯炮,曹路中队在着火装置西侧出 3 支水枪,金桥

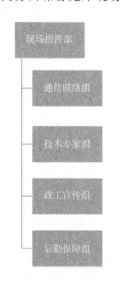

图 5.4.6　现场指挥部结构示意图

现场指挥部

通信联络组

技术专家组

政工宣传组

后勤保障组

中队在装置西北侧出1门移动炮冷却燃烧装置和邻近罐体；四是协调环保部门监测大气和周边河流污染情况，社会联动保障单位提供医疗、饮水以及装备物资保障，做好打持久仗的准备。见图5.4.7。

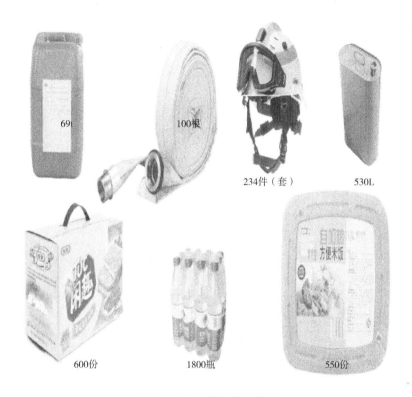

69t

100根

234件（套）

530L

600份

1800瓶

550份

图5.4.7　物资保障示意图

12时47分，现场火势得到有效控制。见图5.4.8。

（三）适时围歼火势

13时12分，火势受控并处于稳定燃烧状态后，现场进入相持阶段，现场指挥部及时调整兵力部署和作战阵地，抽调精干力量组成10个攻坚组，决定采取强攻近战、分批作战、梯次推进实施立体式围歼火势，展开全面总攻。指挥部命令高桥中队从着火装置东侧伸长1门移动炮、1支水枪至装置底部打击反应器内火势，登高至着火装置3层平台出1支水枪从上方打击反应器内火势；保税中队伸长1门移动炮、2支水枪至着火装置底部直接打击火势；铜山中队从着火装置西侧出1门移动炮、利用云梯车打击装置顶部火势；翔殷中队从南侧登高至装置2层出1支水枪，内江中队从东南侧出1门车载炮打击装置顶部火势；庆宁中队从东侧登高至着火装置2层平台出1门移动炮，从北侧登高至3层平台出2支水枪打击火势；杨浦中队在东侧出1门移动炮，吴淞中队出2门移动炮、4支水枪。塘东、国定、吴淞、金桥等参战力量协同打击火势，对着火装置成围歼态势。同时组织后续到场的5辆大功率消防车停靠浦东北路沿线河浜，做好应急供水准备。在工艺处置和持续冷却等措施作用下，现场燃烧强度逐渐减弱、啸叫噪音逐渐降低。在32支水枪、4门车载炮和21门移动炮全力打击下，于13时50分，现场火势被扑灭。见图5.4.9。

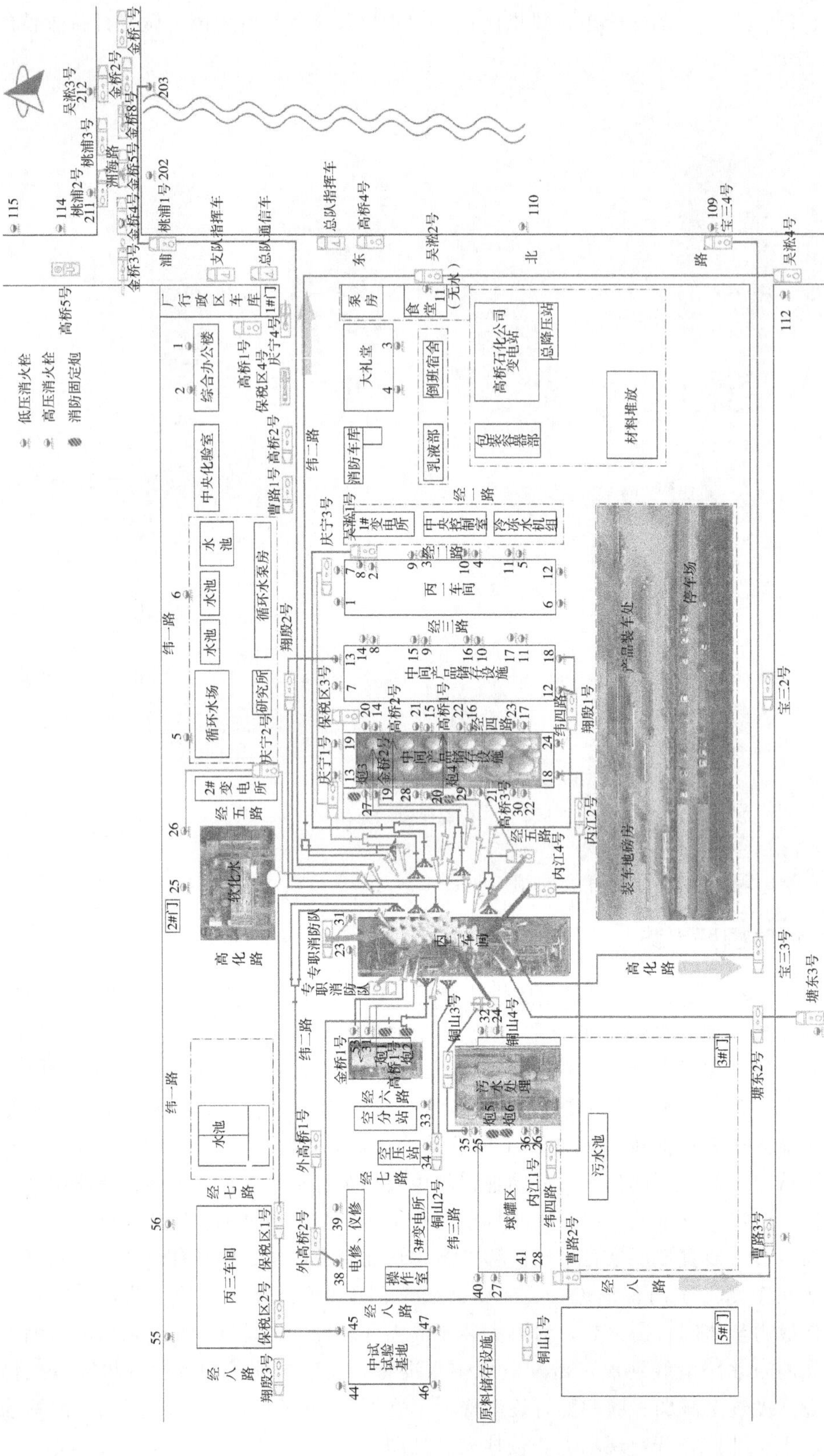

图 5.4.8 力量部署图 (2)

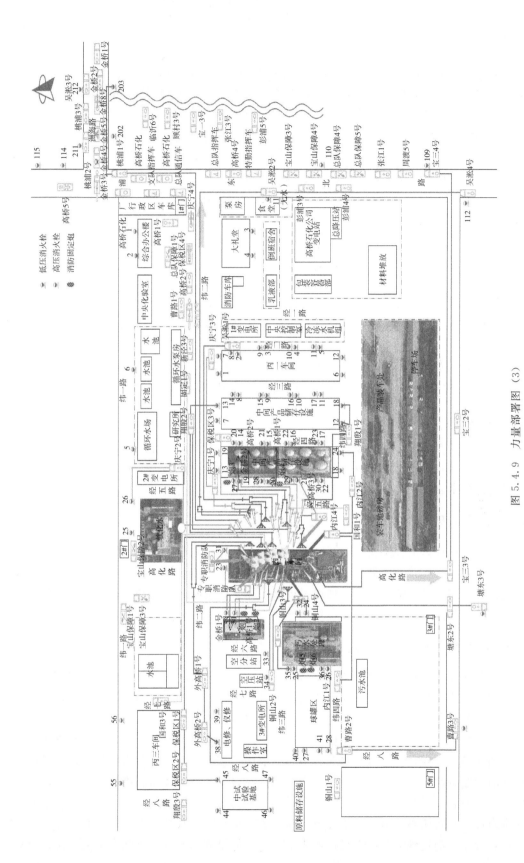

图 5.4.9 力量部署图 (3)

（四）注水冷却

火势熄灭后，指挥部指令浦东支队调整力量，负责灾害现场的冷却、收残、检测，高桥、庆宁、保税区、外高桥在事故装置东侧部署 9 支水枪对着火爆炸装置进行不间断冷却，铜山、曹路、塘东在西侧部署 4 支水枪和 1 门移动炮对邻近的着火装置进行冷却并驱散有毒气体。同时，组织特勤力量对装置区域以及周边开展测毒、测爆工作，防止有毒易燃气体积聚。另外，会同厂方组织技术人员对装置损坏情况以及现场险情进行评估，分批撤离参战力量，逐步恢复外部道路交通。

17 时 30 分，经排查确认险情排除后，消防力量撤离归队。见图 5.4.10。

三、案例分析

（一）工艺处置是控制灾情的关键

初战力量到场后，首先协同单位技术人员，对事故装置采取关阀断料和紧急停车措施，并施放氮气保护，基本消除了大规模爆炸发生的可能性，为控制、消除灾情创造了良好的前提条件。

对于化工装置火灾，只要及时采取正确的关阀断料措施，截断物料来源，仅靠装置内的物料是不可能支撑长时间燃烧的，只要冷却充分，火势很快就会减弱。

（二）抓住战机

在装置发生爆燃后，首批到场力量抓住能量释放后形成稳定燃烧的战机，果断组织分割包围，及时扑灭散布的地面流淌火，控制燃烧范围。充分发挥固定炮和移动冷却装备的作用，对燃烧部位实施合围，并对重点部位强化冷却，避免了灾情扩大。

（三）完善现场指挥体系

现场良好的指挥体系，是组织指挥高效、处置行动井然有序的保障。第一到场力量科学选择安全位置停靠车辆并开展侦察询情，避免了爆燃伤害。现场成立指挥部后，分段、分片安排作战任务，落实专人负责指挥，形成了前后一体、职责明晰的现场指挥体系，确保了作战行动有序、高效。

（四）安全防护意识需加强

因深入内攻和侧下风方向堵截的人员防护不到位，多名指战员在归队后出现不同程度的头晕及眼部刺激或皮肤灼痛感等症状，暴露出部分官兵安全防护意识不强，指挥员对化工灾害潜在毒害风险认识不深刻等问题。并且紧急情况应急措施不足，消防人员靠近或进入爆炸危险区域时，要保持低姿态，尽可能依托堤坝、土坡、承重墙、墙角、柱及大型物件等地形和地物遮挡保护，并预先确定撤离路线。当装置泄漏发生爆炸时，少数指战员在撤离过程中缺乏科学的"紧急避险"意识和能力，撤离时未选择合理的撤离线路和掩体，对战斗员自身安全构成一定威胁。同时，此次案例爆炸并撤离后现场出现了高分贝噪音，如果以后遇到高分贝噪音条件下需要撤离的情况，则需要运用手语、手动闪呼救器、方位灯等联络方式替换语音通信，由于目前这种情况不多见，尚未引起官兵们足够的重视，可能在火场上出现意识

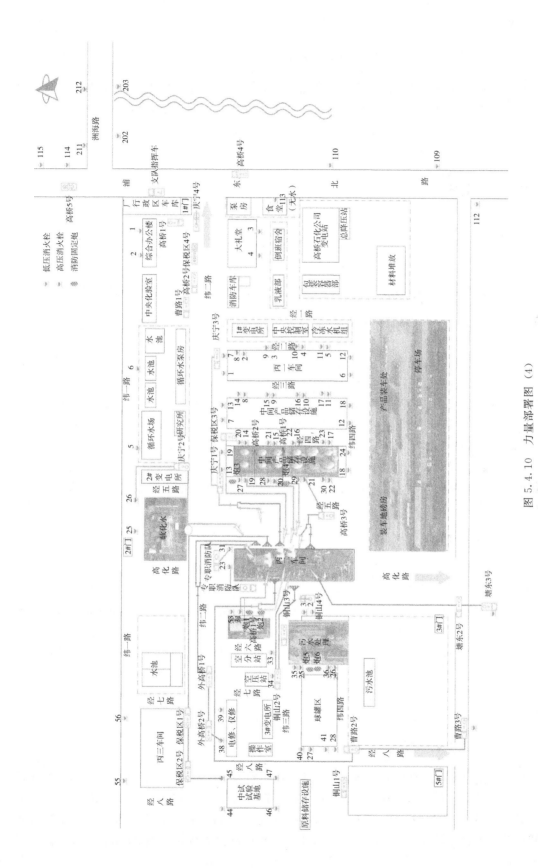

图 5.4.10 力量部署图 (4)

不到、警惕性不强、反应不敏捷等问题。

（五）有扎实的基础技能才能有强的战斗力

事故处置中暴露了部分指战员作战基础技能不过硬的问题，表现在少数指挥员指挥、协调、部署和督战能力不强，部分战斗员冷却射水动作呆板，在分水阵地建立和射水装备选用上脱离处置实际需要，一定程度上影响了战斗效能。

？ 思考题

1. 丙烯酸的哪些物理特性能影响普通泡沫灭火的效果？
2. 对于随时有爆炸危险的装置火灾，扑救中应该采用哪些安全措施？

案例5 南京"6·12" 德纳化工有限公司乙二醇丁醚生产装置爆炸火灾扑救案例

6月12日21时15分许，南京化工园区白龙路1-A22-1号德纳（南京）化工有限公司乙二醇丁醚生产装置发生爆炸并引燃周边。调集南京消防支队特勤一、特勤二、大厂、方巷、石门坎、铁心桥、迈皋桥及战勤保障8个中队，共35辆消防车、160名官兵和扬子石化企业专职消防队15辆消防车、90名消防员，南化企业消防队2辆消防车、12名消防员，扬州仪征化纤企业消防队5辆消防车、12名消防员及总队基地和南京支队远程供水泵组赶赴现场。整个处置过程始终贯彻"侦检先行、规范处置、防护到位、确保安全"的安全理念，坚决执行现场指挥部"固移结合、控制燃烧、冷却抑爆、工艺处置"的战术措施，历经9h灭火战斗，扑灭火灾。

一、基本情况

（一）南京化工园区概况

南京化工园区成立于2001年10月，是江苏唯一经国家批准的以发展现代化工为主的特色专业园区。位于南京市北部，长江北岸，距南京市中心30km，面积135km²，常住人口约30万人。截至目前，完成全社会固定资产投资1148亿元，现拥有包括扬子石化（中国石化骨干分公司）、沙索化工（世界上最大的合成燃料和石化产品生产商之一）、塞拉尼斯化工（世界化工50强企业）等在内的各类企业468家，其中外商投资企业184家，包括20多家世界500强与化工50强企业。

（二）厂区基本情况

德纳（南京）化工有限公司地处南京化工园区核心区，位于白龙路1-A22-1号，为香港独资企业。目前拥有丙二醇甲醚（PM）、丙二醇甲醚乙酸酯（PMA）、乙二醇丁醚（EB）及丁醚乙酸酯（BAC）四套生产装置，拥有环氧乙烷、环氧丙烷、丁醇及乙二醇丁醚等各种储罐总容量近2.5万立方米，气相色谱仪、液相色谱仪等分析仪器20多台。其中，丙二醇甲醚和丙二醇甲醚乙酸酯生产能力各达到 5 万吨/a，目前为亚洲最大；乙二醇丁醚及丁醚乙酸酯装置生产能力达到 10 万吨/a。见图 5.5.1。

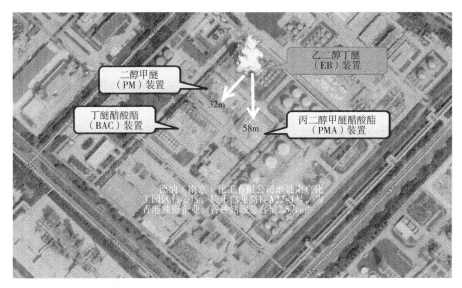

图 5.5.1　厂区基本情况图

（三）事故装置基本情况

乙二醇丁醚生产装置共 3 层，高度 30m，每层面积 1250m²。由恒温反应器、绝热反应器、醇塔、二醚塔和多醚塔等组成，作用是将原料苯、环氧乙烷、丁醇及醇钠催化剂经管道输送至装置区北侧进料缓冲罐（V1002、V1005、V1003）进行计量，按照固定配比混合进入生产装置工艺流程，通过进料中间罐沉降 A 槽（V1011A）、B 槽（V1011B），最后形成产品中间体乙二醇丁醚及乙二醇丁醚乙酸酯粗品，储存在罐 V1011C 和 V1015，粗品经减压精馏形成成品输送至东侧乙二醇丁醚及乙二醇丁醚乙酸酯成品储罐储存、灌装。产品广泛用于漆类、油类和树脂的金属洗涤剂。储罐区修有防火堤，堤长 48m、高 0.4m、宽 9m。见图 5.5.2、表 5.5.1、图 5.5.3、图 5.5.4。

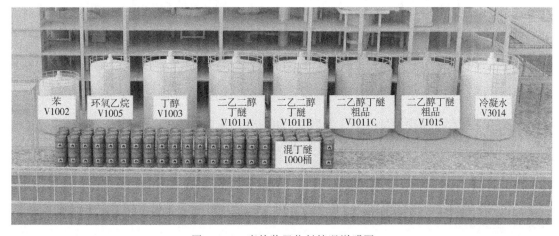

图 5.5.2　事故装置物料情况说明图

表 5.5.1 中间罐情况明细表

罐号	储罐类型	容积/m³	储存物料	液位/%	储量/m³
V1002	固定顶	40	苯	62.48	24.99
V1005	固定顶	40	环氧乙烷	36.65	14.66
V1003	固定顶	87	丁醇	58.86	51.21
V1011A	固定顶	80	二乙二醇丁醚	3.43	2.747
V1011B	固定顶	80	二乙二醇丁醚	4.32	3.46
V1011C	固定顶	80	乙二醇丁醚粗品	39.95	31.97
V1015	固定顶	80	乙二醇丁醚粗品	12.72	10.17
V3014	固定顶	80	冷凝水		

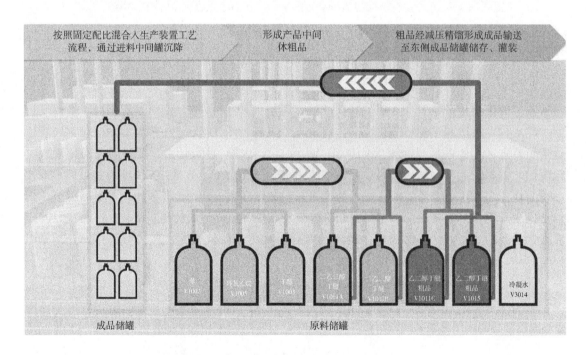

图 5.5.3 事故装置工艺示意图

装置内部储存液体均为易燃烧、高热值、有毒性、风险大的液体，北侧违规堆有桶装混丁醚 1000 桶（200L/桶）；东侧 10m 处有乙酸储罐 1 个、乙二醇丁醚储罐 3 个、乙二醇丁醚乙酸酯储罐 2 个、轻组分储罐 1 个及事故罐 3 个；约 20m 处为乙二醇丁醚、乙二醇丁醚乙酸酯成品储罐区（1500m³ 成品罐 8 个）；东南侧约 60m 处为 1500m³ 环氧丙烷储罐 2 个、200m³ 环氧乙烷储罐 2 个。当外界温度达到 510℃，即可引起环氧乙烷储罐发生爆炸。见图 5.5.5、表 5.5.2。

图 5.5.4　事故装置示意图

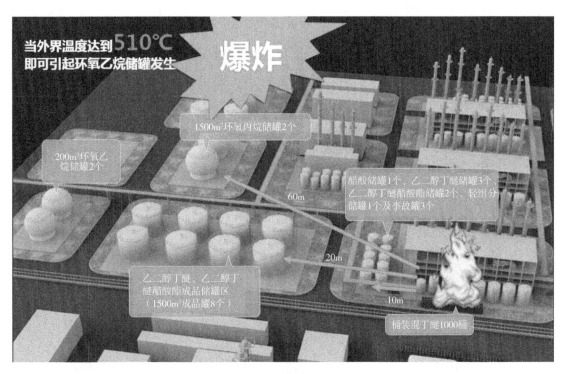

图 5.5.5　装置区周围情况示意图

（四）毗邻情况

着火装置区南侧 32m 处为丙二醇甲醚生产装置、东南侧 58m 处为丙二醇甲醚乙酸酯生产装置。厂区北侧一栏之隔为可利亚多元醇（南京）有限公司，设有两层高聚醚多元醇生产装置区、聚醚多元醇槽车装卸点，有聚醚多元醇 $100m^3$ 储罐 7 个、$50m^3$ 储罐 5 个；北侧放置乙丙醇 30m³ 卧罐 1 个，共放置桶装聚醚多元醇 450 桶（200L/桶）；西侧 10m 处为德司达燃料公司；西北侧 0.5km 处为南京红宝丽醇胺化学公司；南侧 1km 处为扬子石油化工公司芳烃厂；东北侧 1.5km 处为南京红太阳生物化学公司。见图 5.5.6。

表 5.5.2　装置区重要化学物质明细表

序号	名　称	理化性质						备注
		沸点/℃	燃点/℃	闪点/℃	爆炸极限/%	燃烧热值/（kJ/mol）	半数致死量（LD₅₀）/mg/kg	
1	环氧乙烷	10.7	429	−18	3～100	1306.1	330	易溶于水
2	丁醇	117.5	340	35	1.1～11.2	2673.2	4360	微溶于水
3	苯	80.1	562.22	−10.11	1.2～8.0	3264.4	3306	难溶于水
4	乙二醇丁醚	171	227	61	1.1～10.6		2500	易溶于水
5	丁醚	142.2	194.4	25	1.5～7.6		7400	几乎不溶于水
6	乙二醇丁醚乙酸酯	192	412.8	169			2400	难溶于水
7	乙二醇	197.3	418	111.1		1180.26	8540	与水互溶
8	焦油	380	320	80～90		8300		微溶于水
9	环氧丙烷	34		−37	2.8～37	1887.6	380	溶于水
10	异丙醇	82.45	460	12	2～12	1984.7	5840	溶于水
11	聚醚多元醇	＞200		＞110			2000	溶于水

图 5.5.6　事故单位毗邻情况示意图

（五）爆炸起火原因

调查初步分析事故原因为乙二醇丁醚装置环氧乙烷中间罐在生产过程中发生异常，压力突然升高，发生爆炸，然后起火，引燃周边的中间罐。见图 5.5.7、图 5.5.8。

图 5.5.7　第一次爆炸瞬间现场监控图

图 5.5.8　第一次爆炸情况示意图

（六）消防水源情况

1. 事故厂区消防设施概况

德纳化工有限公司内共有消火栓 20 个、固定炮 9 门，消防管径为 250mm，压力为 0.7MPa。厂区西北侧有一消防泵房，有 3 组消防泵组，消防水罐 2 个，储水量均为 1160t。见图 5.5.9。

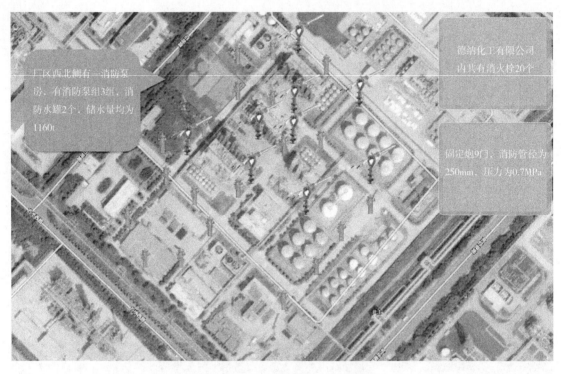

图 5.5.9　事故厂区消防水源示意图

2. 临近单位水源

北侧可利亚多元醇公司有消防水池 1 个，储水量为 1000t；西侧德司达燃料公司有消防水池 1 个，储水量 600t；西北侧红宝丽醇胺化学公司有消防水池 1 个，储水量 2250t；南侧距厂区 1km 处的扬子石油化工公司芳烃厂有消防水池 1 个，储水量为 3000t；东北侧距厂区 1.5km 处的红太阳生物化学公司有消防水池 1 个，储水量为 3200t。见图 5.5.10。

3. 方水路市政水源

西侧方水路市政消火栓管网为 300mm，流量约为 65L/s。

4. 天然水源

距离最近的长江可取水码头 6.5km，距离马岔河 4.1km。

（七）天气情况

6 月 12 日天气多云，风向西南风，风力 2 级，温度 22～33℃；
6 月 13 日天气多云，风向西南风，风力 2 级，温度 24～32℃。

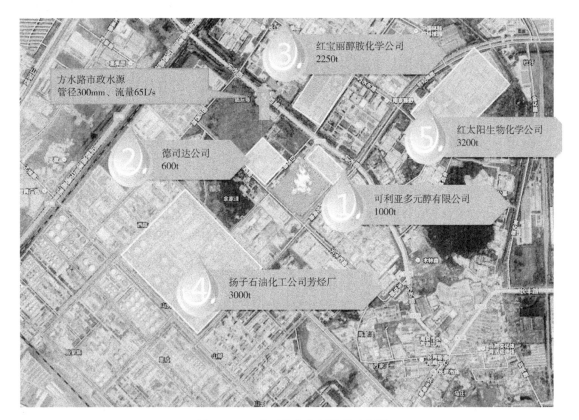

图 5.5.10　临近单位水源情况示意图

（八）灾害特点

1. 易发生连锁反应

事故装置为乙二醇丁醚生产装置，2 层和 3 层设有醇塔、二醚塔和多醚塔等反应中间体储存和生产装置，8 个储罐分别装有苯、环氧乙烷、丁醇、乙二醇、乙二醇丁醚等，其中环氧乙烷等物料受热极易扩散并发生爆炸燃烧。东侧 10m 处有醇醚储罐近 10 个，北侧可利亚多元醇厂区有聚醚多元醇、乙丙醇储罐共 13 个，桶装聚醚多元醇成品 950 桶。装置、罐区、油桶受到着火罐爆炸燃烧产生的高热辐射直接炙烤，如发生连锁反应，直接威胁救援人员安全，后果难以预料。加之东南侧的环氧丙烷和环氧乙烷储罐若保护不当，极易发生连锁反应。西侧德司达燃料公司、西北侧红宝丽醇胺化学公司也在爆炸装置周边。

2. 不确定危险因素多

救援力量到场后，先后发生多次爆炸、爆燃，不确定危险因素多，给参战人员带来巨大的心理冲击。紧邻着火罐北侧堆积了 500 只混丁醚油桶，在灭火过程中接连发生了爆炸，导致灭火救援现场险象环生。同时，现场易燃液体形成大面积流淌火，高温导致苯、环氧乙烷、丁醇等蒸气不断与空气接触发生爆炸，爆燃产生的固体飞散物引燃周边堆桶和北侧 500m² 草坪。

3. 失控后果难以评估

德纳化工有限公司位处南京江北化工园区核心区域。南京江北化工园区共有包括扬子石化液体码头、金浦锦湖化工在内的 113 家重点石化企业和 226 个生产装置，上百家企业分布密集，且乙二醇丁醚生产装置并非单一储罐，装置内高塔密布、工艺繁冗、组分繁杂，物料管线、阀门相连，有一个环节处置不当，整个化工园区就可能受到波及，损失难以评估。

二、扑救经过

（一）力量调集

支队作战指挥中心接警后，迅速启动《全市石油化工火灾应急处置预案》及《南京消防支队联战联勤方案》，一次性调集 8 个现役中队 35 车 160 名官兵、企业专职消防队 17 车 102 人和江北战区指挥长、指挥助理赶赴现场，并利用短信平台将灾情信息推送至支队指挥员及全勤指挥部。支队指挥员率全勤指挥部遂行出动。同时，支队立即将警情同步推送至总队作战指挥中心，总队迅速启动《跨区域灭火救援预案》，增调扬州仪征化纤企业消防队 5 车 30 人及总队远程供水泵组赶赴现场增援。

总队接到报告后，总队长、政委、副总队长、参谋长带领总队全勤指挥部赶赴现场，总队长在途中命令：力量到场后不得盲目进入厂区，要在安全区域组织移动炮、车载炮等移动设备，确保官兵自身安全。

（二）初期处置

21 时 15 分，现场装置发生第一次爆炸，厂区迅速组织员工撤离，立即利用 DCS 系统全厂停产，对厂区装置实施紧急关阀断料，并启动自动消防设施，组织员工进行自救。见图 5.5.11。

图 5.5.11　第一次爆炸现场自救图

距离爆炸现场 1.2km 的方巷中队官兵听到了爆炸声，凭着职业的敏感和在化工区长期值班备勤的经验，在未接到报警的情况下，中队干部迅速组织着装登车，第一时间赶赴现场。

21 时 22 分，方巷中队到达现场，发现乙二醇丁醚生产装置的 8 个储罐已有 3 个储罐发生燃烧，现场火势猛烈，火焰高度一度达到数十米，火焰引燃了堆放在装置前的混丁醚原料桶，现场一片火海。中队指挥员迅速进行战斗部署，一方面组织人员及车辆消灭地面多处火点，另一方面利用厂区内固定消防炮对装置进行冷却，并利用车载炮和移动炮冷却周边储罐。见图 5.5.12。

图 5.5.12　首批力量现场作战图

21 时 35 分，中队指挥员发现火焰变亮、罐体发生抖动，立即下达撤退命令，现场官兵迅速组织撤离。30s 后，罐体发生第二次爆炸，装置 1 层的 5 个罐 V1002、V1005、V1003、V1011A、V1011B 同时爆炸，引起猛烈燃烧。相隔 5m 的配电间被炸坏，厂区所有照明及生产控制系统失灵，正在组织自救的可利亚多元醇厂区 3 名员工被飞火灼伤。见图 5.5.13。

爆炸 1min 后，辖区中队迅速返回战斗阵地。

21 时 38 分，扬子石化企业消防队到场，迅速占据着火区域东侧，利用 1 门固定炮、1 门车载炮及 1 门移动炮对着火装置东侧受火势威胁、变形严重的乙二醇丁醚及乙二醇丁醚乙酸酯罐体进行冷却，有效降低了热辐射的威胁，控制了火势向东侧蔓延。见图 5.5.14。

（三）中期控制

省、市政府接到报告，第一时间启动《南京市重大灾害事故应急预案》，分管副市长、公安局局长等赶赴现场，协调、指挥事故处置。

图 5.5.13　第二次爆炸现场图

省、市公安机关启动联动方案，公安、交警迅速到场，组织警戒，疏散外围群众并实施交通管制，严禁无关车辆及人员进入警戒区域，为现场救援提供了有力保障。环保、安监等部门第一时间联系化工园区管委会，对污水进行分类收集，分析取样合格后进行排放，并对厂区周边空气质量密切监测。

22 时许，各级领导相继到达火灾现场，迅速成立由副厅长任总指挥，总队长、政委任副总指挥，副总队长、参谋长、副参谋长、支队长、政委等领导为成员的火场总指挥部。下设前沿作战组、通信保障组、专家组、侦检组、供水组、战勤保障组，公安、环保、交通、安监、化工园区管委会等联动单位及时响应，分工分责。见图 5.5.15。

指挥部坚持"侦检先行、规范处置、防护到位、确保安全"的安全作战理念，选派南京支队训练基地政委担任安全员，在现场安全专家及厂方技术人员的指导下利用可燃、有毒气体检测仪和测温仪对现场情况进行检测。南京支队副支队长、战训处长与厂方技术人员组成专家组，对着火及临近装置进行安全评估，分析可能发生的危险，并随时向指挥部报告情

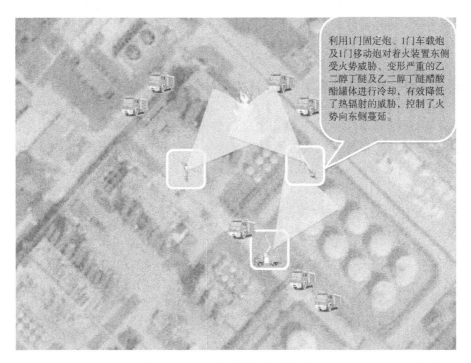

图 5.5.14　现场力量部署示意图（1）

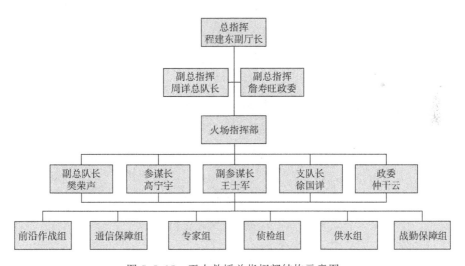

图 5.5.15　灭火救援总指挥部结构示意图

况。环保部门对装置及装置周边的可燃气体及有毒气体进行实时监测，分析爆炸极限，每20min 向火场总指挥部汇报监测情况。

结合现场灾情发展和前沿侦检组、作战组情况报告，由专家组反复研判评估，火场总指挥部确定了"固移结合、控制燃烧、冷却抑爆、工艺处置、全程侦检"的总体战术措施，命令支队长负责前沿作战指挥。

22 时 30 分，经过检测，燃烧装置管道温度为 96℃，仍处于高温状态。指挥部迅速做出战斗部署：一是将着火装置及周边划分为四个作战片区，由支队指挥员带领 4 名指挥长分工把守；二是加强冷却，控制起火装置、储罐稳定燃烧；三是重点保护毗邻装置，防止火势威胁地面堆桶和临近罐区、装置；四是持续保持侦检，每20min向火场指挥部汇报一次监测情况；五是利用警笛、气喇叭、电台通知等方式，规定撤退信号。

着火装置北侧，由1名副支队长、1名指挥长带领特勤一、大厂、石门坎中队架设1门车载炮、5门移动炮压制着火罐体及混丁醚成品桶火势；西侧由参谋长、1名指挥长带领特勤二和方巷中队利用1辆高喷车、2门移动炮对着火罐相邻罐体进行冷却稀释；东侧阵地是堵截最关键的部位，总队长命令总队参谋长到东侧阵地抵近指挥，由1名副支队长、1名指挥长带领迈皋桥中队及扬子石化企业消防队利用1门固定炮、2门移动炮、1门车载炮对东侧受火势威胁的乙二醇丁醚乙酸酯成品及毗邻的环氧乙烷罐区进行不间断冷却，阻止火势蔓延；南侧由1名指挥长带领铁心桥中队利用1门固定炮及1门移动炮对南侧生产装置及周边罐体进行冷却。现场形成了由4支水枪、15门水炮组成的阵地。见图5.5.16。

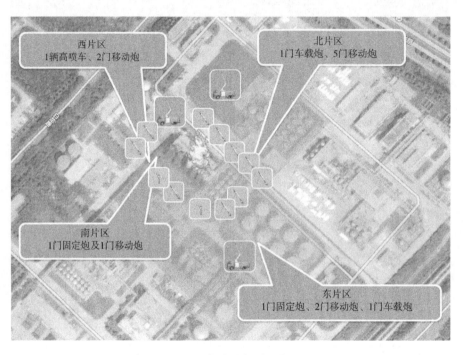

图5.5.16　现场力量部署示意图（2）

支队指挥员和总队应急救援中心指挥员负责后方供水保障，并安排特勤二中队及总队应急救援中心两套大功率供水泵组，利用临近的南京红太阳生物化学公司及扬子石油化工公司芳烃厂蓄水池进行远距离供水，保证火场供水不间断，高峰时火场供水量达到905L/s。现场形成了由总支队指挥员、指挥长、中队指挥员组成的三位一体的前方作战体系。

22时55分，V1002、V1003、V1005号罐明火被扑灭，但V1011A、V1011B号罐仍呈猛烈燃烧状态。

23时许，侦检组再次检测，管道温度降至75.4℃。

支队油料车、泡沫供给车、移动充气车、饮食保障车及时到场，先后9次向一线作战车辆补给油料，更换备用气瓶130余个，调集抗溶性泡沫150余吨。整个处置过程中，现场供水、供油、供泡沫、供气9h不间断。

（四）安全消灭火势

13日1时20分，火势被控制在着火装置中部位置。经过侦检组反复侦察，着火装置V1011A、V1011B号罐处于稳定燃烧状态，但由于爆炸燃烧致使装置断电，部分阀门未完全关闭，罐内残留物料仍不断泄漏。

指挥部通过反复论证，分析研判燃烧装置、剩余物料和装置区周边情况，迅速调整战斗部署：一是备足泡沫液，做好总攻准备；二是持续冷却控制稳定燃烧，在厂方技术人员的配合下，寻找有利时机对着火罐实施关阀断料；三是所有人员做好安全防护，防止灭火后有毒气体挥发伤人；四是总攻条件具备后发起总攻，力争在1h内全力消灭火势。见图5.5.17。

图5.5.17　持续冷却控制稳定燃烧

对总攻力量做出部署：由支队长、参谋长组织总攻前的准备工作；特勤队攻坚组配合厂方技术人员实施近距离关阀断料；四个作战片区保持枪炮冷却强度，确保冷却稀释保护不留盲点；阵地上的各泡沫车做好总攻供液准备。

2时25分，各项总攻条件准备就绪，指挥部发布总攻命令。1名指挥长带领特勤二中队4名攻坚组队员携带2支泡沫枪，深入爆炸装置1层装置间，扑灭火势较为猛烈的V1011A、V1011B乙二醇丁醚罐；另1名指挥长带领石门坎中队4名攻坚组队员利用泡沫枪交替掩护，其余参战官兵组成的枪炮阵地全面对着火装置及周边实施泡沫覆盖。

经过约半小时的强攻近战，2时55分，明火被扑灭。但由于事故现场供电中断，泄漏处电磁阀损坏，两个泄漏点仍有液体泄漏，喷射液柱1m高左右，需手动关阀。针对这一情况，1名指挥长带领特勤二中队攻坚组使用泡沫枪进行持续覆盖，协助厂方技术人员手动关阀，经过20min的努力，通向泄漏点的阀门全部关闭，险情排除。见图5.5.18。

接到前方作战组的情况报告后，总队长带领技术专家深入装置区域察看，召开指挥部会议，迅速调整作战方案，对关键部位持续保持泡沫覆盖，侦检组检测管道及装置温度，每10min报告一次检测情况，厂方技术人员再次复核关阀断料情况。

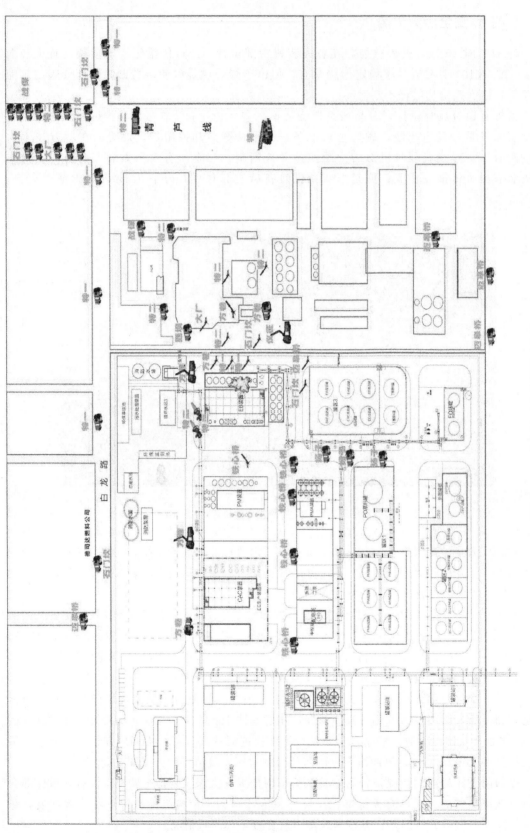

图 5.5.18　全面展开力量部署示意图

（五）现场监护

火场指挥部从装置管道平时工作温度 40～50℃的数据研判，爆炸起火后管道温度急剧上升，持续冷却降温是控火抑爆的关键。在持续冷却的同时，指挥部命令侦检小组登上装置逐层对管道温度进行监测。

3时20分，装置管道温度下降至45℃。

5时50分，装置管道温度降为 27.5℃。经过技术专家论证，确认已降至安全温度，无复燃危险。经环保部门检测，现场有毒气体数据低于危险指标，指挥部命令：在保持关键部位泡沫覆盖的前提下，逐步减少枪炮阵地，组织对内攻人员进行洗消。

经过持续 40min 的不间断覆盖降温，6时30分，侦检组再次确认装置温度稳定在30℃以下的低温状态，装置无物料泄漏，技术专家再次检查，装置处于安全稳定状态。现场由方巷、西坝中队 5 辆消防车和 35 名官兵继续留守监护，其余中队陆续返回。

三、案例分析

（一）调集力量讲科学

事故发生后，总队、支队两级全勤指挥部快速响应，一次性调集 8 个公安现役中队、扬子石化专职消防支队及 2 套大型远程供水泵组和战勤保障物资模块赶赴现场，及时调集优势兵力于火场是石油化工火灾处置的关键和前提。

1. 一次性调足力量

石油化工火灾扑救要从最大化、最坏处着想，一次性调集足够的人员、车辆、装备，充分发挥企事业专职消防队到场迅速的优势，切忌零打碎敲、挤牙膏式的调集。

2. 模块化化工编成调集

坚持"重在平时、重在准备"，注重强化立足辖区最大危险源制订调集方案，开展战斗编成训练，确保力量到场后自成体系、自我保障模块化运行。

3. 备有第二梯队力量

石油化工火灾具有火灾危险性大、易燃易爆及作战时间长等特点，要备足第二梯队力量，特别是人员装备、药剂装备方面。支队级作战力量要细化分工，明确指挥体系，确保前后方运转流畅高效，切忌"一窝蜂"。

4. 构建高效指挥体系

现场应迅速成立由消防部门主要领导负责的灭火指挥部，对处置工作统一指挥，并及时提请地方政府启动灾害事故应急处置预案，调集公安、医疗救护、市政、环保、安监等联动部门到场协助救援。

（二）灭火救援准备工作充分

此次爆炸燃烧事故的有效处置，受益于消防安全大检查和石油化工单位灭火救援专项行动，总队和支队全面开展了火场供水、危险源评估、固定消防设施应用，灭火剂、水带、油料等保障物资调集，专职消防队协同作战和社会单位联战联勤等科目训练。

1. 通过演练熟悉情况

地处石油化工密集区的辖区大、中队要从修订完善灭火作战预案入手，开展实兵、实装、实地的熟悉演练，加强针对石油化工、易燃易爆单位的灾害风险评估，逐个梳理和掌握危险化学品种类、储量、工艺流程、消防设施、应急力量、水源位置及可靠性等情况，切实做到底数清、情况明。

2. 建立实战化运行指挥体系

坚持"统一指挥、分级指挥"的原则，规范支队全勤指挥部和初战力量的组织指挥体系，强化任务执行力，充分发挥专家力量和单位技术人员的辅助决策作用。

3. 开展石油化工火灾扑救研究训练

开展石油化工企业和易燃易爆单位实地调研，全面了解生产装置、工艺流程、厂库布局、消防设施和存储物料的种类、储量、理化性质等情况，对可能发生的灾害事故危险性及最危险、最不利情况进行全面评估，从灾害事故特点、危险部位、力量调集、战斗编成、供水措施、灭火剂储备、作战方法、实战演练、能力评估等方面开展研究训练，提升各级救援力量应对复杂灾害事故的能力。

4. 组建化工专业队伍

组建化工专业队伍，开展以侦检、警戒、堵漏、灭火、救人、洗消、输转、远程供水等为主的专业训练，突出真火、爆炸模拟训练，增强救援人员在特殊环境下的行动能力，提高处置化学灾害事故的专业水平。

（三）坚持工艺处置

灾害事故处置必须坚持科学施救，发挥专家组作用，以工艺处置为主，切忌盲目处置、急功近利。

1. 发挥专家组作用

要尽快由发生事故的厂家分管安全的副厂长或副总经理、总工程师、安保部门负责人以及其他专业技术人员组成的专家组，及时、准确地开展分析研判，并派员随攻坚组行动，以加强处置过程的技术指导。

2. 防止次生灾害

此次火灾扑救先期到场的中队采取"分片消灭"的措施，处置多处火点，并将火势控制在爆炸燃烧装置内，第一时间冷却毗邻环氧乙烷、乙二醇丁醚及乙二醇丁醚乙酸酯等储罐，这是防止发生更大灾害事故的关键。若毗邻装置、罐区火势失控，后果难以预料。

3. 工艺处置措施讲科学

工艺处置往往因装置各不相同，因此必须了解着火部位在工艺流程中的位置、作用和关阀后对其他设备的影响。为防止二次爆炸，可与厂方技术人员采取"带火堵漏，灭一个堵一个，灭、堵同步，稀释、测爆同步"的技战术方法。

4. 搞好供水是关键

在处置大型灾害事故时，有效利用水源和组织好火场供水关系到整个灭火战斗的成败，平时就要针对可能发生的最大灾害事故制订供水方案，开展供水编成训练，确保关键时刻水量充足。灭火药剂要围绕需求统型和储备，完善制订灭火药剂保障方案，加强战备储备，安排高级别的指挥员负责供水，保证火场不间断和科学供水。

（四）作战安全为首要

此次爆炸事故处置采取的主要安全防范措施是最大限度地做好各种应急避险：一是选派有经验的指挥长利用侦检装备对事故装置不间断检测；二是会同专家组和厂方技术人员会商、评估灾害事故现场的危险性，研究工艺处置方案；三是加强参战人员个人防护，指挥长负责全面督导检查；四是现场划定警戒区域，减少进出厂区的车辆，全程监测风向；五是在泡沫枪掩护下，依靠厂方技术人员实施关阀断料。

1. 正确停车警戒

救援力量到达现场，应首先选择上风方向和地势较高处停靠车辆，尽量避免停靠在房屋、建筑构件、地势较低处。并依托地形、地物加强自我防护，防止因爆炸冲击波引发建筑倒塌造成伤亡。同时，划定警戒区，设立明显警戒标识，严格控制人员、车辆出入，并根据情况随时调整警戒范围。

2. 个人安全防护不松懈

人员、车辆必须在上风或侧上风方向集结，进入事故危险区域的灭火人员必须佩戴有效的呼吸保护器具，按等级实施防护；深入现场内部实施侦检、关阀堵漏等任务的救援人员，要充分考虑水枪、水炮的掩护。

3. 全程侦察检测

应询问知情人并在技术人员指导下，组织人员迅速进行侦察检测，要密切关注低洼处以及泄漏气体聚集，必要时要果断采取稀释和疏散措施。处置过程中，要设置多个监测点对作战区域由内向外进行动态侦检，并逐步扩大检测区域，特别是下风和侧下风方向。

4. 随时注意紧急避险

化工装置爆炸起火后，不可预见的危险因素倍增，救援力量到场后往往处于最危险的区域。因此，每一名指挥员必须敢于决断、敢于取舍，明确保护自身安全是成功处置灾害事故的前提，一定要按照灭火救援行动安全要则，实施有效避险。

思考题

1. 表 5.5.2 装置区重要化学物质明细表里哪种物质泄漏后的火灾危险性最大？
2. 化工装置的物料容器在发生爆炸前会有什么征兆？

案例6 "8·6"镇江丹阳市常麓工业园电镀园区9号楼火灾扑救案例

2016 年 8 月 6 日 4 时 51 分，镇江丹阳市公安消防大队 119 指挥中心接到报警称，位于丹阳市丹北镇埠城常麓工业园电镀园区 9 号楼生产车间起火。调派辖区丹北镇滨江政府专职消防队、界牌镇政府专职消防队、开发区政府专职消防队和开发区公安消防中队共 12 车 52 人赶赴现场处置，大队值班员随警出动。5 时 18 分，滨江专职消防队到场，迅速展开救人和灭火行动。6 时许，电镀车间火势被控制，6 时 30 分明火被扑灭。滨江、开发区专职消防队的 7 名专职消防员在内攻灭火后，撤离火场时摘下空气呼吸器面罩，因吸入有毒气体送医院救治，3 人中毒较重。当日，开发区政府专职消防队 1 名队员因抢救无效牺牲，8 月 13 日，开发区政府专职消防队副队长因抢救无效牺牲。

此次火灾事故处置中，参战消防员克服高温酷暑和毒害环境的困难，营救 2 名遇险群众，抽取过火区域地面和电镀槽内残液 70 余吨；对着火区域内水体和空气进行采样检测 90 余批次；转移剧毒品近 1000kg，消除了可能产生的严重次生灾害。

一、基本情况

（一）单位基本情况

镇江丹阳市丹北镇常麓工业集中区电镀整治环保园区总投资 4.21 亿元，项目建设用地约 220 亩，是丹阳市委、市政府十大重点工程之一，建设模式为政府行政推动、民营资本运作。园区内共有标准厂房 16 幢，由丹阳市沿江表面处理科技有限公司承建，承租给 46 家电镀加工企业，实际经营者 130 户，由园区管理办公室集中管理。园区每幢厂房均为 3 层，建筑高度 19.15m，建筑面积 6300m²，单层面积 2100m²。事故单位距离辖区丹北镇滨江政府专职消防队约 15km。见图 5.6.1。

图 5.6.1 标准厂房分布图

（二）建筑情况

发生火灾的 9 号楼由丹阳市联龙表面处理有限公司租用，见图 5.6.2。主体 3 层、局部分隔成 5 层，见图 5.6.3。建筑 1 层有生产线 3 条，其中镀锌线 2 条、镀铬线 1 条，1 层西北侧为剧毒品仓库，储存有 500kg 固体氰化钠；2 层有生产线 4 条，其中镀锌线 1 条、镀铜线 1 条、镀铜镀铬镀镍线 2 条；3 层有生产线 5 条，其中镀金线 1 条、镀银线 1 条、镀铜镀锌镀铬线 1 条、镀铜镀镍镀铬线 1 条、镀铜线 1 条，生产电解槽中存放电解用化学药剂，见图 5.6.4。3 层分割成东、西两个生产区域。楼内东南处和西北处各有一部楼梯，各楼层设置消火栓系统，见图 5.6.5。3 层电镀槽内有 60kg 固体氰化钠配成的溶液 7t 左右，另外有 2 桶 25kg 装的固体氰化亚铜。

发生火灾的9号楼由丹阳市联龙表面处理有限公司租用

图 5.6.2 着火厂房鸟瞰图

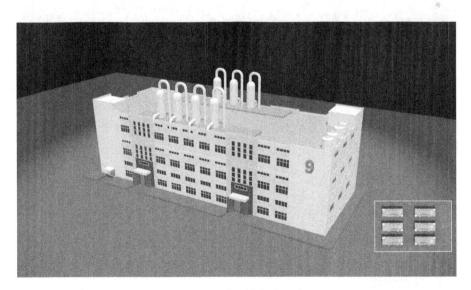

图 5.6.3 厂房主体结构示意图

（三）氰化物理化性质

氰化钠：白色或灰色粉末状结晶，易溶于水。用于提炼金、银等贵重金属，用于电镀、

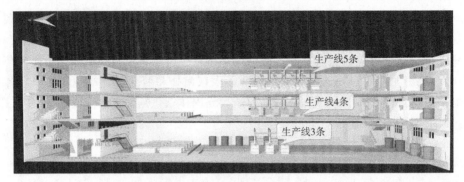

图 5.6.4　生产线分布示意图

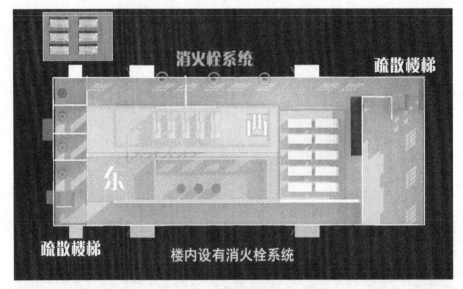

图 5.6.5　厂房内消防设施分布示意图

塑料、农药、医药、染料等有机合成工业。能抑制呼吸酶活性，造成细胞内窒息。口服 50mg 即可引起猝死。遇酸会产生氰化氢剧毒性气体。

氰化氢：无色气体，苦杏仁味。LC_{50}：$357mg/m^3$，短时间内吸入高浓度氰化氢气体，可立即呼吸停止死亡。

（四）天气情况

事发当天天气多云转阴，局部地区有阵雨，南风微风，最高气温 34℃，最低气温 27℃。

二、扑救经过

（一）力量调集

2016 年 8 月 6 日 4 时 51 分，丹阳市公安消防大队接到报警称，丹阳市丹北镇埤城常麓工业园电镀园区 9 号楼生产车间起火。大队指挥中心调派滨江专职队、界牌专职队、开发区专职队和开发区现役中队，共 12 辆消防车、52 名消防员赶赴现场处置，教导员带领值班人员随警出动，并向丹阳市 110 指挥中心汇报。见图 5.6.6。

图 5.6.6　着火厂房位置图

（二）辖区中队到场

5 时 18 分，滨江政府专职消防队到达现场，见图 5.6.7。中队指挥员通过现场询问知情人，了解到电镀园区高温季节实行隔日工作制度，当时厂内仅有 2 名保安和 2 名普通值班操作工，无技术人员在场，燃烧区域在 9 号楼，燃烧物质为纸箱。通过外部观察发现，北侧窗口有 2 名工人呼救，中队指挥员立即下达救人和灭火指令。搜救小组佩戴空气呼吸器深入火场内部实施救人，见图 5.6.8。攻坚组在东南侧设置水枪阵地进行灭火，堵截火势，见图 5.6.9。攻坚组在 3 层发现起火部位为西侧生产线，随即报告中队指挥员。中队指挥员命令队员携带装具从未过火的北侧楼梯通道堵截火势，同时在 7 号楼与 9 号楼之间架设一门水炮压制火势，见图 5.6.10。

图 5.6.7　首批力量到场车辆位置示意图

搜救小组佩戴空气呼吸器深入火场救人

图 5.6.8　内部救人路线示意图

攻坚组在东南侧设置水枪阵地灭火，堵截火势

图 5.6.9　东南侧阵地布置示意图

同时在7号楼与9号楼之间架设一门水炮压制火势

图 5.6.10　水炮阵地部署示意图

（三）增援力量到场

5时22分，界牌政府专职消防队到达现场，立即按照指挥员要求，协助滨江政府专职消防队搜救小组进入北侧通道将2名被困人员救出，见图5.6.11。5时31分，大队教导员带领大队值班人员和开发区公安消防中队到场，从东南侧2楼通道破拆大门，出2支水枪打击火势，见图5.6.12。高喷车停靠东侧进行灭火，界牌政府专职消防队车辆负责供水，见图5.6.13。5时34分，开发区政府专职消防队到达现场，见图5.6.14。协助滨江政府专职消防队出2支水枪进入3层西北侧进行灭火。

图5.6.11 界牌政府专职消防队到场行动示意图（1）

图5.6.12 界牌政府专职消防队到场行动示意图（2）

出2支水枪堵截火势　高喷车停靠东侧灭火

图 5.6.13　开发区公安消防中队外部力量部署示意图

5时31分

开发区公安消防中队到达现场

图 5.6.14　开发区公安消防中队到场车辆位置示意图

（四）突发情况处置

6 时左右，现场火势被控制。6 时 30 分，明火被扑灭，见图 5.6.15。在现场处置后期，部分队员在西侧楼梯间更换空气呼吸器气瓶过程中，见图 5.6.16，疑似吸入现场有毒气体，7 名政府专职消防队员瞬间昏迷，见图 5.6.17。大队指挥员立即组织将受伤队员送至医院急救。

图 5.6.15 内部灭火示意图

图 5.6.16 撤离火区示意图（1）

图 5.6.17 撤离火区示意图（2）

（五）总队、支队全勤指挥部到场

支队接报后，支队长窦礼念带领支队全勤指挥部立即赶赴现场。8时许，总队长接报后带领总队全勤指挥部赶赴现场，政委总队指挥中心调度指挥。

总队长向省政府分管副秘书长和省公安厅副厅长汇报，提请启动危化品应急响应预案，同时下达命令：一是迅速调集危化品专业处置力量，调集总队训练基地及南京、常州、扬州、泰州消防支队12车60人赶赴现场（其中，核生化侦检车2辆、防化洗消车6辆）。二是预判电镀车间可能有氰化物等剧毒物质后，调集碳酸钠、碳酸氢钠、次氯酸钙等物资，准备后续中和、破氰工作。三是提请省政府调集卫生医疗专家赶赴现场救治伤员。

8时50分，总队全勤指挥部到场。得知被困人员全部救出，现场仍有剧毒氰化物泄漏危险后，立即组织研究制订应急处置方案，严格按照"排查、检测、中和、破氰、输转、洗消"的程序，逐一甄别确定泄漏危险化学品的种类和数量。在着火建筑附近设置风向标实时监测现场风向变化；根据危险源特性，划分轻危、中危、重危等警戒区域，设置警示标识和安全出入口登记；利用核生化洗消模块车，分别设置人员、车辆、器材3个洗消点。

9时许，根据厂区平面图和工艺流程图，成立由4名消防队员、1名环保专家、1名厂方技术人员组成的侦察小组，采取正压全封闭防护措施，携带多功能有毒气体探测仪、便携式危险化学品检测片等设备，先后3次进入厂房内部，逐一排查危化品的存放位置及数量，记录行进路线，勘察生产线、电解槽等受损泄漏情况，采样检测现场液体和空气中危化物质。见图5.6.18。

图5.6.18 侦检人员进行采样活动

侦察人员报告，3层过火车间地面有深绿色溶液，呈酸性，有毒气体探测仪持续报警。现场专家组分析认为，3层过火层内仍有剧毒的氰化氢气体。通过现场检测，3层氰化氢有毒气体浓度达到162.9mg/m³，地面残液pH值4.5。总队长立即组织研究和部署氰化物处置工作：一是继续开展全程侦检。9号楼四周由环保部门设置固定在线空气监测点，内部核心区侦检由消防部门负责，每15min记录一次检测结果。二是成立现场危化品排查小组。

对 9 号楼各楼层氰化物存放情况进行排查，对一层剧毒品库房进行重点看护。三是封堵园区污水处理管道，争分夺秒处理含氰化物污水，防止暴雨影响现场中和、输转、破氰工作。四是用碳酸氢钠对现场有毒液体进行中和。按照"封堵、中和、输转、处理"步骤，采取外围封堵、内设围堰、酸碱中和、残液输转、氧化破氰五项措施：一是事故区域所有污水、雨水外排口全部进行封堵，确保不排入外部环境；二是过火车间设置围堰，事故区域与外部隔离，防止含氰污水外溢；三是用碳酸氢钠中和含氰污水，调节 pH 值到 8 左右，控制污水继续产生氰化氢气体，为后续破氰和输转创造相对安全的条件；四是调用两台危化品防爆输转泵，从高到低逐层将调节到弱碱性的含氰污水，输转到厂区应急事故池；五是对应急事故池内的污水，采用次氯酸钙氧化法破氰，再排入园区污水处理厂进行深度处理。针对现场持续存在的剧毒危险，总队长就安全防护明确作战纪律：凡是进入作业区人员必须按照危化品处置最高等级做好防护，穿好全封闭重型防化服、配备空气呼吸器和对讲机。作业人员按照编组，每 20min 轮换一次。同时，组织进入警戒区域的人员、车辆和装备，无死角地洗消处理，洗消废水集中回收处理。

16 时 40 分许，经过近 8h 的连续作业，基本完成了现场污水输转工作。在对地面残存的少量液体采取抛洒碳酸氢钠中和处理后，再次组织南京、镇江支队会同环保部门采样检测。留下南京、镇江部分力量监护，其他力量返回。

三、案例分析

（一）救援人员伤亡原因

在此次灭火救援战斗中，丹阳市开发区政府专职队副中队长和 1 名队员牺牲。

从厂房内部存放的危化品、人员中毒症状、受伤住院消防员的描述以及医疗诊断结果分析，初步判断造成伤亡的原因是吸入氰化氢气体。现场产生氰化氢气体的原因可能是自身挥发、气液反应或液相反应：一方面，电镀络化池内的氰化钠与高温挥发的硫酸铜、盐酸、硫酸等酸性气体发生反应，释放出氰化氢气体；另一方面，高温导致塑料储液池破损，氰化钠溶液和盐酸、硫酸反应，释放出氰化氢气体；此外，氰化钠溶液在潮湿空气中也会挥发出微量的氰化氢气体。

根据现场参战官兵描述、医疗诊断结果和危化品机理分析，基本认定造成官兵伤亡的直接原因是 7 名政府专职消防队员扑救火灾过程中，在撤离火场时摘下空气呼吸器面罩，吸入氰化氢有毒气体。

（二）存在问题

1. 对园区"六熟悉"不到位，对危害程度预判不足

未能准确掌握单位内部存储危化品情况、未留存单位工程技术人员的有效联系方式。中队到场时，火场指挥员仅向门卫了解情况，得知燃烧物质为纸箱，未考虑到电镀厂房火灾易产生有毒有害气体的特殊性，未对火场进行全面侦检。

2. 现场官兵警惕性不高，安全规程执行不到位

参战力量在救出被困人员和基本控制火势情况下，未落实《公安消防部队作战训练安全要则》要求，7 名战斗员在尚未撤离至安全区域的情况下，提前在 3 层楼梯口脱下空气呼吸

器面罩。

3. 政府专职队伍建设滞后，应对特殊火灾事故能力弱

政府专职队装备配备仅针对常规建筑火灾，缺乏特种装备。队员流动性大，文化基础低，缺乏危化品知识学习培训等，独当一面的能力堪忧，灭火救援作战能力亟待提升。

思考题

1. 厂房里化工装置火灾扑救和露天装置火灾扑救在行动中有哪些不同？
2. 对于未知物料的化工火灾扑救应注意哪些安全问题？

第六章
交通事故救援案例

导语

交通事故也称交通灾害，是由各种交通工具（包括汽车、火车、飞机、轮船等）所引起的人员伤亡和财产损失的灾祸。在我国，交通事故是发生频率高、造成人员伤亡人数最多的一类事故，随着技术的飞速发展，交通事故数量仍居高不下。交通事故具有易造成人员伤亡和重大财产损失、社会影响大和救援难度大的特点。尤其发生在隧道和高速公路的交通事故更为严重，处置更为困难，因此，本章选取了近年来6个典型案例进行学习和研究。

案例1为陕西宝鸡"5·12"宝成铁路109隧道火灾事故救援案例；案例2为山西"3·1"晋城岩后隧道火灾事故救援案例；案例3为威海市陶家夼隧道"5·9"客车火灾事故救援案例；案例4为京沪高速淮安段"3·29"液氯泄漏特大事故救援案例；案例5为湖南"10·6"常吉高速液化石油气泄漏爆炸事故救援案例；案例6为广东广州"6·29"广深沿江高速交通事故救援案例。交通事故救援的重点和难点是要解决好快速集结力量到达事故现场和应对耦合事故（交通工具承载介质不同）。

交通事故救援基本对策是快速侦察，救人第一（及时集结力量赶赴现场），先控制后消灭，快攻近战，以快制快，多种灭火剂联用，统一指挥，协同作战。

交通事故案例分析的重点是对事故综合预判能力，力量集结的针对性和有效性，救援器材使用的正确性，现场各方协作情况等。

案例1 陕西宝鸡"5·12"宝成铁路
109隧道火灾事故救援案例

2008年5月12日14时28分，汶川发生里氏8.0级特大地震，导致宝成铁路徽县境内109隧道南口山体滑坡。14时33分，由宝鸡开往成都方向的21043次货运列车行驶至该处时，列车与滚落的巨石发生碰撞引发火灾，宝成铁路被迫中断，大批救援物资和抢险人员入川受阻。当地消防部队迅速反应，短时间内共调集包括119名指战员在内的2500余名消防员、19辆车参与灭火抢险。经过283h的全力灭火抢险，彻底扑灭了大火，提前七天抢通了宝成铁路，胜利完成了灭火抢险任务。

一、基本情况

（一）列车情况

21043 次货运列车全长 570m，总共 40 节车厢，每节车厢长 13.5m，其中 1、2 节车厢装载 120t 麸皮，3～14 节车厢装载 602t 汽油，15 节车厢装载 60t 麦芽，16 节车厢装载 50t 润滑油，17～20 节车厢装载 236t 饲料，21～31 节车厢装载 660t 钢材卷板，32～36 节车厢装载 300t 钢线材，37 节车厢装载 60t 面粉，38～40 节车厢装载 179t 玉米。

（二）隧道情况

109 隧道位于甘肃徽县南部嘉陵江峡谷西侧半山腰，南口位于宝成线 150km+835m 处，全长 726m，由 5 部分组成，由南至北依次为：109m 棚洞、286m 隧道、26m 棚洞、192m 隧道、113m 棚洞，三段棚洞的下方各有一个 1m×1.8m 的通风口，上方各有一排 0.5m×0.5m 的孔洞。

（三）环境情况

事故现场为"V"字形峡谷，谷底为嘉陵江，江面因大面积山体滑坡形成堰塞湖，堰塞坝位于隧道中部，坝北水深 16m，坝南水深 1～2m，水位落差 10 余米，江面最窄处宽度超过 30m，且水流湍急；江东山体为绝壁，徽虞公路依山临江，高于堰塞坝南侧江面近 20m，从南部的虞关、北部的徽县到事故现场的道路多处塌方，且坝北路段部分被水淹没，无法通行；江西为陡峭山坡，109 隧道在半山腰穿山而过，隧道南口、中部和北口 3 处塌方，总量超过 2.0 万立方米；常年主导风向为南风。

（四）火灾情况

列车与滑坡的巨石相撞发生火灾，机车在隧道南口部分外露，隧道南部棚洞顶部燃烧猛烈，火焰高达 30m，半个山体被浓烟熏黑，中部棚洞顶部浓烟笼罩并伴有明火，隧道北口也有烟雾排出。事故现场环境险恶，余震不断、滚石坠落、堰塞湖高悬，对处于峡谷中堰塞湖下游的作战官兵和车辆装备造成多重威胁。

二、救援经过

（一）力量调集

12 日 22 时 42 分，消防总队接到公安厅调集力量赶赴宝成铁路 109 隧道组织灭火抢险的指令后，总队领导立即召开紧急会议进行研究部署，迅速启动《公安消防部队重特大灾害事故跨区域应急救援预案》，调集当地公安消防 A 支队 10 辆消防车、50 名指战员，临辖区公安消防 B 支队 2 辆消防车、15 名指战员（通信指挥车 2 辆、抢险救援照明车 1 辆、防化洗消消防车 1 辆、干粉消防车 1 辆、高喷消防车 1 辆、水泡联用消防车 2 辆、水罐消防车 3 辆、器材消防车 1 辆）赶赴现场。B 支队某大队 5 辆消防车、21 名指战员于 13 日凌晨 3 时 12 分首批到达总指挥部所在地徽县车站（隧道以北 3km），7 时 50 分临辖区消防支队指挥人员和特勤中队共 5 辆消防车、29 名指战员到达虞关车站。12 时 50 分临省消防总队 C 支队 2

辆车、12 名指战员和 D 支队 2 辆车、15 名指战员到达 A 车站。14 时许，A 支队指挥人员和某大队 2 辆消防车、15 名指战员乘平板车到达虞关车站（隧道以南 8km）待命。15 时，消防总队参谋长到达现场，并向"5·12"重大灾害事故抢险总指挥部报到。力量到达后，按照总指挥部的要求，两省公安消防力量，共同编入总指挥部下设的"治安、消防、防化"组。

13 日 15 时，消防灭火力量完成集结后，总指挥部根据灭火抢险实际需要，决定成立灭火抢险指挥部，由辖区消防总队参谋长担任总指挥，A、B、C、D 四个支队指挥员担任副总指挥，下设侦检、灭火、通信、器材供应、生活保障等小组。14 日 19 时，总队副政委赶到现场，担任灭火抢险总指挥，参谋长任副总指挥。

（二）确定灭火战斗方案和灭火战斗准备

经侦察，结合部消防局总工程师强调的"注水冷却和利用抗溶性泡沫覆盖"的指导意见和总指挥部专家组意见，灭火抢险指挥部反复研究，制订了《"5·12"宝成铁路 109 隧道火灾事故处置方案》，确立了"充分发挥装备优势，科学决策，积极稳妥，有效处置，减少次生灾害，最大可能减少财产损失"的指导思想，坚持"控制燃烧、防止爆炸、适时封堵、有效排险"的原则，形成了"封堵窒息、注水降温、启封灭火、起覆排险"的灭火抢险整体思路。提出封堵窒息由总指挥部调集力量，对北隧道口、中间棚洞口进行封堵，消防指战员协助配合。确定主攻方向为南部棚洞（一是起火点处于南部棚洞口，12 节汽油罐处于隧道南部，距离南部棚洞口近，南部棚洞处燃烧猛烈。二是北部虽然烟雾小、无明火，但是车辆无法靠近，铺设水带必须经过堰塞湖。三是中部车辆无法下到江滩，距起火点远，坡陡沟深，供水距离长），设置若干遥控移动炮进行射水冷却，喷射泡沫灭火；同时在中间棚洞和北隧道口设置 9 台手抬机动泵直接向隧道内注水降温，并设立观察哨、划定警戒区、组织力量侦检，明确了任务分工，提出了注意事项和要求，并向总指挥部建议，做好战斗展开前的准备工作：一是在靠近隧道南端嘉陵江东侧江滩开辟可停放 20 辆战斗车的作战场地，并打通由公路通往江滩的通道，在南部棚洞下方的河床上用钢管搭建 10m×10m 战斗平台；二是筹集 20 台手抬机动泵、10000m 水带、10 具移动炮；三是调集 40t 抗溶性泡沫。

（三）灭火战斗展开

1. 火情侦察

道路疏通后，在 3 名观察哨观察灾情变化的基础上，于 14 日凌晨 2 时至 8 时，侦察人员先后 3 次对现场进行侦察。发现隧道南口火焰明显减小，中部棚洞口明火时有时无，发生两次爆炸，方位不明。9 时 55 分，为了进一步掌握南侧棚洞详细情况，灭火指挥部命令 A 支队某消防大队大队长、特勤中队中队长带领两位班长组成侦察小组，按照"由远到近，由外到内"的原则，对南端棚洞及周围情况进行侦察。经侦察发现：一是机车附近棚洞外壁温度为 40℃，机车头后大约 30m 处棚洞外壁温度为 60℃；二是棚洞顶部部分坍塌，距机车头约 30m 处辐射热强烈；三是距棚洞南口 45m 处有一通风口，通风口内是机车头和第一节车厢的连接部；四是由通风口向北观察，有明火燃烧，可燃物质不明。

根据侦察情况，指挥部决定将原方案搭建战斗平台变为架设水上便桥，实行远距离注水降温。此次侦察为指挥部调整局部力量部署奠定了坚实的基础。

2. 封堵窒息

14 日 8 时，总指挥部组织力量开始对隧道和棚洞实施封堵。隧道北口利用沙袋封堵，中部棚洞顶部孔洞利用石棉被封堵，南部根据火情变化进行相应处置。至 15 时隧道北口完全封堵。中部棚洞孔洞由于隧道内大火燃烧猛烈，风压大，洞口多次封堵多次爆开，最终因条件限制，中间棚洞孔洞未能完全封堵。隧道南口山体滑坡和棚洞坍塌形成两处自然封堵，未完全封闭。因火大、烟浓、温度高、辐射热强，作业人员不能靠近，无法实施封堵。但大幅度减少了空气进入量，延缓了燃烧速度，有效地避免了混合性爆炸气体的形成，防止了连续爆炸的发生，为指战员深入隧道冷却灭火创造了条件。

3. 注水降温

14 日 10 时 30 分，灭火指挥部决定，在南部棚洞下方，搭建一座铺设水带的便桥，棚洞外壁架设两座用于登高铺带的塔架，实施注水降温。15 时 30 分，在南部棚洞孔洞，利用消防车铺设 5 条供水干线向隧道内注水降温。中部棚洞利用 4 台手抬泵，铺设 4 条供水线路，对隧道内部持续注水降温。23 时 30 分，手抬泵调至现场后，在南口利用 5 台手抬泵新增 5 条供水线路，在北口同样利用 5 台手抬泵新增 5 条供水线路，共集中 19 条供水线路注水降温。

15 日 7 时，侦察小组通过南部棚洞通风口进入内部侦察，发现棚洞坍塌处车厢为第 1 节敞皮车厢，坍塌山石将车厢砸成 "V" 字形，厢门撕裂，仍有明火燃烧。根据侦察情况，指挥部及时在通风口部署 1 支水枪，对第 1 节敞皮车厢实施冷却灭火。

16 日 10 时，为了加大注水强度，尽快降低隧道内部温度，在隧道北口铺设三条水带线路，利用手抬泵取水供水，在南口兰州军区某部铺设 6 条管径为 100mm 的供水管线，实施注水降温。

4. 启封灭火

在部署力量时，灭火抢险指挥部就进行了估算，19 条供水干线，一天注入水量万余立方米；隧道北口至隧道南口的封堵长度为 540m，隧道横截面为 42m²，总体积约为 2.3 万立方米；如果不考虑渗漏，隧道内应很快蓄积起一定深度的水。侦察发现，隧道内的温度由开始水带一放进去就烧断下降到 480℃，但隧道的排水沟无水排出，且在山体外部没有发现渗水迹象。灭火抢险指挥部分析认为：可能是地震形成隧道内部多处裂缝，造成向隧道内注入的水沿裂缝流失。注水降温的效果受到很大影响。为了提高降温效果，加快战斗进程，缩短灭火排险时间，指挥部在反复论证各种危险因素的基础上研究决定：在隧道南口将注水降温改为射水冷却。启封隧道南口，直接用移动水炮和水枪深入隧道，对罐体和隧道墙体进行冷却。

在集中实施注水冷却的过程中，灭火指挥部在机车头方向部署了两支水枪，对机车头进行冷却降温，协助铁路抢险人员清理机车头处的塌方，修复铁路，为整体启封做好了准备。16 日 9 时许，机车头在两支水枪的保护下安全拖出。10 时许，在南口棚洞设置 2 门移动水炮，通过坍塌缝隙处直接向前 3 节汽油罐射水冷却，为侦察小组深入洞内实施侦察创造条件。13 时 30 分，侦察人员从坍塌缝隙处利用红外线测温仪对隧道内温度进行检测。检测得知，靠近山体一侧内壁温度为 200℃，另一侧内壁温度为 150℃，第 3 节油罐车罐体温度为 170℃。17 时 10 分，侦察人员利用红外线测温仪对隧道内温度再次进行检测，靠近山体一侧内壁温度为 90℃，另一侧内壁温度为 70℃，第 3 节油罐车罐体温度为 60℃，在隧道口利用便携式可燃气体探测仪检测可燃气体浓度为 0.2%。虽然还有许多不确定的危险因素，但为了内攻直接冷却灭火，必须进入隧道，实施内部侦察。

随后，2 名侦察员在一支机动水枪的保护下，从坍塌缝隙进入隧道进行侦察，得知：第 2 节麸皮车厢下部有明火，第 3 节油罐罐体爆裂，严重变形，第 4、5、6 节油罐经敲击与第 3 节油罐声音有差异，无法确定油罐是否有油，第 7 节油罐上部隧道塌方，隧道内混合可燃气体浓度为 0.4%~0.5%。根据侦察结果，指挥员决定将隧道南口设置的 2 门水炮，由南向北相互掩护逐步推进至 40m，对罐体实施降温（2 门水炮分别设置在第 3、6 节油罐车顶部）。此次侦察为指挥部采取启封灭火措施提供了依据。

在南口启封的过程中，铁路部门先后采取牵引、起吊等办法，第 2 节麸皮车厢因塌方埋压，未能拖走。为了解决此问题，铁道部门决定对南侧棚洞壁实施爆破。通过反复检测，第 2 节车厢周围可燃气体浓度为 0.1%，远远低于爆炸浓度下限，同意实施爆破，并要求采取技术手段，减小震动，避免二次灾害事故的发生，同时大量注水冷却，降低温度。17 日凌晨 1 时 10 分，组织对隧道南口坍塌处棚洞进行了爆破，南口开始启封。

5. 起覆排险

爆破后，总指挥部调集力量对麸皮车厢周围坍塌物进行清理，灭火抢险指挥部专门部署 2 支水枪射水冷却保护，其余水炮逐步向前推进至第 12 节油罐车。

17 日 14 时 30 分，为了减轻由南口进入隧道冷却排险的压力，灭火指挥部建议总指挥部在隧道北口、中部棚洞口设置排风机，将隧道内的浓烟、热气由南向北排出。

17 日夜，侦察人员继续对第 2 节麸皮车厢和油罐车厢进行检测，确认可燃气体浓度在安全范围内。18 日 6 时 39 分，将阻碍第 2 节麸皮车厢的坍塌物清理完毕，麸皮车厢被顺利拖走，清除了进入隧道南口最大障碍，彻底消灭了第一个火源。隧道南口全面敞开，起覆事故油罐车的条件已经具备。灭火指挥部决定：一是牵引列车必须加隔离车；二是铁轨和所用钢丝绳要涂抹黄油；三是严禁各种火源；四是进入隧道的各种电器设备、通信工具必须是防爆型；五是牵引前大力冷却降温，适时检测，用水枪、泡沫枪不间断保护，防止出现二次事故。18 日 6 时 45 分，在两支水枪的保护下，将第 3 节油罐车厢拖出隧道，经检测未发现油蒸汽残留物后，推下河道。

18 日 6 时 58 分，侦察小组侦察发现第 9 节罐体上方凹陷，第 10~12 节罐体严重变形，经敲击各罐体，确认没有残油。第 12 节油罐温度 90℃；第 15 节麦芽车厢有明火，车厢顶部温度 60~70℃，底部温度 180℃；第 16 节润滑油罐车未变形；第 18 节饲料车厢没有明火；第 19~20 节下部有明火（饲料车厢车板为木质）；第 21 节车厢火势较大；第 21 节车厢以后没有发现明火。根据侦察情况，灭火指挥部命令 A 支队特勤中队、辖区某大队、D 支队各出 1 门水炮，分别为 1、2、3 号水炮，设置在 5、7、8 号罐处并逐步向前推进。大队出 1 支水枪在隧道口处机动，每隔半小时检查线路并不间断检测可燃气体浓度。同时对进入隧道内部人员严格控制，最大限度减少进入隧道人员。10 时 40 分，2、3 号水炮推进至 10 号罐处；12 时 35 分，1 号水炮推进至 13 号罐处；16 时许，3 号水炮推进到 14 号油罐，向麦芽车厢和润滑油罐车射水灭火冷却。

12 时 58 分，将第 4 节油罐车拖出隧道。经检测油罐内还有残留油蒸气。为了确保后续处置的安全，灭火指挥部在听取有关专家的建议后决定：采取了出 2 支水枪冷却监护，用高压气泵吹动水泥粉清扫的方法紧急处置。15 时 15 分吹扫完毕，排除了危险，将其推入了河道。

利用同样的方法，指挥部于 18 日 17 时 30 分至 19 日 23 时 41 分将第 5～13 号汽油罐拖出隧道，并进行了相应处置。由于侦察无法确认第 6～9 号油罐是否有油，启封之后始终部署有水炮、水枪对油罐进行冷却。18 日 23 时 35 分，在实施拖车之前，部署 2 支泡沫管枪对 6～9 号油罐进行泡沫覆盖。检测油罐可燃气体浓度，确认没有危险后一并拖出。

20 日 7 时，灭火指挥部命令对第 14 节油罐车及麦芽车、润滑油罐车及饲料车厢进行持续冷却降温。20 日 15 时 16 分，将第 14 节油罐车拖出隧道。21 日 0 时 57 分将麦芽车拖出隧道。4 时 15 分将润滑油罐车拖出。

21 日 7 时 05 分，指挥部命令一次性将 8 节车厢拖出隧道，前 4 节为饲料车厢，有明火，现场指挥员命令打开车门，部署 7 支水枪冷却灭火，同时出 1 支水枪消灭隧道内部饲料车残留明火，并对其余车厢进行冷却。

12 时 30 分，随着将最后 1 节饲料车拖出隧道，隧道内部明火彻底消灭。

13 时开始对第 21～40 节车厢进行起覆，16 时 20 分起覆任务完成，消防部队灭火抢险战斗胜利结束。

三、案例分析

（一）成功之处

1. 始终同步侦察，把握火场态势，是灭火抢险战斗制胜的重要前提

火场侦察行动，是指消防人员到达火场后，运用各种方法与手段了解和掌握火场情况的活动。火场侦察的程序一般分为初步侦察和反复侦察。

初步侦察是指侦察人员通过外部观察、询问知情人、内部侦察、仪器检测等方法，针对不同的火场特点，了解掌握火场的基本情况，为火场指挥员确定灭火战斗主攻方向，进行战斗力量部署，增派增员力量提供情况依据。在本案例中，消防员在 14 日上午 2 时至 10 时组织的初步侦察对火场情况做出了大致的了解，并为指挥部的选址和初步战斗力量部署做了很好的参考作用。

反复侦察是指在初步侦察后，侦察人员在整个灭火救援行动中，对火势的发展变化、被困人员的营救、着火物体的危险程度等情况，以及经初步侦察后尚不清楚、不完整的情况，根据灭火战斗的需要，进行的不间断的侦察行动。反复侦察的目的，是为火场指挥员全面及时地掌握火场内的一切变化情况，采取更加有针对性的灭火战斗措施，及时调整战斗力量部署，顺利实施灭火救援作战行动提供决策依据。在 109 隧道灭火抢险战斗中，消防指战员冒着生命危险，先后侦察 42 次，为科学决策指挥、合理部署力量、组织实施战斗行动提供了可靠的依据。13 日，灭火救援指挥部根据侦察情况制订了火灾事故处置方案；14 日 9 时 55分，侦察小组靠近侦察，棚洞外壁最低温度为 40℃，近战条件具备，指挥部及时决策，修订方案，把搭建灭火战斗平台远距离射水变为搭建过江浮桥铺设水带直接注水；16 日，侦察人员多次从隧道坍塌缝隙处由外向内实施侦检，获取了大量信息，指挥部据此果断调整部署，将注水降温改为直接冷却灭火。在灭火抢险过程中，自始至终不断进行侦察，保证了战斗行动科学合理、安全高效进行。

2. 洞悉灾害特点，及时调整战术，是提前抢通宝成铁路"生命线"的关键

火场指挥员在指挥火场救援中要有跟踪变化、临机指挥的能力。火场指挥员要有临机处

断的应变能力，根据火灾现场的最新情况和发展趋势正确判断，及时调整作战行动。调整的重点是重新确定火场主要方面，调整火场的主攻阵地，调整各参战单位的灭火作战任务，重新进行战斗编组。调整战斗部署要紧紧围绕火场主要方面，根据灭火战斗进程的火情变化，因势利导，果断实施。实施时，要按照执行主要任务、辅助任务、机动力量、后勤保障力量的顺序分步进行，防止出现混乱。历次铁路隧道火灾扑救的经验作法，基本上都是严密封堵、窒息灭火、大量注水冷却以防止复燃。但是，109 隧道的构成本身有它的特殊性，在内部大火猛烈燃烧，产生大量高压气体，隧道内压力不断升高的情况下，要封堵高悬于十几米高的棚洞孔洞，难度非常大。在隧道火灾扑救过程中，棚洞孔洞实施封堵，出现了用石棉被封上了又被炸出来，反复拉锯的局面。此次事故因地震引发，隧道裂缝，路基变形开裂，无法完全密封，注水降温难以达到预期效果。据此，灭火指挥部经过反复侦察研究，决定改变处置方法，变注水降温为直接冷却，加快冷却灭火进度。在没有启封的情况下，利用棚洞坍塌顶部露出的小洞口，架设水炮直接向罐体和洞壁射水冷却，适时逐步向洞内推进。后一架水炮保护着前一架水炮，步步为营，梯次推进，逐步深入。同时在隧道中部和北口架设排风机，将隧道内的有毒可燃气体、高温浓烟排出，减轻主进攻方向的压力，为直接深入洞内冷却灭火创造条件，大幅度加快了灭火抢险的速度。宝成铁路 109 隧道提前 7 天抢通，这一战术调整起到了至关重要的作用。

3. 科学决策指挥，密切协同配合，是灭火救援高效推进的重要保证

一是充分研究论证，制订了科学合理的灭火抢险方案。灭火指挥部在全面进行侦察、综合分析、反复论证的基础上，详细制订了处置方案，为完成灭火抢险任务奠定了基础。二是正确运用战术，牢牢把握灭火战斗主动权。适时运用封堵窒息、注水降温、直接冷却、启封灭火、起覆排险、梯次进攻等战术措施，既争取了灭火战斗主动权，又确保了参战官兵无一伤亡。三是科学研判火场态势，坚持合理有效的处置方法。在灭火抢险过程中，总指挥部要求在隧道中部棚洞通风口处开辟第二条进攻路线。灭火指挥部认为，隧道南北两头同时进攻，浓烟、有害气体无法排出，影响战斗进攻。建议坚持从隧道南口进攻不动摇，被总指挥部采纳。四是密切协同配合，确保了灭火抢险行动有力有序开展。这场战斗参战单位几十个，参战人员多达 2500 余人，需要方方面面的配合。如战斗阵地建立的配合，隧道加固与灭火行动的配合，起覆事故车辆与侦检保护的配合，修复铁路与供水冷却的配合，器材供应的配合，生活保障的配合等，哪一个配合出现问题对抢险战斗都会产生影响，但所有参与抢险的单位和人员，都能积极协作，密切配合，整个抢险战斗紧张有序。

4. "先控制，后消灭" 的灭火战术基本原则的利用为最后攻坚战的胜利提供了坚实理论保障

"先控制，后消灭" 的灭火战术是指：消防力量到场后，针对迅猛发展的火情，应首先遏制火势或险情的继续发展、蔓延和扩大，为后续全面灭火和消除险情创造有利条件；在火势或险情得到有效控制和现场已备足灭火力量的情况下，抓住有利时机，及时集中力量展开全面的灭火进攻行动，彻底消灭火灾。在 109 隧道灭火抢险战斗中，持续近 9 天的战斗，前 5 天的任务主要就是控制火势的发展、灭火行动的部署和侦察现场情况，在这 5 天中指挥员和全体作战官兵尽一切努力为后续的总攻打造良好的条件，而后续的总攻也如计划成功实施，一举扑灭 109 隧道火灾，取得了整个灭火战斗的总胜利。"先控制，后消灭" 的灭火战术在此类现场环境复杂、灭火战斗危险性大的火灾现场是一个切实可行的方案。

5. 不怕艰难困苦，英勇顽强拼搏，是灭火抢险战斗制胜的基础

109 隧道位于秦岭腹地，现场物资供应匮乏，指战员生活条件极其艰难；爆炸、毒气、余震、滚石、塌方、堰塞湖时刻危及参战人员的生命安全；从事故发生到彻底扑灭大火历时8 天 13 小时 48 分，作战时间长，战斗任务繁重，兵力严重不足，指战员极度疲劳。在诸多不利因素、困难危险重重的情况下，各级指挥员冲锋在最前方，以实际行动团结和带领部属，连续奋战，取得了一个又一个阶段性胜利。全体指战员在生与死、血与火的考验面前，不怕艰难困苦，不怕流血牺牲，英勇顽强、连续奋战，出色完成了战斗任务。

（二）存在问题

1. 器材保障问题

109 隧道灭火抢险，消耗水带 2 万米，使用手抬泵 20 余台，消防移动炮 10 余架。首先，灭火抢险指挥部在 13 日 19 时向总指挥部提出现场所需器材的种类、数量，总指挥部立即成立专门组织，利用铁路系统物资调集快捷的特点，迅速组织实施。其次，灭火抢险指挥部同时向总队进行了专项汇报，总队接报后立即启动器材装备调集社会联动机制，由专人负责紧急组织所需器材。14 日 23 时 30 分，1 万米水带、10 台手抬泵调至现场；15 日 16 时 15 分将 10 台移动炮调至现场；18 日 13 时 20 分将 20 套隔热服调至现场。

这些器材装备调集难度大、困难多。除部分在本地筹集外，大部分都是从外地紧急调集，时间长、协调难，对及时有效的灭火抢险产生了一定的影响。

因此，在此类附近交通不便利、对装备器材需求量大的火灾现场要提前制订灭火抢险救援预案，一旦发生此类火灾及时启动预案，尽最大的可能以最快的速度调集足够的装备器材，为灭火救援的展开提供保障。另一方面，地方的总队及支队机关要定期开展此类火灾的实战化演练，让官兵熟练掌握此类火灾的救援方法，以便在实际火场中更高效率地扑灭火灾。

2. 通信问题

通信问题主要表现在两个方面：一是消防部队内部通信器材不足，参战单位之间现场通信不畅；二是现场通信组网十分复杂，相互干扰；三是现场处在山区，手机信号很弱，没有卫星电话，与上级联系困难，一定程度上影响了指令的及时传达。为解决此类问题，要加快消防部队信息现代化建设的步伐，用最前沿的通信科技武装消防部队，使灾害现场能充分利用有线、无线、计算机网络、卫星等现代通信手段，实现语音、数据和图像传输，配备智能无线通信组网管理平台、通信中转台等装备，整合现有的通信技术，实现统一指挥、集中控制、跨网络跨频段通信、传输现场图像等功能。

3. 生活保障问题

消防部队到达现场之后，首先面临的问题就是生活保障的问题，全体指战员主要靠临时准备的面包、矿泉水充饥解渴。即使到了后来，部队可以吃上盒饭，但是吃不上热饭，喝不上热水，一定程度上影响了部队战斗力。现代化的消防部队要求有全面的后勤保障制度做支撑，特别是在此类持续时间长、参战人员多的火灾现场，要组建专业的后勤保障部队来维持消防部队的持续作战能力，这是消防部队新形势下必须要着手大力度解决的问题。同时，要建设互为补充的警地联动保障体系，与地方相关部门、企业签订成品油、医疗、粮油、灭火药剂、消防车辆装备等应急保障协议，制订应急调动方案，明确联动单位相关日常储备量，

明确各部门、各单位职责任务，使之成为消防部队战勤保障的动态物质储备库。

1. 面对 109 隧道火灾，从预案制订、火灾预警、力量调集的角度分析重大灾害事故的应对措施。

2. 针对 109 隧道火灾，说明其运用的战术方法，并分析其优、缺点。

案例 2　山西"3·1"晋城岩后隧道火灾事故救援案例

2014 年 3 月 1 日 14 时 50 分，山西省晋城市公安消防支队指挥中心接到报警：晋济高速公路晋城往济源方向岩后隧道入口处一辆甲醇槽罐车因交通事故发生泄漏并引发火灾。事故发生后，晋城、长治、临汾三市公安消防部队和专职消防队的 429 名指战员和 49 辆消防车到场施救，晋城市多部门参与救援。全体参战人员历时 84h，于 3 月 5 日 2 时 57 分成功处置了这起国内罕见的高速公路隧道事故，确保了隧道整体结构安全，防止了隧道口附近山林火灾的发展蔓延。事故是由两辆运输甲醇的铰接列车追尾相撞，前车甲醇起火燃烧，引燃引爆隧道内滞留的另外 2 辆危险化学品运输车和 31 辆煤炭运输车等车辆，事故共造成 40 人死亡、12 人受伤和 42 辆车烧毁，直接财产损失 8197 万元。

一、基本情况

（一）晋济高速公路情况

晋济（晋城至济源）高速公路是国家高速公路网二连浩特至广州主干线在山西境内的收尾路段，地处太行山脉南端，北起晋城市泽州南路的泽州互通，南至省界，全长 30 余千米，于 2008 年建成通车。沿线地形地貌的多元性和地质结构的复杂性决定了晋济高速公路具有高桥长桥多、隧道及特长隧道多、连续大坡路段长等特点。全线共有特大桥 11 座、中桥 1 座、隧道 9 座，桥隧合计 17.7km，占路线总长的 58.9%，涵洞 17 道。

岩后隧道位于二广高速公路 1560km 处，长 800m，双向双车道，距最近的晋城收费站 10 余千米。隧道为南北走向，北为入口，南为出口，内有一定坡度，南高北低。距入口 400m 处设有人行横洞一处，两侧各安装有防火卷帘门。隧道内没有通风设施和固定消防设施。隧道上部山体植被良好。

（二）消防水源情况

事故隧道周边没有可利用的消防水源，灭火中利用的最近的市政消火栓距离该隧道约 11km。

（三）天气情况

当日气温 -2～9℃，多云，北风三级。

二、救援经过

（一）初战控火阶段

3月1日14时50分，晋城支队指挥中心接警后，立即启动《隧道灾害事故处置预案》，调派城区中队（系责任区中队）、泽州中队共计39名指战员和8辆消防车（水罐车5辆、泡沫车2辆、抢险救援车1辆）赶赴现场。支队全勤指挥部值班人员接报后遂行出动。

15时15分，城区中队4辆消防车、19名官兵在高速交警的引导下首先到达事故现场。城区中队指挥员通过外部观察发现隧道入口处有2辆拉煤车猛烈燃烧；1辆甲醇槽罐车罐体因撞击破裂，甲醇外泄，罐体火势较大，随时有爆炸危险，地面形成流淌火，入口附近山林着火并呈蔓延之势；1辆甲醇槽罐车罐体未受损，仅轮胎在燃烧。根据这一情况，城区中队指挥员在协调高速交警做好现场警戒的同时，迅速作出战斗部署：一是安排侦察员对隧道情况进行侦察检测；二是命令出2支水枪和1支泡沫枪扑救山林、地面和车辆火势，并对未燃槽罐车罐体实施冷却。侦察员乘高速交警车辆逆行经东侧隧道（隧道内无照明）至事故隧道出口进行侦察，发现出口处浓烟翻滚，已无人员再逃出。通过询问已逃出人员，了解到隧道内有危化品车辆及人员被困，然后迅速上报情况。

15时37分，支队全勤指挥部值班人员到场。15时40分，泽州中队4辆消防车、20名指战员到场。支队指挥员在听取了城区中队指挥员的火情汇报后，立即命令指挥中心向总队、市政府应急办、市公安局报告现场情况，请求市政府调集相关部门和工程机械车辆协助救援。同时，迅速作出战斗部署：一是命令城区中队全力扑救隧道入口火灾，继续对甲醇槽罐车进行冷却；二是命令泽州中队负责供水，并组成救人小组到出口处组织疏散救人；三是命令战勤保障大队运送泡沫液、移动水炮等灭火物资和装备到场，并做好战勤保障；四是安排通信指挥车利用3G图传设备将现场情况实时向总队指挥中心传输。泽州中队救人小组到达隧道出口后，发现出口位于下风方向，大量黑色浓烟充满洞口并翻滚而出，触摸浓烟感到烫手，判断隧道内温度很高，随时有爆炸危险，已不具备内攻救人条件，遂返回入口协助城区中队灭火。支队指挥员根据这一情况，决定集中到场力量扑灭入口处火势，尽快打开内攻通道。期间，指挥中心先后调派了市区3个执勤中队剩余消防车到场增援。

16时05分，特勤中队4辆消防车到场。支队指挥员根据现场灾情变化和到场力量情况，安排特勤中队排烟车到出口处进行排烟，其他车辆负责供水。特勤中队排烟车到达隧道出口附近，中队指挥员看到出口滚滚黑烟由浓变淡，火焰翻卷，高达十余米，判断随时有爆炸危险，已不具备作战条件，遂迅速撤离。

16时40分，支队政委高昇到场，成立现场指挥部。由常务副市长王树新担任总指挥。16时50分左右，入口处火势得到有效控制。

17时05分，隧道内突然发生强烈爆炸。隧道出口处，强大的气流裹挟着隧道内的混凝土块、金属片、玻璃碎片及煤尘等冲泄而出，火光冲天，西侧配电室门窗损毁严重，周边绿化带树木被烧炭化；隧道中部人行横洞两侧卷帘门被连根掀起；隧道入口处，白色气流喷出100m以外，将正在撤退的消防员击倒，致2名战士受伤。

（二）强攻灭火阶段

爆炸发生后，隧道内灾情进一步扩大，形成大面积燃烧。高昇政委根据现场突变情况，立即向总指挥部汇报，并提出相关建议：一是环保部门要对现场环境及可燃有毒气体进行实时监测，确定是否会发生再次爆炸并对周边环境造成不利影响；二是高速管理部门要提供隧道内车辆的种类、数量，特别是危险化学品车辆的相关情况；三是有关部门要对隧道结构的安全性进行评估，确定是否有再次崩塌的危险；四是调集社会运水车辆增援。随后，高昇政委命令指挥中心调派 4 个县（市）消防中队、3 个政府专职消防队、6 个企业专职消防队到场增援，作战组集中力量扑灭入口处火灾，战勤保障大队联系相关单位做好饮食、油料、器材等保障。

18 时许，隧道入口处火灾被彻底扑灭。此时，1 辆罐体未受损的槽罐车因轮胎被毁无法移动，罐内的 30t 甲醇随时都有可能因隧道内再次爆炸而发生燃烧、爆炸等连锁反应。高昇政委及时将这一新情况报告总指挥部，建议采取倒罐措施，及时消除危险源。2 日 1 时 40分，倒罐车到达现场，2 日 3 时 30 分，倒罐工作结束。

19 时 10 分，负责现场监测的环保部门向总指挥部报告称：隧道内温度较高，烟雾很浓，一氧化碳指标超标严重，现场无法确认是否还有其他危险化学品爆炸的可能。总指挥部根据这一情况，为了确保灭火作战人员安全，决定暂缓进攻，等待时机。

20 时许，在仍未得到高速管理部门有关隧道内车辆信息的情况下，作战指挥部安排专人到晋济高速公路指挥中心调取视频监控录像进行分析，派出侦察组对隧道内情况进行侦察。期间，总队刘振山副政委等领导先后到场。现场作战指挥部在对现场情况进行分析研判后，要求协调有关部门尽快查明隧道内情况，所有参战力量做好战斗准备，同时调集长治支队、临汾支队增援。

20 时 30 分，侦察小组反馈情况：隧道内有大量前后相连的重型拉煤车正处于猛烈燃烧阶段，温度特别高。现场作战指挥部将这一情况迅速报告总指挥部。环保部门据此向总指挥部建议：由于隧道内有大量煤炭正在燃烧，如用水扑救，可能产生水煤气，极易引发二次爆炸。总指挥部命令现场作战指挥部要充分考虑环保部门的建议，在确保安全的前提下实施灭火。现场作战指挥部研究决定，在入口处部署排烟车，利用正压向内喷射细水雾实施排烟、降温、降尘、灭火。持续 20min 后，现场作战指挥部发现效果不明显，遂下令暂停。

在第一套作战方案没有奏效的情况下，现场作战指挥部根据现场灾情变化，又制订出两套方案。第二套方案计划从入口上风方向梯次推进实施强攻灭火，但存在纵深进攻距离长、灭火效率低等问题。第三套方案计划将现场划分为北部（隧道入口）、中部（人行横洞）、南部（隧道出口）三个作战区域，采取三面夹击、合围灭火的战术措施，但存在深入内攻人员较多等问题。经过分析论证，现场作战指挥部决定采用第三套方案，要求现场参战力量预先展开，做好强攻近战准备，待时机成熟后展开战斗。为了防止水煤气引发次生爆炸，现场作战指挥部命令特勤中队在人行横洞出 1 门水炮进行喷水测试，环保部门跟踪检测。

经实地测试确认无爆炸危险后，2 日 0 时 10 分，现场作战指挥部为尽快扑灭火灾，确保隧道安全，决定实施第三套方案，展开强攻近战。强攻首先从中部战区开始，由支队参谋长带领特勤中队从人行横洞进入隧道，出双干线 3 支水枪，分别向南、北两侧梯次进攻灭火。北部战区待甲醇倒罐结束后展开进攻，由副支队长刘凯带领城区中队出单干线 2 支水枪，纵深梯次推进灭火。南部战区由副支队长张王宏带领泽州中队出 2 门移动水炮纵深梯次推进灭火。其他参战力量组成若干攻坚组，轮流替换内攻人员。长治、临汾支队及晋煤救护中心增援力量到场后，参与灭火作战。

2 日 5 时 20 分许，省政府、省消防总队相关领导到达现场后，听取了现场处置情况的汇报，指示现场作战指挥部要在确保安全的前提下组织内攻，做好打持久战的各项保障工作。

2日9时30分，人行横洞以北隧道内火灾基本扑灭。

3日14时，中部战区由于连续作战将近48h，前期参战人员体力严重消耗，为加快灭火推进速度，指挥部再次调整作战方案，整合所有灭火力量，成立3个攻坚组，由特勤中队、陵川中队组成第一攻坚组深入火场最前沿，继续强攻灭火；晋煤救护中心组成第二攻坚组内攻灭火；高平中队、阳城中队组成第三攻坚组消灭复燃余火。

3日18时，人行横洞以南隧道内火灾基本扑灭。

（三）消灭残火阶段

待隧道内大火扑灭后，开始实施清障作业。现场作战指挥部决定由城区中队、泽州中队留守现场，对燃烧车辆进行冷却，配合清障人员清理现场，消灭残火，其余参战力量撤离现场。5日2时57分，事故现场清理完毕，留守力量全部撤回。

三、案例分析

（一）力量调集方面

晋城支队消防作战指挥中心在接到报警电话后，立即启动《隧道灾害事故处置预案》，调派城区中队（系责任区中队）、泽州中队共计39名指战员和8辆消防车（水罐车5辆、泡沫车2辆、抢险救援车1辆）赶赴现场。支队全勤指挥部值班人员接报后遂行出动。在首批力量的调度后，又根据后续信息迅速升级灾情，共调集16个消防中队、61辆消防车、400名官兵赶赴现场救援，同时调集防火处及责任区大队相关人员赶赴现场，通知武警、交警、医疗、供水、供电、红十字会、安监、环卫等相关部门到场协助救援，向省消防总队和市委、市政府、市公安局报告灾情。

（二）火情侦察方面

在本次作战过程中，运用了外部观察、内部侦察和利用仪器检测等侦察方法。由于隧道内情况不明，而且有可能会发生爆炸，所以在进入内部进行侦察之前要预估内部存在的危险有哪些，可以借助望远镜首先在远处进行观察，然后再逐步接近现场。

（三）战术运用方面

现场作战指挥部采取分割包围、梯次推进、两面夹击等战术措施，在最短的时间内降低了火场易燃易爆气体浓度并消灭了火势，避免了爆炸再次发生，为疏散人员和搜救遇难者创造了有利条件。

（四）战勤保障方面

在历时80余小时的灭火作战中，现场车辆油、水、器材的补充和所有人员的补给充足，战勤保障大队积极和政府应急办、红十字、石油公司等部门联合，保障了前线作战力量补给到位，为成功扑灭火灾奠定了坚实基础。

（五）火场供水方面

现场安排专人负责火场供水，现场供水主要采取直接供水、接力供水的方法，提高供水效率。同时，通知供水公司采取了管网加压措施，有效保障了灭火用水。据统计，此次事故处置共运水 1040 车次，总用水量达 9360t。

（六）存在的相关问题

1. 事故隧道内滞留车辆多

事故发生前，事故隧道行驶车辆由于拥堵行驶缓慢，相关部门未能及时疏导，致使 40 多辆车滞留隧道，为扩大事故灾情埋下了隐患。

2. 通往事故隧道路段交通管制迟缓

隧道事故发生后，通往事故隧道的高速路段未及时实施交通管制，仍有车辆驶向事故隧道，导致大量通行车辆被堵，并占用了应急通道，致使众多救援车辆不能及时赶赴事故现场。

3. 事故隧道相关信息提供不及时

由于事故现场不具备内部侦察条件，现场作战指挥部试图通过高速管理部门监控录像掌握隧道内部车辆数量及危化品车辆情况，但直到事故处置结束，也未能获得此信息。

4. 特种消防车辆器材装备配备不足

高速公路隧道灾情特殊，处置难度大，需有特殊的消防车辆及器材装备，如大型水罐消防车、隧道专用消防车、灭火机器人、排烟机器人、遥控消防水炮、各种高效泡沫灭火剂等。此次事故处置，由于缺少这些器材装备，在一定程度上影响了灭火救援行动。

5. 安全防护意识不强

事故处置前沿阵地个别官兵在对现场环境观察不细，对事故灾害和潜在危险预见不够，个别官兵在头盔、手套等个人防护装备佩戴不齐全的情况下，内攻作战，导致 3 名官兵在事故处置中被不同程度烫伤、擦伤。

6. 火场通信保障不到位

此次事故处置时间长，对讲机使用频繁，电量难以保障，社会联动力量的通信联络方式简单，缺乏保障，导致与消防力量的协同配合不够到位，一定程度上影响了事故的处置。

7. 辖区"六熟悉"开展不彻底

中队在开展"六熟悉"工作中，面对诸多单位，只是针对典型的人员密集场所和高层建筑进行熟悉，而忽略了高速公路隧道，导致火灾扑救初期初战控火比较被动。

8. 隧道火灾事故处置经验缺乏

辖区中队对隧道火灾事故的危险性认识不够，处置经验不足，缺乏前期研判，一定程度上影响了战斗效能。

附：图 6.2.1　岩后隧道平面图
　　图 6.2.2　第一阶段力量部署图
　　图 6.2.3　第二阶段力量部署图

1.发生隧道火灾后,应如何做好战勤保障? 结合本案例研究,总结梳理公路隧道救援主要难点和对策。

2.隧道火灾灭火方法有哪些,分别适用于什么情况? 结合本案例研究,分析我国隧道事故救援指挥协同体系的建设重点。

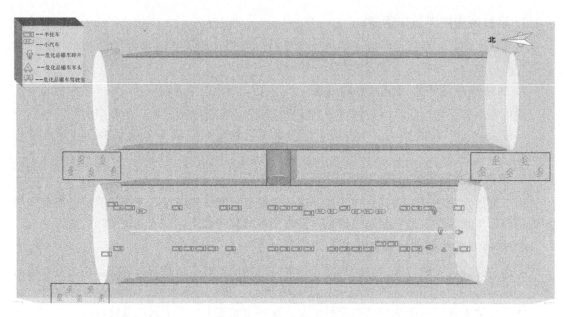

图 6.2.1　岩后隧道平面图

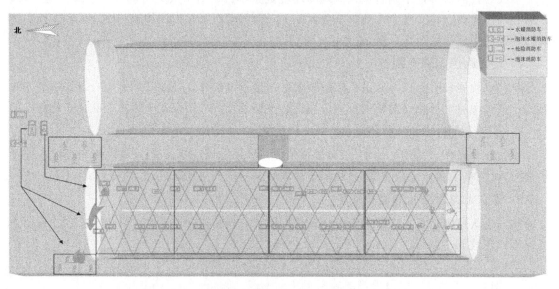

图 6.2.2　第一阶段力量部署图

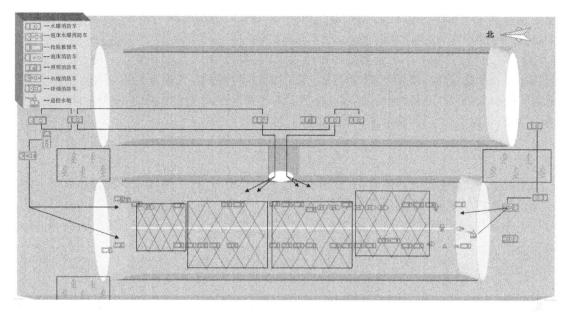

图 6.2.3　第二阶段力量部署图

案例3　威海市陶家夼隧道"5·9" 客车火灾事故救援案例

2017年5月9日9时0分10秒,威海消防支队指挥中心接到110转警,陶家夼隧道发生1起交通事故,车辆起火,后连续接到群众报警,称现场有人员被困。支队先后调派6个中队和战勤保障大队共计27车134名官兵到场参与处置,支队全勤指挥部遂行出动。9时27分左右,事故车辆火势被控制,9时35分左右火灾完全扑灭。事故共造成13人死亡(其中,中国籍幼儿学生6名,韩国籍幼儿学生5名,中国籍司机1名,中国籍随车幼儿园老师1名)。

一、基本情况

(一)隧道情况

陶家夼隧道位于威海市环翠区环山路,南北走向,全长1070m,宽约9.5m,高约7.5m,单孔双向隧道,2001年3月开始施工,2003年初投入使用,周边无毗邻建筑。

(二)天气情况

当日天气情况:小雨;东南风三级,风速:4.9m/s;温度:12.7℃;湿度:90%。

二、救援经过

(一)侦察

9时06分,辖区青岛路中队3车15人到达隧道南口处。中队指挥员到场发现隧道内浓烟弥漫能见度不足1m,救援难度大,立即向支队汇报并请求增援。同时带领2个灭火救援攻坚组佩戴空气呼吸器,携带热成像仪、救生照明线、轻型破拆救援器材等装备从隧道南口深入内部进行火情侦察和人员搜救,同时铺设水带干线做好战斗准备。

9时12分左右,中队在距离隧道南口约730m处发现着火车辆,车辆是一辆大巴车,车辆尾部还有一辆轿车和一辆面包车,大巴车已处于猛烈燃烧阶段,无法及时确认有无被困人员。此时支队全勤指挥部和特勤中队等力量已经到达隧道北口;北山路中队、华夏路中队相继到达隧道南口;张村中队、吉林路中队相继到达隧道北口。

(二)警戒疏散

指挥中心接警后及时协调公安、交通等部门封锁事故隧道,在两端入口设置警戒线,并根据现场道路情况分别在距隧道北口约1.1km李家夼红绿灯处,距隧道南口约200m路口处实施交通管制,开启救援通道,保证救援车辆人员通行,疏散周边群众,严禁无关车辆、人员进入现场。

(三)救援准备

支队在陶家夼隧道北口200m处成立现场指挥部。山东省副省长、公安厅厅长、总队总队长、总工程师、威海市委书记和市长等领导第一时间亲临现场协调救援处置工作。

支队长根据第一到场中队指挥员的侦察情况报告,确立了"救人第一,科学施救"的指导思想;确定了隧道北口为灭火救援的主攻方向;组织攻坚组深入隧道纵深灭火搜救,同时利用特勤中队排烟车对隧道进行正压排烟,安排水枪掩护和替换力量,设置安全员,确保内攻人员安全。

(四)处置措施

现场指挥部根据现场情况对救援力量进行了详细部署:

① 由当日值班的防火处处长、司令部工程师带领特勤中队指挥员再次深入隧道侦察搜救,同时安排特勤中队的2个灭火救援攻坚组携带装备、铺设水带干线出2支泡沫枪由隧道北口到达事故现场开展救人灭火;

② 布置特勤中队的排烟车在隧道北口处,由水枪阵地配合进入隧道采取逐步推进的方式,排除隧道内的浓烟;

③ 部署北山路中队协助青岛路中队在隧道南口设置水枪阵地进行布防并做好现场力量替换;

④ 安排移动指挥中心、应急通信保障分队立即展开行动,做好通信保障工作;

⑤ 安排后续到场中队做好现场供水保障,战勤保障大队负责现场器材装备的保障工作。

由于当时隧道内浓烟温度高、能见度低,救援难度大,攻坚组人员采取绳索连接,沿隧道墙壁手摸脚探等方式向事故地点前进。后方人员接力铺设水带近400m,出2支泡沫枪交替掩护,延伸推进。到达事故地点后,攻坚组人员利用一支泡沫枪进行灭火,控制火势蔓延,另一支泡沫枪冷却汽车油箱防止爆炸。

9时27分左右,现场火势被控制。9时35分左右,在车内明火被扑灭后,司令部工程师带领特勤中队官兵进入车体内部搜救,第一时间发现9具遇难者遗体;并命令现场官兵继续冷却着火车辆,待油箱充分冷却后实施油料输转,并尽最大努力保护现场。

（五）现场清理

11 时 15 分左右,现场指挥部安排部分增援力量撤离现场,归队恢复备战状态。部署特勤中队、青岛路中队、吉林路中队、张村中队共计 4 辆抢险救援车、1 辆举高车、1 辆压缩空气泡沫车实施现场监护,架设照明灯协助现场勘察。

5 月 10 日 6 时左右,事故车辆拖离现场,现场勘察结束,隧道恢复交通,所有参战力量撤离现场。

三、案例分析

（一）力量调集方面

5 月 9 日 9 时 0 分 10 秒,消防支队指挥中心接到 110 转警,在陶家夼隧道北段发生一起交通事故,车辆起火,后连续接到群众报警,称现场有人员被困。

9 时 0 分 33 秒,威海支队指挥中心根据《山东省公安消防部队灾情等级及作战力量调派规定》中隧道交通事故规定要求和山东省消防总队《关于全力做好省十二届人大七次会议和"一带一路"国际合作高峰论坛期间社会面火灾防控工作的通知》要求,第一时间一次性调派青岛路中队、特勤中队、北山路中队共计 10 车 59 人赶赴隧道两端入口实施双向处置。支队长带领全勤指挥部遂行出动。

青岛路中队出动 3 车 24 人,距离 4.3km,行驶时间 6min。特勤中队出动 5 车 21 人,全勤指挥部出动 5 车 21 人,距离 5km,行驶时间 12min。北山路中队出动 2 车 14 人,距离 7km,行驶时间 15min。

9 时 12 分 34 秒,指挥中心根据报警信息和首战力量到场情况反馈,按照现场指挥部作战要求又一次性调派吉林路中队、华夏路中队、张村中队、战勤保障大队赶赴现场,其中水罐消防车 3 辆、泡沫消防车 2 辆、抢险救援消防车 2 辆、照明消防车 1 辆、器材保障车 1 辆、油料补给车 1 辆、供气消防车 1 辆、泡沫供给车 1 辆,共 12 车 54 人。

吉林路中队出动 3 车 16 人,距离 6.6km,行驶时间 12min。华夏路中队出动 4 车 20 人,距离 8.4km,行驶时间 14min。张村中队出动 1 车 8 人,距离 9.7km,行驶时间 14min。战勤保障大队出动 4 车 10 人,距离 7.3km,行驶时间 18min。

指挥中心及时协调交警支队封锁事故现场,实施交通管制;120 做好现场紧急救治准备,公路、市政部门到场协助事故处置工作。并立即向市公安局指挥中心报告,建议市局报请政府启动应急预案,及时调集公安、卫生、交通、公路、通信等部门到场协助处置,通知隧道设计和施工单位赶赴现场,提供相关资料和数据。

（二）火场侦察方面

对于此类火灾,一般采用询问知情人、外部观察、内部侦察和利用图上侦察等方法进行侦察。消防部队到达现场后,通过外部观察发现隧道内烟雾比较大,能见度不足 1m。为了进一步了解情况,辖区中队指挥员立即组织侦察小组佩戴好个人防护装备进入隧道内部了解情况。6min 后侦察小组在距离隧道南口 730m 处发现了起火车辆。

（三）现场组织指挥

事故发生以后支队各级指挥员及时赶到现场,并成立了现场作战指挥部。支队全勤指挥部、移动指挥中心第一时间出动到场参与处置,市政府依托支队移动指挥中心成立现场指挥部,很好地保障了省、市两级领导的现场作战指挥决策需要,并利用车载卫星设施准确、快速将上级领导的指示、要求和命令传达落实到位。

（四）存在的相关问题及改进措施

1. 通信联络

隧道内通信联络不畅通,内攻人员与外界联系基本中断。针对此种情况应建立专门的隧道消防应急通信系统,扩大地面消防无线通信的范围,提高救援现场的通信保障能力。

2. 防护措施

部分官兵现场安全防护措施不到位,现场参战人员个人防护装备未及时佩戴(手套、阻燃头套等)。针对此类情况应加强作战安全教育,提高全体参战官兵的安全意识。

3. 救援装备配备

缺少专业的隧道救援装备。应购置远程水带铺设装备、超细干粉灭火装置、大功率可移动式排烟设备和隧道救援消防车等救援装备。

？ 思考题

1. 发生隧道火灾后,应如何保障现场通信畅通?
2. 发生隧道火灾后,应如何做好个人防护?

案例4 京沪高速淮安段"3·29"液氯泄漏特大事故救援案例

2005年3月29日18时50分,京沪高速江苏淮安段103km处发生一起重大交通事故,导致肇事车辆槽罐内大量液氯泄漏。淮安市消防支队接警后迅速调集8个中队、29辆消防车、150名官兵到场抢险救援,江苏省消防总队接报后,先后调集5个支队、10辆消防车、90名官兵到场增援。经过近65h的艰苦奋战,成功处置了这起液氯槽罐泄漏事故,此次事故波及淮安市淮阴、涟水2个县区的3个乡镇的11个行政村。造成28名村民中毒死亡,350人住院治疗,270人留院观察,疏散15000余人,其中消防官兵及时疏散群众3000余人,抢救中毒遇险群众84人。

一、基本情况

（一）京沪高速情况

京沪高速公路为我国南北交通大动脉,双向4车道,全长1262km,江苏境内长465km,其中淮安段 70km,日平均车流量 16000 辆,29 日车流量为 18665 辆。

（二）车辆情况

1. 液氯槽罐车情况

鲁 HO0099 槽罐车长 12m，罐体直径 2.4m，额定吨位为 15t，实际载有约 40.44t 液氯，超载 25.44t。在这次事故发生以后，经有关部门对车辆进行检测发现，车辆有半年没有经过安全部门检测，左前轮胎已报废，达不到危险化学品运输车辆的性能要求。

2. 液化气钢瓶运输车辆情况

鲁 QA938 挂卡车长 13m，装载液化气空钢瓶（5kg）约 800 只。

（三）氯气理化性质

液氯是剧毒物质，呈黄绿色且具有刺激性气味，气体比空气重约 2.5 倍，在空气中不易扩散，由液相变为气相体积扩大约 400 倍。

氯气对人的眼睛和呼吸系统黏膜有极强的刺激性。$120 \sim 180 mg/m^3$ 时，$30 \sim 60 min$ 可引起中毒性肺炎和肺水肿；$300 mg/m^3$ 时，可造成致命损害；$3000 mg/m^3$ 时，危及生命；高达 $30000 mg/m^3$ 时，一般滤过性防毒面具也无保护作用。

（四）周围情况

事故点下风及侧下风方向主要有淮阴区王兴乡的高荡、张小圩、圆南和涟水县蒋庵乡的小陈庄、悦来集、张官荡、石桥等行政村，其中邻近的有高荡村 3 个组 200 户约 550 人，离事故点最近住户的直线距离只有 60m。

（五）天气情况

29 日 18 时，晴到多云，东到东南风，风力 3 级左右，风速 3.8m/s，气温 12℃；

30 日晴，东南到南风，风力 $1 \sim 2$ 级，风速 $0.8 \sim 3.2$m/s，气温 $6 \sim 20$℃；

31 日晴，南到东南风，风力 $1 \sim 2$ 级，风速 $0.8 \sim 3.2$m/s，气温 $6 \sim 21$℃。

（六）水源情况

事故现场没有可以利用的水源，最近的取水点有三处，都是口径为 150mm、流量 18L/s 的室外消火栓。一是事故点北面的淮安北出口处（8km），二是事故点南面的淮连高速公路服务区（12km），三是事故点南面的淮连高速公路收费站（16km）。

（七）事故发生原因

当时液氯槽车由北向南行驶，因左前轮爆胎，导致车辆向左冲断隔离栏至逆向车道，与由南向北行驶载有液化气空钢瓶的卡车相撞并翻车，导致液氯槽车车头与罐体脱离，罐体横卧在路中央，槽罐进、出料口阀门齐根断裂，液氯大量泄漏。液化气空钢瓶的卡车司机当场死亡，槽罐车驾驶员未及时报警，逃离事故现场。

二、救援经过

（一）快速堵漏、疏散救人

1. 接警出动

2005年3月29日18时55分，淮安市消防支队接到淮阴区公安110指挥中心转警，京沪高速淮安段上行线103km+300m处发生交通事故，大量的液化气钢瓶散落地面，并发生泄漏。支队指挥员立即率领3个中队、11辆消防车（2辆抢险救援车、6辆水罐车、3辆泡沫车）、90名官兵迅速出动。考虑到高速公路事故可能会造成交通堵塞，为抓住有利战机，分别从（京沪高速）淮安北入口、淮安南入口进入，于20时10分、12分相继到达现场。

2. 成立抢险指挥部

到场后，立即在距事故点侧上风方向200m处成立以支队长为总指挥的抢险指挥部，下设侦检、搜救、疏散、堵漏、稀释和安检6个战斗小组，同时命令侦检小组进行侦检。

3. 侦察检测

20时25分左右，侦检小组查明泄漏源来自侧翻的槽罐车，车上无人，确定泄漏物质为氯气（罐体上有明显的黄色包装标志和液氯字样；现场气体浓度很高，通过黄绿色的颜色可以确定为氯气），泄漏口为两个比较规则的圆形孔洞，泄漏量很大（尚剩一半左右）。另一辆卡车运载的液化气钢瓶为空瓶（5kg），司机已死亡。查明后侦检组立即向总指挥报告侦察情况。

指挥部根据现场情况当即命令：一是全体官兵必须穿防护服、佩戴空气呼吸器，加强个人防护，确保自身安全；二是立即疏散高速公路两头滞留的驾乘人员，并设立警戒线；三是从南北两侧的侧上风方向各出2支喷雾水枪对泄漏气体稀释驱散；四是安检组对进入现场的官兵严格记录，强调进出时间，检查个人防护装备；五是组织搜救小组，迅速进入村庄进行疏散救人；六是迅速调集支队机关和城西、城南、涟水、淮城、洪泽中队赶赴现场增援；七是立即将现场情况向市公安局、市政府和总队报告，现场液氯有大量泄漏，严重威胁高速公路滞留车辆驾乘人员和周围村庄群众的生命安全，请求市政府启动社会应急联动机制，调集公安、武警、交通、安监、医疗和环保等相关部门到场，加强警戒，监测环境，播报灾情，迅速疏散群众。

4. 设立警戒

警戒区设定：根据侦察情况，指挥部运用化学灾害事故辅助决策系统，计算出事故区域的范围。其中，重危区约0.64km^2，轻危区约为9.8km^2，警戒区为15km^2。并在离事故点上风1km和下风1.5km处设立警戒线。

村庄警戒区设定：重危区为下风方向600m，轻危区为下风方向1800m，警戒区为周围15km^2。1t氯气泄漏死亡半径为30.6m，现场氯气槽罐装载量相当大（40.44t），泄漏近一半左右，根据氯气的危险特性和现场实际情况，前沿指挥员意识到事态十分严重，当即决定加大警戒、搜救范围，决定疏散、警戒范围扩大到15km^2。

5. 现场照明

由特勤中队利用抢险救援车上的固定和移动照明设备进行现场照明。

6. 疏散救人

组成五个搜救小组，每组 4 人，由 1 名组长负责，迅速进入村庄进行疏散救人。

搜救小组：特勤中队 2 个小组；水门桥中队 2 个小组；王营中队 1 个小组。

搜救路线：特勤中队的 2 个小组从距事故点南侧 100m 处破拆高速公路护栏，进入邻近事故点的村庄（高荡村六组）搜救；对疏散、搜救出的人员应往上侧风方向即指挥部方向撤离；水门桥中队 2 个小组和王营中队的 1 个小组从事故点北侧 50m，破拆高速公路护栏进入邻近事故点的村庄（高荡村七组）搜救。对疏散、搜救出的人员应往上侧风方向即高速公路下涵洞处方向撤离。

对搜救人员的要求：搜救人员在组长的带领下严密进行，小组成员之间要有明确的联络信号（如手势），不得单独行动，在行动过程中要经常保持联络，小组长随时要对成员佩戴的空气呼吸器进行检查，发现问题，立即带领小组成员返回安全地带。

官兵进入村庄后发现群众能自行离开的积极动员引导其向上侧风方向的指挥部或涵洞口撤离。对中毒的群众，官兵利用棉被当担架或直接采取抱式、抬式救人的方式将群众救出，救出后更换气瓶、进行调整再次进入村庄搜救。

20 时 35 分左右，水门桥中队搜救小组首先报告，发现一户人家 2 人已经中毒死亡。38 分左右，王营中队搜救小组也发现有 1 人中毒死亡。随后指挥部又陆续接到发现多人中毒昏迷的报告。为此，指挥部要求各搜救小组继续全力营救中毒遇险人员，同时注意自身安全。

20 时 55 分左右，增援力量到场。指挥部命令增加 6 个搜救小组，由副总指挥统一负责，从事故点北侧高速公路下的涵洞进入村庄救人。

在救援过程中，共营救出 84 名中毒群众，其中 79 人生还，疏散遇险群众 3000 余人。

7. 快速堵漏

20 时 25 分，根据侦检组查明泄漏点的情况，指挥员命令堵漏人员穿着全密封防化服，携带堵漏木塞，在水枪掩护下迅速实施堵漏。

要求：堵漏人员要精干，行动要迅速，要佩戴空气呼吸器并穿着全密封防化服，在水枪的掩护下实施。

21 时许，堵漏小组用堵漏木塞，经过密切配合，成功地封堵两个泄漏孔，同时，稀释小组对泄漏区保持不间断的稀释驱散。

8. 安全检查

为了确保参战官兵的安全，明确专人负责个人防护装备检查，记录人员进出情况，强调进出时间。

要求：一是认真检查进入现场人员佩戴的空气呼吸器情况；二是规定战斗小组进入毒区的行动时间和返回时间；三是密切注视进入毒区人员特别是搜救人员空气呼吸器的使用时间；四是及时下达返回的命令。

9. 战勤保障

启动战勤应急保障预案，及时调集器材装备、油料、食品、御寒物资、医疗救护等到场，保障供给。

至此，淮安支队通过迅速启动应急救援预案，立即组织侦检、设立警戒、疏散救人、向上级报告灾情，迅速启动社会应急联动机制，快速实施堵漏。有效地控制了灾情，取得了抢险救援的初战告捷。

（二）研究方案、排除险情

1. 成立现场指挥部

22时55分，总队指挥员等到达现场，成立总队级现场指挥部，由支队指挥员负责前沿指挥，并组织突击队对泄漏口进行监护，随时做好加固等应急准备。现场指挥部决定继续加大搜救力度，按照乡村干部提供的有关情况，对氯气重危区内的村庄再一次进行全面搜寻。

2. 确定中和方案，消除毒源

经过参战官兵共同努力，现场情况稳定。指挥部考虑到堵漏木塞在不断被腐蚀，液氯随时都有大量泄漏的危险，如果液氯槽罐不及时转移，毒源不彻底消除，危险就随时存在，京沪高速也无法恢复通车，指挥部积极研究制订排险方案。最终确定在事故点侧上风方向约300m的高速公路桥下，构筑中和池，将泄漏槽罐置入池中，加入氢氧化钠溶液进行中和。

3. 起吊、输转准备

现场指挥部决定调集吊车、清障车和平板车到场；调集武警官兵构筑人工水池；落实氢氧化钠溶液送达现场；确定移运路线；制订转移监护方案。

30日2时20分，清障车将车头拖出现场。

4. 跨区域力量调集

2时30分，现场指挥部考虑到处置时间长、任务重，现场防护装备消耗量大，官兵体能消耗大，决定跨区域调集力量。先后调集了徐州、连云港、南京、盐城、苏州等5个支队，共10辆消防车、90名官兵、120套空气呼吸器、20套防化服、1台移动充气设备到场增援。

5. 起吊槽罐

3时30分，第一次使用50t吊车起吊没有成功（因为超载，对重量估计不足），指挥部研究决定，再调集1辆50t吊车到达现场，采取两辆吊车同时起吊的方法。11时许（说明时间长的原因：吊车到场缓慢，严重超载，以至对重量估计不足，高速公路场地特殊，不易施展），液氯槽罐被成功吊起，移至大型平板车上。

6. 安全转移

12时40分，在消防官兵的监护下，液氯槽罐安全转移到中和池旁。

由于受场地和吊车起吊重量的制约，无法将槽罐准确放入池中，指挥部又紧急从连云港港务局调来1辆150t的大型吊车。

15时30分，液氯槽罐被准确放入池中。抢险救援工作取得初步成效。

16时30分，中断了20h的京沪高速恢复通车。

（三）中和反应、消除毒源

截至19时，指挥部共调集300t浓度为30%的氢氧化钠溶液到达现场（1t液氯完全中和约需要3.8t的浓度为30%的氢氧化钠溶液，为考虑充足，多2倍调集），进行中和，为加速中和，同时又保证安全，用消防钩对木塞进行了松动。

19时15分，由于东侧堤坝泥土松动，出现渗漏，致使堤坝坍塌，液面下降，液氯槽罐两个泄漏口暴露在空气中（碱水池旁，监测浓度为33.3mg/m³），使加固堤坝的工作遇到了很大困难，指挥部决定调用两台大功率挖掘机加固堤坝。

22时10分左右，堤坝加固完毕。此时，又调集200t氢氧化钠溶液到场，使中和继续进行。（中和池旁，监测浓度为2.1mg/m³。）

31日9时许，为加快中和速度，指挥部决定用水带直接将氢氧化钠溶液引至泄漏口进行中和。

19时15分左右，槽罐内液氯中和完毕。（中和池旁，监测浓度为0.1mg/m³。）

（四）罐体移运、洗消降毒

1. 罐体移运

31日20时许，指挥部研究决定，在天亮以后将槽罐移运至江苏科圣化工机械有限公司，并连夜做好相关准备工作。

4月1日9时20分，开始起吊。（中和池旁，监测浓度为0.08mg/m³。）

11时许，槽罐被成功吊放并固定在大型平板车上，在警车开道和消防车的监护下，驶离事故现场。

12时08分，液氯槽罐被安全运送至江苏科圣化工机械有限公司。

2. 洗消降毒

（1）人员、装备洗消

处置过程中及时对官兵、装备进行洗消。

（2）环境洗消

根据液氯的理化性质和受污染的情况，对污染区进行监测洗消；环保部门对污染现场进行不间断环境监测，直至毒气全部消除；调集100台喷雾机械和10辆大型喷雾车对污染区喷洒氢氧化钠溶液；调集10辆消防水罐车，利用雾状水对污染区进行稀释；对中和池周围进行封闭，专人看护，确保中和后的液体自然降解。

至此，消防官兵经过65h的连续奋战，液氯泄漏事故成功处置结束。

三、案例分析

（一）成功之处

1. 坚持救人第一的指导思想，是成功处置的关键

在抢险救援过程中，积极抢救人员是指挥员优先考虑和竭力实现的首要决策目标，这也是抢险救援行动的本质要求。在初战力量到场后，现场指挥部第一时间下设5个搜救小组，由中队指挥员带头分别对事故邻近点的村庄展开搜救，并引导村民向上侧风安全地带撤离。在增援力量到场后，指挥部又增设6个搜救小组进入村庄救人，确保所有人员都已撤出。在整个处置过程中，消防官兵始终把抢救人命作为首要任务，充分发挥人员和装备的优势，全力救助遇险群众。在第一时间内，组织疏散群众和驾乘人员3000余人，抢救中毒遇险群众84人，将事故可能导致的人员伤亡降到最低。

2. 科学决策、措施得当，是成功处置的前提

危险化学品事故突发性强，连锁危害严重，而且危化品种类繁多，险情具有潜在隐蔽性，灾害事故现场侦检不宜，个体防护要求高，危险因素难以控制，极易出现大规模的人员

伤亡和环境污染，是消防部队面临的重难点问题，因此，科学处置危险化学品事故是对每名指挥员提出的必然要求。在此次液氯槽罐车泄漏事故的处置中就有许多值得借鉴的地方。

（1）科学设立警戒区

迅速、准确划定危险化学品事故的警戒区域是指挥员最初要决策的，其关系到现场处置力量的部署和周围群众的撤离疏散。通过初步判断、仪器检测等多种侦检方法确定泄漏物质与泄漏浓度分布后，指挥员需根据毒物对人的急性毒性数据，适当考虑爆炸极限和防护器材等其他原因，划分重危区、中危区、轻危区和最外围的警戒区，并注意毒物的理化性质、毒性、储量、气象条件、地形地物等因素，随时做出警戒区域范围的调整。此案例中，在侦检小组确定泄漏物质为氯气后，指挥部使用了化学灾害事故辅助决策系统，计算出重危区约 $0.64km^2$，轻危区约为 $9.8km^2$，警戒区为 $15km^2$，村庄警戒区设定为重危区为下风方向 600m，轻危区为下风方向 1800m，警戒区为周围 $15km^2$，极大地提高了划分警戒区的效率与准确性，减少人为决策的失误。同时，针对液氯槽罐车严重超载且已泄漏一半这一实际，前沿指挥员立即决定扩大警戒与搜救范围，确保周围群众与作战人员的安全。

（2）合理选择堵漏方法

针对不同的泄漏情况能够选择相应有效的堵漏方法可以控制危险源并防止继续泄漏，加快事故处置进程，最大限度缩小危害范围。但危险化学品泄漏现场情况往往复杂多变，综合考虑选择一个行之有效的堵漏工具和堵漏方法至关重要。针对设备本体泄漏就有塞楔堵漏、捆扎堵漏、气垫堵漏、注胶堵漏、磁压堵漏等多种方法，每种方法都自己所适用的范围，包括要考虑到泄漏形状、大小、压力、泄漏物质的温度、腐蚀性等多种因素。在该案例中，现场情况为液氯槽罐车呈侧翻状态，泄漏物质为氯气，泄漏口为两个比较规则的圆形孔洞，氯气已泄漏一半，槽罐进、出料口阀门齐根断裂。第一到场力量携带的堵漏器材有堵漏木塞、捆绑式堵漏工具、内封式堵漏工具、磁压式堵漏工具、卡箍式堵漏工具。现在分析各堵漏工具的可行性：因罐体侧卧在公路上，捆绑带无法绕过罐体进行捆绑，因此无法使用捆绑式堵漏工具进行堵漏；漏孔孔径规则但表面不太规则，使用磁压式堵漏工具效果不是很好；卡箍式堵漏工具是把密封垫压在直径较小的管道泄漏口上，上紧卡箍上的螺栓进行堵漏，不适用于槽罐体的堵漏；液氯槽罐进、出料口阀门螺丝都已齐根断裂，无法进行关阀断料，也无法再安装法兰进行倒罐；由于液氯已泄漏一半，泄漏压力相对较小，采用木塞堵漏方便、快捷，虽然木塞在氯气的作用下会被腐蚀有少量泄漏，但是在烧碱池里微漏能够更好地进行中和，木塞在烧碱池内不断被腐蚀，中和也就不断进行，直至中和完毕；内封式堵漏工具在注入后充气膨胀，橡胶能够紧密地和泄漏口融合不易渗漏，加之橡胶不易被腐蚀，这是堵漏效果最好的工具，但堵得越好就对下一步的中和带来更大的难度，要将液氯更安全、更充分地和烧碱发生中和反应，前提是氯气要在缓慢泄漏的情况进行。因此，综上可以看出，使用简单、迅速的木塞堵漏是当时情况下的最佳选择。在水枪掩护下，堵漏小组着全密封防化服用堵漏木塞，经过密切配合，成功地封堵两个泄漏孔，同时，稀释小组对泄漏区保持不间断的稀释驱散。

（3）有效中和消除毒源

在无法实施倒罐进行危险化学品输转的情况下，采取中和、氧化、催化、燃烧、络合等方法消除危险化学品毒性也是可取的措施。这些方法有着各自的特点和适用范围，需要根据危险化学品的种类、泄漏量、理化性质等因素进行选择，基本要求就是消毒快、毒性消除彻底、费用尽量低、使用消毒物质对人体不产生伤害。液氯是剧毒物质，呈黄绿色且具有刺激性气味，其酸性特点适合用中和的方法进行处置，在空气中由液相变为气相体积扩大约 400 倍，比空气重约 2.5 倍且不易扩散，但氯气可与水作用发生自氧化还原反应而减少毒害性，所以可以用大量喷雾水降低泄漏氯气云团的浓度。在该案例中，经指挥部研究决定在事故点侧上风方向约 300m 的高速公路桥下，构筑中和池，将泄漏槽罐置入池中，加入氢氧化钠溶液进行中和。液氯与氢氧化钠反应方程式：

$$Cl_2 + 2NaOH =\!=\!=\!= NaCl + NaClO + H_2O$$

1t 液氯完全中和约需要 3.8t 浓度为 30% 的氢氧化钠溶液，为保证充足，多 2 倍进行调集。且该反应为放热反应，剧烈的反应放出大量的热会使槽罐内压力升高，气体泄漏量增大，如不能及时中和，可能难以控制，所以不能把泄漏口进行扩大。在整个处置过程中，指挥部先后调集 500t（300t+200t）浓度为 30% 的氢氧化钠溶液到达现场进行中和，为加快中和速度，决定用水带直接将氢氧化钠溶液引至泄漏口进行中和，并最终达到安全浓度。

3. 参战各方密切配合，协同作战，是成功处置的保障

危险化学品事故，如果处置不当、不及时极易会演变为重特大灾害事故，其具有处置难度大、技术要求高、作战范围广、需要救援力量多的特点，单靠消防部队处置危险化学品事故很难做到圆满，再加上高速公路上的复杂情况，必须要多部门联合作战。在这次事故处置过程中，指挥部意识到此次液氯泄漏事故的严重性，不仅立即速调集支队机关和城西、城南、涟水、淮城、洪泽中队赶赴现场增援，还先后调集了徐州、连云港、南京、盐城、苏州等 5 个支队、10 辆消防车、90 名官兵、120 套空气呼吸器、20 套防化服、1 台移动充气设备到场增援，启动战勤应急保障预案，并请求市政府启动社会应急联动机制，调集公安、武警、交通、安监、医疗和环保等相关部门到场。公安民警、武警、保安积极疏散外围群众，并负责警戒；地方政府做好疏散出的群众安抚、生活保障工作；市卫生局通知市内各大医院人员全部在岗在位，调集所有救护车到场；市安邦石化厂技术人员到场协助处置并调来 500t 的氢氧化钠溶液；连云港港务局调来 1 辆 150t 大吊车，和其他 2 辆 50t 吊车共同转移液氯槽罐；2 台大功率挖掘机加固堤坝；环保、气象单位对污染现场进行不间断环境监测，直至毒气全部消除；100 台喷雾机械和 10 辆大型喷雾车对污染区喷洒氢氧化钠溶液进行洗消。在这种参战单位多、人员多、时间长的情况下，各方只有在指挥部的统一指挥下，协同作战、密切合作，才能为救援现场有力地提供了装备、物资和技术等各方面的保障，使此次处置能够顺利完成。

4. 高度重视安全防护，是成功处置的保证

在危险化学品事故现场，救援人员要面对泄漏的有毒性、易燃易爆性、腐蚀性物质，或者处于严重缺氧的环境中，加强对救援人员的安全防护是保存有生战斗力的重要保证。而人员中毒的主要途径是经呼吸道和皮肤进入体内，经消化道进入则比较次之。所以针对呼吸防护可以佩戴正压式空气呼吸器，针对皮肤防护可以着防化服。氯气对人的眼睛和呼吸系统黏膜有极强的刺激性，高达 30000mg/m³ 时，一般滤过性防毒面具也无保护作用。根据安全防护等级，氯气一类的剧毒物质在重危区的安全防护等级为一级，中危区的安全防护等级也为一级，轻危区的安全防护等级为二级。一级的安全防护标准是全身防护，必须着内置式重型防化服，佩戴正压式空气呼吸器；二级的安全防护标准是全身防护，可着封闭式防化服，佩戴正压式空气呼吸器。在整个处置过程中，指挥部始终强调做好个人安全防护。支队指挥部

在到场后，根据侦检情况立即命令全体官兵必须穿防护服、佩戴空气呼吸器，加强个人防护，确保自身安全，并设立安检组对进入现场的官兵严格记录，强调进出时间，检查个人防护装备。在派出搜救小组时强调搜救人员在组长的带领下严密进行，小组成员之间要有明确的联络信号，不得单独行动，在行动过程中要经常保持联络，小组长随时要对成员佩戴的空呼器进行检查，发现问题，立即带领小组成员返回安全地带。堵漏小组也是选择精干人员，按照一级防护，速战速决，减少作业时间。综上可以看出危险化学品事故中的安全防护不仅个人要有极高的重视，作战行动中队员之间也要密切配合，严格检查，及时提醒撤退，确保所有作战人员的安全。

（二）改进之处

1. 加强熟悉演练，提高复杂情况下的作战能力

目前，消防部队的业务训练正向实战化方向转移，强调模拟真实的灾害现场情况，培养消防官兵科学处置、灵活处置、协同处置的能力，切实能做到拉得出、打得赢。此次案例的情况非常复杂，夜间作战、情况不明、地形不熟、环境险恶、交通不畅、远离市区、中毒人员多等状况都决定了此次处置的难度很大。这起事故发生在夜间的苏北农村，距离市区约30km，农村没有照明一片漆黑，救援官兵地形不熟；高速公路车流量大、流动性大，事故发生突然，致使现场滞留车辆多，交通严重堵塞；现场氯气浓度高、范围大，环境险恶，使救援工作十分困难。因此，消防部队在加强"六熟悉"的同时，还要加强对主要道路沿线情况的熟悉，要经常组织官兵进行夜间、险恶环境下的训练，提高官兵在此环境下的适应能力和作战能力，加强对高速公路应急救援预案，特别是在交通堵塞情况下的演练。

2. 建立联动机制，提高应急救援反应能力

这次事故处置一个很大的特点就是多部门力量联合作战。参战力量有消防、公安、武警、医疗、环境、交通、化工、工程运输等多个部门和单位1000余人；指挥层次包括地方的省、市、区、县、乡和部队的总、支、大、中队和班（组）等多个层次；作战范围近20km²。像这种大规模、大范围、多种力量参战的大型救援活动，如果不建立联动机制，很容易导致现场救援行动混乱，降低救援效率。比如在案例中，高速公路液氯槽罐车泄漏，情况特殊，救援行动需要大型起吊、运输设备。但由于肇事槽罐车超载严重，指挥部估计不足，1辆50t吊车无法吊起，之后又调集1辆50t吊车。在将液氯槽罐转移至中和池中时，又因估计不足需再次调集1辆150t吊车。而大型起吊、运输设备都为企业所有，没有列入联动单位，导致调集时间长，同时受路途和行驶速度的影响，到场缓慢，严重阻碍了救援工作的进行。在中和过程中，又出现了东侧堤坝泥土松动，致使堤坝坍塌，液面下降，液氯槽罐两个泄漏口暴露在空气中的现象，指挥部又决定调用2台大功率挖掘机加固堤坝。综上可以看出，联动处置能力对于危险化学品事故等大型灾害事故来说至关重要，有利于提高整体的救援效率，防止出现多次调集、调集时间长的现象，并且联动力量的行动一定要有统一的指挥决策，避免责任不明、任务不清、两头指挥的情况。

3. 完善战勤保障，提高大规模、长时间救援现场的保障能力

这次事故范围大、参战人员多、防护要求高，进入毒区的所有救援人员，消防官兵、地方党政领导、工程技术人员等，都要佩戴防护装备，消耗量非常大（共用空气呼吸器198具，856瓶次。其中法而曼、巴固、鸿宝分别为133具、15具和10具，均为6.8L碳纤瓶，

依格 40 具，为 5L 钢瓶），而现场远离市区，支队从淮安北入口距现场 28km，其中高速公路 5km、支队到淮安北入口 23km（城区 5km、县级公路 18km），从淮安南入口到现场有 35km，其中支队到淮安南入口 16km（城区 7km、高速公路连接线 9km）、高速公路 19km，且受到支队现充灌设备同时充满两个空气钢瓶需要 10min，涟水大队的充灌机 1 次充 1 个需要 10min 等情况的限制，补给困难，难以满足现场需要。而且此次事故处置对通信、装备、油料、生活等各类物资消耗多，需求量大，保障要求高，调集路径远，以至通信保障不能跟上，导致现场联络不畅，油料、生活保障是分别在石化公司和高速公路管理处的积极协助下才得以保障到位。因此，完善日常的战勤保障能够有力满足消防部队在面对重特大灾害事故时可以坚持长时间作战的要求，同时，加强战勤保障演练是提高保障能力的重要措施，有利于磨合作战部队与保障部队之间的行动，加快物资补给速度，使作战衔接更为流畅，从而提高大规模、长时间救援作业的保障能力。

思考题

1. 本次案例造成 28 名村民中毒死亡，350 人住院治疗，270 人留院观察，疏散 15000 余人，试从现场警戒、安全疏散的角度分析初到场的消防救援人员应如何准确采取相关措施进行应对？

2. 面对氯气泄漏，从现场救援人员、被困人员的安全保护角度分析，应如何采取有效措施予以应对？

案例 5　湖南"10·6"常吉高速液化石油气泄漏爆炸事故救援案例

2012 年 10 月 6 日，湖南省怀化市境内高速公路上发生了交通事故，一辆装满液化石油气的槽车发生侧翻，辖区中队接到报警后在第一时间调集力量前往事故现场进行处置，到场后经过严密的询问侦察，发现事故槽车的罐体和车头发生分离，驾驶室内有 1 人被困，还有 1 人被甩到车的外面。指挥员果断下达救援命令。当被困群众被救出，增援力量也已经到达的情况下，现场最高指挥官下达了倒罐的命令。就在准备倒罐的过程中，令人意想不到的噩梦发生了，静置了 5 个多小时的液化石油气槽罐突然发生泄漏，并与空气混合形成剧烈爆炸，3 名消防员英勇牺牲，2 名消防员受伤。

一、基本情况

（一）泄漏液化石油气的基本情况

此次事故中泄漏的液化石油气主要由丙烷、丙烯、丁烷、异丁烷、丁烯、异丁烯等组成，闪点为 $-74℃$，引燃温度为 $426\sim537℃$，爆炸极限为 $2\%\sim10\%$。液化石油气的密度比空气大，非常容易积聚在低洼的地方。液化石油气易燃易爆，气液态体积比值大、易挥发，液化石油气的液态密度比水大，体积膨胀系数大，容器内压力大于外界大气压。

（二）泄漏液化石油气槽车的基本情况

发生事故的液化石油气槽车额定容积为 58.1m³，额定荷载为 24.4 t，实载为 24.1t，司乘 2 人，全车长 17m，属湖北荆门市海莱燃气有限公司所有，车辆证照齐全。事故槽车结构如图 6.5.1 所示。

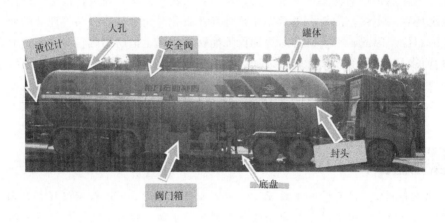

图 6.5.1　液化石油气槽车结构图

（三）液化石油气槽车泄漏事故现场情况

2012 年 10 月 6 日 9 时 10 分，常吉高速 1117km 处一辆液化石油气槽车侧翻，有 2 人被困，50 多人滞留在附近。消防救援人员到达现场后，持续对现场进行气体侦检，未发现气体泄漏，槽车罐体侧翻到爆炸间隔时间达 5h，期间一直处于稳定状态。经现场联合指挥部研究，决定实施倒罐处置，消防救援人员在做倒罐前保护的准备过程中，罐体在未受外力作用的情况下，罐壁突然发生撕裂，液化石油气迅速汽化，并在数秒内扩大至 150m 外发生爆炸，一线消防救援队员在短时间内无法采取有效应对措施，部分人员来不及撤离现场。

（四）道路情况

事故地点位于常吉高速公路，事故车辆在隧道的出口处发生了侧翻，槽车周围三面环山。发生事故的地点距离辖区中队大概 60 km，距离增援中队大概 110km，距离支队大概 177km，距离总队大概 245km。事故周边地形如图 6.5.2 所示。

（五）周边水源情况

地穆庵隧道外侧 90m 处有一条南北走向的小溪，水面距离堤岸高度约 2m，距离高速公路路面约 12m，溪水由北向南通过涵洞横穿高速公路。地穆庵隧道内部无室内消火栓系统。

（六）天气情况

10 月 6 日，怀化市沅陵县的天气为阴雨天气，能见度较低，东北风，风速为 1.2～1.9m/s。10 月 6 日 6 时气温为 16℃，12 时气温为 20℃。

图 6.5.2　事故周边地形图

二、救援经过

（一）接警出动

10 月 6 日 9 时 10 分，怀化沅陵中队值班室接到常吉高速官庄交警中队值班室民警报警，称常吉高速 1117km 处一辆液化石油气槽车发生侧翻，有人员被困，液化石油气没有泄漏。接到报警后，沅陵中队立即出动 1 辆水罐消防车和 1 辆抢险救援消防车、10 名官兵赶赴现场处置。

（二）侦察救人

10 时 15 分，沅陵县消防中队到达现场，将抢险救援车停在距离事故地点约 110m 处，水罐车停在抢险救援车后面。中队指挥员向正在现场勘察的高速公路交警了解车辆受损、人员被困等情况，并要求交警对现场实施交通管制。了解到事故是早上 6 点多发生的，现场有人员被困，没有液化石油气泄漏。中队指挥员将现场官兵分成 3 个小组：一组为侦检组，利用可燃气体探测仪等设备负责现场侦检，查明槽车有无泄漏和人员被困位置；二组为救援组，准备破拆工具实施救人；三组为警戒组，协助交警设置警戒线，控制现场火源，实施交通管制。10 时 30 分，侦检组经过侦察发现，槽车侧翻于隧道口处公路护栏外，车头已严重变形，距离隧道口约 6m，罐体距离隧道口约 10m，罐体封头部位有局部凹陷，未检测出液化石油气泄漏，变形的驾驶室内发现 1 人被困，生死不明。王珂随即命令救援组利用破拆工具进行救援，20min 后将驾驶室内被困人员救出。经向事故车辆单位了解，得知槽车上有 2 名人员后，救援组再次对事故车辆及周边进行搜寻，在槽车附近 5m 处的排水渠内发现被杂物掩盖的另 1 名被困人员并迅速将其救出。在救援的同时，警戒组协助高速公路交警对现场实施警戒，摆放了警戒桩，管制了沅陵到常德方向的交通，禁止车辆通行，很快便拥堵了大量车辆。现场交警考虑到国庆期间交通压力大，在消防部队搜救被困人员时，对拥堵车辆又实施了超车道放行疏散。

（三）倒罐准备

11 时左右，沅陵县安监局副局长到达现场，成立事故处置现场指挥部，并联合消防、高速交警部门再次勘察检测，确定槽车没有发生泄漏后，决定采取先倒罐后吊装转移的措施，由安监部门负责联系倒罐设备和技术人员，由交警部门调集吊车和平板车，由消防部门做好倒罐过程的安全保护。11 时 40 分，中队指挥员向怀化支队指挥中心报告了现场情况，支队指挥中心调派沅陵县辰州矿业专职消防队到现场增援，支队全勤指挥部乘通信指挥车赶赴现场指挥，并向现场传达了支队长的三点要求：一是要加强现场警戒，留足警戒距离，控制现场人员和车辆，禁绝火源；二是要做好泡沫和出水准备，对倒罐过程实施保护；三是要做好撤退准备，一旦发生泄漏要紧急撤退。考虑到现场的危险性和复杂性，中队指挥员再次要求高速交警迅速对交通实施双向管制，将警戒线设置在 300m 外。最后交警将警戒线设置在约 240m 处的下坡转弯处，警戒设置过程中，1 辆大货车、1 辆大客车、1 辆小货车和 1 辆小轿车来不及制动，冲入警戒范围，停靠在消防车后方，因交警警力不足，对面车道没有进行交通管制。

为做好倒罐准备，中队指挥员重新安排了力量部署，发出四条指令：一是将水罐消防车调整到抢险救援车之前，距事故车 67m 处的小溪上方应急车道上；二是在距离槽车 40m 处，架设 1 门遥控移动水炮做好冷却保护罐体准备；三是利用机动泵在小溪内取水，向水罐消防车供水；四是迅速疏散警戒区域内的无关人员，车辆熄火，禁绝火源。

（四）爆炸搜救

12 时 03 分，槽车罐体在未受任何外力的情况下，罐体封头处突然撕裂，大量液化石油气瞬间发生井喷式泄漏，白色雾状气体飞速向四周扩散。当时，执勤中队长助理带领 3 名战士正将机动泵抬到小溪旁准备取水，手抬机动泵还未发动；2 名战士已经架设完遥控移动炮并铺设了水带，返回至水罐消防车和抢险救援车旁待命，2 辆消防车均处于熄火状态；副中队长和中队摄像员正在疏散人员，中队指挥员在水罐消防车旁负责现场指挥。一发现泄漏，中队指挥员立即大声下达撤退命令，并和 1 名战士紧急向后撤离，抢险救援车附近的 1 名战士和在小溪中准备吸水的 4 名人员也迅速撤退。泄漏扩散数秒后，现场突然发生剧烈爆炸，200m 范围内 2 辆消防车起火燃烧，5 辆社会车辆不同程度损毁，地穆庵隧道局部受损。

爆炸发生后，中队指挥员立即清点人员，发现有 5 人失去联系，于是组织剩余的 5 名官兵进行搜寻，同时向怀化支队指挥中心报告。在中队指挥员的带领下，首先沿高速公路南面的小溪进行搜寻，在南面山坡下找到了 2 名人员，他们在向南撤离跑出 70 多米后被爆燃产生的高温灼伤背、颈等部位。经过询问得知有 2 名人员在听到撤退命令后，是往涵洞方向撤离的。指挥员随即组织旁边的群众帮助将受伤的 2 人送往医院进行救治，然后组织大家继续沿着小溪穿过高速公路涵洞向北搜寻，终于在距罐车北面 200m 处的山坡下（距离机动泵北侧 100m 处），发现 2 人俯卧在小溪中靠近山体一侧，2 人均已经壮烈牺牲。从现场分析，他们是在横穿涵洞撤离时被爆炸冲击波所伤。12 时 30 分，沅陵辰州矿业专职消防队 1 辆水罐消防车到场，立即出 1 支水枪扑灭了仍在燃烧的 2 辆消防车的火势，并从水罐消防车上清理出来不及撤离的合同制消防员的遗体。13 时左右，3 名牺牲消防员的遗体送往医院。

（五）冷却监护

接到爆炸的报告之后，支队指挥中心立即调集邻近的辰溪大队1辆水罐消防车和1辆抢险车前往增援，支队长带领司令部人员赶赴现场。总队接到报告后，立即向部消防局指挥中心报告，总队政委率总队全勤指挥部人员立即赶赴现场，同时调派常德、湘西消防部队共8辆消防车赶赴现场增援，总队长在总队指挥中心指挥调度。14时30分，怀化辰溪大队到场。15时25分，支队长指挥员到场。17时左右，总队政委率总队全勤指挥部人员到场，对现场进一步勘查，对爆炸后仍在稳定燃烧的事故罐体，决定采取冷却监护的办法，待余气燃尽再行转移。组织地方迅速转移了受损的2辆消防车和5辆地方车辆，解除了常德至沅陵方向的交通管制，在对面车道实施双向控速通车。现场消防力量除保留辰溪大队1辆水罐消防车负责冷却监护，怀化支队一辆通信指挥车负责传输图像之外，其余力量全部返回，现场由总队副参谋长指挥。

（六）注水排险

10月8日6时，事故罐余气燃尽熄灭，指挥部研究决定，对罐体内的液化石油气残液采取注水排空措施，现场调沅陵县和常德市共3辆水罐消防车分别向罐内注水并对排出的残余气体进行稀释。17时30分，注水排空结束。经现场检测，确定罐内及周边液化石油气浓度降至安全值以下，现场移交给高速公路管理部门，事故处置结束。

三、案例分析

（一）力量调集情况分析

2012年10月6日，湖南省消防总队怀化支队沅陵中队的通信室接到报警，称在常吉高速上有1辆液化石油气槽车发生侧翻，接到火警后，辖区中队在第一时间派出了1辆水罐消防车、1辆抢险救援车，并且立马向指挥中心反馈情况。到达现场后，处置一段时间后在准备倒罐时，支队又派了1辆水罐消防车过来增援，在发生爆炸后，湖南消防总队又派了10辆消防车前来增援处置，见表6.5.1所示。

表6.5.1 力量调集表

阶段	消防力量
初战阶段	1辆水罐消防车、1辆抢险救援车
第一增援	1辆水罐消防车
爆炸后	10辆消防车

此次事故的处置中队可能对情况的危险程度估计不足，一开始力量的调集并非按照最坏的情况去调集，而是等到事态进一步发展后才调集更多的力量前去救援。

此次事故处置中辖区的消防中队在第一时间到场进行处置，并且在后续的处置过程中持续派出更多力量增援，安监部门的负责人到场后组织他们的人员对现场进行持续的侦察，并在准备倒罐时联系相关的技术人员，公安交警部门到场后负责警戒，并在倒罐阶段负责联系平板车和吊车。

此类事故需要多个部门协同配合，指挥员应该视情报请政府启动应急预案，调集其他相关部门一起协同作战。

（二）初战分析

1. 警戒

辖区处置中队到达现场后在离距离事故地 100m 左右的地方停车，水罐消防车停放在后面，抢险救援车停在前面。第一到场中队的指挥员派人协助交警摆放了警戒柱进行现场警戒，控制火源。开始的时候只是进行了单方向的警戒，后来发现，十一期间高速公路上车流量实在太多，警戒后对交通造成很大的压力，所以在消防员处置的时候，考虑到现场没有一点泄漏的迹象，就对拥堵的车辆实施了超车道的放行。

因为考虑到国庆的交通压力对超车道实行了放行疏散，这对后面的爆炸留下了隐患。在警戒的时候并没有设置安全员，对进入警戒区域的人员和车辆也没有进行严格的登记，没有严格控制火源。

气体罐车泄漏事故现场警戒范围应该根据泄漏情况、气象条件、地理条件以及客观因素来确定。对于少量可燃气体泄漏现场一般以 150m 范围作先期警戒区，对于大量可燃气体泄漏现场警戒范围可以扩大到半径 300m 以上。对于有毒气体泄漏现场一般以 350m 范围为先期警戒区。此次事故中队在处置的时候，并没有严格的做好警戒工作，为后面的爆炸留下了隐患。虽然在一开始没有发生泄漏，但是本着把最坏的情况全部想到的原则，应该加大警戒力度，一开始就把警戒设立在 300m 以外，同时设置双向交通管制，警戒区域内禁止无关人员进入。同时应该设置专门的安全员，对进入警戒区域的人员和车辆进行严格登记，严格控制火源。

2. 侦察救人

辖区处置中队到达现场后，本着救人第一的原则，立马组织救援力量进行救援。同时指挥员又考虑到液化石油气高速公路事故的特殊性，在组织救援力量的同时派出专人负责现场的侦察，仔细侦察现场有无泄漏。救出被困驾驶室人员后通过询问事故单位了解是否还有别的被困人员。考虑到液化石油气的危险性，指挥员又派专人辅助交警进行交通警戒，严格控制火源。经过侦察发现事故现场暂时没有发生泄漏的迹象，而且车上本来应该有 2 人，现在只有 1 人被困，在救出驾驶室的被困人员后继续搜寻第 2 个受害人员。

辖区中队到场后，虽然营救受害人员了，但是第 2 个受困人的营救不及时，因为后来发现第 2 个受害人就在驾驶室旁边 5m 地方，这还是在第 1 个人救出后询问单位人员才知道还有 1 个人，然后寻找救出的。而且可能因为受到初战力量的限制，第一到场力量只有 10人，又因为一开始并没有发现泄漏，所以在其他方面还有做得不足的地方。到场后应该及时判定风向，做好最坏打算，提前制订好撤退路线，同时在上风方向工作。在进入事故现场进行处置的时候要注意个人防护。

（三）增援到场处置分析

1. 警戒

考虑到倒罐是整个处置过程中比较重要的环节，在倒罐的时候现场指挥员下达命令对事故现场实施双向的交通管制，同时将警戒的范围扩大到 300m 以外的地方。由于各个方面的原因，最终警戒设置在了 240m 左右的地方，而且最后有 4 辆社会车辆冲进了警戒区域，最终停靠在了消防车的后面。警戒情况如图 6.5.3 所示

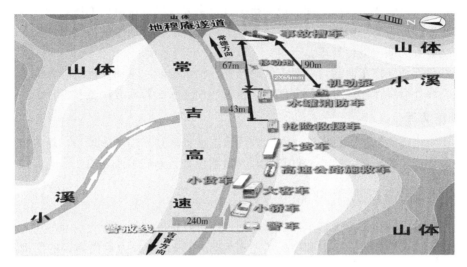

图 6.5.3　警戒情况

2. 撤退路线

爆炸发生后，水罐消防车旁的 1 名消防员因为来不及向后撤离不幸牺牲，在下方抬手抬泵的 4 名消防员 2 名向南撤离，虽然受了伤但是幸存了下来，2 名消防员向涵洞方向撤离不幸牺牲。

通过分析，手抬泵在事故地点的南面，液化石油气发生爆炸后，如果向涵洞撤退也就是向离事故地点更近的地方撤退，那基本是没有存活的机会的，只要战士向南撤退，生还的可能性是很大的。中队指挥员在制订撤退方案的时候有些地方做的不是很到位：没有制订明确的撤退信号；没有给战士们灌输那种强烈的安全意识；撤退路线一开始也没有制订好。

在处置此类事故的时候，应该把最最不利的情况提前就考虑到，做到：明确撤退信号，如鸣笛、拉警报等，告诉战士在听到撤退信号后，迅速撤退；明确撤退路线，正确的撤退路线才是最关键的，没有正确的撤退路线只知道撤退信号，如果撤退的时候向相反的方向撤离那么离死亡又更近了一步，所以在一开始就应该明确撤退线。分析此次事故现场，很明显向南撤离就是最正确的路线。

（四）爆炸后处置分析

1. 冷却监护

接到爆炸的情况反馈后，支队指挥中心迅速派 2 辆消防车前去增援，同时总队指挥中心也派了 8 辆消防车前去增援。因为事故槽车在爆炸后还在进行稳定地燃烧，所以现场最高指挥员决定采取冷却监护的战术，等到余气燃烧完以后再进行转移。

针对于此，因为液化气槽罐封头的上部和侧部出现两个约 60cm×20cm 的开口，裂口呈稳定燃烧状态，所以可以采用冷却监护的办法，同时应该使用喷雾水枪、屏封水枪进行稀释。操作时，要防止因泡沫强力冲击而加快液化石油气的挥发速度，同时要提醒手下的战士

禁止用直流水直接冲击罐体和泄漏部位。

2. 注水排险

事故罐体余气燃烧尽以后，现场最高指挥官决定采取注水排险的方法，命令 3 辆水罐消防车同时向事故罐内注水排出余气进行稀释，等到现场液化石油气的浓度降到安全值以下的时候，移交给有关部门进行处理。

对于液化石油气槽车泄漏，一般有管阀堵漏、注水排险、主动点燃等处置措施。而在此次事故中，爆炸后罐体已经形成稳定燃烧，所以使用注水排险的方法是非常正确的。

3. 现场清理

通过注水排险的方法，现场液化石油气的浓度已近降到了安全值以下，现场指挥员下达命令，冲洗使用过的装备，然后清点装备和人员的数量，最后下命令归队。

（五）泄漏爆炸原因分析

经专家分析，液化石油气槽车泄漏爆炸的原因可以排除因气温变化引起的压力增大的原因（因为当天为阴雨天气，早上和中午温差不大），可以排除外力致使撕裂的原因（因为现场处置过程中始终没有对罐体实施破拆，也没有施加外力）。造成槽罐突然撕裂发生井喷式泄漏的原因主要有三个：一是车辆侧翻时封头部位受撞击凹陷，造成罐壁强度下降，有可能在内壁产生裂缝，处于临界极限状态；二是罐体在事故中经过翻滚后，内部液态的液化石油气挥发速度加快，饱和蒸气压上升，虽然静置了 5 个多小时，仍然保持了 0.5～0.6MPa 以上的高压状态，受损的罐壁受到饱和蒸气压的持续作用；三是罐体在事故之后长时间倾斜搁置在山边上，罐体受力不均，存在表面拉伸力。三种作用力在某一瞬间突破罐壁可以承受的极限压力，造成瞬间撕裂，导致剧烈泄漏。

罐体撕裂之后，液态的液化石油气从泄漏口高压井喷而出，在空气中立即以 250～350 倍的体积极速扩散，遇到明火后形成爆炸和爆燃。后经火调人员调查发现，泄漏气体扩散到 150m 处大货车时，因车上留有未熄灭的烟头而导致爆炸。

思考题

1. 液化石油气槽车发生交通事故后，指挥员应该注意哪些问题？结合本案例研究，分析现场警戒工作的组织与实施。

2. 液化石油气槽车发生交通事故后，应如何预防泄漏、爆炸事故的发生？结合本案例研究，分析此类事故救援中撤退战法的运用要求。

案例6 广东广州 "6·29" 广深沿江
高速交通事故救援案例

2012 年 6 月 29 日凌晨，广东省广深沿江高速广州至深圳方向南岗段高架桥发生货车与油罐车追尾事故，导致油罐车油品大量泄漏扩散。泄漏油沿高速公路流淌后经高速公路排水管淌至桥底，遇火源发生连环爆轰同时引起桥底临时工棚和木材堆着火，过火面积达

$1396.1m^2$，共造成 20 人死亡，31 人受伤，17 辆车被烧毁。广州支队先后调集 17 个中队、37 辆消防车、231 名官兵参与处置。在处置过程中，科学决策，规范处置，经过 5h 奋战，成功救出受伤群众 9 人、疏散群众 200 余人，保护了毗邻物流仓库、物资堆场等总价值逾 10 亿元财产。

一、基本情况

（一）高速公路及其周围情况

广东省广深沿江高速公路西起广州市黄埔区的 107 国道，东至深圳市深港西部通道，全长 89.14km，全线采用设计时速 100km 的双向八车道高速公路标准。交通事故路段高架桥的高度为 13m，宽度为 32m，进入高速公路的匝道宽 7m，入口收费站距匝道口路面长 400m。

交通事故路段高架桥下方违规存放着大量木制货物底座成品、半成品，并有供工人居住的临时生活工棚。事故路段桥底北侧是规划路，路的北面为广州市佳诚塑料有限公司、广州市协民家禽交易市场、广州绿亿物资金属有限公司等企业；路的南面是临时工棚和木材堆垛；桥底东侧是金竹路，路的东面为广东中外运丹水坑堆场和木材堆场，之间有一条长约 500m、宽约 1.2m 的沟渠，丹水坑堆场存放有集装箱 4500 个；路的西面为中储棉广东有限责任公司和广州新天地物流有限公司，中储棉广东有限责任公司存放有 40000t 总价值约 8 亿元的国家储备棉，广州新天地物流有限公司内有总价值约 2 亿元的硅油仓库，其中硅油仓库与路东面的木材堆场距离不到 10m。高架桥上撞车位置距离桥底爆轰发生最近点 1.8km，距离最远点 2.5km。

（二）事故经过

2012 年 6 月 29 日 4 时，一辆运载着 54.22t 抽余油的油罐车（车牌号：湘 B83393）在广深沿江高速广州至深圳方向南岗段高架桥夏港入口匝道附近违规停车下人。4 时 20 分，一辆货车（车牌号：湘 L66215）追尾撞上油罐车，导致油罐车后部泄油口断裂，大量车载抽余油泄漏后沿高速公路排水管流淌至桥底，并沿路面及排水沟往东北方向呈倒"L"形带状流淌，形成长约 1200m、面积近 $2000m^2$ 的泄漏油带。5 时 16 分，泄漏的抽余油蒸气与空气形成爆炸性混合气体遇机动车排气管火星发生爆轰。

（三）泄漏油品性质

泄漏油品为抽余油，泛指工业上采用溶剂萃取方法得到的剩余物料，不溶于水，主要是在石油炼制过程中，由富含芳烃的催化重整产物（重整汽油）经萃取（抽提）芳烃后剩余的馏分油，其主要成分为 $C_6 \sim C_7$ 的烷烃及一定量的环烷烃。主要含有甲苯、二甲苯、三甲苯、丁烷、$C_4 \sim C_{12}$ 正构烷烃等，跟汽油组成相似，闭口闪点低于 $-25\,^{\circ}\!C$，极易挥发，油蒸气与空气混合能形成爆炸性混合气体，爆炸极限为 $1.1\% \sim 8.7\%$，最小点火能量为 0.2mJ。

（四）水源情况

事发高速公路及匝道附近无市政消火栓和天然水源，高架桥底规划路北面 200m 范围内共有 8 个市政消火栓，中储棉广东有限责任公司内有 2 个室外消火栓，1 个容量为 $1200m^3$

的水池。

（五）天气情况

当日天气情况：多云，气温25～35℃，西南风2级。

二、救援经过

（一）抢险救援阶段

6月29日4时33分，广州市119指挥中心接到110转来警情，称广深沿江高速南岗段发生交通事故，有人员受伤和汽油泄漏。119指挥中心立即启动三级应急响应机制，调派一中队、二中队、三中队、四中队、五中队、大队指挥车及支队全勤指挥部，11辆消防车和61名指战员赶赴现场处置。

4时49分，一中队4辆消防车、19名官兵到达现场，立即采取了七项措施。

1. 现场侦察

一中队指挥员、特勤班长、通信员为第一侦察小组，五班长与1名合同制消防员为第二侦察小组，发现被撞油罐车尾部左侧泄油管从根部断裂，大量油品流淌在高架桥路面上，除货车司机受伤倒地外，无其他被困人员，交警已到场，救护人员在桥下收费站外等候。

2. 设立警戒

中队指挥员命令1名合同制消防员在事故现场西面约100m位置设置警戒，阻止广深沿江高速由广州往深圳方向车辆通过，同时要求现场交警实行双向交通管制，确保救援现场安全。

3. 组织救人

命令三班长带领战士将受伤人员移交急救部门。

4. 现场检测

命令2名合同制消防员利用有毒/可燃气体探测仪监测现场空气中可燃和有毒气体的浓度。

5. 防爆稀释

命令一班水罐泡沫车出2支泡沫枪对油罐车及地面流淌油实施覆盖，减少油品蒸发，降低有毒可燃气体浓度。

6. 堵漏

命令中队二班长带领战士对泄漏部位实施堵漏，由于油罐车被追尾，油罐罐体尾部100mm口径的泄油管根部断裂口呈不规则形状，追尾车辆保险杠与断裂的泄油管紧密咬合，无法堵漏。

7. 请求增援

中队指挥员向指挥中心报告现场情况，并请求增援力量。

5时16分，桥底金竹路转弯处发生爆轰。5s内，漏油带至撞车事故现场连续发生三次爆轰，瞬间形成大面积燃烧，过火面积约1396.1m²，范围波及广深沿江高速公路高架桥底及周边的货物堆场、工棚等建筑，火势沿规划路和金竹路的木材堆场向东面、西面和北面三个方向蔓延。火势蔓延的方向有大量的木材堆垛和临时工棚，并严重威胁到规划路北面的广州市佳诚塑料有限公司，金竹路西面的广州新天地物流有限公司、中储棉广东有限责任公司以及东面的广东中外运丹水坑堆场。现场平面图如图 6.6.1 所示。

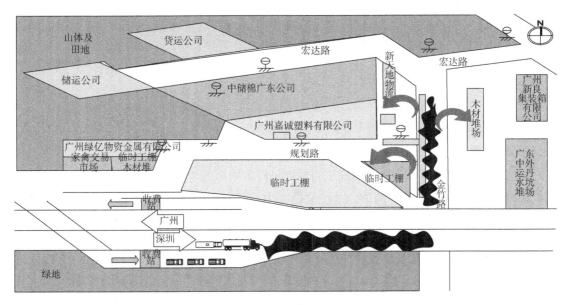

图 6.6.1　现场平面图

（二）灭火救援阶段

爆轰发生后，一中队指挥员立即下达撤退命令，并向 119 指挥中心报告情况，119 指挥中心立即启动二级应急响应，再次调集 12 个中队、26 辆消防车、170 名消防官兵赶赴现场增援，同时迅速提请市政府应急办启动《重大灾害事故应急处置预案》，调集公安、交警、安监、环保、供水、医疗、市政等联动单位到场协同处置。支队长和政委率领支队全体党委成员赶赴现场组织指挥灭火救援工作。

1. 搜救疏散，堵截火势

5 时 20 分，支队全勤指挥部、大队指挥车、二中队、三中队、四中队、五中队、六中队、七中队、八中队共 13 辆消防车和 86 名指战员相继到场。支队立即成立现场指挥部，确立了"搜救疏散，堵截火势"的战术原则，展开灭火救援行动。

积极疏散救人。现场指挥部命令二中队、三中队、四中队、五中队组成 6 个搜救小组，分区域进行人员搜救。

扑灭桥上火势。命令三中队 04 大功率水罐泡沫车铺设双干线出 4 支泡沫枪，扑救着火车辆火势，同时掩护一中队驾驶员将距离火场较近的 2 辆消防车（1 辆水罐泡沫车、1 辆抢险救援车）转移到安全区域。一中队、七中队 3 辆消防车采取运水供水的方法，向三中队 04 大功率水罐泡沫车供水。

堵截桥下火势。爆轰发生后，形成大面积燃烧，火势沿规划路和金竹路向东面、西面和北面迅速蔓延。现场指挥部立即采取堵截设防的战术措施，堵截火势。命令二中队 01、02 水罐泡沫车停靠在宏达路，分别占据 7、8 号消火栓各铺设双干线出 2 支水枪灭火，防止火势向东面蔓延。中储棉广东有限责任公司专职队 2 辆水罐车分别停靠在公司的南面和东面，各出 2 支水枪设防。六中队 02 水罐车从中储棉广东有限责任公司内的水池抽水向六中队 01 水罐泡沫车供水，六中队 01 水罐泡沫车双干线出 2 支水枪，扑救金竹路火势，阻止火势向西面蔓延。四中队 01 水罐泡沫车占据 4 号消火栓，铺设双干线出 2 支水枪灭火。八中队 02 水罐泡沫车占据 3 号消火栓向八中队 01 水罐泡沫车供水，八中队 01 水罐泡沫车铺设双干线出 2 支水枪扑救木材堆场火势，阻止火势向北面蔓延。五中队 02 水罐泡沫车占据 2 号消火栓向五中队 01 水罐泡沫车供水，五中队 01 水罐泡沫车铺设双干线出 2 支水枪，扑救临时工棚火势，阻止火势向西面蔓延。

5 时 50 分许，搜救小组完成对事故现场 100m 范围内的第一次搜救，共救出受伤群众 9 人，疏散群众 150 余人，发现遇难者遗体 9 具。

2. 分割围歼，全歼火灾

5 时 55 分，支队长等支队党委成员到达现场组织指挥战斗。

6 时 10 分许，九大队、十中队、十一中队、十二中队、十三中队、十四中队、十五中队、十六中队、十七中队等 9 个大中队，共 20 辆消防车、126 名指战员相继到达现场参与处置。

根据到场力量情况，现场指挥部将火场分为东区、西区和东北区三个区域，分别由 1 名支队党委成员和 1 名大队指挥员负责指挥，组织 10 个搜救小组进行第二次搜救，将搜救范围扩大至事故现场周边 150m。东区由支队参谋长和副大队长负责，主要任务是组织 4 个搜救小组进行第二次搜救，扑灭火场东区火势，在原有力量的基础上，十中队 01、02 水罐泡沫车采取接力供水的方法，利用 5 号消火栓向五中队 01 水罐泡沫车供水，五中队 01 水罐泡沫车增设 2 支水枪，对临时工棚、木材堆垛进行灭火。西区由支队副政委和大队教导员负责，主要任务是组织 4 个搜救小组进行第二次搜救，扑灭火场西区火势，在原有力量的基础上，十一中队 02 水罐泡沫车占据 1 号消火栓向十一中队 01 水罐泡沫车供水，十一中队 01 水罐泡沫车铺设双干线出 2 支水枪，进行灭火。十二中队 02 水罐泡沫车向十二中队 01 水罐泡沫车供水，十二中队 01 水罐泡沫车铺设双干线出 2 支水枪，进行灭火。十三中队 01 水罐泡沫车、十四中队 01 水罐泡沫车、十七中队 01 水罐泡沫车、十六中队 01 水罐泡沫车、十五中队 01 水罐泡沫车采取运水供水方式向十二中队 02 水罐泡沫车进行供水。东北区由支队副支队长和支队副参谋长负责，主要任务是组织 2 个搜救小组进行搜救，扑灭火场东北区火势，控制火势蔓延，在原有力量的基础上，十中队 03 水罐泡沫车占据 6 号消火栓与十中队 01、02 水罐泡沫车接力供水，十中队 01 水罐泡沫车双干线出 2 支水枪进行灭火。

6 时 40 分许，搜救小组完成了第二次搜救，疏散群众近 50 人，清理出液化气瓶 19 个，发现遇难者遗体 11 具。

7 时 10 分许，现场火势得到全面控制。副总队长率总队全勤指挥部到达现场，指示尽快扑灭余火，再次组织第三次"地毯式"搜救，确保不漏一人，对发现的遇难者遗体要进行清点、编号和拍照。支队再次组织了 10 个搜救小组进行搜救，搜救半径扩大到周边 300m。

7 时 40 分许，市委书记、市委副书记、市长、副市长、市公安局局长到现场指挥救援工作，市应急办、公安、安监、环保、供水、医疗、宣传、市政等联动单位到场。根据市委市政府领导指示，由市应急办负责全面统筹协调应急救援工作，消防部门负责扑灭现场余火，公安部门负责维持现场秩序、保护事故现场，医疗部门负责全力抢救受伤群众，环保部门负责监测现场环境，宣传部门负责舆情引导，黄埔、萝岗区政府负责做好现场保障和事故善后工作。

8 时 05 分许，正在韶关检查工作的总队长赶到现场组织指挥救援工作。

（三）留守监护阶段

10时05分许，事故现场基本清理完毕，现场指挥部命令一中队和四中队继续留守监护、防止复燃，其他参战力量有序返回。

三、案例分析

（一）成功经验

1. 及时调集力量，加强首批出动

接到报警后，支队按照灾情等级响应规定，立即启动三级应急响应机制，迅速调集5个中队、11辆消防车、61名官兵及支队全勤指挥部和辖区大队指挥车到场处置；爆轰发生后，支队立即启动二级应急响应，增派12个中队、26辆消防车和170名官兵赶赴现场处置，并提请市政府启动《重大灾害事故应急处置预案》，迅速调集市应急办、公安、交警、安监、环保、供水、医疗、宣传、市政等联动单位到场协同处置，为事故的成功处置奠定了坚实基础。

对于第一出动力量的调派要求是：

① 确保首批力量到场后具有消除初期险情、控制中期险情的能力；

② 增援力量到场之前能够消除火势对被困人员的威胁；

③ 对于存在爆炸危险的火场能够排除或者防止爆炸的产生，为后续灭火救援工作创造良好条件。

此外，对于特殊对象、夜间、特殊天气或者严重缺水地区的火灾应该加强首批出动。其要点是：要一次性调集，调集的力量具有充足性、针对性、实用性。在实战中，应该在精准调集力量的基础上加强第一出动，多调集力量的原则，保证首批到场力量的充足性，做到宁可备而不用，不可用时无备，以应对可能出现多变的不确定情况，避免应急时力量部署的捉襟见肘，甚至延误战机，造成更大的灾害和损失。

2. 科学决策，规范处置，为事故的成功处置发挥了关键作用

一中队到场后，立即组织实施了侦察、救人、检测、警戒、堵漏、防爆、疏散等8项作战行动；爆轰发生后，迅速展开救人，全力阻止火势蔓延，有效控制了灾情的扩大。

决策是灭火救援灭火指挥员在现场组织指挥中最基本、最主要的工作。科学决策是灭火救援行动的依据，是取得灭火救援成功的基本保证。灭火救援组织指挥决策过程有着自身的规律和工作程序。概括起来应有五个步骤：判定险情，确定行动意图，拟制行动方案，选定行动方案，决策实施。决策活动要求：

① 明确行动意图，确立决策目标。明确行动意图才能确定到场的灭火救援力量在现场应担负的各项任务，为确立组织决策目标提供依据。

② 判断情况，科学权衡利弊。指挥员在收集火场情报以后，应以主要精力结合灭火救援任务，对掌握的火场情况进行认真分析、对比权衡利弊，得出判断结论。

③ 集思广益，确定最佳方案。在判断情况、权衡利弊的基础上，充分发挥专家、工程技术人员、现有灭火救援预案、计算机辅助决策系统的作用，听取多方意见，使方案更科学有效。当第二批人员到达现场后立即成立了现场指挥部，科学决策，规范处置，为事故的成

功处置发挥了关键作用。

3. 正确地把握火场主要方面，战术方法运用得当

支队立即成立现场指挥部，确立了"全力救人、全面控火"的战术原则，全面展开灭火救援行动：

① 积极疏散救人；

② 扑灭桥上火势；

③ 严防火势蔓延。

根据到场力量情况，现场指挥部将火场分为东区、西区和东北区，分别由1名支队党委成员和1名大队指挥员负责指挥，组织10个搜救小组进行第二次搜救，将搜救范围扩大至事故现场周边150m。

灭火救援指挥和现场险情处置行动中，指挥员应有高度的科学与安全意识，应急指挥决策必须面对现场实际、依据火情、遵循客观规律；必须通观火场全局，冷静分析、慎重权衡，把握火场主要方面；举重救急，周密部署，迅速集中和精确地调集和使用灭火救援力量；采用针对性的战法，最大限度发挥灭火救援人员的主观能动性和装备的灭火性能。现场指挥部成立后，火场主要方面为搜救人员和控制爆轰以后的火灾蔓延，指挥员对火场主要方面的正确判断和战术的正确运用，使得消防员快速、有效地消灭了火灾。

对于多火点、大面积燃烧和火势比较复杂的火场，根据需要和可能，实施分兵穿插、协同作战，将燃烧区分割包围，使火场形成若干片、逐层、逐段，以便逐片、逐层、逐段形成灭火力量，逐一扑灭火灾，积小胜为大胜。当现场火势得到有效控制，灭火剂充足，灭火力量足以对燃烧区形成包围的态势，消防指挥员应立即组织灭火力量合围火势，发起进攻迅速扑灭火灾。爆轰发生以后，火势迅速蔓延，现场指挥员通过有效控制火势，在己方灭火力量、灭火剂充足的情况下，正确地运用了分割、围歼的战法。

（二）存在问题

1. 初战中队车辆停靠位置不当

第一到场中队车辆从高速公路匝道驶向高架桥时，被泄漏油品阻挡后，没有及时调整车辆至安全位置，而忙于开展救人、侦检、警戒等战斗行动，导致3辆车在爆轰后受损。

停车位置的选择应该根据灾害的处置空间的需要、危险范围来确定。本起交通事故处置类似交通运输工具火灾和危险化学品火灾的处置，存在着爆炸与燃烧互相伴随、易产生有毒蒸气、燃烧辐射热强、火势易蔓延扩大、油箱爆炸、车轮炸裂、易引发次生灾害等险情。车辆停靠位置应与事故车辆保持距离，选择上风、地势高、易于转移的地方。所以，初战中队的三辆车应该车头朝高架桥匝道入口向下的方向，且应与油罐车保持一个安全的距离。

2. 初战力量对现场处置不细致，侦察不仔细

在119指挥中心接警以后，根据应急响应机制第一次调派了5个中队、11辆消防车、61名指战员赶往现场。但是最先到达的一中队仅有3辆车、19人，第一次调派的其余力量在30多分钟以后才陆续到达。初战力量3辆车、19人，采取了侦察、救人、警戒、堵漏、防爆、疏散等七项措施。考虑得十分周全，但是没有根据实际情况来考虑，初战到场力量的要求是能够完全处置初期险情；增援力量到场之前能消除险情对被困人员的威胁，控制险情扩大，对于存在爆炸的现场能排除或者防止爆炸的发生。本次事故初战力量追求面面俱到，

多头出击，顾此失彼。

侦察是为了及时了解灭火救援现场情况，以便对灾情处置采取更加有针对性的措施。侦察是一项艰巨、复杂、细致的任务。对于灭火救援现场的侦察可以通过外部侦察、深入现场内部侦察、询问知情人、仪器检测等方法。侦察要求做到全面细致、重点突出、纪律严明，加强对知情人的询问，充分借助侦检仪器的作用，且侦察应该贯穿于灭火救援行动的全过程。初战力量指挥员对于现场侦察不够全面仔细，未察觉到泄漏油流淌至桥下。

3. 联动机制不健全

事故处置中，交警、路政、医疗、公安等力量先后到场，但对消防部门提出的双向封闭车道和警戒等要求执行不力，致使救援工作协调配合不默契，延误救援工作的开展。

应当健全重大灾害事故快速反应机制，建立相关预案，明确相关部门的职责和任务，实行统一指挥、部门联动、快速反应、果断处置，最大限度减少人员伤亡和经济损失。另外，高速公路管理部门公安消防队在处置高速公路上的灾害事故时，经常会遇到路远、塞车和缺水等问题，建议强制要求高速公路管理部门要在高速公路服务区建立专职消防队，负责高速公路事故的前期处置，为后续处置力量的到来创造良好条件。

？ 思考题

1. 结合案例分析本次火灾面临的险情有哪些？对于初战中队而言火场的主要方面是什么？

2. 结合初战消防中队到场后所采取的措施，分析其存在问题并给出具体的解决措施。

第七章
危险化学品事故救援案例

导语

危险化学品是指具有爆炸、易燃、毒害、腐蚀等性质的化学品。危险化学品事故主要包括生产、运输和使用过程中，发生的泄漏、爆炸和燃烧等情况，可能造成人员伤亡和重大财产损失的重大事件。危化品种类繁多，事故发生频率高。

危险化学品事故处置程序是查明情况，及时部署；控制危险区域（包括划定警戒区、消除火源、疏散人员、事故侦检等）；控制事故源头（灭火、堵漏、稀释和输转等）；洗消（包括污染环境洗消、器材装备洗消和人员洗消等）。

本章选取不同种类危化品事故。其中，案例1为湖北武汉"4·13"洋浦化工原料有限公司爆炸火灾事故救援案例，是一起多种危化品储存类事故；案例2为吉林长春"6·3"宝源丰禽业有限公司爆炸火灾救援案例，是一起典型液氨泄漏爆炸事故；案例3为山东"11·22"黄岛输油管道泄漏爆炸事故救援案例，是一起罕见的输油管道爆炸事故；案例4为山东日照"7·16"石大科技石化有限公司液化石油气储罐泄漏爆燃事故救援案例；案例5为江苏南通"5·31"海四达电源股份有限公司爆炸事故救援案例，是一起锂电池仓库火灾；案例6为广东深圳"7·10"美拜电子有限公司爆炸火灾救援案例，是一起生产锂离子电池车间火灾。

危险化学品事故救援案例分析的重点是侦检是否准确、防护等级是否明确、堵漏方法是否恰当、洗消环节是否完整等。

案例1 湖北武汉"4·13"洋浦化工原料有限公司爆炸火灾救援案例

2013年4月13日11时10分左右，武汉市东西湖区朝阳路103号洋浦化工原料有限公司仓库发生爆炸起火，现场过火面积约800m²。支队指挥中心接警后，迅速启动《武汉市重特大灾害事故灭火救援应急处置预案》，先后调集吴家山、古田等15个消防中队和1个战勤保障大队，共63辆消防车、330余名官兵赶赴现场处置，并向市公安局、省消防总队报告灾情，各级领导也第一时间赶赴现场指挥灭火救援战斗。

现场参战官兵牢牢把握"先控制、后消灭"的战术原则，采取了"分段指挥、冷却抑爆、泡沫覆盖、筑砂截流"等有效战术措施，冒着50余次爆炸的危险，疏散300余名群众，确保火灾过程中无一人伤亡，保护了东西湖区化工仓库群21间仓库、80余个危险化学品储罐、9400 余吨化工原料免遭火灾危害。

一、基本情况

（一）爆炸起火单位情况

爆炸起火单位武汉洋浦化工原料有限公司成立于 1998 年，总占地面积约 8000m²，总建筑面积约 6200m²，主要从事苯类、酯类、醇类等化学品的仓储转运业务。公司共有仓库 8 间，2 大间 6 小间，各类储罐 16 个（立式储罐 6 个、卧式储罐 7 个、地下储罐 3 个）。爆炸起火的 1 号桶装仓库面积 700m²，为单层砖混结构，储存有混苯（苯、二甲苯）30t、无水乙醇 10t、二氯甲烷 15t、二甲基甲酰胺（DMF）5t、丁酮 2t，其他仓库内还存储有大量苯、无水酒精、甲基乙基酮、甲烷、甲醇、乙酯等化学物质。

（二）毗邻单位情况

该公司位于东西湖区化工仓库群，此化工仓库群建于 20 世纪 70 年代，总占地面积 327 亩，建筑面积 23350m²，有各类危险化学品储罐近百个，存放有近万吨各类化工原料。

爆炸起火仓库东邻武汉化学工业供销总公司铁专仓储公司（存放有甲醇、甲苯、二甲苯、乙醇、丙酮、异丙醇、丙烯酸、丁酮、甲苯二异氰酸酯等化学危险品 700 余吨）；南靠朝阳路（两车道公路，路况较差）；西临天顺鑫泰物流公司（火灾当日物流园区内共有化学原料、建筑材料、日用物资等各类物流物资 1000 余吨）；北接着火单位储罐区（共有 18 个储罐，分别存储有甲苯、二甲苯、甲醇、乙醇等，总存储量 2000 余吨）。武汉洋浦化工原料有限公司的平面图如图 7.1.1 所示。

（三）爆炸起火原因

经调查确定爆炸点位于洋浦化工原料有限公司 1 号仓库内。爆炸原因系该公司员工在仓库区内违规操作，直接将槽罐车内的甲苯向 1 号仓库内的塑料桶倒罐分装。在分装过程中接地不良，塑料桶内积累大量的静电，静电产生的火花引燃了甲苯蒸气，引发爆炸，并引起 1 号仓库存放的大量桶装甲苯、乙醇、丁酮等易燃易爆物品发生连锁爆炸燃烧。

（四）灾情特点

1. 着火建筑处于化工仓库群内，易造成严重损失

爆炸起火单位位于东西湖区化工仓库群内，规划年代较早，各类化工、物流企业及储罐、仓库扎堆建设，建筑间缺少必要的防火间距。仓库群内有各类危险化学品储罐近百个，存放有各类化工原料近万吨。在发生爆炸燃烧的洋浦化工原料有限公司 1 号仓库内储存有大量苯、无水乙醇、二氯甲烷，周边相邻数个仓库内还存放有二氯甲烷、丁酮、溶剂油，仓库南面停放有 7 辆槽罐车，北面下风方向还有易燃易爆液体储罐区。如果控制不及时，一旦蔓延容易造成大范围的燃烧爆炸，直接危及两侧紧邻的武汉化学工业供销总公司铁专仓储公司和天顺鑫泰物流公司，以及整个东西湖区化工仓库群。

2. 爆炸着火物质危险性大，易形成复燃复爆

此次火灾起因是甲苯蒸气遇静电火花爆炸，从而引起仓库存放的大量桶装甲苯、无水乙

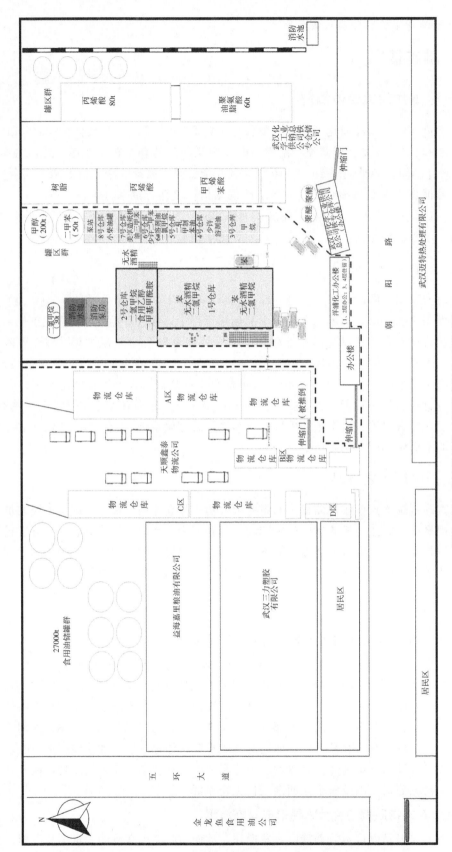

图 7.1.1　武汉洋浦化工原料有限公司平面图

醇、丁酮等易燃易爆物品发生连锁爆炸燃烧。在爆炸冲击力的作用下，仓库墙体被撕裂，顶棚被炸飞，造成仓库之间相互贯通，飞溅出去的可燃物和形成的流淌火引燃了相邻仓库存放的化学物质，很快就形成了新的燃烧面。燃烧的化工原料产生的高温烘烤、热辐射和四处蔓延的流淌火又不断使周边的桶装可燃液体爆炸、爆燃，在整个灭火过程中出现大小爆炸、爆燃 50 余次，并造成建筑构件被严重破坏，使参战官兵不仅要与熊熊大火作斗争，同时还要面对建筑坍塌和爆炸、爆燃的危险。

3. 各类化工原料种类多，燃烧产生的烟气毒害性大

整个厂区储存大量的危险化学品，主要燃烧的物质如甲苯、二甲基甲酰胺、丁酮、溶剂油等化学品均为有毒、可燃物质，燃烧猛烈且辐射热强，并产生出大量的毒性烟气和蒸气，导致部分参战官兵在灭火作战过程中感到眼睛、皮肤和呼吸道有刺激感，头晕、四肢无力、恶心呕吐。部分战斗员因长时间吸入有毒烟气和蒸气，身体出现严重不适现象，不得不中途退出战斗。

4. 现场地处市政供水管网末端，火场供水十分困难

爆炸起火单位属于 20 世纪 70 年代规划的老化工区，地处武汉市远城区，位于城市市政消防管网末端，消防管网规划建设滞后，市政消火栓数量严重不足。特别是五环大道和朝阳路两侧消火栓稀少，管网压力不足，能用的消火栓距离火场大多超过 500m。企业自备的消防泵房无备用供电线路，周边一旦断电导致厂内消火栓内无水。而火场着火区域大，燃烧物质多，需要保护的范围广，火场用水量大，仅靠部分市政消火栓难以满足火场用水。参战官兵在组织远程供水单元从江边吸水补充火场供水的同时，不得不抽出车辆采用运水供水方式保障供水。

（五）水源情况

火场 1000m 范围内共有市政消火栓 7 个，其中爆炸起火单位内部的 2 个消火栓无水，朝阳路上 1 个消火栓无压力，五环大道上 1 个消火栓无法吸水。洋浦化工原料有限公司和武汉化学工业供销总公司铁专仓储公司内各有消防水池 1 个，距离火场 1500m 处为汉江大堤。

（六）天气情况

当日天气晴，西北风 4 级，温度 14～27℃。

二、救援经过

（一）迅速调集力量，集中优势兵力于火场

11 时 23 分 27 秒，支队指挥中心接到报警后，当即意识到灾情的特殊性和情况的严峻性，在第一时间调集主管中队吴家山中队以及古田、特一、宗关、七里庙等 5 个消防中队，共 26 辆消防车、130 余名消防官兵赶赴现场扑救，同时立即向支队领导报告。在赶赴火场途中，吴家山中队发现洋浦化工原料有限公司上空浓烟滚滚，火光冲天，爆炸声此起彼伏，中队指挥员立即将火场外部侦察情况向支队指挥中心报告。正在赶赴现场途中的支队长代旭日听到报告后，用车载电台命令支队指挥中心启动《武汉市重特大灾害事故灭火救援处置预案》，再次调集青年路、岔马路等 10 个消防中队和 1 个战勤保障大队，共 37 辆消防车、200 余名消防官兵

增援火场。并指示支队指挥中心向省消防总队、市政府和市公安局汇报灾情，请求调集公安、安监、环保、环卫、供水、供电、医疗救护等应急联动部门（单位）到场参与处置。

省消防总队蔡安东总队长接到报告后，要求参战官兵注意安全，快速扑灭火灾。张福好政委率领总队蒋德友参谋长、万少波副参谋长及全勤指挥部人员第一时间赶赴现场，并要求要积极控制火势，做好冷却防爆，最大限度减少人员伤亡和财产损失。

第一阶段力量部署图如图 7.1.2 所示。

（二）冷却降温抑爆，全力控制火势蔓延

11 时 29 分 36 秒，辖区主管中队吴家山中队到达现场。此时，现场火势已经处于猛烈燃烧阶段，仓库周边一片火海，火势迅速向周边建筑蔓延，着火仓库内爆炸、爆燃持续不断，爆炸的铁桶冲向天空高达百余米，并向四周散落，造成火势蔓延。同时，仓库及周边还有大量装有苯、乙醇的铁桶和 7 辆槽罐车正面临高温和大火的烘烤，现场形势异常严峻。吴家山中队指挥员决定采取确保重点、冷却防爆、等待增援的战术措施，立即命令兵分三路展开战斗：一是灭火攻坚组分别从西面和北面各出 2 支水枪冷却被火势威胁的仓库，防止火势蔓延扩大，在东面出 1 门移动水炮冷却着火的槽罐车和被烘烤的铁桶；二是搜救组迅速疏散厂区和办公楼内的工作人员；三是警戒组划定警戒区域，实施警戒，并疏导交通，引导后续增援力量顺利到达。

11 时 45 分，首批增援队古田、宗关、七里庙、特勤一中队和战勤保障大队相继到达现场，增援中队迅速展开战斗。

古田中队 1 辆重型泡沫车和 1 辆重型水罐车从洋浦化工原料有限公司大门进入，停于着火仓库西南面，在南面出 1 门移动水炮、4 支泡沫管枪冷却受火势威胁的数辆槽罐车和未爆铁桶，覆盖南面流淌火和着火槽罐车。1 辆水罐车接 1 个消火栓双干线给前方供水，1 辆水罐车运水供水。宗关中队到场后向吴家山、古田中队供水。

特勤一中队大力神超高压泡沫水罐车和一七泡沫车从武汉化学工业供销总公司铁专仓储公司大门进入，停于火场东面。中队官兵架设两节拉梯爬上仓库楼顶，出 1 门移动泡沫炮、2 支泡沫管枪居高临下覆盖流淌火和着火槽罐车，大力神超高压泡沫水罐车利用水炮冷却东北面多个装有甲苯、甲醇的立体储罐。其余 2 辆重型水罐车停于武汉化学工业供销总公司铁专仓储公司大门外给前方供水。后续增援到场的青年路中队利用武汉化学工业供销总公司铁专仓储公司内消防水池吸水向特勤一中队供水。

七里庙中队 1 辆载液高喷车、1 辆水罐车停于火场北面洋浦石化储罐区，利用载液高喷车压制向北面蔓延的火势，并在北面无水酒精仓库旁消防水池，用手抬泵吸水出 2 支水枪冷却起火仓库北面受烘烤的铁桶。2 辆泡沫水罐车分别停于火场南面洋浦化工原料有限公司大门处，铺设水带干线在西面出 1 门移动水炮堵截向西面蔓延的火势。

战勤保障大队到场后利用全地形消防车在距火场 1500m、落差近 20m 的汉江江滩中吸水，铺设供水干线。随后到场的常青中队 1 辆水罐车在中间进行转压。

12 时 11 分，支队长代旭日、政委余文安等领导率领全勤指挥部到达现场，立即成立灭火指挥部，统一指挥到场力量实施救人灭火。针对火场实际，支队指挥员命令消防官兵按照"先控制，后消灭"的战术原则，重点设防，分兵把守，同时在火场南、北两面高处设置火场观察哨，观察现场爆炸征兆、风向变化和飞火情况。

第二阶段力量部署图如图 7.1.3 所示。

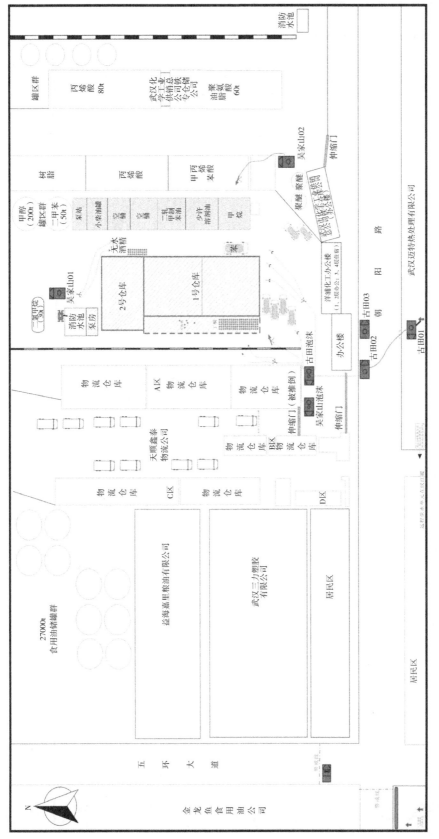

图 7.1.2 武汉洋浦化工原料有限公司爆炸火灾第一阶段力量部署图

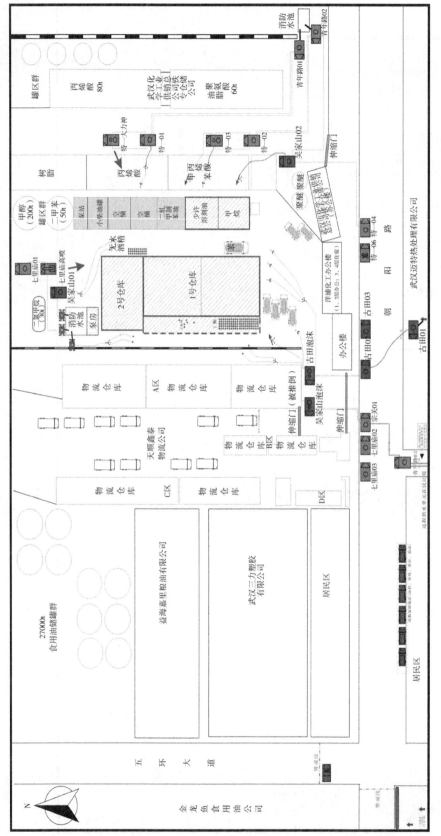

图 7.1.3　武汉洋浦化工原料有限公司爆炸火灾第二阶段力量部署图

（三）分区分段指挥，总攻灭火扑灭火势

12时30分，现场再次发生密集爆炸，飞火引燃了西面天顺鑫泰物流公司内的一间库房及一辆装载27t化工物资的货车，火势有进一步扩大的危险，物流公司上千吨货物及十余间库房受到严重威胁。支队指挥员立即部署到场的岔马路中队出3支水枪灭火。

12时32分左右，硚口、汉阳、沌口、特二等增援中队陆续到达现场。沌口中队3辆水罐车和墨水湖1辆水罐车在距离火场约600m处占据2个消火栓，铺设4条水带干线向前方供水，有效缓解前方供水压力。特勤二中队大力神超高压泡沫水罐车停于洋浦化工原料有限公司大门，出1门移动水炮和1支泡沫管枪抵近南面冷却覆盖着火槽罐车和流淌火。岔马路中队在处置完物流公司飞火后，利用原有干线出2支泡沫管枪从西面灭火。汉阳中队1辆载液高喷车按照指挥部命令转移到东面，出高喷炮压制火势。

12时39分，总队张福好政委率领总队全勤指挥部到场，迅速听取支队指挥员的报告，接管现场指挥权，统一指挥灭火战斗，确定了"分段设防，重点推进，下风堵控，泡沫覆盖"的技战术措施，要求确保官兵安全，快速扑灭火灾，保证邻近化工仓库绝对安全。

武汉支队在火场指挥部的统一指挥下，坚决贯彻总队指挥部的意图，分兵把守，将火场划分为四个战斗区域，由支队党委成员分段指挥：一是东面由副支队长程亮、副参谋长王仕保负责，组织特一、汉阳、青年路、常青等中队利用车载炮、泡沫炮和泡沫管枪压制火势；二是南面由副支队长吴敬川、后勤处长陈国华负责，组织吴家山、古田、特二等中队利用水炮抵近冷却槽罐车，并利用高倍数泡沫产生器覆盖流淌火；三是西面由副支队长陈亚、防火处长王洪波负责，组织七里庙、岔马路等中队抵近冷却仓库内被火势烘烤的罐桶，防止再次爆燃；四是北面由参谋长陈劲松负责，防止火势向北蔓延，保护邻近的甲苯、甲醇、乙醇等储罐。

13时22分，火势得到初步控制。

13时40分，由于火势燃烧时间长，爆炸威力大，临近槽罐车的2间化工仓库发生燃烧，火场情况再次发生突变，东面2间小仓库被引燃后先后发生3次爆炸，紧邻的4间仓库、18个立式罐、东侧武汉化学工业供销总公司铁专仓储公司仓库受到火势威胁。火场指挥部调整力量，重点堵截火势向北侧另外4间仓库蔓延，并组织转移化工原料。

13时50分，根据火场指挥部命令，参战官兵在火场南面构筑沙堤，防止流淌火蔓延，并将邻近的2辆槽车转移出厂区。同时，火场指挥部对现场力量进行调整，将2辆高喷车调整到东面和北面，居高临下，大流量喷射泡沫；将抵近冷却的水枪逐步替换为移动水炮；组织战勤保障大队为一线主战车辆补充泡沫液及油料。

14时55分，参战力量全部调整到位，泡沫液补充完毕，根据火场指挥部命令，14只泡沫炮、泡沫枪、高倍数泡沫产生器，7支水枪对大火实施总攻。

15时09分，火势得到全面控制，灭火攻坚组在水枪和移动水炮的掩护下抵近罐体对罐体灌注泡沫液。

第三阶段力量部署图如图7.1.4所示。

（四）持续冷却降温，全面清理防止复燃

16时13分，大火被彻底扑灭。由于过火面积大，仍有部分区域温度较高，同时泄漏的可燃液体、废液四处流淌，大量可燃蒸气弥漫空中，现场仍有闪燃的危险。

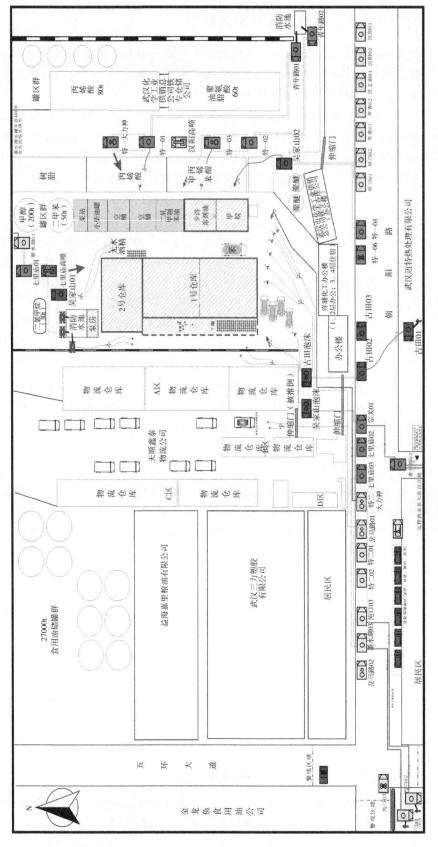

图 7.1.4 武汉洋浦化工原料有限公司爆炸火灾第三阶段力量部署图

火场指挥部根据情况命令参战官兵对火场进行全面清理：一是组织水枪继续进行持续冷却降温；二是利用高倍数泡沫产生器覆盖可燃液体、废液；三是将仓库内剩余的易燃易爆品进行转移。同时，要求东、南、西、北四个阵地至少保留1条供水干线、2支泡沫管枪，持续冷却覆盖，精简现场人员，防止复燃。

现场的环保、安监等部门专家对灾害现场及周边大气、水质等进行实时监控，环保部门通知相关部门切断排污渠道，防止出现二次污染。

16时30分，现场基本清理完毕。除吴家山、七里庙、特勤二中队等3个中队留守继续监护火场外，其余力量全部返回。

三、案例分析

（一）成功经验和做法

1. 靠前指挥，组织有力是成功灭火的前提

此次火灾扑救难度大，参战力量多，火场情况复杂，是一场罕见的硬仗。火灾发生后，支队军政主官第一时间到场指挥灭火，省消防总队政委、参谋长及时带领总队全勤指挥部到场，迅速形成了强有力的组织指挥领导核心。到场的总队、支队各级领导始终战斗在灭火救援第一线，靠前指挥，分区负责，及时掌握火场情况，分析火场形势，对控制和扑灭大火起到了决定性的作用。地方政府、市公安局领导也先后亲临火场，及时调集交警、供水、供电、医疗救护等应急救援联动单位到场协同作战，为维护火场秩序，实施交通管制，救助、转移伤员发挥了重要作用，为灭火战斗的顺利实施提供了有利条件。

2. 调度准确，反应迅速是成功灭火的基础

火灾发生后，支队军政主官根据前方反馈的情况，敏锐地意识到事态的严峻性，立即命令启动《武汉市重特大灾害事故灭火救援处置预案》，在第一时间调集15个消防中队、330余名官兵、54辆灭火救援车、9辆战勤保障车赶赴现场。同时，命令指挥中心利用短信平台，通知支队党委成员和灭火救援全勤指挥部全体指挥员到场。主管队吴家山中队接到报警后用时仅6min赶到现场，及时、准确上报火场情况，为支队指挥中心调集力量提供决策依据。各增援中队的泡沫车、高喷车、水罐车也快速到达现场，短时间内在火场集结了强大的灭火作战力量，快速展开扑救，从起火建筑物的东、南、西、北四个方向设置进攻阵地，整个火场灭火高峰时先后共出高喷炮2门、车载泡沫炮1门、移动泡沫炮4门、泡沫管枪7支、高倍数泡沫产生器1具、水枪7支。

3. 战术正确，指挥得当是成功灭火的关键

各级指挥员认真贯彻执行火场指挥部的意图，灵活应用技战术，采取冷却抑爆、泡沫灌注、筑堤截留、泡沫覆盖、砂土掩埋等方式有效控制火势。在作战分工上，指挥部将火场划分为多个战斗区域，由支队党委成员分兵把口，分区灭火，分段指挥；在使用灭火剂上，采用水枪、水炮冷却降温，抗溶泡沫抵近灭火，高倍数泡沫覆盖泄漏液面等多种方式相结合；在战斗区域划分上，降温、灭火分区实施，有效避免冷却用水冲散泡沫，达到较好的灭火效果；在火场供水上，面对灾害现场处于城市供水管网末端，市政水源缺乏、压力不足的情况，专门成立供水组，采取全地形吸水、消防车远距离供水、多辆消防车串联供水、运水供水、水抬泵吸水供水等多种供水形式，确保了火场供水不间断。

4. 药剂充足，遂行保障有力是成功灭火的后盾

大火发生后，共调集作战车辆 63 辆，其中泡沫车 19 辆、高喷车 3 辆、大功率水罐车 24 辆、泡沫运输车 1 辆，携带泡沫液 67t，空气呼吸器 300 具，移动水炮 23 门。同时，调集战勤保障大队远程供水单元、油料供给单元、车辆抢修单元、器材补给单元、泡沫供给单元等 9 辆战勤保障车，补充泡沫 29.5t，柴油 3000L，摇摆炮 10 门，水带 3000 余米，空气呼吸器气瓶 100 瓶，抢修战斗车 2 辆次，保证 3 条供水干线不间断供水 5h，利用全地形消防车在距火场 1500m、落差达 20m 的汉江吸水供应前方火场。组织社会联勤保障单位运送矿泉水、盒饭、面包、方便面、毛巾等物资，提供了 600 余人次用餐。

5. 英勇顽强，意志坚定是成功灭火的保证

此次火灾扑救中，先后共发生了 50 余次爆炸、爆燃，厂房建筑结构基本被破坏，参战官兵英勇奋战，不仅要与熊熊大火作斗争，同时还要面对随时可能发生的建筑坍塌和爆炸、爆燃的危险，在长达 6h 的灭火战斗中不怕苦、不怕死，打持久战、打阵地战、打攻坚战，体现了为人民生命财产安全忘我战斗的消防铁军精神。

6. 信息公开，展现了消防部队良好的社会形象

爆炸发生后，现场浓烟滚滚，数千米外清晰可见，社会各界高度关注。支队在第一时间将情况向省消防总队、市公安局进行汇报，并由总队将救援信息按程序逐级上报省公安厅、省委省政府以及部消防局。同时，在现场指挥部的领导下，及时、统一向新闻媒体公布灭火救援情况和进度，及时消除了群众疑虑，赢得了新闻媒体的好评。中央电视台、湖北卫视、湖北经视、武汉电视台、新浪网、腾讯网等各大媒体对消防官兵英勇扑救火灾情况进行了全方位的报道，树立了消防官兵良好的社会形象。

（二）存在问题和不足

1. 现场通信联络不畅通

由于现场参战车辆、人员较多，又分为多个战斗段，互相之间通信联系不畅通，命令传达不及时，火场通信有待提高。

2. 前期现场警戒不到位

先期到场的中队官兵人手不足，仅对厂区附近开展警戒，导致远距离供水干线一度被过往重型货车碾破，影响供水。

3. 市政水源规划有待提高

对于地处远城区的化工区未能强制提高其消防设施标准，市政消防管网压力不够，单位自备消防水源建设严重不足，周边单位消防泵房无备用供电线路，一旦发生火灾自备消火栓形同虚设。

（三）理论思考和启发

1. 加强指挥建设，提升指挥效率

进一步强化灭火救援现场组织指挥体系，细化灭火救援全勤指挥部和战训科灭火救援现场组织指挥职责，明确任务分工，探索建立总指挥部领导下能及时将命令上传下达、高效运作的全勤指挥部。

2. 加强实战演练，做好灭火准备

组织各执勤大、中队全面开展辖区易燃易爆场所大熟悉，掌握储存物质的理化性质、处置措施及道路水源情况；强化针对性、实战性演练，加强泡沫灭火剂的储备；加强器材装备的维护保养和操作训练；强化执勤备战，做好打大仗、打恶仗准备。

3. 加强装备建设，完善装备配备

结合区域内灾害事故特点，将载液高喷车、大功率泡沫车、远程供水车等车辆装备纳入主战车辆序列，提升首战和主战部队的作战效能。结合武汉市地理特点，重视远程供水系统、全地形供水车等远距离、大流量、可持续供水装备的配备。

思考题

1. 结合案例分析甲苯火灾特点和扑救措施。
2. 结合辖区实际并通过案例分析如何预防此类事故可能造成的二次污染。

案例 2　吉林长春"6·3"宝源丰禽业有限公司爆炸火灾救援案例

2013 年 6 月 3 日 6 时 10 分许，位于吉林省长春市德惠市的吉林宝源丰禽业有限公司主厂房发生特别重大火灾爆炸事故。吉林省公安消防总队迅速调集 113 辆消防车、800 名消防官兵赶赴现场实施救援。此次事故共造成 121 人死亡、76 人受伤，大部分厂房及厂房内所有的生产设备被损毁，直接经济损失 1.82 亿元。事故发生后，中共中央总书记、国家主席习近平，中共中央政治局常委、国务院总理李克强等中央领导对事故处置工作相继做出重要批示。

一、基本情况

（一）单位基本情况

吉林宝源丰禽业有限公司位于吉林省德惠市米沙子镇 102 国道旁，发生事故的建筑为单层钢结构厂房，用于禽类屠宰加工。厂房主体（不含东侧附属建筑）南北长 142m，东西宽 120m，东侧和西侧有局部凸出结构，建筑面积 17234m²。厂房内北部为冷库、中部为速冻库、南部为生产车间（生产车间由东至西分为屠宰、整理、分割三个部分）。

厂房四周设有环形消防车道，距离厂房东北侧 4m 为制冷车间，距离制冷车间东侧 5m 和 20m 分别为变电所和锅炉房；厂房东侧中部和南部与羽毛粉车间鸡毛池、挂鸡台、卫生检疫站相邻；厂房南侧为草坪和厂区围栏，距离 102 国道 40m；厂房西侧为空地，距离 84m 为该单位的办公楼、宿舍楼和食堂；厂房北侧为空地。

（二）氨气储存情况及理化性质

该单位制冷设备及管线中共有液氨约 110m³（制冷车间内有 13 个储罐，储存液氨

90m³，其中 3 个高压罐当日压力 0.8MPa，10 个低压罐当日压力 0.6MPa；管线内储存液氨 20m³）。液氨为无色液体，易溶于水，常温常压下为无色气体，与空气的相对密度为 0.6，易燃，爆炸极限为 15.7%～27.4%；有毒，有强烈刺激性气味，吸入可引起中毒性肺水肿，并引起眼睛、皮肤和呼吸道灼伤；对环境有严重危害，对水体、土壤和大气可造成污染。

（三）事故特点

1. 厂房跨度大，内部结构复杂，火势蔓延迅速

起火厂房为典型的大跨度、大空间钢结构厂房。厂房内部容积大、空气充足，并按照不同的生产需要，进行了相对较多的独立水平分割，而且多采用易燃材料，为火势迅猛发展蔓延创造了条件。燃烧产生的高温气体多次发生轰燃，引发厂房内部发生大范围、多火点猛烈燃烧。火焰烘烤液氨制冷系统，接连发生不同规模的爆炸，造成管线中大量液氨喷出引发新的燃烧，达到爆炸极限后，又发生多次爆炸。冲击波导致吊顶塌落、隔断变形、货架移动，不仅封挡了疏散通道和出入口，也使原本就非常复杂的内部结构变得更加复杂。同时随着钢构件长时间受火焰烘烤，温度持续升高，钢构件支撑强度开始减弱。

2. 烟气毒气浓重，人员聚集量大，疏散逃生困难

厂房内使用大量聚苯乙烯夹芯板和聚氨酯材料用于内部分割和外层保温，易燃材料加快了火势蔓延速度，并产生大量高温有毒浓烟，迅速充满密闭性良好的厂房，人员疏散逃生十分困难。同时，该单位当日有 395 名员工在车间工作。事故导致厂房内照明全部中断，房间、通道、出口难以辨识，且单位初期未组织有效的人员疏散，加之员工安全意识差，缺乏逃生自救知识，最终引发踩踏事件。

3. 液氨储罐泄漏，情况复杂多变，潜存爆炸危险

制冷车间位于厂房东北侧，正处在起火厂房下风方向，受火势严重威胁。13 个液氨储罐中部分储罐阀门处于开启状态，其中一个低压储罐的输转泵及阀门因爆炸冲击力损坏，导致该储罐内液氨发生泄漏。此时，火势借着风势，严重威胁下风方向的储罐，如不能及时有效控制蔓延，随时可能造成罐区内储罐爆炸。

4. 单位地处乡镇，报警晚，路程远，丧失救援最佳时机

该事故地点距离德惠大队 49km，根据事故幸存者描述以及现场目击者视频录像，事故发生在 6 时 06 分许，但直到 6 时 30 分 57 秒，辖区公安消防大队才接到报警，此时距事故发生已经过了宝贵的 20 多分钟。7 时 18 分辖区消防大队到达现场时，距事故发生已经过了 70 多分钟，厂房内已经发生多次爆炸，整个厂房全部过火，救援时机完全丧失。

（四）可利用消防水源情况

1. 单位水源

该单位厂区内有 2 个地上水池，1 个 1500m³ 地上水池位于厂房东北角，1 个 500m³ 地上水池位于厂房东侧。

2. 周边水源

距离该单位 3500m 的吉林省物资储备局二三八处有 1 个 600m³ 水池。

（五）天气情况

根据气象局当日发布气象信息：午后有小雷阵雨转小到中雨，西南风3～4级，气温16～22℃。

二、救援经过

（一）先期力量到场处置阶段

6月3日6时30分57秒，德惠市公安消防大队接到德惠市公安局110指挥中心报警称位于德惠市米沙子镇102国道北侧的吉林宝源丰禽业有限公司发生火灾。德惠大队立即出动4辆水罐消防车、32名官兵，并调集就近的米沙子、朱城子、同太、升阳等4个政府专职消防队，共4辆水罐消防车、8名消防员赶赴现场。7时03分，赶赴现场途中的德惠大队大队长根据接报的情况向长春支队指挥中心报告并请求增援。7时04分，长春支队指挥中心立即分批次调动17个中队、62辆消防车赶赴现场，并通知当日值班首长、后勤处处长及全勤值班人员赶赴现场指挥灾害事故处置。同时，向支队政委、支队长及其他党委成员汇报。7时13分，总队指挥中心接到长春支队指挥中心报告后立即向相关领导汇报，并通知相关人员赶赴现场。

7时18分，德惠大队到达现场时，整个厂区被浓烟笼罩，厂房大面积燃烧，局部火焰已突破屋顶，并多次发生爆炸，致火焰冲出屋顶高达10余米，烟气浓重并弥漫着强烈刺激性的氨气。经询问单位人员，得知厂房内有大量工人被困，生死不明。德惠大队指挥员立即部署力量，利用水枪一边喷水稀释降毒，一边控制火势蔓延，为疏散抢救人员创造条件。在厂房西侧、南侧进行破拆，分别设置3支和1支水枪对厂房内部火势进行堵截控制、掩护救人；组织搜救小组在水枪掩护下，从厂房东南侧疏散出9人；派出侦察组实施不间断侦察，全面了解现场情况，侦察组侦察时发现厂房东北侧氨气大量泄漏，随时有发生爆炸的危险。

7时27分，增援的长东北先导区中队、兴隆山中队和东荣大路中队相继到达现场。根据现场情况，德惠大队指挥员迅速命令长东北先导区中队、兴隆山中队和东荣大路中队组织疏散人员（厂房东南侧疏散16人），并在厂房北侧、东侧破拆厂房门进行排烟，打开救人通道；命令东荣大路中队攻坚组在厂房东北侧设置水枪阵地阻止火势向制冷车间蔓延，同时稀释、排出制冷车间内泄漏的氨气，防止爆炸事故的发生。

（二）全力搜救遇难者阶段

7时50分，长春支队政委、支队长等支队领导带领全勤指挥部到达现场，成立现场作战指挥部，现场作战指挥部立即部署四项作战任务：一是全力营救被困人员；二是全面开展搜救；三是集中力量稀释制冷车间有毒气体，坚决防止发生爆炸，适时关闭阀门；四是立即组织对下风方向的火势进行堵截，防止火势威胁制冷车间。同时，提请长春市政府启动应急预案，调动相关社会联动救援力量参加救援。按照指挥部命令，到场力量组成7个搜救小组深入厂房进行搜救；其他力量按照分工迅速开展灭火救援行动。

8时06分，总队长到达现场，迅速了解现场情况后，成立总队现场作战指挥部，进一步明确"救人第一"的指导思想以及"确保液氨储罐不发生爆炸，坚决防止次生灾害事故发生"的作战原则，并部署五项作战任务：一是全力抢救被困人员；二是组织力量控制火势，强攻近战；三是防止制冷车间液氨泄漏发生爆炸；四是调集增援力量；五是扩大警戒范围。随后总队政委到达现场，总队现场作战指挥部在进一步了解现场情况后，又下达了五项具体作战命令：一是立即划分战斗段分别由长春支队党委成员负责组织搜救；二是迅速完成第一轮搜救，重点搜救有生命迹象的区域；三是用生命探测仪和搜救犬进行深度搜救，不留死角；四是搜救出的遇难人员要准确定位，并与120搞好交接；五是内攻搜救人员要用高压水枪击落上空悬挂物，以防止坠落物砸伤官兵。长春支队后续增援力量到场后，按照现场作战指挥部的部署，继续以搜救人员为作战主要方面，组织到场力量从厂房东、西、南三个方向在水枪掩护下强行突破，先后在厂房内搜出61具遇难者遗体。

（三）全力控制灾情发展阶段

9时许，经与单位技术人员进一步核实现场情况，现场作战指挥部又调集吉林支队10辆消防车、50名官兵进行跨区域增援。同时，立即组织特勤人员在单位技术人员配合下，深入制冷车间内部进行侦察，发现制冷车间内一个低压储罐的输转泵及阀门因爆炸冲击力损坏，导致该储罐内液氨发生泄漏，随时都有再次大爆炸的危险。情况查明后，现场作战指挥部采取破拆下风方向窗口、喷雾稀释和控制火势向制冷车间蔓延等战术措施，在厂房北侧部署3辆举高消防车利用水炮阻止火势沿屋顶彩钢板保温层向制冷车间蔓延；部署3个攻坚组出5支水枪深入内部堵截火势向制冷车间蔓延，同时利用喷雾射流稀释厂房内的氨气。在厂房东侧部署1辆举高消防车利用水炮从外部灭火，拆除连接部位的保温层；2个攻坚组携带无火花工具破拆制冷车间下风方向的窗口；2个攻坚组在上风和侧风方向出4支喷雾水枪，不间断向车间内部进行喷雾射水。同时设置2台水驱动排烟机进行驱散和稀释降毒，有效防止爆炸和氨气泄漏毒害等次生灾害发生；供水组利用大流量手抬机动泵占据单位内部2个地上水池直接向前方供水，在厂房北侧和东南侧部署3辆50t水罐消防车保障前方用水，并占据吉林省物资储备局二三八处水池进行运水供水。在加强个人安全防护、钢结构充分冷却的前提下，各水枪阵地逐步向厂房内部纵深，消灭隐蔽火点，同时设立内部观察哨和外部高空观察哨，时刻观察火场情况和钢构件变化情况。

经全力驱散和稀释降毒后，现场作战指挥部派出长春支队特勤大队1个攻坚组在单位技术人员的配合下实施关阀。由于现场下风区域始终有较强烈的刺激性气味，为确保液氨储罐不再发生泄漏，现场作战指挥部决定每15min对氨气浓度和储罐各段阀门关闭情况及罐体完好情况进行反复检查。10时许，依据侦察结果判断，除阀门损坏的低压储罐内部液氨全部泄漏外，其余储罐及管线完好，而且制冷车间内部氨气浓度呈逐渐下降趋势，消除了泄漏引发爆炸的潜在危险。11时许，现场火势被扑灭，有效保护了厂房北部的冷库、毗连的制冷车间和周边其他建筑的安全。

在先期搜索出61具遇难者遗体后，现场作战指挥部继续组织参战力量不间断进行搜救。12时45分，现场作战指挥部把现场划分成8个搜救片区，组织450名官兵和5头搜救犬分片负责，进行全面清理和搜索排查，先后在厂房中部和南部又搜出57具遇难者遗体。13时05分，现场作战指挥部又调集长春、吉林、四平、辽源等四个支队的照明器材及总队培训基地190名集训官兵赶赴现场增援。

4日下午，现场作战指挥部决定再次扩大搜索范围，不放弃任何死角和任何一种可能，组织人员对整个厂区进行全面搜索。4日13时50分，搜救人员对厂房外一个浸泡鸡毛的污水池进行排水后，在污水池的鸡毛堆内又发现了 1 具遇难者遗体。截至 4 日 18 时，经过 6 次"地毯式"搜救、3 次"移物式"搜救、1 次"清理式"搜救，现场人员搜救工作全面结束，共搜出遇难人员遗体 119 具（不含在医院死亡 2 人）。

（四）全力监护保障倒罐阶段

5 日 14 时 38 分许，长春支队命令特勤中队配合技术人员对液氨储罐实施倒罐，并全力做好倒罐处置中的监护工作。为避免在倒罐过程中发生泄漏以及爆炸等次生灾害，特勤中队成立 4 个监护小组一边检测空气中氨气浓度，一边利用喷雾水枪不间断射水，对液氨槽车与液氨储罐进行全方位保护，直至 7 日 23 时许，倒罐工作彻底结束。

三、案例分析

（一）成功经验和做法

1. 调度及时，确保作战力量充足

德惠大队接到报警后，在立即出动力量的同时还调派了 4 个邻近的政府专职消防队；长春支队和省消防总队接到报告后，第一时间调集市区及邻近的跨区域增援力量，并及时提请各级政府启动《重特大火灾事故应急预案》，调集社会联动力量协助救援。此次灾害事故共调集长春、吉林、四平、辽源 4 个支队的 113 辆消防车和 800 名官兵以及社会联动力量的 18 辆铲车和挖掘机、61 辆救护车、210 名医护人员、600 名武警官兵、2000 余名公安干警赶赴现场实施救援。

2. 决策科学，紧抓事故处置关键

事故发生后，总队长、总队政委等各级领导第一时间到达事故现场，科学决策，靠前指挥，冒着生命危险深入厂房内部了解情况，组织搜救，极大鼓舞和激发了作战官兵的士气。现场作战指挥部在面对连环爆炸、氨气大量泄漏、大量人员被困和火灾快速蔓延同时并存的复杂情况下，始终坚持"救人第一"的指导思想，全力营救被困人员，并将救人工作贯穿于整个作战行动，同时确保液氨储罐不发生爆炸，坚决防止次生灾害事故发生，有效避免参战人员伤亡。

3. 战术得力，有效控制灾情发展

现场作战指挥部采取破拆下风方向窗口驱散氨气、喷雾稀释、关阀断料以及清除厂房与制冷车间之间的可燃物、控制火势向制冷车间蔓延等战术措施，在最短的时间内降低了氨气浓度并消灭了火势，避免了再次发生爆炸，为疏散人员和搜救遇难者创造了有利条件；利用直接供水、接力供水和运水供水等方式，有效保障了前方处置所需的用水量，总共用水 2070 余吨。

4. 通信顺畅，提供协同作战保障

通过现场架设 350M 转信台，搭建二级指挥网，有效避免了同频干扰现象产生，确保了救援现场各级指战员间的语音通信畅通无阻；利用卫星和 3G 图传系统实时向部消防局和总队指挥中心传送现场情况图像，为远程指挥提供保障；利用无线上网设备和移动办公终端，建立了现场与部消防局、总队之间的数据连接，确保能够及时传输各类数据。

5. 作风顽强，不畏艰险，连续作战

面对氨气侵蚀、随时坍塌、随时爆炸的险情，参战官兵毫不退缩，始终坚持在一线连续奋战。特别是攻坚组冒着爆炸危险，先后 4 次深入制冷车间检查 12 个氨气储罐罐体完好情况及管线阀门的关闭情况，充分体现了英勇顽强的公安消防铁军精神。

6. 保障有力，确保处置圆满成功

现场作战指挥部先后调集自装卸式器材保障消防车 1 辆、运兵车 7 辆、器材消防车 2 辆、饮食保障消防车 1 辆、强光照明灯 400 个、防化服和指挥服等个人防护装备 1800 余件套；紧急购置了手套、口罩、食品等保障物资，为现场 800 名参战官兵提供饮食保障；调派总队医院 1 辆救护车、8 名医护人员 24h 现场执勤，为官兵提供医疗保障。

（二）存在问题和不足

1. 个人防护意识不到位

由于此次灭火救援战斗耗时较长，在事故后期反复排查搜索遇难人员时，参战官兵防护意识不够，个人防护没有落实到战斗的每个环节，尤其是事故现场外围人员及后勤人员个人防护装备佩戴不齐全。

2. 心理训练不到位

面对弥漫现场的有毒氨气和数量众多的遇难者遗体，部分官兵因恐惧产生畏战心理，个别官兵在事故处置后，产生恐惧性心理失衡。

（三）理论思考和启发

1. 着重强化个人防护意识

严格按照部局制定的《公安消防部队作战训练安全要则》，强化作战安全教育，明确安全责任，加强个人防护装备配备，确保灭火救援安全工作落到实处。

2. 开展针对性实战演练

针对劳动密集型场所以及不同类型的危化品场所，开展针对性的实战演练，提高单位自身的组织疏散能力和部队到场后的火情侦察、应急指挥、灾情评估能力，针对演练和实战中暴露出来的问题，结合支队现有执勤力量进一步优化战斗编成。

3. 进行心理疏导及训练

及时对参战官兵进行心理疏导，使官兵克服心理障碍、减轻心理负担。通过有计划开展系统、正规的心理训练，使官兵学会并掌握在作战中保持健康心理状态及事故处置后自我调节的方法。

？ 思考题

1. 结合案例分析冷库火灾主要风险和扑救难点。
2. 结合辖区实际，探讨制订此类事故预案的重点。

案例 3 山东"11·22"黄岛输油管道泄漏爆炸事故救援案例

2013 年 11 月 22 日 10 时 25 分，位于山东省青岛市经济技术开发区（黄岛区）的中石化东黄输油管道在泄漏抢修中发生爆炸，斋堂岛街、刘公岛路、长兴岛街、唐岛路、舟山岛街路面及临近的丽东化工有限公司地下 5.5km 长的排污暗渠水泥盖板被瞬间炸飞，导致 62 人死亡、136 人受伤，并引发泄漏点和泄漏到海岸线及附近海面的轻质原油大面积起火。青岛支队接到灾情报告后，迅速调集 23 个公安消防队、4 个企业专职消防队的 60 辆消防车、2 艘消防艇、516 名消防人员、4 条搜救犬赶赴现场施救，累积出动车辆 376 辆次，官兵 1956 人次，搜救犬 50 条次，成功保住了红星物流实业有限公司 25.8 万 m³ 轻质油罐区、1100m 长的海上输油、输气管道平台和 6 艘油轮以及整个黄岛石化区的安全，第一时间疏散遇险群众 2600 余人，搜救遇险群众 41 名，其中 4 人生还。

一、基本情况

（一）黄岛石化区基本情况

黄岛石化区位于青岛市经济技术开发区北部，面积 15.46km²。区内有黄岛国家石油储备基地有限公司、中石化管道储运分公司黄岛油库、青岛丽东化工有限公司等危化品从业单位 22 家，总存储能力 1174 万 m³。建有 1000 万 t 大炼油、70 万 t 对二甲苯（PX）化工生产线各一条。

（二）东黄输油管道情况

泄漏原油管道系中石化东黄输油管道，属中石化管道储运公司潍坊输油处管理。该管道起自山东省东营市，终到青岛市开发区黄岛油库，管径 711mm，总长 248.52km，目前年输油能力 1000 万 t，于 1986 年 7 月建成。泄漏处管道埋在开发区秦皇岛路下 1.2m 处，沿路呈东西走向，横向穿过秦皇岛路与斋堂岛街交口下的排污暗渠。

（三）爆炸暗渠基本情况

排污暗渠以秦皇岛路为界，爆炸点处南北长 34.8m、东西宽 12m，秦皇岛路以南为南北走向，宽 9m；秦皇岛路以北为西北走向，宽 9m，爆炸点上方敷设 9 条管径为 300～711mm 的输送原油、汽油管道；排水暗渠穿过丽东化工有限公司厂区（当时全厂停产检修，2 间工棚建在排污暗渠上方）后转为南北走向，穿过辽河路后经一条长约 220m 的海沟排入胶州湾。

（四）事故特点

1. 爆炸威力大

爆炸冲击波将长 5.5km 的排污暗渠水泥盖板、盖板上搭建的临时建筑物和停放的车辆全部炸飞，重达数十吨的预制板均被炸断扭曲；黄岛油库专职消防队重达 41t 的泡沫消防车被炸翻；斋堂岛街、刘公岛路、长兴岛街、唐岛路、舟山岛街等街道沿线道路全部损毁，斋堂岛街沿线居民楼门窗玻璃全部损毁，部分房屋倒塌，爆炸波及范围 19.61 万 m^2，共造成当地居民房屋受损 1310 户，车辆损毁近 200 辆，造成 62 人死亡、136 人受伤。

2. 处置难度大

爆炸事故造成道路损毁长、着火点多、伤亡人员大，灾害现场情况异常复杂：既有管道泄漏火，又有海面流淌火；既有泄漏油品漂浮水面，又有烈焰炙烤轻质油罐；既有建筑倒塌，又有路面塌陷；被困人员有的被废墟埋压，有的被污水淹没，有的被预制板埋压在水下；斋堂岛街和秦皇岛路交口处爆炸点油污积水深近 3m，并燃起数十米高的熊熊大火；北侧排污渠入海口处泄漏至海面的 30t 原油被引燃，形成了近万平方米的流淌火。

3. 潜在危险大

北侧排污渠入海口处海面流淌火产生的高温辐射热，直接威胁着毗邻总储量 25.8 万 m^3 轻质油储罐区、1100m 长输油输气管线平台和 6 艘输油油轮的安危。石化区内输油输气管线纵横交错、相互连通，一旦 25.8 万 m^3 轻质油储罐区发生爆炸，将连环引爆整个石化区约 1000 万 t 各类危险化学品储罐，届时将对黄岛区 30 万群众生命财产安全和胶州湾生态环境形成灭顶之灾，对整个青岛市乃至山东半岛造成重大灾难。

4. 社会影响大

爆炸事故造成大量人员伤亡，周边学校停课、工厂停工，居民用电用水、通信设施造成严重破坏，大量居民恐慌并逃离居住地，引起社会群众和各级媒体广泛关注，280 多名记者跟踪报道事故处置工作，社会影响极大。

爆炸事故现场方位图如图 7.3.1 所示。

（五）海上着火点周边情况

海沟入海口处东侧为红星物流实业有限公司，公司西北角临近海沟和胶州湾处为 14 个总储量 25.8 万 m^3 的油罐区（其中，3000m^3 的 6 个、1 万 m^3 的 4 个、5 万 m^3 的 4 个，最近的距海面火点 20m）；海沟与胶州湾交口处东侧 330m 处为 1100m 长的海上输油、输气管道平台，西侧为红星码头。6 艘油轮（共 120 万 t）正在通过海上输油管道输送原油。

（六）周边消防力量及消防水源情况

开发区共有公安现役消防中队 5 个、消防车 28 辆、消防官兵 118 人；公安和企业专职消防队 8 个、消防车辆 31 辆、消防艇 2 艘、消防人员 289 人。泄漏爆炸点西侧无消火栓，东侧和南侧 1000m 内有市政消火栓 5 个，环状管网，管径 800mm，压力 0.3～0.5MPa（因爆炸致市政消火栓无法使用）。红星物流实业有限公司厂区内地上消火栓 37 个，地下消火栓 3 个，环状管网，管径 350mm，压力 0.8～1.2MPa。

（七）天气情况

事故发生当天，天气晴朗，气温 8～12℃，南风 3～4 级。

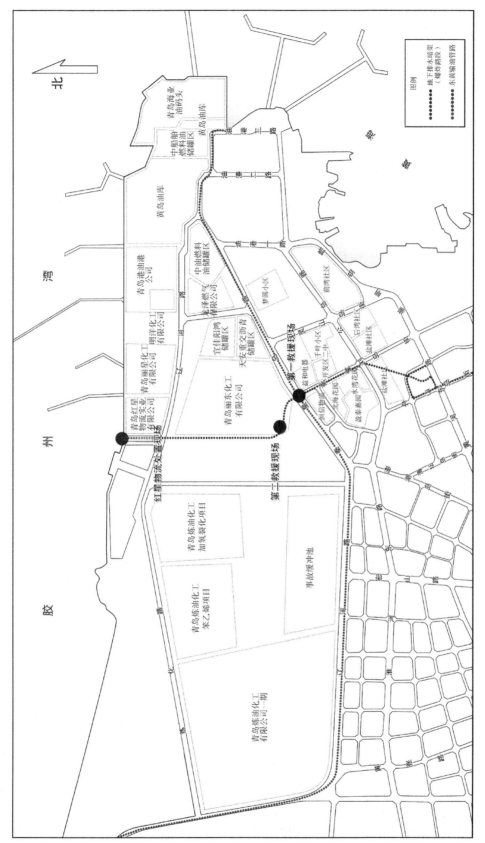

图 7.3.1 爆炸事故现场方位图

二、救援经过

（一）前期监护情况

11月22日3时06分，特勤三中队接到青岛市经济技术开发区公安分局110指挥中心指令，秦皇岛路与斋堂岛街交口处有原油漏油，中队遂出动2辆消防车赶赴处置。3时09分，中队到达现场，用铁锹取沙土围堵，防止泄漏油品流淌扩散，并设立3道警戒线。4时40分，黄岛油库企业专职消防队赶到泄漏现场，特勤三中队请示开发区公安分局同意后，与黄岛油库企业专职消防队进行现场交接后返回。9时许，特勤三中队再次接到区公安分局指令，北侧排污暗渠入海口有原油泄漏，中队遂出动1辆泡沫消防车、7名官兵前往红星物流实业有限公司西侧排污暗渠入海口处实施监护。

（二）科学施救、多点灭火，边救人边灭火

1. 泄漏爆炸点

10时25分许，特勤三中队官兵听到爆炸声，发现红星物流实业有限公司处火苗高达20多米，直扑公司轻质油罐顶，立即出动2辆消防车、10名消防员赶赴现场。10时28分到达丽东化工有限公司南门，发现秦皇岛路和斋堂岛街交口处已全部炸开，现场火势较大，多部车辆被炸翻，大量人员死伤，丽东化工有限公司500余名职工正在紧急撤离。中队立即出2支泡沫管枪灭火并组织救人。10时45分，在爆炸点西侧救出5人（3人在路面、2人在暗渠），其中4人生还。10时48分，开发区大队指挥员带领海尔大道中队2辆车到达现场协助灭火，并救出4人。10时50分，江山路、薛家岛、王台消防中队7辆消防车陆续到场，大队部署6辆消防车在现场继续灭火救人。11时50分，爆炸点处火势全部被扑灭。

2. 海上着火点

爆炸发生后，排污暗渠出口处泄漏的原油被引燃，并向胶州湾海岸线及附近海面1万余平方米的油污蔓延。正在现场监护的特勤三中队官兵立即进入红星物流实业有限公司，出2支泡沫管枪扑灭污油池火后，改出2支水枪对西侧靠近海沟的油罐实施冷却，并启动油罐区喷淋保护。此时，海上火苗高达数十米，越过围墙扑向轻质油罐顶，冷却水流打在油罐壁上立即汽化，现场形势十分危急。10时50分，开发区大队5辆消防车赶到油罐区，出3支水枪对油罐实施冷却，在海岸堤上出3支泡沫管枪扑救海面火灾，控制火势向东蔓延，公司专职消防队在输油管道平台上出3支水枪设防。

支队全勤指挥部及首批增援力量到场后，通过侦察发现北侧海面和西侧红星码头处火势较大，严重威胁油罐区和海上输油、输气管道，立即在油罐区西侧、北侧部署12辆泡沫消防车，出8门车载炮、4支泡沫管枪扑灭北侧海面流淌火，出5支水枪对西北侧受火势烘烤的油罐进行冷却，2辆消防车在油罐区南侧出3支水枪对罐体进行冷却；在辽河路部署3辆泡沫消防车出6支泡沫管枪扑救地下暗渠入海口处油火；在红星码头部署13辆泡沫消防车出4门车载炮协同罐区内力量对海岸线火势进行堵截压制，出8支泡沫管枪，利用挂钩梯和绳索保护，下至输油管道和防撞橡胶垫下方强攻近战灭火。

12时40分，海面流淌火、红星码头火势被全部扑灭，指挥部部署2辆消防车、2艘消

防艇实施监护，并对海岸线和海面油品实施泡沫覆盖，防止复燃，其余力量全部转到排污暗渠沿线搜救人员。

（三）重点突出、分段作业，全力搜救被困人员

1. 泄漏爆炸点

22日12时40分，现场指挥部通过了解知情人及前期侦察得知：爆炸前，秦皇岛路和斋堂岛街交口处有大量人员在现场检修和监护，是人员伤亡惨重的区域。指挥部将其作为重点搜救区域，部署100名官兵在排污渠两侧搜救。此时河道内油污层厚度达30多厘米，大量检修、监护人员和过路群众被炸落的水泥预制板埋压，惨不忍睹。现场指挥员调集3辆大型吊车起吊作业，组织20余个攻坚组深入河道内集中搜救。23日1时30分，在该处又搜救出9具遇难者遗体。

2. 工地爆炸点

丽东化工有限公司2间工棚搭建在厂区排污暗渠上方，爆炸发生后工棚被全部炸飞，暗渠被炸塌变为明河，此处也是人员伤亡惨重的区域。22日12时40分，指挥部安排100名官兵利用生命探测仪和搜救犬在排污渠两侧区域反复搜寻，未发现失踪人员。随后在3辆大型吊车配合下，搜救官兵进入1.2m深的河道用手摸排，进行地毯式全覆盖搜索。22日16时，搜救出5具遇难人员遗体。后因水面上涨致排污沟渠内油污层加厚，消防官兵无法继续在排污渠内搜救，指挥部采取先确定失踪人员位置后组织搜救的方式，利用吊车起吊排污渠水泥盖板，利用3台潜水泵配合1辆消防车吸水降低液面，3台挖掘机实施挖掘搜救。23日1时39分，剩余6具遇难者遗体被全部搜出。截至23日1时40分，参战官兵从两个爆炸点共救出25人（其中4人生还），疏散2600余人。

（四）严密监护、扩大范围，全面搜寻失踪人员

23日2时30分，因其他失踪人员集中水域有大量原油，存在复燃复爆危险，无法使用大型机械，所以总指挥部安排救援力量休整。23日8时起，中石化组织专家对现场进行检测评估，指导武警部队清理原油，在确保安全的情况下利用大型吊车、挖掘机进行清理搜救，消防部队实施泡沫覆盖和严密监护。随后，指挥部针对埋压位置深、搜救难度大的地点扩大搜救范围，实施重点搜救。部署300名官兵分为10个搜救组，携带破拆工具、生命探测仪、搜救犬，对斋堂岛街、刘公岛路、长兴岛街、唐岛路、舟山岛街沿线单位、居民小区、事故车辆和沟渠以及废墟进行逐片逐线地毯式搜救。在秦皇岛路和斋堂岛街交口处的排污渠和斋堂岛街沿线，23日搜救出4人，24日搜救出2人，25日搜救出8人，27日搜救出1人。此时，根据总指挥部提供信息仍有1人失踪，消防指挥部全面梳理有关信息，先后11次召开救援专题会议反复论证，确定7处可能的失踪地点，官兵昼夜反复搜救，又历经101h，于12月1日16时44分，在1.2m水深的油污沟渠涵洞内，成功搜救出最后1名失踪人员。

青岛红星物流实业有限公司灭火救援力量部署如图7.3.2所示，第一、第二救援现场力量部署如图7.3.3所示，搜救被困人员方位标识如图7.3.4所示。

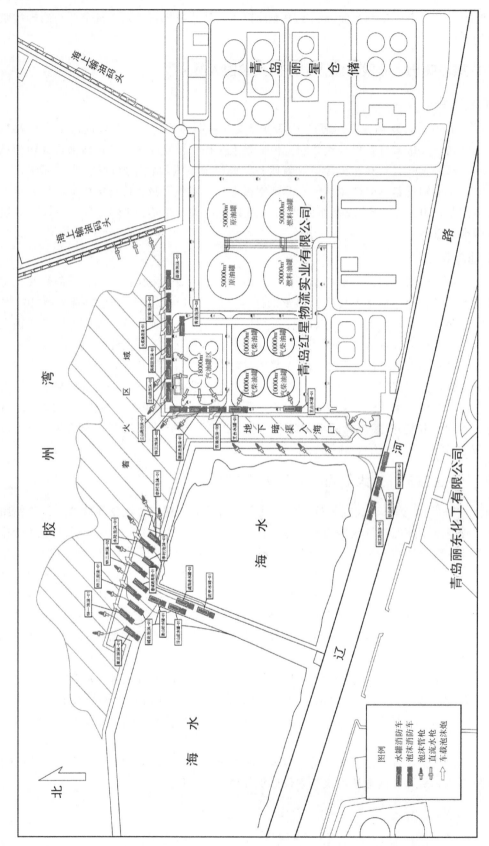

图 7.3.2 青岛红星物流实业有限公司灭火救援力量部署图

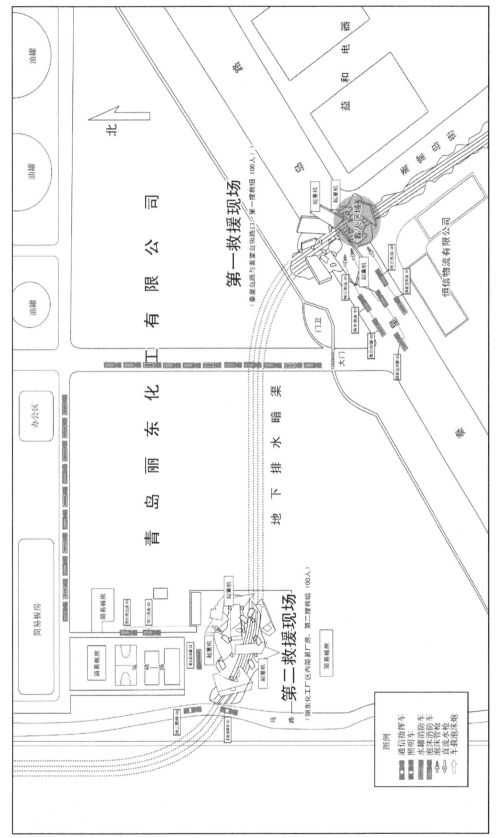

图 7.3.3 第一、第二救援现场力量部署图

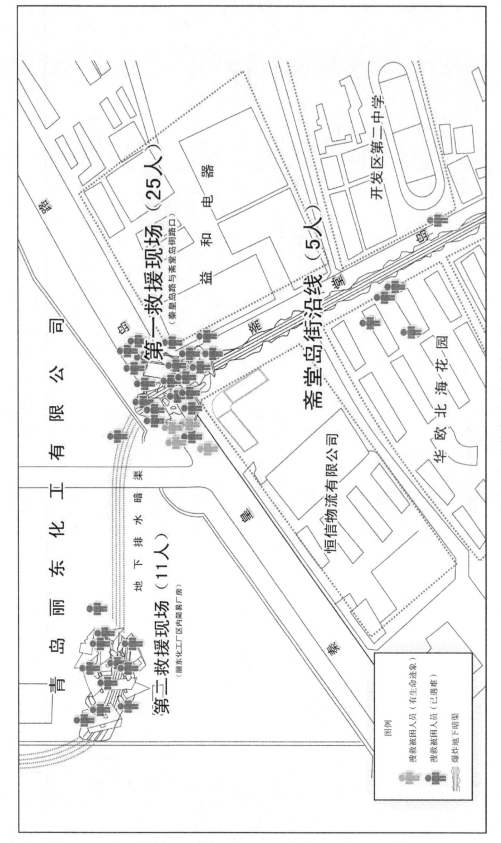

图 7.3.4　搜救被困人员方位标识图

三、案例分析

（一）成功经验和做法

1. 快速反应，调集充足有效力量

爆炸发生后，辖区大队第一时间调集 5 个公安消防队、3 个专职队，共 17 辆消防车、109 人出动；青岛支队接报后，一次性调派 18 个公安消防队、战勤保障大队、青岛港专职消防支队共 40 辆消防车、2 艘消防艇、390 余名官兵、4 条搜救犬赶赴现场；总队领导接报后，带领全勤指挥部遂行出动。充足有效的出动力量是成功处置此次事故的重要前提。

2. 准确研判，指挥体系高效运转

各级领导连夜召开会议部署救援和事故调查工作，全程研究制订方案，第一时间成立联合指挥部实施指挥，划分灾情处置、信息报送、舆情监控、宣传报道、通信保障和战勤保障六条战线，明确分工，科学处置。

3. 科学施救，救人灭火同步进行

救援力量到场后，科学研判，将抢救人员和保护油罐区作为首要任务，救人灭火同步展开。共搜救遇险群众 41 名，其中 4 人生还，在红星码头部署重兵力严防死守，成功保住了油罐区和输油、输气管道，乃至整个石化区 15.46km^2、22 家石化单位的安全。

4. 作风顽强，彰显消防铁军风采

救援期间，参战官兵英勇顽强、连续作战，冒着严寒在爆炸点沿线及排污水渠内搜寻遇难人员，每天出动 160 余人次，每日工作 20h 以上。27 名已宣布复退命令的战士主动请缨参加事故处置。在扑救北侧海岸及海面油火时，参战官兵承受着浓烟和烈焰熏烤，冒着油罐区随时爆炸的危险翻过 2.5m 高的围墙深入到海岸堤处灭火。在红星码头，参战官兵利用挂钩梯、安全绳保护下降到码头橡胶防撞垫以下海面处灭火。全体参战官兵连续鏖战 10 昼夜，圆满完成灾害事故处置任务。

5. 积极响应，联动机制运转顺畅

事故处置中，公安、建设、环保等联动单位在指挥部的统一领导下，协同配合，青岛石化大炼油、黄岛油库、丽东化工、港务公安消防队等专职队派出消防车 15 辆、消防艇 2 艘、消防人员 80 人全程参与灭火战斗，在各自战区顽强奋战，坚守阵地，确保了灭火搜救工作的顺利展开。

（二）存在问题和不足

1. 应急救援联动机制有待进一步加强

事故处置中，各联动单位缺乏统一有效的组织指挥，针对特殊灾害事故的应急救援预案还不够完善，存在各部门领受任务后协同配合不足、联动不畅、衔接不顺等现象。下一步，将提请政府健全特殊灾害事故的应急救援指挥体系，开展针对性演练，不断提高整体协同作战能力。

2. 灾情预判的准确性有待进一步提高

指挥人员对爆炸灾害规模估计不足，尤其是对点多线长同时展开救人灭火时的战斗力量

部署、事故区域人员集中撤离造成交通严重受阻、事故区手机信号不通畅等不利因素考虑不够周全，存在现场力量分布不均、增援力量不能及时到场、通信不畅等问题。下一步，将加大指挥员对特殊灾害事故指挥能力的培训力度，强化指挥员应对突发事故的预判力和应变力。

3. 灾情救援信息发布需要进一步统一

受客观因素影响，消防部队第一时间统计发布信息不够及时准确。因各类网络媒体发布6名消防员在爆炸中牺牲，未明确牺牲人员系企业专职消防员，致使社会反响较大，在引导新闻舆论方面的能力还有所欠缺。下一步，将加大对火场信息员信息搜集、摄录像技能的培训力度，规范新闻发言人制度，提升官兵应对新媒体时代的素质能力。

4. 现场作战文书制作需要进一步规范

因爆炸波及范围大，消防力量投入救人灭火的人数多，存在作战文书制作不规范、记录传达上级领导批示指示精神不及时等现象。下一步，将进一步规范作战文书制作。发生灾害事故后，及时制作现场作战力量部署图，及时记录上级指示批示和作战命令，及时登记作战成果，为指挥决策、信息发布和战评总结提供基本依据。

? 思考题

1. 结合案例，分析石油管道火灾主要风险和处置难点。
2. 结合案例，分析此类事故处置协同和指挥的重点。

案例4 山东日照"7·16"石大科技石化有限公司液化石油气储罐泄漏爆燃事故救援案例

2015年7月16日7时38分，山东日照市岚山区石大科技石化有限公司—液化石油气储罐区发生泄漏并引发爆炸燃烧。消防部门共调集10个消防支队、152辆消防车、8套远程供水系统、937名官兵赶赴现场施救，于17日7时24分成功将大火扑灭，保住了罐区内8个液化石油气储罐及相邻储油量达12万吨的油罐区和化工生产装置的安全，群众无一人伤亡，参战官兵除2人轻伤外无重大伤亡。

一、基本情况

（一）单位情况

1. 单位基本情况

事故单位位于日照市岚山区虎山镇港北工业园区，占地约1500亩，主要生产汽油、柴油、液化石油气、石油焦、丙烯、丙烷等，是集生产、储存、销售于一体的石化企业。石大科技石化有限公司平面图如图7.4.1所示。单位建有7座生产装置，年规划生产能力为230万吨；各种油品、气体储罐86座，最大储存能力为53万立方米。单位西侧、西南侧为3个村庄，北临日照钢厂，东临沿海公路，南临安岚大道。事故发生时，生产装置处于停车状

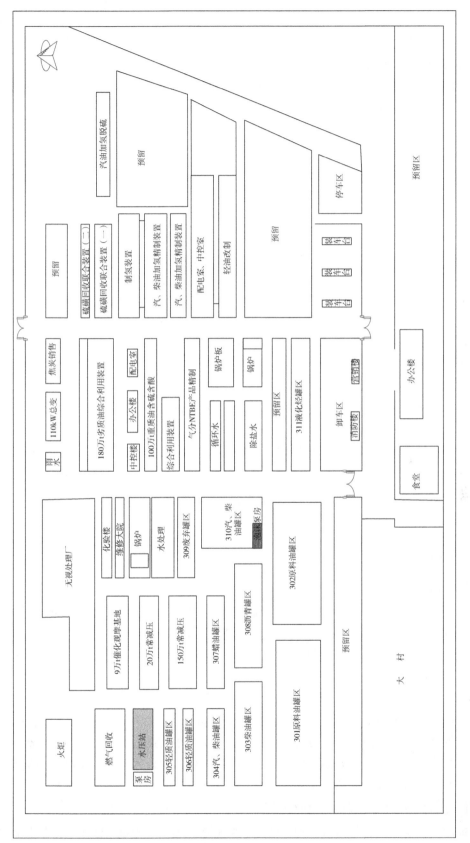

图 7.4.1　石大科技石化有限公司平面图

态，且管道装置内进行了充氮保护。

2. 事故罐区情况

发生事故的 311 罐区位于厂区南侧中部，共有液化石油气球罐 12 个，呈南北两排分布，北侧一排自东向西分别为 1、3、5、7、9、11 号，南侧一排分别为 2、4、6、8、10、12 号，罐间距最大为 17.5m，最小为 8m。8、10、12 号罐为 2000m³，其他罐为 1000m³，总容量 1.5 万立方米。事故发生时，1 号罐存储液化石油气 51m³，2 号 705m³，3 号 29m³，7 号 910m³（正向 6 号罐倒罐），8 号 54m³，9 号 869m³，11 号 598m³，12 号 1234m³，其余 3 个罐为空罐，总储量为 4450m³。罐区西侧一路之隔为储量 12 万吨的油品储罐区；北侧为厂房车间和装置区；南侧为装卸区、营销楼和企业消防队执勤楼；东侧为空地。

3. 单位及周边消防水源情况

厂区内有消防泵房和泡沫站各 1 处，水泵 6 台（4 台电泵流量均为 160L/s，2 台柴油泵流量分别为 200L/s 和 300L/s），全部开启时总流量为 1140 L/s，设有 4 个消防水罐，总储水量 1.6 万立方米；罐区排污池容量近 2 万立方米，排污能力每小时 1 万立方米。厂区消防管网主管径为 400mm，共有固定水炮 57 门，消火栓 96 个；311 罐区的管径为 350mm，设有固定水炮 6 门、消火栓 18 个，各个储罐均设有固定喷淋冷却系统，且性能良好。厂区周边有 3 处远程供水取水点，分别为北侧凤凰河和东侧的东潘渔港码头（1.6km）、西潘渔港码头（1.2km）。

4. 单位内部及周边消防力量情况

石大科技石化有限公司消防队共有队员 20 人，采取两班轮换制度；5 辆消防车，总载水量 14t、泡沫液 22t。周边有 3 个公安现役消防队、5 个企业专职消防队，共有 29 辆车，总载水量 125.5t、泡沫液 74.5t，距离最近的 2.3km，最远的 7.8km。

5. 天气情况

7 月 16 日，多云转阵雨，气温 22～25℃，东风 3～4 级，气象部门下午进行了人工降雨；7 月 17 日，多云，气温 24～30℃，东风 3～4 级。

（二）事故特点

1. 事故规模大，冷却用水量需求大

发生事故的罐区共有 12 个储罐，其中 3 个储罐为 2000m³，9 个储罐为 1000m³，共有 9 个储罐存有液化石油气，实际储量达 4450m³，而且西邻一路之隔的油罐区，储油量达 12 万吨。爆炸发生后共部署 14 门移动炮实施冷却，冷却用水量每秒为 1120L，且爆炸造成固定消防设施损坏，只能通过移动装备供水。

2. 爆炸危险大，爆炸发生时间和撤离时机难以判断

爆炸使火势迅速扩大至整个罐区，严重威胁总储量超过 3000m³ 的 7、9 号等 7 个储罐，一旦冷却强度不足、火势控制不力，极有可能继续发生威力更大的连环爆炸，引燃距罐区不足 100m 的原油罐、轻质油罐。爆炸征兆不明显且时间极短，官兵对爆炸发生时间和撤离时机难以准确判断和把握，加之爆炸速度快，即便及时发现征兆也很难撤离到安全地点。

3. 处置难度大，冷却、关阀、灭火任务艰巨

罐区内球罐多、法兰多、管线多，现场情况非常复杂，处置要求高、难度大。爆炸冲击

波造成多个储罐和多处管线起火，辐射热强，需要对 7 个球罐实施有效、全面、不间断的冷却；各类管线交织在一起，无法分辨泄漏起火管线与各储罐的连接情况，需要关闭的阀门多，且都在罐区内或罐顶，距起火点近，关阀任务异常艰巨。

4. 参战力量多，协同作战难度大

此次灭火救援共有山东和江苏 10 个消防支队、152 辆消防车、8 套远程供水系统、937 名官兵，以及省、市两级的 10 余个应急联动部门参加。参战单位多、力量多，前方分为三个战斗区段，架设 14 门水炮，后方三个取水点设立了 7 套远程供水系统，协同作战配合有一定难度。

5. 爆炸威力大，官兵心理压力大

此次爆炸是目前国内发生的最大的液化石油气球罐爆炸，6 号罐爆炸时火焰高达上百米，罐体被炸为两半，最大的一块 60 多吨的罐体被抛出 350m，爆炸视频迅速在网上传播，引起各级领导和社会的高度关注。巨大的爆炸威力和潜在的爆炸危险给现场指挥员和参战官兵造成了巨大心理压力，在后续作战行动中，对近距离设置水炮阵地和关阀断料心存畏惧。

（三）事故原因

7 月 15 日 16 时 30 分，事故企业决定将 7 号罐内的液化石油气倒至 6 号罐。此时，6 号罐充满了水，操作人员在 6 号罐底部切水器管线的导淋阀上连接了一条消防水带，进行地面直排切水，然后对 7 号罐进行底部注水加压，将 7 号罐的液化石油气通过罐顶的低压瓦斯管线压入 6 号罐。由于没有实施全程监护，16 日 7 时 38 分 35 秒（厂区监控时间），6 号罐内的水全部排完后，液化石油气通过消防水带泄漏并急剧汽化扩散；7 时 39 分 22 秒，可能因液化石油气高速喷出时产生的静电，或是水带环扣与周围金属构件撞击产生火花，引发爆燃。事故发生时，6 号罐内导入液化石油气 450～500m³，7 号罐内剩余 410～460m³。

二、救援经过

（一）固移结合，快速布控

事故发生后，石大科技石化有限公司专职消防队迅速出动，在罐区北侧利用高喷车、在罐区东南侧利用泡沫车车载炮分别对 6 号罐实施冷却，并占据消火栓形成固定供水线路。

16 日 7 时 38 分，日照支队指挥中心接到报警后，立即按照石油化工四级火警一次性调派全市 9 个消防中队、战勤保障大队和 7 个企业专职消防队赶赴现场处置，并向总队和市政府报告，启动日照市政府应急预案和联动机制。正在日照检查工作的山东总队长指示立即启动《重特大火灾事故应急救援预案》，并带领日照市应急办、公安局、消防支队领导赶赴现场指挥。总队政委在作战指挥中心坐镇指挥，将火警提升为五级（红色），调集周边 7 个支队，共 24 个石油化工灭火编队、99 辆消防车、65 门移动炮、6 套远程供水系统及 2 名化工专家增援，总队全勤指挥部及战勤保障力量遂行到场。部局紧急调派江苏连云港、淮安 2 个支队 2 套远程供水系统，以及 2 台消防机器人到场增援。

7 时 45 分至 8 时 15 分，岚山大队 3 个消防中队和 3 个企业专职队相继到达现场。辖区中队指挥员通过侦察发现：6 号罐底部管线起火，10 多米高的火焰呈喷射状燃烧，包裹着 6

号和 8 号罐。经询问单位人员，罐区消防泵和固定喷淋已开启，但物料储存情况不明确。到场力量立即在罐区南侧开启 2 门固定水炮并部署 1 门高喷炮、3 门移动炮，在罐区北侧部署 1 门车载炮，对 6 号罐和邻近的 4、8 号罐实施冷却，占据 6 个消火栓并采取运水供水的方式铺设了 10 条供水线路。8 时 17 分至 8 时 52 分，日照市其他 6 个消防中队和 4 个企业专职队陆续到场，分别在 6 号罐西北侧部署 1 门车载炮，在 6 号罐南侧部署 2 门移动炮加强冷却。爆炸前力量部署如图 7.4.2 所示。

（二）紧急撤离，调整部署

8 时 50 分，总队长到达现场，立即成立指挥部，制定六项处置对策：一是进一步组织单位技术人员关阀断料；二是紧急疏散厂区工作人员及周边村庄群众；三是启动油罐区固定喷淋设施；四是减少一线作战人员，尽量在南侧装卸区利用高喷车冷却；五是通知自来水公司为厂区市政管网加压；六是实施交通管制，加强警戒。

参战力量正在按照指挥部要求调整部署时，9 时 16 分 23 秒，火势突然增大，火焰变白发亮，接着 6 号罐发生第一次爆炸，爆炸声音和威力不大（事故后经查看监控录像和专家分析为 6 号罐底部管线爆炸），安全员立即发出撤离信号，全体官兵撤离到 150m 外利用单位建筑作掩体避险。9 时 27 分 15 秒，8 号罐发生撕裂性爆炸，声音和威力明显增大，罐体被撕裂垮塌，罐区一片火海，可能会发生更大的连环爆炸。总队长果断下达全体参战官兵紧急撤离的命令，参战官兵按照既定撤离路线，南侧人员向办公楼正南方向撤离，北侧人员向厂区北门撤离。9 时 37 分 56 秒，6 号罐发生了猛烈的粉碎性爆炸，2 名正在撤离的官兵受轻伤，7 辆消防车来不及撤离被烧毁。

10 时 12 分，所有人员撤离到事故单位南侧 1500m 处的东潘水产城，并重新建立了指挥部，对现场人员进行了逐一清点，对留队人员进行了逐一核实，确定所有人员全部撤出。考虑到现场仍存在连环爆炸危险，且爆炸威力巨大，为避免造成更大的危害和官兵伤亡，指挥部研究制定了七项措施：一是进一步扩大疏散范围，1500m 范围内的群众全部疏散，严格设立警戒；二是通知周边其他化工企业全部启动固定消防设施；三是派出两个侦察组分别利用无人机和抵近现场的方式进行火情侦察，研判灾情；四是在沿海公路南北两侧分别设立增援力量集结点，做好增援力量到场后的进攻灭火准备；五是进一步确认通向单位的输气管线总阀门是否关闭；六是进一步确认罐区各个储罐的实际存量，分析爆炸危险性；七是调集 600t 泡沫，防止再次爆炸引燃相邻油罐，做好灭火准备。

（三）大军进攻，全力冷却

11 时 20 分至 12 时 30 分，经过利用无人机高空侦察和攻坚组 2 次抵近侦察，发现 6 号罐整体被炸飞，8 号罐炸裂坍塌，2、4 号罐不同程度倾斜，罐区内多处管线泄漏起火；2 号罐顶部起火，罐底管道火势凶猛，直接烘烤着罐体，并威胁相邻的 1 号罐；7 号罐周围呈猛烈燃烧状态，严重威胁下风方向的 9、11、12 号 3 个储罐；南侧 2 个消火栓被炸断，消防管网失去供水能力，固定喷淋失效。指挥部研究制定了"集中优势兵力、强力冷却控制、全力保障供水、适时关阀断料"的战术措施。

12 时许，增援力量陆续到场，指挥部将事故罐区东、西、北三个方向分为三个作战区段。罐区东侧：日照支队在罐区架设 3 门移动炮，对 2 号罐和 1 号罐进行冷却。罐区西侧：日照、潍坊支队出 4 门炮，对 10、11、12 号罐进行冷却。江苏淮安、连云港和山东济南、

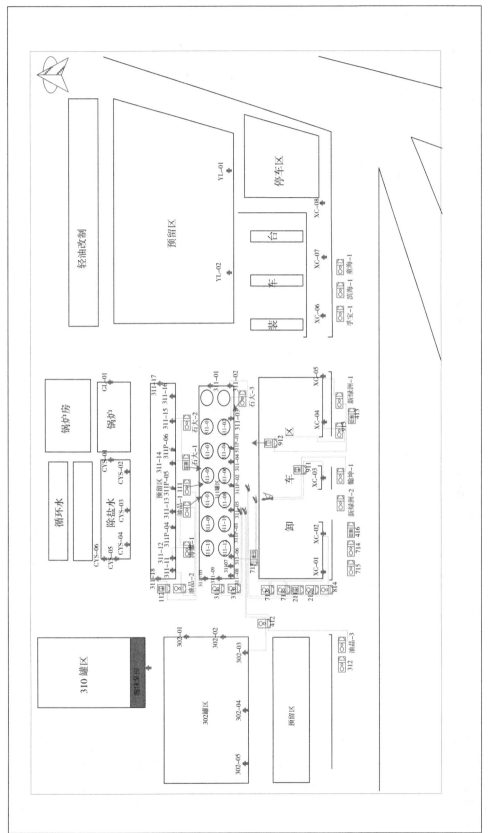

图 7.4.2　爆炸前力量部署图

济宁支队 4 套远程供水系统从厂区南侧道路进入保障供水。罐区北侧：青岛、临沂、泰安、东营支队出 7 门炮，对 7 号罐及相邻的 5、9、11 号罐进行冷却，青岛、东营、泰安支队 3 套远程供水系统从厂区北侧道路进入保障供水。爆炸后力量部署如图 7.4.3 所示。

16 时 38 分，消防局副局长率领战训、通信、宣传等相关人员和化工专家到达现场，听取情况汇报后立即深入着火罐区侦察火情，确定了"冷却降温、喷雾驱散、关阀断料、以控代攻"的战术，研究制定六项处置措施：一是在采取关阀断料等技术措施的同时，维持着火罐稳定燃烧；二是按照 6 倍冷却用水量，加大对临近罐冷却保护；三是严防冷却水湮灭管线明火造成液化石油气泄漏，引发新的爆炸；四是灵活运用供水方法，充分利用远程供水系统，确保火场供水不间断；五是加强个人防护，减少一线作战人员，安排有经验的指挥员担任观察员，调派 3 架无人机实施空中侦察，一旦发现异常，及时发出撤离信号；六是对罐体温度和周边可燃气体浓度进行不间断检测，及时判断火情，调整现场力量。按照消防局副局长的指示要求，3 个战斗区段分别有 1 名总队指挥员和 1 名支队指挥员靠前指挥，水炮手全部在掩体后遥控操作，无关人员全部撤离到 400m 以外；日照、青岛、泰安 3 架无人机实施高空侦察；日照支队利用测温仪和有毒气体探测仪实施不间断检测。

按照指挥部的部署，参战官兵采取由后至前、分段铺设、快进快出的方法，迅速铺设水带干线，架设水炮阵地。各区段指挥员始终坚守在阵地最前沿，带领参战官兵将水炮架设在距着火罐五六米的位置，确保了冷却射流的有效性。

（四）定时检测，关阀灭火

17 日 2 时，经过长达 10 余个小时高强度、不间断的冷却，各个罐体的温度普遍持续下降，特别是着火的 7 号罐从 0 时的 153℃下降到 41℃，罐顶火势熄灭，地面管线仍有 5 处火点，7 号罐底东西两侧的火势较大。指挥部立即组织专家组和企业技术人员进行了全面分析，认为各罐之间的管线阀门没有全部关闭，导致罐内气体持续泄漏燃烧。指挥部命令单位 2 名技术人员进入罐区实施关阀，日照、济宁支队出 4 支喷雾水枪掩护，阀门全部关闭后火势仍然没有减弱。5 时 30 分，指挥部经过逐一排除各种气源可能，认为地面管线火的气源由 7、9、11 号罐通过罐顶的气相管提供，决定掩护单位技术人员登顶关阀。7 时 24 分，随着 3 个罐的气相管阀门关闭，大火被全部扑灭。

（五）持续冷却，清理监护

大火扑灭后，指挥部要求继续保持冷却强度和不间断的温度、浓度检测，同时利用喷雾水枪对罐区内残留液化石油气进行驱散稀释。17 日 9 时 30 分，罐区内所有储罐温度降至30℃以下，气体浓度降至安全水平，指挥部遂命令日照、临沂、济宁支队保留 80 名官兵、11 辆消防车、1 套远程供水系统继续冷却，实施 72h 监护，防止发生复燃复爆和泄漏，其余力量全部返回。监护期间，由于管线和法兰受到爆炸冲击波和火场高温的破坏，一些法兰处也出现了少量泄漏，监护人员都能第一时间发现，并协助单位技术抢修人员及时排除险情。

7 月 20 日至 8 月 3 日，事故处置领导小组聘请专家经反复论证，制订了事故罐区输转倒罐方案。8 月 6 日开始实施，19 日全部输转完毕，共输转剩余液化石油气 1507t。在此期间，日照支队出动 10 辆消防车，总队调派青岛支队 1 套远程供水系统，圆满完成了事故的清理监护任务。

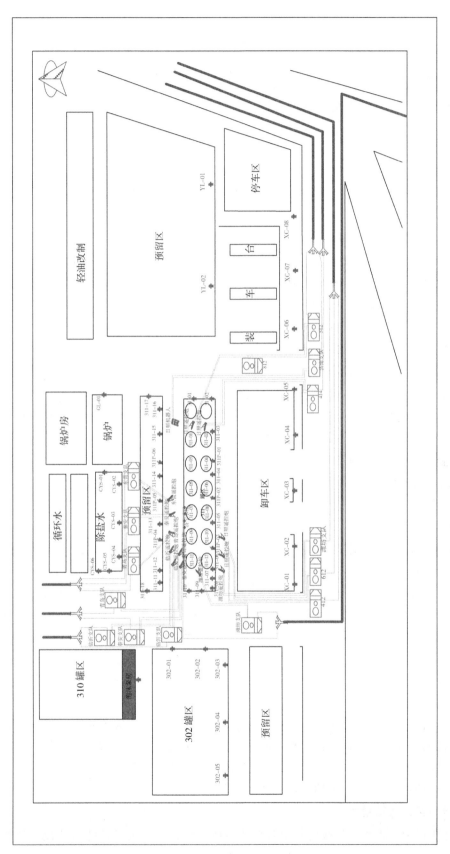

图 7.4.3 爆炸后力量部署图

三、案例分析

（一）战术措施

1. 坚持安全第一，果敢紧急避险

处置过程中始终坚持"生命至上、安全第一"的原则，第一时间设立安全员和警戒区，疏散单位员工和周边群众 5000 余人，保证了群众无伤亡。尤其是爆炸发生前，现场总指挥判断准确，果断下达撤离命令，撤离路线正确，避免了重大伤亡。如果撤离命令稍晚或选择进厂道路为撤离路线，官兵伤亡将难以估计。爆炸发生后，前线作战人员始终保持最低数量，移动水炮操作人员全部在掩体后遥控操作，保证了作战安全。

2. 坚持"以控代攻"，强力冷却抑爆

针对爆炸后固定喷淋设施损坏失效、爆炸危险性持续存在、周边危险源较多的情况，指挥部坚持采取"以控代攻"的战术措施，发挥移动炮流量大、射程远的优势，在罐区周围架设 14 门遥控水炮，重点冷却 2 个着火罐和临近的 4 个严重受火势威胁、爆炸危险性大的储罐，连续冷却长达 18h，罐体温度持续下降，防止了爆炸再次发生。

3. 划分战斗区段，落实指挥责任

根据现场进攻路线和储罐分布，前线指挥部将现场划分为东、西、北三个战斗区段，均衡分配参战力量，负责架设水炮冷却的支队逐一明确水炮数量、落实具体储罐。每个战斗区段设立前沿指挥所，分别安排 1 名总队指挥员和支队指挥员负责观察火势、指挥水炮阵地设置、保证官兵安全等，确保了现场指挥科学有效。

4. 科学分析研判，实施工艺处置

总指挥部每 2h 召开一次会议，对比罐体温度，分析火势情况，调整力量部署，充分利用专家组技术优势，研究分析管线布设、阀门位置、火点气源等，为成功实施工艺关阀措施提供了准确依据，大大缩短了事故处置时间。

5. 正确选用水源，保障火场供水

指挥部在增援力量到场前选定了远程供水取水点，安排 1 名副总指挥专门负责，提前考虑到海水潮汐可能造成供水中断，充分做好了应对措施。为防止远程供水系统故障，调集厂家技术人员到场提供技术保障，远程供水系统供水如图 7.4.4 所示。在长达 18h 的冷却控制中，在 14 门水炮用水量始终保持每秒 1100L 以上的情况下，确保了火场供水不间断。

（二）经验体会

1. 领导重视、正确指挥

事故发生后，公安部领导 8 次作出批示指示，4 次视频连线现场指挥部给予指导；消防局局长坐镇部局指挥中心远程指挥；消防局副局长率工作组和化工专家亲临现场指挥，先后5 次直插着火储罐区查看火情，组织专家组反复研究处置措施；省市两级党委、政府、公安机关领导第一时间赶赴现场，协调有关部门配合处置。

2. 基础扎实、装备精良

自 2013 年以来，省委、省政府和消防总队狠抓石油化工灭火救援能力建设，新购了一

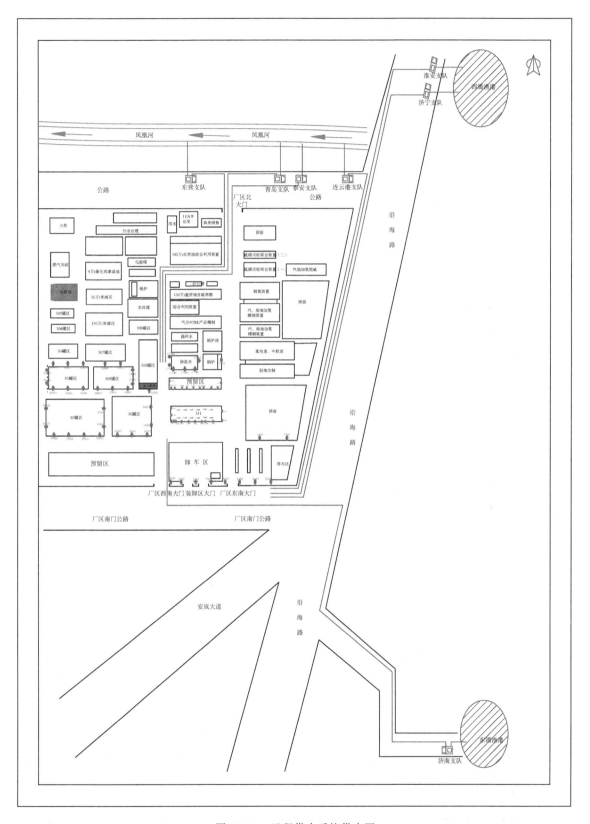

图 7.4.4　远程供水系统供水图

批大功率、大流量、远射程的泡沫消防车和移动遥控水炮以及远程供水系统，不断加强消防水源和泡沫液储备库建设，广泛开展"五大"练兵活动，灭火救援实战能力显著提升。此次事故处置中，全省共调集65门移动炮、6套远程供水系统、3架无人机，2省、10市、930余名参战官兵密切配合，火场秩序井然有序。

3. 联动高效、保障有力

日照市政府迅速启动应急预案和联动机制，公安、安监、交通、气象、卫生、供水、供电、环保等部门第一时间响应，调集了大客车、挖掘机、平板运输车、叉车、120救护车、运沙车等各种车辆38辆，协同开展了现场警戒、外围疏散、宣传报道、后勤保障、人工降雨等工作。总队、支队两级战勤保障力量遂行作战，调集战勤保障车辆29辆、器材装备700余件套、水带1.3万米、泡沫灭火剂600t、油料50t，现场加油近200车次，为事故的成功处置提供保障。

（三）存在问题及改进措施

1. 初战车辆停车位置距离罐区过近

初战指挥员对爆炸危险和爆炸威力缺乏预见性，前期到场的部分车辆停在罐区周边道路，距离过近，导致爆炸时无法紧急撤离，造成7辆消防车被烧毁（其中企业专职队4辆）。

2. 初期冷却强度不足

由于单位员工不掌握消防泵的启动方法和要求，一次性启动了所有消防泵，导致电源不断跳闸，管网压力一直处于低压状态，固定消防设施供水不足；部分移动炮位置离罐较远，射流不能充分发挥作用，造成前期冷却强度不足。

3. 部分器材装备未遂行出动

因配备测温仪、可燃气体探测仪、有毒气体探测仪、无人机等装备的抢险救援车未第一时间出动，导致这些器材没有及时到场，指挥部要求检测和高空侦察时才临时调集，影响了战斗行动。

4. 部分官兵安全防护不到位

部分初战官兵在前沿阵地未穿着隔热服，未戴手套和阻燃头套；有的驾驶员和战勤保障人员穿着体能作训服，安全防护意识不强。

5. 对此类事故的危险性认识不足

参战官兵都未参加过此类事故处置，对爆炸危险性认识不足，对爆炸时机和安全距离预判不准。指挥部下达撤离命令后，行动不够迅速，集结地点仍在爆炸波及范围内，有的甚至回头观望，导致2名官兵受轻伤。

下一步，将加强石油化工火灾事故处置的学习研究，加强作战行动安全教育和训练，进一步强化辖区情况熟悉和实战演练，注重布设水枪水炮阵地的有效性，规范此类事故的出动编成和特种装备调用，切实提高官兵安全防护意识和水平，提升灭火救援实战能力。

（四）几点启示

① 液化石油气球罐火灾，尤其是罐体底部着火时，考虑爆炸危险性和爆炸波及范围。1000m³的球罐在满装情况下（充装率85%）发生撕裂性爆炸，辐射热（$s = 90V^{1/3}$）和冲击

波（$s=108.5V^{1/3}$）的有害波及范围分别为900m和1085m。因此，出现爆炸征兆后，参战官兵应至少撤离到1100m以外。选择撤离路线时，应尽量利用地形地物，沿高大、坚固的掩体后面撤离，尽量避免辐射热和冲击波的影响。

② 扑救此类火灾，应利用测温仪不间断检测罐体温度。液化石油气球罐的设计压力为1.6MPa，爆破压力一般为8.0MPa，在充装率85%的情况下，当罐体温度升高到60℃时储罐内就完全充满了液态，此时温度每升高1℃，压力就急剧增大2~3MPa，罐体温度一旦超过64℃，就有可能引起储罐爆炸。因此，球罐在满装情况下温度超过60℃时就应及时撤离到安全区域。

③ 扑救石油化工火灾，必须第一时间调集化工专家到场，并始终在指挥部参与研究工艺处置措施。

④ 利用远程供水系统取海水供水时，应提前掌握取水点深度和潮汐变化情况，提前做好退潮后的应对措施，防止供水中断。

⑤ 要尽量多调集直径80mm的中高压、长距离水带到场。此次火灾扑救中，14门水炮全部采用双干线从远程供水系统取水，最远的长达400m，铺设水带总长度超过10km，单靠随车水带远不能满足现场需求。因此，扑救此类火灾时，应在第一时间调集充足的水带到场。

⑥ 在日常熟悉演练中，应对企业的固定消防设施，尤其是固定水炮和泡沫炮进行实地测试，掌握其有效射程，防止火灾情况下不可用或射流无效。

（五）理论分析

1. 泄漏扩散形成蒸气云遇火源发生闪燃或爆炸

一般情况下，泄漏发生时立即被点燃的概率较低，多数情况下泄漏的液化石油气会随着主导风向一起漂移扩散。此时，若应急处置不当，泄漏扩散的液化石油气与空气混合形成爆炸性的蒸气云，遇到点火源被点燃，导致漂移扩散区的蒸气云迅速闪燃其至发生化学性爆炸，形成一片火海，火焰并回燃至泄漏口处燃烧。蒸气云爆炸时，会产生巨大的火球、爆炸冲击波和被炸损容器碎片抛出，导致周围人员伤亡，建筑及设备破坏，着火罐及邻近罐的火炬管线、进出料管线被拉断，安全阀、消防喷淋系统损毁，储罐或管线出现多点多形式燃烧，储罐上部气相部分以火炬形式喷射火燃烧，储罐下部液相部分破裂处以溶滴式气液流淌混燃等严重后果。

液化石油气蒸气云爆炸属于化学性爆炸，具有很大的爆炸破坏力，其爆炸当量质量可按下式估算：

$$W_{TNT}=1.8aW_fQ_f/Q_{TNT}$$

式中，1.8为地面爆炸系数；a为蒸气云爆炸系数，可取0.04；W_f为泄漏液化石油气蒸气云质量，kg；Q_f为液化石油气爆热值，取41868kJ/kg；Q_{TNT}为三硝基甲苯（TNT）爆热值，取4180kJ/kg。当100m³的丁烷或丙烷全部汽化并在爆炸极限范围内时，其爆炸相当于36t三硝基甲苯当量质量，爆炸火球温度可达2100℃，可形成伤害范围为死亡半径51m，重伤半径99m，轻伤半径145m，财产损失半径63m。

2. 受热罐体破裂

储罐在火焰的热作用下，罐壁温度会迅速升高。无冷却保护的液化石油气储罐在火焰全包围条件下，储罐内气相部分的干壁温度可高达 600～700℃，并明显高于罐内液相部分的湿壁温度。

储罐内部的压力变化主要取决于内部介质的温度。分别采用水喷淋冷却和防火隔热层保护的液化石油气储罐，在火全包围实验中测得的罐内压力变化如图 7.4.5 所示。其试验条件为：储罐容积 4185m³，罐壁厚 615mm，罐壁材料 STE36 钢（屈服强度为 360N/mm²），储罐上设置安全泄放阀。由图可以看出，对未采用防护措施的储罐，在火灾作用下储罐内部压力迅速上升，12min 即发生爆炸；采用水喷淋冷却［冷却强度为 100L/(m² · h)］的储罐，在火灾作用下 5min 内压力迅速上升，当达到安全阀排放压力 1.4MPa 后，安全阀开启排气，储罐内压力在 1.2～1.4MPa 之间波动，随后有所下降；采用隔热层保护的储罐，在火灾作用下压力升高速度缓慢，在 50min 前罐内压力一直低于水喷淋冷却的储罐，而后压力较水喷淋的储罐稍高。水喷淋冷却和隔热层保护的储罐均可以在火灾作用下 90min 内不发生爆炸。

上述液化石油气储罐对火灾的热响应规律可以看出，储罐爆炸主要有两方面的原因：一是储罐内部的压力升高；二是储罐壁温增加引起储罐材料强度下降，16MnR 钢质容器受热温度与屈服强度变化如图 7.4.6 所示。采取一定的防护措施可以显著阻止罐内压力和壁温升高，从而延缓储罐发生失效的时间，防止储罐在一定时间内火灾作用下发生爆炸。

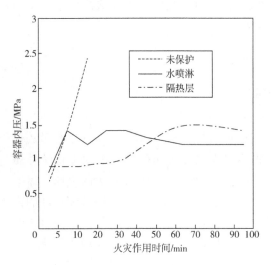

图 7.4.5　储罐受火作用下罐内压力的变化

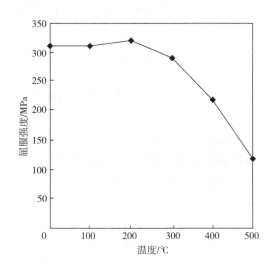

图 7.4.6　16MnR 钢质容器受热温度与屈服强度变化

思考题

1. 结合案例，分析液化石油气储罐爆炸机理和风险。
2. 结合辖区实际，分析此类事故预案制订的重点。

案例5 江苏南通"5·31"海四达电源股份有限公司爆炸事故救援案例

2016年5月31日17时57分，启东市公安消防大队119指挥中心接到报警，称启东市海四达电源股份有限公司一厂房3层内冒烟，立即调派启东中队4辆消防车、20名官兵前往处置，大队值班领导随警出动。其间，共从厂房内疏散企业员工60余人，避免了一起恶性灾害事故的发生。在组织侦察和人员疏散过程中，位于3层的8号锂电池仓库突发爆炸，造成大队8名官兵受伤，其中副大队长陈帅经抢救无效牺牲，其他7名官兵受轻伤；同时还造成单位1名员工死亡，11名员工受伤。

一、基本情况

（一）单位情况

南通启东海四达电源股份有限公司主要从事锂电池制造，是全国最大的二次电池生产企业之一。公司占地面积31万平方米，建有现代化厂房8万平方米，拥有中高级科技人员400余人，产品广泛应用于电动汽车、城市轨道交通、储能电站等领域。事故单位距离启东消防中队约2km。海四达电源股份有限公司平面布置如图7.5.1所示。

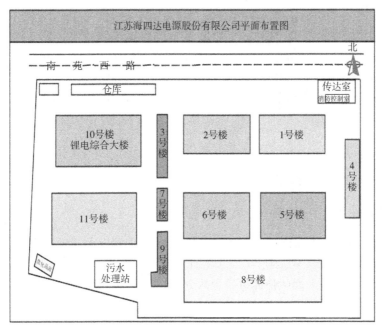

图7.5.1 海四达电源股份有限公司平面布置图

（二）建筑情况

发生爆炸的建筑为该公司10号锂电综合大楼，共4层。其中1层为锂电极板车间，2层为锂电装配车间，3层为锂电检测车间和电池搁置库（面积为4000m²），4层为工程中心和检测中心。发生爆炸的3层电池搁置区，共划分为4个区域。锂电综合大楼3层平面布置图，如图 7.5.2 所示。该建筑有 20 个搁置库，爆炸具体位置为 8 号搁置库，面积为 42.46m²，事故当日共存放 7.6 万节锂电池，其中 1500mA·h 的 6.8 万节、2500mA·h 的 8000 节，发生爆炸的均为 2500mA·h 的电池。

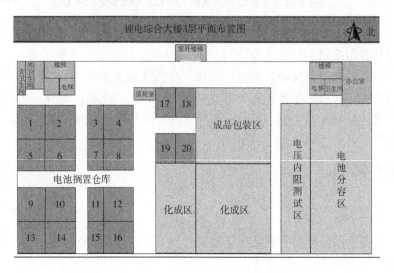

图 7.5.2 锂电综合大楼 3 层平面布置图

（三）电池工艺

该公司原生产的圆柱形电池型号主要为 1800mA·h、2000mA·h、2200mA·h，2015 年根据市场需求开始研发新型号，电池扩容为 2500mA·h，正处于测试阶段。

锂电池制造主要有制浆、涂膜、装配、测试四个工序，此次发生爆炸的电池正处于测试工序的满电搁置阶段。通过充电方式将其内部正负极物质激活，然后满电状态常温搁置 7 天，经检测合格后，待出厂。

（四）天气情况

当日天气小雨转大雨，温度 18～27℃，东南风 3～4 级。

二、救援经过

5 月 31 日 17 时 57 分，启东消防大队接到报警：海四达电源股份有限公司一厂房 3 层内冒烟。启东中队立即出动 4 辆消防车、20 名官兵赶赴现场处置，大队教导员、副大队长随警出动。18 时 05 分，启东大队指挥员率中队到达现场，到达现场后，中队城市主战车停靠 10 号楼北侧中部室外楼梯，豪沃泡沫水罐车停靠 10 号楼东南侧消火栓，斯太尔王泡沫水罐车停靠 2 号楼西北侧消火栓，抢险救援车停靠 2 号楼东北侧。

作战车辆停靠到位后，各车迅速做好战斗准备，经外部观察和询问厂区负责人了解，10 号楼 3 层北侧中部窗口有少量淡黑色烟雾冒出，1、2、4 层有大量员工正常上班。

根据现场情况，大队教导员立即责令企业负责人疏散 1、2、4 层员工，同时中队迅速组织 3 个小组：第 1 组由副大队长带领 3 名战士从中部室外楼梯进入 3 层负责侦察疏散；第 2 组由中队长带领 3 名战士从西侧内楼梯进入负责侦察疏散；第 3 组由副中队长带领 2 名战士到消控室了解情况。

副大队长带领战斗小组抵达 3 层后发现，车间西侧 8 号锂电池仓库内有少量黑烟，该公司董事长正组织员工利用二氧化碳灭火器处置，现场仍有 20 余名员工疏散电池，随即要求员工撤离。同时，中队长带领战斗小组到达 3 层，立即疏散了现场 10 余名员工。爆炸发生前现场官兵位置如图 7.5.3 所示。

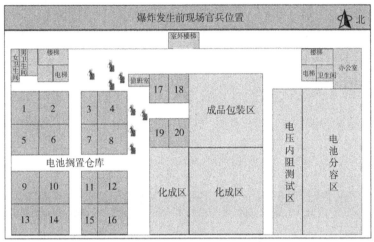

图 7.5.3　爆炸发生前现场官兵位置图

18 时 13 分，副大队长正与单位董事长及技术人员等在 8 号锂电池仓库门口过道内研究处置方案，中队长正在西侧楼梯口组织人员疏散。在毫无征兆的情况下，8 号锂电池仓库突然发生猛烈爆炸，库内多面隔墙被冲击波推到，爆炸点周边约 $200m^2$ 楼层区域遭受严重破坏，正在现场侦察疏散的 8 名官兵和 12 名员工受伤。

爆炸后，4 名官兵被冲击波推到北侧通道墙角，4 名官兵被冲击波推到东侧通道墙角。爆炸前后现场官兵位置对比图如图 7.5.4～图 7.5.6 所示。

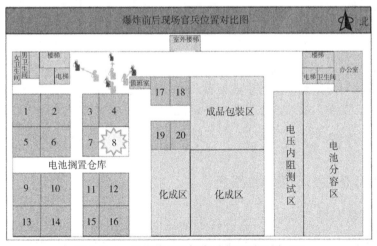

图 7.5.4　爆炸前后现场官兵位置对比图（1）

爆炸发生后，参战官兵迅速开展自救互救，及时将受伤员工疏散至室外，并向支队指挥中心报告，副大队长因伤势过重经抢救无效牺牲。

事故发生后，部消防局副政委带领工作组到南通查看了解事故处置情况，看望慰问牺牲

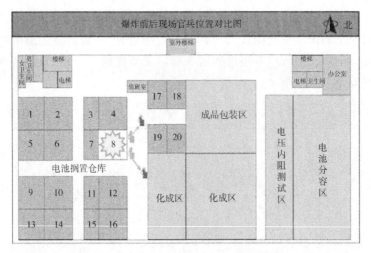

图 7.5.5　爆炸前后现场官兵位置对比图（2）

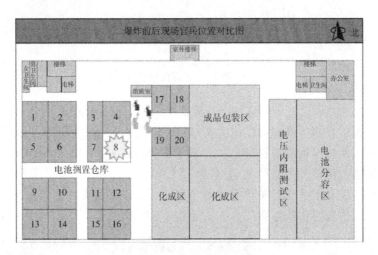

图 7.5.6　爆炸前后现场官兵位置对比图（3）

干部家属和受伤官兵，并与参战官兵进行了座谈。省公安厅副厅长、总队长、总队政委、总队参谋长等领导第一时间到场指导事故处置和善后工作。

截止到目前，除 1 人继续在康复治疗外，其余 6 名同志全部出院。

三、案例分析

（一）官兵伤亡情况及原因分析

1. 官兵伤亡情况

此次爆炸事故造成副大队长牺牲，7 名官兵受轻伤。经医院诊断：中队长烧伤面积 11%，1 名下士爆震伤、烧伤面积 8%，1 名上等兵右第二跖骨骨折，1 名上等兵烧伤面积 8%，1 名上等兵烧伤面积 5%，1 名上等兵爆震伤、颅内积水，1 名列兵烧伤面积 6%。

2. 爆炸原因分析

经调查，该次事故中损失 2500mA·h 的电池 5760 只，有 1624 只电池顶盖炸开，3648

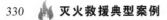

只电池防爆膜破坏，均已成空壳。每只电池装有5.4g电解液，其中30％的碳酸二甲酯，其闪点为19℃；20％的乙酸甲酯，其闪点为19℃，其蒸气与空气混合物爆炸极限范围为3.1％～16％；其余35％可燃液体。电解液整体闪点为30～32℃。

这是一起因电池内部缺陷引发的小概率安全事故。该公司试制生产的2500mA·h电池在满电态搁置过程中，因内部缺陷产生短路，使电池内部温度升高，并释放大量热，电池内压急剧升高，在防爆膜打开后电解液外泄遇空气剧烈燃烧，瞬间产生的高温经热辐射传导给相邻的电池。在高温的作用下，使相邻电池产生连锁热效应，压力上升太快，防爆膜来不及动作，直接将压盖顶出。稍远的电池，在受热内压增大时，防爆膜动作，两种状况均使电解液冲出，在搁置库内形成混合气体爆炸。

电池满电搁置是检验电池是否合格的重要流程，也是发生爆炸事故的重点环节，往往在这一环节，质量有缺陷的电池会出现短路或者热失控现象。

因此，广大官兵在处置类似密闭仓库锂电池火灾时，内攻人员必须携带和利用可燃气体探测仪、测温仪等设备进行检测，防止空气中存在可燃气体，并根据侦察结果划定重危区、轻危区、安全区等区域。

3. 官兵伤亡原因分析

根据现场参战官兵描述、医疗诊断和锂电池爆炸机理分析，基本可以认定造成官兵伤亡的直接原因是8号搁置库突发爆炸产生高温和强烈的冲击波，正在进行侦察和人员疏散的官兵因躲避不及时，造成不同程度的灼伤、爆震伤、骨折、内脏受损。

爆炸现场坍塌的隔墙由发泡混凝土砖砌成，规格为0.6m×0.2m×0.3m，按照常用密度等级B06，即600kg/m³来计算，一块砌砖质量约为22kg。坍塌的墙体在爆炸冲击波作用下，对现场人员造成较大伤害。

经专家计算，此次爆炸相当于4.1kg三硝基甲苯炸药的威力（还不包括正、负极分解的能量，其余35％可燃液体的能量），其爆炸形成的死亡半径为1.8m，重伤半径为6.1m，轻伤半径为11m。后经在场官兵证实，爆炸后牺牲的陈帅副大队长和受重伤的战斗员许敏距离8号仓库门仅1m左右；受伤较重的战斗员孙振华、何文韬距离库门6～7m；受伤较轻的滕腾中队长一组官兵距离在15m左右。

因此，建议广大官兵在处置类似火灾时，要精简内攻人员数量；做好个人防护措施（必须穿着灭火防护服，佩戴阻燃头套、灭火手套、空呼等防护装备，拉下头盔面罩）；设置的水枪阵地、人员站位需距离着火区域20m以上，找好必要的掩体掩护，并明确撤退路线。

（二）存在问题

结合此次事故处置过程、原因调查和专家分析情况，有以下几个问题值得认真总结和反思。

1. 现场官兵警惕性不高

大、中队官兵到达现场后，发现现场没有明火，8号仓库外有淡淡的黑烟，单位董事长正组织工程技术人员进行处置，技术人员告知"现场问题不大，有几个电池出现问题，正在冒烟"。现场官兵侥幸地认为已有专家在现场进行处置，而且现场没有明火，不会出现什么问题，于是放松了警惕，个别大队领导防护不到位，部分官兵将手套、空气呼吸器面罩摘下，爆炸后造成面部和手部烧伤。

2. 对锂电池的危险特性掌握不足

根据专家介绍，近年来，全国各地发生了多起锂电池火灾事故，但从未发生过如此规模的锂电池突然爆炸事故，在国内尚属首次，没有类似的案例可供学习。官兵对生产锂电池的工艺流程和爆炸危害掌握不够，实战经验不足。

3. 过于依赖技术人员的判断

事故单位是全国最大的二次电池生产企业之一，也是江苏省动力电池及材料工程技术研究中心，技术力量雄厚；企业董事长是中国化学与物理电源行业协会副理事长、国家863计划课题专家、科技部项目评价专家、国内外知名的电化学专家。事故发生时，企业董事长正组织工程技术人员在现场处置，大队、中队官兵过于依赖专家的判断，未预料到会发生爆炸。

（三）改进措施

此次爆炸事故处置中，大队、中队官兵团结协作、英勇顽强、不畏牺牲，及时疏散了单位员工60余人，有效避免了一起群死群伤恶性事故的发生，为处置同类型事故积累了实战经验。爆炸事故发生后，重点做了以下几项工作：

一是开展锂电池事故处置专题研训，邀请行业专家全面剖析锂电池生产工艺和爆炸危险性，科学评估事故处置风险，研究编制《锂电池火灾扑救指南》，进一步规范锂电池火灾事故处置程序。

二是组织部队深入开展辖区情况"六熟悉"，特别是加强对危险品单位的事故特点、工艺流程、火灾危险性、爆炸危险源等的熟悉了解，掌握特殊场所、特殊工艺、特殊设备及特殊物质火灾事故的处置方法和措施。

三是进一步落实灾害现场官兵防护装备的规范性佩戴和使用，严格执行《江苏省消防部队灭火救援现场秩序六项纪律》，重点对支队、大队全勤指挥部人员落实情况开展实地和视频督查，并及时下发通报。

（四）理论分析

锂电池一般以碳素材料为负极，以含锂的化合物作正极，没有金属锂存在，只有锂离子。当对电池进行充电时，锂电池的正极材料为锂化合物，使得锂离子从正极锂化合物中脱出，通过电解液嵌入到碳层中，而作为负极的碳呈层状结构，它有很多微孔，当碳层中嵌入的锂离子越多，锂电池的充电容量越高。当电池进行放电时，嵌在碳层中的锂离子脱出，经电解液又重新嵌入正极。随着正极的锂离子增多，放电容量越高。锂电池的工作原理见图7.5.7。

影响锂电池安全因素主要分内部因素和外部因素两方面。内部因素包括材料特性、电池结构设计和工艺过程。材料特性影响整个电池的过充和热稳定性，工艺制作过程可能产生微短路、极粉内短路、电芯内部短路；外部因素包括过充、外短路、过温（150℃，30min）等。在外界环境因素中，温度对电池的充、放电性能影响最大，在电极/电解液界面上的电化学反应受环境温度影响。如果温度下降，电极的反应速率也下降，假设电池电压保持恒定，放电电流降低，电池的功率输出也会下降；如果温度上升则相反，即电池输出功率也会上升，温度也影响电解液传送速度，温度上升则加快，传送温度下降，传送减慢，电池充、放电性能也会受到影响。当温度过高时（超过45℃）则会破坏电池内的化学平衡导致副反应。

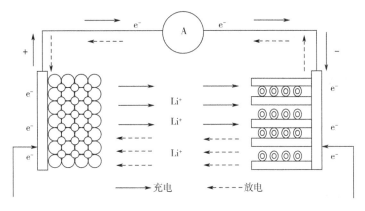

图 7.5.7　锂电池的工作原理图

锂电池火灾爆炸的因素很多，但其主要的原因是电池内部的高温、高压，这些都与产热因素有直接关系。电池内部的产热因素众多，如果锂电池内部的热生成速率大于热散失速率，则体系内的反应温度就会不断上升。其结果可能造成两种极端情况：反应物质的温度达到其着火温度而发生火灾，由于锂电池是一个封闭体系，随体系内部温度升高，反应速度加快，反应物蒸气压急剧上升。同时活性物质的分解、活性物质与电解液的反应都会产生一定量的气体，其结果是，在缺少安全阀保护或安全阀失效的情况下，电池内压便会急剧上升而引起电池爆炸。

锂电池使用不当或储存失效会引起电池膨胀甚至发生冒烟、燃烧现象。造成这些结果的主要原因为溶液分解、阴极材料结构变化、溶剂被氧化、水和溶剂反应及水和溶解液反应等。

由于锂电池火灾的特殊性，锂电池火灾除了和一般 D 类火灾一样不能用水、CO_2、BC 和 ABC 干粉灭火剂等常规灭火剂扑救之外，一般用于扑救钠和镁 D 类火灾的 D 类干粉灭火剂以及通常容易"沉没"或者含有氯化钠的灭火剂，也不能使用，某些对金属火灾的通用扑救方法，例如用干砂覆盖，对锂电池火灾往往也是无效的（干砂容易"沉没"，干砂的主要成分 SiO_2 还可能和锂发生反应），因此必须选择适用于锂电池火灾的 D 类灭火剂，才能够扑救锂电池火灾这种特殊的 D 类火灾。

目前，可用于扑救锂电池火灾的 D 类灭火剂主要有两种：Lith-X 干粉和美国海军海上系统司令部（Naval Sea System Com-mand）资助开发的铜粉，其中 Lith-X 干粉的成分是石墨和改善流动性的添加剂。这类灭火剂的灭火机理与一般 D 类干粉灭火剂有所不同，除了覆盖作用之外，石墨和铜都是热的良导体，可以迅速将燃烧热导出，使得燃烧着的锂迅速降温以降低燃烧强度，最终使得锂电池火灾易于扑灭。Lith-X 干粉没有附着在金属表面的能力，需要完全整体覆盖住燃烧的金属才能灭火。铜粉则可以在燃烧着的液态锂表面形成低反应性的铜-锂合金，可以钝化液态锂表面而起到灭火作用。某些进口锂电池包装盒或者说明书上都说明发生火灾时应该使用"Lith-X"扑救，这里的"Lith-X"即为 Lith-X 干粉。由于锂和其他碱金属不同，它可以在氮气中燃烧，因此在用于锂电池火灾的灭火器中，灭火剂的驱动气体应该使用稀有气体，例如氩气。

锂电池火灾具有特殊性，不能使用一般 D 类干粉灭火剂扑救，只有 Lith-X 干粉、铜粉等少数 D 类灭火剂才有效。近期发布的 GA 979—2012 标准仅涉及钠、镁和三乙基铝火灾，没有涉及锂电池火灾，也没有制定灭锂电池火灾效能试验方法，可能与锂电池火灾的特殊性以及锂电池火灾扑救技术至今不是十分成熟有关。

? 思考题

1. 结合案例，分析锂电池火灾的特点和扑救难点。
2. 结合辖区实际，探讨制订此类火灾事故预案的重点。

案例6 广东深圳"7·10"美拜电子 有限公司爆炸火灾救援案例

2016年7月10日上午9时许，广东省深圳市龙华新区大浪南路三联村河背工业区的深圳市美拜电子有限公司B栋4层发生爆炸燃烧事故，深圳市公安消防支队指挥中心9时03分接警后，快速反应，先后调集了5个中队、18辆消防车、93名消防官兵赶赴现场扑救。经过全体官兵的艰苦奋战，圆满完成本次火灾扑救工作。

一、基本情况

（一）单位情况

1. 单位基本情况

广东省深圳市美拜电子有限公司成立于1998年，是一家集研发、制造、销售锂离子电子电芯和各种充电电池组合成品为一体的高新技术企业，位于深圳市龙华新区大浪南路华联社区河背工业区1~2栋（A、B栋），厂房结构为钢筋混凝土结构，占地8000m²，总建筑面积12000m²。现场平面图如图7.6.1所示。其东面是河背村，南面为益州百货（隔小河），西面为办公楼及宿舍楼，北面为深圳市固达精密机械技术有限公司（C栋，模具及精密仪器零件加工）。

消防水源和消防设施概况：该栋厂房每层设有8个室内消火栓，周边有市政消火栓5个（其中1个爆炸受损）。

2. 爆炸起火建筑情况

爆炸起火建筑为该公司B栋厂房，共有4层，每层约800m²，1层为正极制造车间，2层为电芯卷绕和侧顶封车间，3层为电芯成型和分容车间，4层为爆炸着火层（包括IQC来料检验、实验室、常温静置房、高温老化房、电压测试、包侧、样品制作拉线和外观目检打包等共7个区域）。厂房立面图如图7.6.2所示，4层平面图如图7.6.3所示。

（二）爆炸燃烧事故特点

1. 爆炸发生突然

中队到达现场5min后在组织进行搜救过程中发生爆炸，此时侦察搜救人员刚进入4层楼道，尚未进入内部。

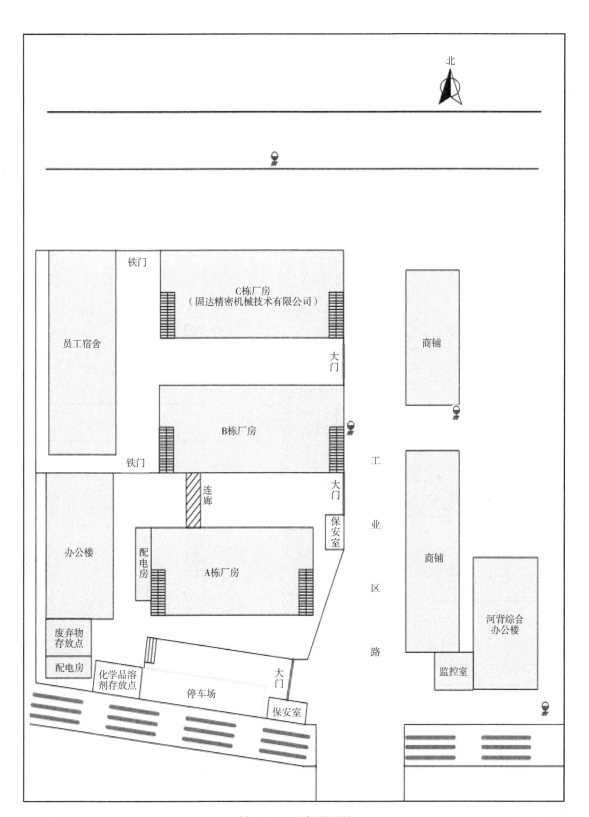

图 7.6.1　现场平面图

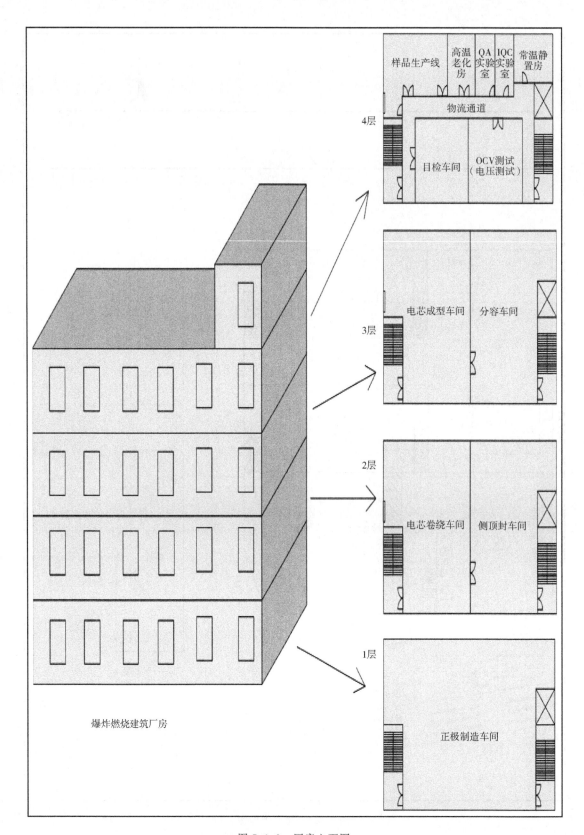

图 7.6.2　厂房立面图

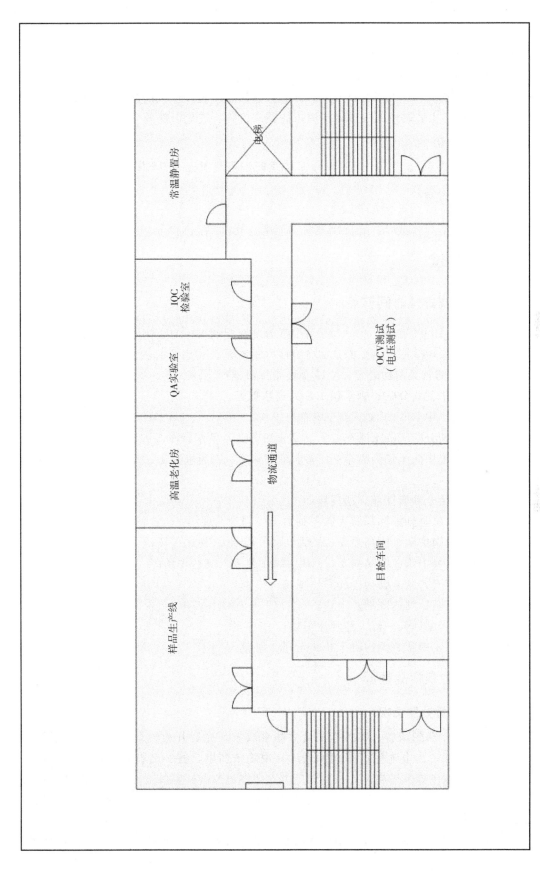

图 7.6.3　4 层平面图

2. 爆炸威力巨大

爆炸产生的巨大冲击力，造成厂房 4 层整层受损严重，3、4 层及楼顶东侧墙体部分坍塌，部分墙体出现约 20cm 的裂痕，存在局部坍塌危险；部分室外道路及楼道内被倒塌的混凝土块阻隔；部分玻璃碎片飞溅至百米之外，着火建筑东侧道路停放的多辆车被倒塌墙体砸毁；相邻 A、C 栋厂房玻璃大部分震碎；周边商铺广告牌、玻璃窗部分受损。

3. 爆炸引起燃烧

爆炸引起爆炸楼层、3 层部分、B 栋和 C 栋之间汽车及木板等废料着火。

（三）天气情况

7 月 10 日天气情况：微风，无持续方向，阵雨，气温 27～31℃。

二、救援经过

（一）力量调集及时间节点

2016 年 7 月 10 日上午 9 时 03 分，龙华中队值班室接到指挥中心调度，龙华办事处华联社区河背工业区 B 栋（报警人述 2 栋）4 层美拜电子有限公司着火。先后调集了 5 个中队、18 消防车、93 名消防官兵前往处置，支队全勤指挥部遂行出动。

9 时 12 分，龙华三联分队 1 辆水罐车 5 人到达现场；

9 时 13 分，龙华中队 3 车 20 人到达现场；

9 时 16 分，清湖分队 1 辆水罐车 5 人、富士康分队 1 辆水罐车 5 人到达现场；

9 时 18 分，大浪中队 1 辆高喷车、2 辆水罐泡沫车、1 辆水罐车、1 辆多功能主战车共 24 人到达现场；

9 时 28 分，大队全勤指挥部到达现场；

10 时 35 分，支队全勤指挥部及大队备勤力量一同到达现场；

10 时 37 分，松岗中队 1 辆高喷车、2 辆水罐车共 10 人到达现场；

10 时 48 分，西乡中队 1 辆高喷车、1 辆水罐车共 6 人到达现场；

10 时 51 分，宝安大队全勤指挥部到达现场；

10 时 53 分，支队长到达现场；

11 时，市公安局副局长一行人等到达现场；

11 时 07 分，福永中队 2 辆水罐车共 8 人到达现场。

（二）辖区力量作战情况

1. 主战中队到场处置情况

9 时 13 分龙华中队到场后，中队指挥员立即采取了预先展开火情侦察等措施。了解到事故点位于厂房 4 层，为电池生产车间和仓库，现场未断电，有 2 名群众被困，有大量浓烟，未见明火。采取了如下措施：一是要求厂方立即停电及做好警戒工作；二是由 2 名班长带领 3 名战斗员进入内部搜救被困人员，同时对内部情况进行侦察；三是其他人员做好战斗展开准备。

9 时 20 分，4 层突然发生爆炸，中队立即组织紧急撤离。2 人被困，3 人自行撤离现场。

中队指挥员立即组成 3 人救援组进入内部搜救，随后，救出受伤被困的 2 名消防员，并清点核对现场人员。

2. 辖区增援中队到场作战情况

9 时 18 分大浪中队到达现场，向辖区中队指挥员请示任务，过程中发生爆炸。

3. 大队全勤指挥部到场作战情况

9 时 28 分龙华大队全勤指挥部到达现场。在赶赴现场途中，大队指挥员通过对讲机得知现场发生爆炸，采取了如下措施：一是要求现场人员全部撤离，做好个人防护及现场警戒；二是向指挥中心及支队总指挥汇报情况，支队要求全力救助伤员，并做好个人防护。到达现场后，第一时间采取了以下几项措施：一是再次核对清点参战消防员；二是向厂方及辖区派出所核对是否有被困人员；三是侦察了解爆炸着火建筑及周边情况；四是协调做好现场警戒、交通管制、伤员救治等事宜；五是安排受伤人员就医事宜；六是将现场情况向支队指挥中心汇报。在了解清楚现场情况后，对现场力量做出相应部署。

（1）龙华中队

对 A 栋进行搜救；从 A 栋 4 层出 3 支水枪跨楼灭火；在 B 栋东侧架设一门移动水炮远距离灭火；在东面出 1 支水枪控制扑灭 B、C 栋之间的明火；做好各自安全防护相关工作并在东侧设置安全哨；负责后方供水及外围车辆的安排指引。

（2）大浪中队

对 C 栋进行搜救，救出 2 名被困人员；从 C 栋 4 层出 2 支水枪跨楼灭火；向龙华中队停靠在 A 栋厂房南侧的消防车供水；做好各自安全防护相关工作并设置安全哨。

初期处置力量部署如图 7.6.4 所示。

（三）支队全勤指挥部及跨区增援力量到场作战情况

1. 支队全勤指挥部到场作战情况

10 时 35 分支队全勤指挥部到达现场，听取龙华大队报告后，结合到场力量，采取如下措施：一是调整力量部署，在火场南面和北面邻近的建筑物内分别出 3 支、5 支水枪灭火，由龙华、宝安大队执行；二是协调地方政府加大警戒力量，严禁无关人员进入现场；三是在着火建筑的东、西、南、北四个方向设置安全员，严密观察着火建筑情况，发现紧急情况时及时发出信号；四是清理路障，确保进攻路线畅通。

2. 战斗力量部署情况

（1）龙华中队

从 A 栋 4 层出 3 支水枪跨楼灭火；做好各自安全防护相关工作；负责后方供水及外围车辆的安排指引。

（2）大浪中队

从 C 栋 4 层出 2 支水枪跨楼灭火；向龙华中队停靠在 A 栋厂房东侧的灭火消防车供水；做好各自安全防护相关工作。

（3）宝安大队

从 C 栋 4 层出 3 支水枪与大浪中队协同灭火；做好各自安全防护相关工作；在着火建筑的东、西、南、北四个方向设置安全员，严密观察着火建筑情况，发现紧急情况时及时发出信号。

后期处置力量部署图如图 7.6.5 所示。

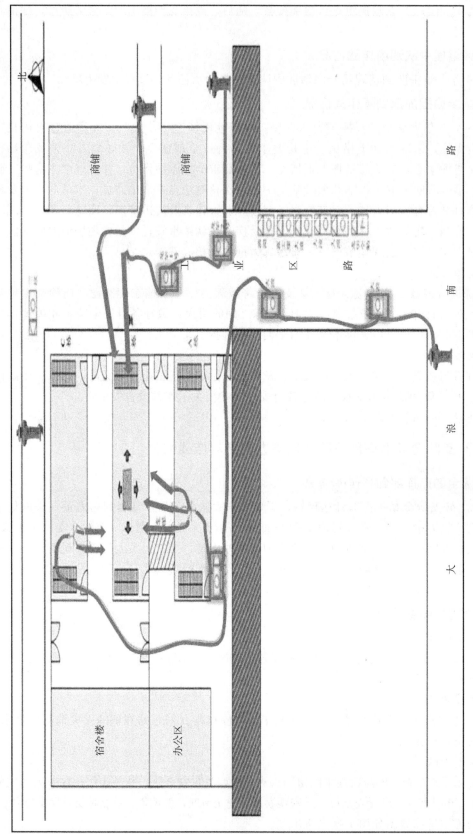

图 7.6.4　初期处置力量部署图

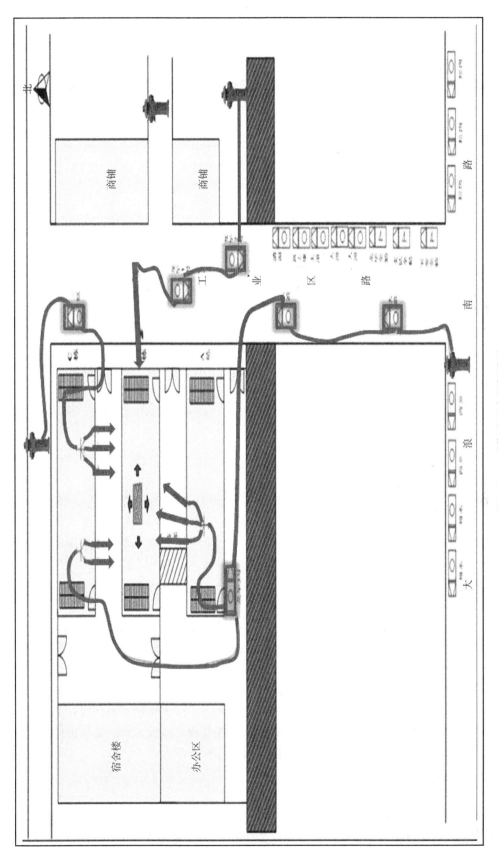

图 7.6.5 后期处置力量部署图

（四）各级领导到场指挥情况

10时53分，支队长到达现场，听取汇报后，进一步明确相关要求：一是强化灭火防护措施，加强安全警戒，确保人员安全；二是严格按照部署，迅速消灭火灾；三是龙华大队要做好分工，务必确保受伤人员得到及时医治。

11时，市公安局副局长一行人等到达现场，听取汇报后，充分肯定了支队官兵灭火救援行动，表扬英勇负伤的3名消防员。随后，副局长亲赴医院看望受伤的消防员。

约13时许，总队司令部、政治部、防火部等领导到场指导灭火救援及后期工作，表示现场处置程序合理、措施得当、处置及时，并看望慰问了受伤参战官兵。

其间，新区主要领导先后到场指挥灭火救援，并要求全力抢救受伤人员，妥善处理善后事宜，并到医院看望慰问受伤参战队员。

（五）火场清理阶段

11时10分，现场明火基本扑灭，支队全勤指挥部安排各增援中队撤出现场，由龙华大队负责现场冷却及后期配合清理；命令龙华大队继续从A、C两栋分别出2支水枪进行冷却降温，防止复燃。

龙华大队留2车9名官兵在现场配合后期清理工作。

7月11日10时，龙华大队留守现场配合后期清理工作的2车9名官兵撤回。

三、案例分析

（一）爆炸及消防员受伤原因分析

1. 爆炸原因分析

经向消防监督管理大队了解火调情况并结合实际分析，爆炸起火原因为4层常温静置房（老化车间）发生故障，造成老化电池（电芯）短路发生热失控，产生大量易燃易爆气体及热量，引起周边电芯温度升高，发生更强烈的热失控效应，集聚遇火源后发生爆炸燃烧。由于爆炸威力大，导致4层整层起火，部分区域倒塌，并波及1～3层生产车间以及相邻的两栋厂房受损，过火面积约1000m²。

2. 消防员受伤情况分析

9时13分龙华中队到场后，根据现场情况安排5名消防员进入内部进行侦察搜救。9时20分，4层突然发生爆炸，中队立即组织紧急撤离。此时，楼内共有5名队员，2名位于3～4层的楼梯转角处，1名位于4层楼梯间车间防火门外侧，1名位于4层楼梯间，1名位于4～5层的楼梯处。其中位于4层楼梯间车间防火门外侧的队员被墙体碎片和防火门等爆炸飞溅物砸伤被困，另一名紧跟其后，膝盖撞伤并无大碍，留下扶助被困队员；其余3人自行撤出现场，中队指挥员立即组成3人救援组进入内部搜救，随后，救出受伤被困的2名消防员，并清点核对现场人员。伤员位置分布图如图7.6.6所示。

（二）经验体会

1. 反应迅速，科学调度

火灾发生后，支队指挥中心相继调集了5个中队、18辆消防车、93名指战员赶赴现场

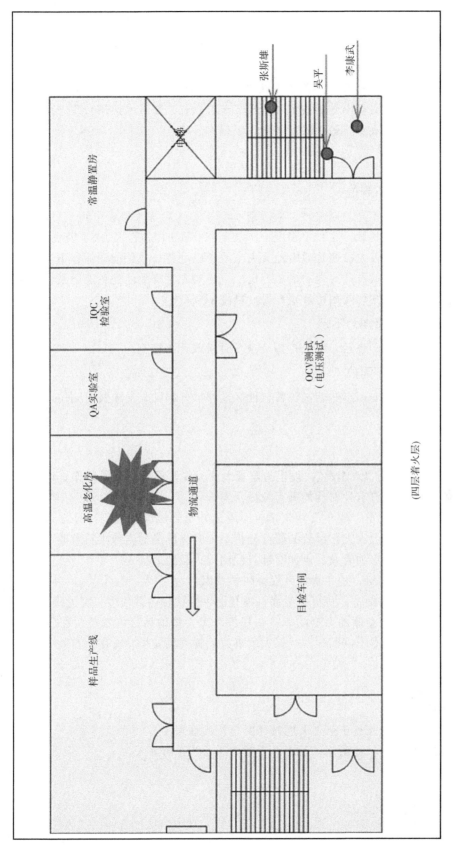

图 7.6.6　伤员位置分布图

(四层着火层)

处置。同时，龙华中队值班室在接警后迅速通知新区应急指挥中心、公安分局、交警大队、人民医院、水务局、供电公司等社会联动力量到场协助处置。

2. 战术得当，措施得力

一是执行命令坚决，参战官兵能够坚决执行各级指挥员的命令，在复杂环境下积极救人，奋力灭火，成功从火场中救出被困战士及 2 名群众；二是战术运用合理，采取围堵、夹击的战术，迅速消灭了火势，最大限度地减少了损失。

（三）存在问题

1. 初期指挥决策不到位

一是指挥员警惕性不高，对灾害事故研判不足（该厂 A 栋 4 层在今年 3 月 23 日刚发生过火灾，主战中队成功扑救，在一定程度上影响了指挥员的判断，放松了警惕），到场后未引起高度重视，指挥员仅仅按照普通电池火灾事故予以处置。二是前期侦察不够细致，没有发现爆炸征兆，没有采取有针对性的措施办法。三是对此类事故的处置经验及知识欠缺。四是事故初期未及时疏散现场及周边群众，警戒措施不到位。

2. 指挥员临危处置能力不足

在发生爆炸并引起燃烧后，中队指挥员未及时采取灭火措施。

3. 社会应急联动不到位

主要体现在厂区保安、事故辖区民警、社区及办事处相关人员未及时到位，并采取相应的警戒疏散措施。

（四）改进措施

① 进一步加强辖区"六熟悉"，强化与监管大队、安监局等单位的协作，切实掌握辖区重点单位实际情况，制订有针对性的灭火救援预案。

② 进一步提升指挥员、战斗员专业素质。通过外出学习、专题研讨等方式，强化对辖区类型（不仅限于锂电池火灾）事故的研究分析，提升指挥员的指挥决策素质，提升战斗员的攻坚应对能力；摸索更加有效、更加有针对性的灭火救援方法。

③ 以此次事故为契机，进一步提升安全防护意识。

④ 进一步优化装备配备，积极探索高科技智能手段代替内部侦察，努力降低危险。

⑤ 进一步明确各应急联动力量的职责和任务分工，提请新区将各单位在各类灾害事故处置现场职责及时间节点予以明确，确保灾害事故处置现场安全、有序、有效。

思考题

1. 结合案例，分析锂离子电池火灾的特点和扑救难点。

2. 结合辖区实际，探讨制订与电池有关火灾事故预案的重点。

第八章
仓库与堆垛火灾扑救案例

导语

　　仓库是储藏和放置物资的场所或建筑物，是一类物资高度集中的地方。仓库一旦发生火灾，燃烧面积大，延烧时间长，扑救难度大，经济损失大，甚至造成大量人员伤亡，还会带来一定的政治影响。本章主要按照储存方式重点选取了室内仓库火灾和室外堆垛火灾进行研究和分析。

　　本章选取案例1、2、5、6为室内仓库火灾，案例3、4为室外堆垛火灾。案例1为北京"5·8"天下城市场火灾扑救案例，属于综合类物资仓储单位，物资种类多，尤其存在大量的危险化学品，火灾危险性高；案例2为湖南长沙"7·16"旺旺食品有限公司火灾扑救案例，是食品行业仓储类火灾，是典型大跨度钢结构建筑火灾，易倒塌；案例3为黑龙江大庆"5·31"中储粮林甸直属库火灾扑救案例，是典型的室外粮食堆垛火灾；案例4为山西省侯马市"7·1"棉麻采购站棉花堆垛火灾扑救案例，是典型的棉花堆垛火灾，忌水；案例5为哈尔滨"1·2"太古街727号仓库内红日百货批发部库房火灾扑救案例，是综合类仓储火灾；案例6为北京"4·12"万隆汇洋灯饰城彩钢板库房火灾扑救案例，是易燃类仓储火灾。

　　仓库火灾扑救行动主要难点是如何克服烟雾和结构倒塌带来的危险，尤其要注意危险化学品仓库爆炸的危险。因此，在此类火灾案例研究时重点应放在如何解决火场排烟、内攻以及如何预防结构倒塌和危险品爆炸等方面。

案例1　浙江宁波"9·29"锐奇日用品
有限公司火灾扑救案例

　　2019年9月29日13时10分，位于浙江省宁波市宁海县锐奇日用品有限公司厂房发生火灾。该火灾直接原因是锐奇日用品有限公司一名孙姓员工，将加热后的异构烷烃混合物倒入塑胶桶时，因静电放电引起可燃蒸气，导致起火，该员工因处置不当造成大火。事故发生后支队按照"五个第一时间"的要求迅速响应。15时左右，现场明火被扑灭，共造成19人死亡、3人受伤。

一、基本情况

（一）起火单位基本情况

宁波锐奇日用品有限公司主要生产加工汽车香水、塑料制品等日用化工制品。单位建筑分三部分，东西两幢为砖混结构建筑，中间为钢棚结构。东侧建筑，共2层，单层面积160m²。1层为门卫室和餐厅；2层是办公区。西侧建筑主体3层，单层面积280m²，1层为香水灌装车间，存有各类香精、稀释剂等物品，2、3层为包装车间，3层顶部为阁楼。两幢建筑之间空地建有钢棚，内设泡壳（吸塑）车间，堆放有包装纸箱等等。如图8.1.1～图8.1.4所示。

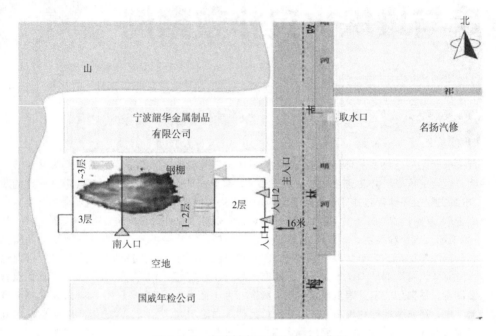

图8.1.1 宁波锐奇日用品公司方位图

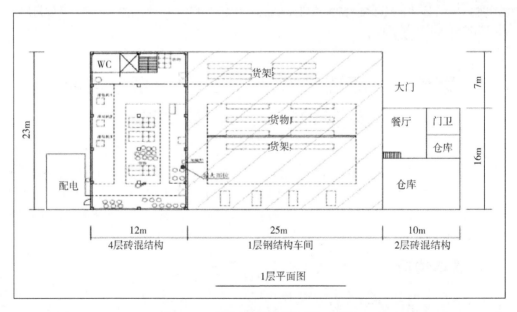

图8.1.2 起火单位现场平面图（1层）

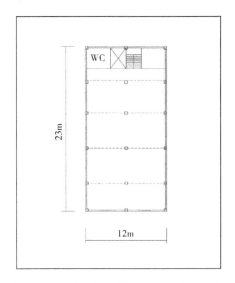

图 8.1.3　起火单位现场平面图（2、3 层）

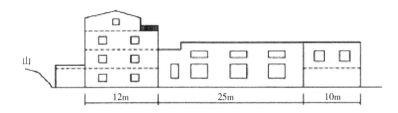

图 8.1.4　宁波锐奇日用品公司起火单位南侧立面图

（二）周边水源情况

距离着火建筑北侧 60m 处有一条天然河流，消防车和手抬机动泵可吸水。距离着火建筑 200m 左右的梅林南路上有 1 处消火栓。

（三）周边建筑情况

着火建筑东侧为梅林南路，南侧为山地，西侧为陡坡，北侧为厂房。故而受地理位置及周边环境限制，除东侧道路外，均无法停放消防车。

（四）当日气象情况

事发当日晴到多云，气温 19～27℃，东北风，风力 3～6 级。

二、扑救经过

（一）快速响应，科学调度

13 时 14 分，宁海大队指挥中心接警后，调集宁海、西店、宁东 3 个中队，以及周围附近 3 个专职队，共 15 车 77 人前往现场处置，大队值班指挥员遂行出动赶赴现场。同时启动应急响应预案，调集社会联动力量到场进行协同处置。途中了解到现场发生数次爆炸，且有人员被困，首战力量先进行预分工后，立即将情况上报支队指挥中心。

13 时 22 分，支队增派 5 个中队，应急通信保障分队以及宁波市危化品研究中心共 15 车 80 人前往增援，支队指挥员与全勤指挥部遂行出动。

（二）控火堵截，快速处置

13 时 27 分，首批力量宁海中队 7 车 26 人到场。初战中队坚持"救人第一"的指导思想，首先采取侦察、搜救、控火同步展开的战术措施。派出 2 个侦察搜救小组，发现现场中部钢棚、西侧主体建筑 1~3 层已经猛烈燃烧，厂房南侧墙体发生变形并向外倾斜，火势向西侧山坡蔓延。同时，北侧厂房受火势威胁。向知情人了解到内部存放大量香水生产原材料，前期已经发生数次爆炸，且内部有人员被困。

中队指挥员根据现场情况，在厂房东侧设置 1 门水炮压制火势，开辟救生通道；部署攻坚组在水枪掩护下进入东侧建筑进行搜索。在工厂南面、西面出 5 支枪进行外部控火，并在南侧、东北角各设置 1 名安全员，对火场进行警戒以及安全管控。同时，安排水罐车和手抬机动泵从东面天然河流进行吸水供水。力量部署图如图 8.1.5 所示。

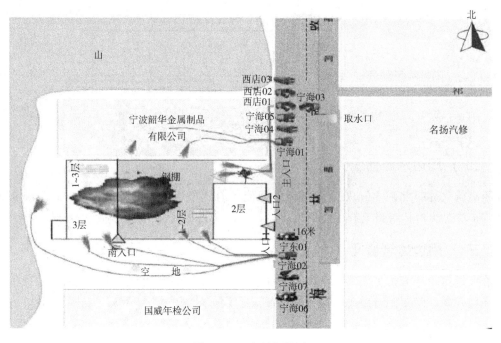

图 8.1.5　力量部署图

13 时 32 分，火场南侧搜救出 2 名伤员，立即送医救治。

13 时 40 分，首批调集增援力量到达现场，现场指挥员增派 4 个搜救组加强建筑外围人员搜救。

13 时 45 分，现场再次发生爆炸，经现场观察和风险评估，发现建筑裂缝变大且倾斜严重，坍塌风险高。现场指挥员下达命令，要求所有救援人员调整位置在建筑外部进行控火，并协调公安、街道等部门对厂区失联人员进行摸排、核查。

14 时 28 分，支队全勤指挥部及增援力量相继抵达现场，成立现场指挥部，并分设作战指挥、政工宣传、战勤保障、信息报送以及火灾调查等小组，全面展开现场处置工作。

15时左右，现场明火被扑灭。

（三）科学评估，全面搜救

经现场指挥部组织重新侦察，西侧主体建筑内预制板发生大部分坍塌和大曲度变形，且1层存有甲醇、酒精等易爆罐体，随时有再次爆炸的危险。为尽快搜寻失联人员，指挥部组织建筑结构专家对现场事故进行安全性评估，均认定事故建筑存在较大坍塌风险，不易进入建筑进行搜救。指挥部决定继续进行安全管控，严禁人员由西侧进入进驻内部，在着火建筑外部先进行"地毯式"搜救。

19时许，浙江总队指挥员到达现场进行指挥。应急管理部和部消防救援局领导相继连线现场做出指示，要求一定要在保证救援人员安全前提下进行科学施救，决不能盲目施救。

现场指挥部考虑到此时夜间作业照明条件不佳且建筑物仍有坍塌风险，遂决定先对外围障碍物和堆垛进行清理，同时对坠落物覆盖区先进行清理和搜救。

30日0时，部消防救援局专家到达现场，深入主体建筑内部进行察看，随后与建筑结构专家进行会商，认为建筑整体坍塌风险性降低，可以进入楼内进行搜救。

建筑内搜寻力量部署示意图如图8.1.6所示。

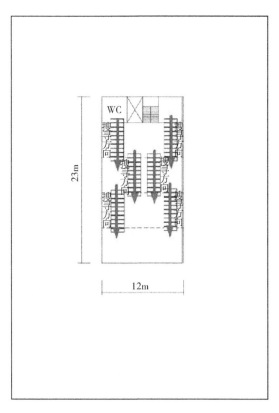

图8.1.6　建筑内搜寻力量部署示意图

经指挥部综合研判，决定一是展开全面搜救，严格控制人员数量，减少建筑负荷；二是联合建筑结构专家对现场全程实施安全观察；三是在上风方向设置器材集结区域，以及设置人员休息区、洗消区和紧急情况救助组。

搜救过程中，指挥部组织了楼层搜救编队，其人员组成情况为"1+2+4"，即1人进行现场指挥并监控现场安全，2人进行绳索保护，4人分为2组在楼层横梁上利用6m拉梯搭建通道，采取"逐层搜索、拉梯架桥、绳索保护、梯次轮换"的方法。

3时20分，搜救人员在西侧主体建筑3层西南角发现遇难人员，经现场清点，共发现18名遇难人员。4时10分，在西侧主体建筑1层发现1名遇难人员。至6时左右，完成了现场19名遇难人员的全部收整工作，现场火场清理工作完成。

火场遇难人员位置示意图如图8.1.7和图8.1.8所示。

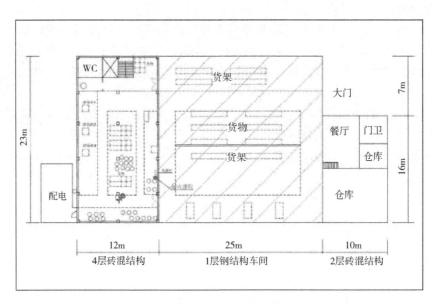

图8.1.7　火场遇难人员位置示意图（1层）

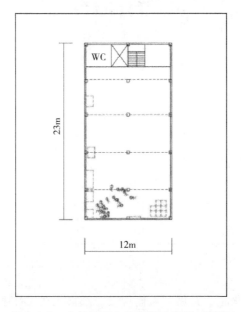

图8.1.8　火场遇难人员位置示意图（3层）

三、案例分析

（一）经验总结

1. 现场安全管控科学合理

此次火灾的灭火救援战斗中，各级指战员严格落实了"一机制两规程"，始终将安全放在首位，第一时间设置了安全员和紧急救助小组，明确了紧急撤离的信号、路线、方法和注意事项，同时制订了灾害事故突发紧急避险方案，全程实施不间断侦察和检测，很好地避免了现场救援过程中各类事故的发生。

2. 战术措施灵活多变

针对不宜进行内攻的火灾现场，充分利用了无人机、红外热成像仪等先进装备展开侦察。对于违章搭建的钢棚和大量堆垛，充分利用挖掘机等大型机械工程设备进行清理，及时清除了潜在风险。在组织搜救组进入西侧主体建筑内部进行搜救过程中，考虑到楼层承重等因素，严格控制了人员进入数量，采取了科学的救援方法，确保了内部搜救救援人员的作业安全。

3. 参战指战员战斗作风过硬

此次灭火救援战斗中，全体指战员面对复杂的灾情，克服了现场危险大、搜救难、作战时间长等不利因素，充分发扬了连续奋战、英勇顽强、敢打敢拼的消防铁军精神。特别是对于夜间救援这一特殊情况，多次深入建筑内部展开搜救，圆满完成救援任务。

（二）存在不足

1. 救援初期被困人员信息难以明确

由于当地街道、居委会等对事故单位信息以及工人注册情况掌握不清，火灾发生后事故单位负责人失联，内部情况无法及时了解，受伤工人也不能及时、有效提供内部情况等信息，外加火灾现场情况复杂、混乱，现场被困人员一度无法确定。

2. 建筑安全风险难以判断

在前期起火建筑结构信息无法获取的情况下，无法明确内部搜救重点部位。特别是在爆炸发生后，部分楼板坍塌、大曲度变形，建筑外墙开裂、倾斜，且存放有香精、甲醇、酒精以及稀释剂等易燃易爆化学品，爆炸危险较大。起火建筑内众多的不确定危险因素增大了现场救援风险。

3. 初期内攻搜救难度大

初战中队到场时，西侧主体建筑1～3层已经呈现立体燃烧，整个建筑被浓烟笼罩，火焰突破窗口向外喷射，热辐射较大，严重威胁救援人员安全，给开辟救生通道造成极大困难，无法第一时间利用窗口、楼梯开辟救生通道。

4. 社会联动调度不科学

此火灾事故救援中，当地政府在协调调集推土机、挖掘机等大型机械设备时相对较为缓慢，不能适应现场较快的救援行动节奏。同时未能根据事故现场实际需求进行精准调动，所调集的工程机械设备与火场情况不能相适应，射水高度较低、功率小，不能很好地发挥作用。

1. 请结合本案例研究，简述此类仓库、工厂复合型建筑火灾的主要险情。
2. 请结合本案例研究，简述确保自身安全与内攻搜寻救人的辩证关系。
3. 请结合本案例研究，简述如何和其他部门妥善合作，及时调集现场所需的大型工程机械设备？

案例2　湖南长沙"7·16"旺旺食品有限公司火灾扑救案例

2012 年 7 月 16 日 17 时 35 分，湖南省长沙市望城区旺旺食品有限公司预备车间发生火灾，市支队和省总队两级先后调集 19 辆消防车、132 名官兵到场处置，同时调集公安、环卫、大型机械设备等社会联动力量到场协助处置。20 时 30 分，火灾得到有效控制，21 时 30 分，火灾被基本扑灭。火灾造成直接经济损失约 800 万元，无人员伤亡，成功保护了临近的两个车间及内部生产线和一个地下溶剂储罐，挽回经济损失 1200 余万元。

一、基本情况

（一）主体结构及周边情况

着火单位湖南旺旺食品有限公司厂区占地面积约 9 万平方米，内有加工厂房、多个危险化学品储罐及管道设施。厂区东面毗邻公路及物流仓库，西面是电子街和湖南信息职业技术学院，南面是居民小区，北面是旺旺中路及旺旺厂仓库，厂区周边 500m 范围内有 3 个市政消火栓。起火建筑为湖南旺旺食品有限公司下属的真旺塑料包材包装有限公司预备车间。车间东面为高塘岭大道，南面为利乐包装牛奶车间（内有加工机器、白糖和奶粉），西面为塑料真旺包装车间（内存放塑料印刷机器和大量纸张塑料），西北面 20m 处有一地下溶剂储罐，主要储存甲苯、丁酮、乙酸乙酯等易燃易爆危险品，事故发生时实际储量约为 30t。起火车间内部无隔断，属大跨度、大空间建筑。车间北面开有 6 扇门，东、西、南三面各开有 2 扇门，设有室内消火栓、应急照明、疏散指示标志和灭火器等设施器材。火灾发生时，该预备车间内存放有生产加工用的原材料。

起火车间建筑为单层钢架结构，建筑面积 7457m²，长约 160m、宽约 48m、高 11m。建筑高、空间大、跨度长，空气充足，蔓延迅速，燃烧猛烈。属于大跨度、大空间建筑，起火后很短的时间内就造成大面积燃烧。其次，建筑内部前后连通，堆垛布局复杂，燃烧面积大，不易内攻。起火车间内部没有隔断，货物以堆垛形式存放，又形成了大面积燃烧，给内攻灭火带来很大困难。再次，车间内部存放货物较多，且都为可燃易燃物，燃烧速度快，易产生有毒气体，易造成人员伤亡，扑救难度大。车间整体为钢结构建筑，浓烟高温易积聚，钢构件受高温影响易变形垮塌，扑救危险性大。厂房内部货物堆垛高、燃烧热值高，高温火焰直接作用于钢架结构，起火后10多分钟就发生了整体垮塌。最后，此类火灾扑救耗水量大，处置时间长。建筑发生垮塌后，大量货物被埋压在钢制结构下阴燃，灭火剂不能有效发挥作用，造成火场用水量大大增加，只能采取翻垛方式灭火，钢制厂房垮塌后疏散破拆难度大、处置时间长。

（二）天气情况

当天气象条件恶劣，持续暴雨，气温26～29℃，风向偏东南风2～3级，气象条件的不利因素也同样增大了火灾扑救的难度。

二、扑救经过

（一）初战力量到场，全力控火

2012年7月16日17时39分，首批力量辖区望城中队接到出动命令后，迅速派出5辆消防车到达现场，火势已冲破屋顶，正处于猛烈燃烧阶段，现场热辐射强烈，不时传来爆炸声，四周的车间厂房受到严重威胁。根据现场严峻的形势，望城中队以外攻堵截为主，取消内攻：云梯车、泡沫车和1辆153水罐车负责阻断西面、北面火势，保护西北方向的厂房；五十铃水罐车和1辆153水罐车在厂房西南角负责阻断火势向西面和南面蔓延，保护车间西面和南面的厂房。并设立火场安全员，密切监视火情发展。同时向长沙支队指挥中心请求增援，并报告大队和望城区政府应急办，启动突发事故应急预案。17时45分，起火仓库屋顶发生坍塌。

18时15分，支队领导及全勤指挥部到场，成立了火场指挥部，区应急办到场协调各联动单位。18时30分，特勤等6个中队组成的第一批增援力量相继到场。总队全勤指挥部随即到场接管指挥权。

由于仓库内存放的可燃物较多，火场热辐射强烈，西侧包装厂房直接受到火势威胁。火场指挥部决定从北、西、南三个方向进行阻截控制：

① 部署3辆马基路斯水罐车负责阻止火势向北向西蔓延，保护化学危险品仓库和地下溶剂储罐，同时组织工厂人员对化学危险品进行疏散。

② 部署3辆车在南面设置水枪阵地阻止火势向西边车间和南面的建筑蔓延。

③ 从包装车间的西门进入包装车间内，出2支水枪，阻止火势从窗口侵入从而蔓延到包装车间。

④ 部署3个中队、6辆车为前沿战斗车辆接力供水。由于周边市政消火栓不能满足多辆大型水罐车同时取水，指挥部命令大队协调当地政府，调集10辆环卫洒水车运水，同时调集大型挖掘机为翻垛清理做好准备。18时40分左右，环卫洒水车到场并投入火场供水；19时左右2台挖掘机到场待命。

首批力量部署如图8.2.1所示。

（二）增援力量到场协助灭火任务

19时40分左右，另有3个中队共6辆车增援力量相继到场，与环卫洒水车进行接力或运水供水，水源供给能力大大增强，保证了火场供水不间断。供水能力得到增强后，根据指挥部命令，举高车开始在起火仓库东面出水，冷却火场温度。

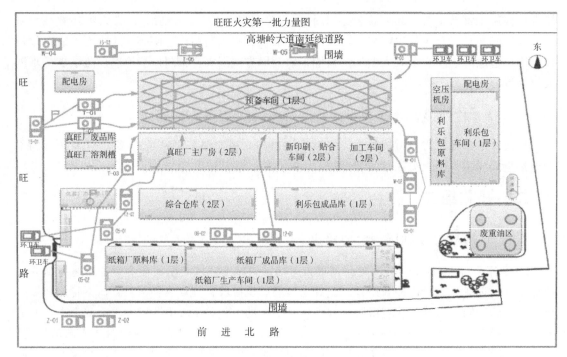

图 8.2.1　首批力量部署图

　　火场指挥部再次进行力量调整：西面和北面进行阻截火势的力量任务不变；2 辆举高车从东面出水，为火场降温；1 辆高喷车从东面阵地调整到南面，配合西南角的阻截力量压制火势，彻底解除西侧厂房所受的威胁。

　　增援力量到场后力量部署如图 8.2.2 所示。

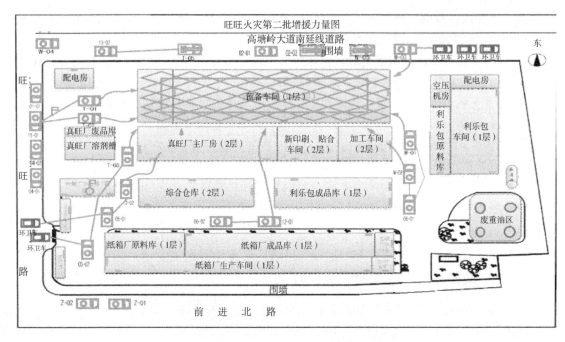

图 8.2.2　增援力量到场后力量部署图

（三）清理残火，持续监护

20 时 30 分左右，经过近 1h 的冷却灭火，四周厂房所受到的热辐射威胁逐渐减小，火势得到有效控制。火场指挥部果断利用此机会，命令参战单位向灭火救援现场发起总攻，火灾扑救任务进入围攻灭火阶段，指挥部通过四面围堵，加速冷却火场温度。由于火势得到有效控制，起火仓库与包装车间之间的通道得到利用，指挥部命令参战力量，在这一通道上布置阵地，从西面压制火势。20 时 35 分左右，提前到场的 2 台挖掘机进场作业，在水枪的掩护下从火场南侧开始翻埋清理，挖掘堆垛，减少火场可燃物载荷，并逐步向北推进。火场东面利用举高车出水炮冷却中心部位，配合挖掘机向北推进。在各方力量的协同配合下，经过 1h 的艰苦作业，至 21 时 30 分火势被基本扑灭。根据火场指挥部命令，除望城中队和特勤中队留下继续清理火场外，其余增援力量陆续返回。总攻力量部署如图 8.2.3 所示。

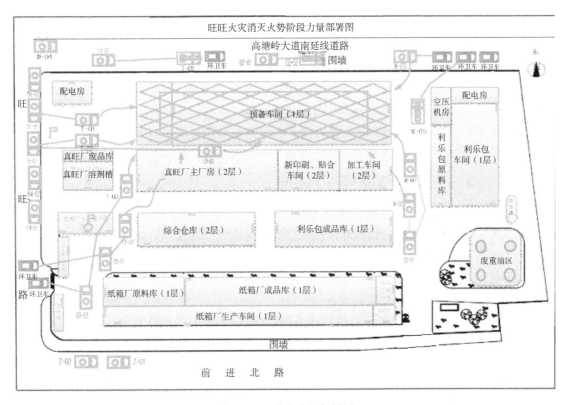

图 8.2.3　总攻力量部署图

由于坍塌钢结构厂房屋顶的埋压，导致塑料薄膜等物品未完全燃烧，挖掘时遇空气发生复燃，现场由挖掘机连夜清理，并由 2 辆高喷车出水跟进扑灭余火。至 17 日 6 时，火场全部清理完毕。

三、火灾特点

大空间、大跨度厂房是指所有承重墙（柱）之间单跨度 60m 以上或单个防火分区 5000m² 以上且净空高度 8m 以上的建筑。按照建筑结构的差异分为钢结构、砖混结构与钢混结构，一般情况下耐火极限较低，很容易在火灾中坍塌，造成人员伤亡。此类建筑着火之后会有以下火灾特点。

（一）烟雾大、毒性强、火灾蔓延快

厂房类建筑材料大量使用易燃材料，耐火极限较低，企业在实际使用过程中，为追求更大空间和更低成本，忽视必要的防火分隔，降低了建筑的耐火等级。建筑内部多以堆垛形式存放大量原材料、成品、半成品等物资，火灾荷载大。库区空间贯通，火场通透性较好，燃烧速度快、强度大，可以在短时间内达到猛烈燃烧阶段。

（二）坍塌速度快、二次灾害严重

大跨度建筑一旦发生火灾，屋顶或支撑框架可能在短时间内垮塌，例如钢结构厂房的钢材在常温下是非燃烧材料，但钢材的导热系数是混凝土的 40 倍，所以在火灾中升温极快。当温度升至 350℃、500℃、600℃ 时，钢结构的强度分别下降 1/3、1/2、2/3。在全负荷情况下，钢结构失稳的临界温度为 500℃。建筑中常用的冷轧钢，其抗火性能的破坏温度为538℃，而一般的火灾，当火灾进行 5min 后，温度已达 556℃。此外，由于火灾荷载大，燃烧时间长，灭火用水量大，骤热、骤冷极易使建筑构件局部强度降低，失去承重能力，扭曲、变形，发生垮塌。坍塌之后将会直接造成二次灾害：可引发内部阴燃火灾形成有焰猛烈燃烧，扩大燃烧范围。坍塌后会形成良好的通风条件，导致较短时间内形成大面积火灾。坍塌后大量建筑构件压在燃烧物上，会在其底部形成大量阴燃，给扑救带来较大困难。坍塌还会造成内部燃气、供电等设施毁坏，气体泄漏甚至会引发爆炸形成连锁反应，扩大灾害。

（三）建筑跨度大、防火隔离不完善

大空间、大跨度厂房（仓库）建筑占地面积大，内部使用功能多样，生产储存性质复杂，气液大量共存，部分厂房还有着包括全部流水线的生产设施，一旦发生火灾，不同工段将会出现不同燃烧现象，需要采取不同的战术措施与相对应得灭火药剂，对战斗部署合理准确性要求较高。

（四）力量需求大、持续时间长

大空间、大跨度厂房火灾现场规模大、险情复杂，单凭辖区中队救援力量往往难以胜任火灾扑救任务，需要调集大量增援力量协同配合，同时需要地方社会联动单位前往配合供水、供电、战勤保障作业等，处置任务的特点是要求大量作战人员密切配合，共同行动才能确保任务顺利进行。这类火灾持续时间很长，不但体现在选调灭火救援力量耗费时间长，而且力量部署、阵地变换、战勤保障等方面对作战时间的影响也较为突出。

四、案例分析

（一）重视初战控火，多种战术综合运用

大空间、大跨度建筑火灾与一般建筑火灾相比较而言，火灾燃烧范围更广、危害性更大，初战控制不好，很可能小火酿成大灾。出现初战控制不力主要有以下几种：一是指挥员对火场情况不明，盲目进攻；二是力量薄弱，分兵出击，不能形成重点部位的优势攻击；三是初战不敢内攻，高打高吊失去堵截良机；四是环境险恶火势猛，指挥员经验不足，机械运

用作战纲要，火势趁机发展蔓延。在扑救大型钢结构建筑时，要集中优势兵力打歼灭战，将手抬泵、大功率水罐车、高喷车、登高车、多功能车等一次性调度到位，争取灭火主动权。从此次火灾扑救案例中可以看出，针对此类大空间、大跨度厂房类火灾救援行动，不仅应当注意着火建筑本身的建筑结构、使用性质、内部防火隔断等问题，更应该注重其周围有无危险源，是否存在便于火灾蔓延的通道，例如危化品储存仓库、堆垛、储罐等。确定总体作战原则应当在"先控制、后消灭"的框架当中，火势猛烈时，应采取"堵截控制、阻止蔓延"的战术，火势减弱时，采取"穿插分割、打击火势"战术；处理残火时，应采取"逐片消灭、彻底清理"的战术。

（二）火情侦察及时有效

要通过各种方式展开火情侦察，获取以下信息：起火时间、起火部位、被困人员情况、储存物品及火灾危险性、有无易燃易爆品、消防设施及其完好情况、火势蔓延及人员疏散路线上方有无架设管道线路等，要着重掌握钢梁顶架等构件是否扭曲、建筑变形倒塌的可能性信息，有针对性地调整技战术措施和防护措施。并随时掌握持续燃烧的时间，对照 15min 左右理论倒塌时间，为估算建筑倒塌时间提供参考信息。深入内部侦察时，选派精干人员，三人为一小组，携带安全绳、测温仪、热成像仪等侦察器材，掌握火场各位置温度。纵深距离较长时，应当多个侦察小组相向侦察，不留盲点。在火场设立安全观察员，对进入建筑的内攻人员进行个人防护安全检查，并对建筑物及其外部悬挂构件进行全方位不间断的观察，着重观察起火时间和钢结构建筑的梁、柱、屋顶等构件有无扭曲、变形、垮塌等迹象，并随时向指挥部报告，以便及早采取防范和保护措施。当空气呼吸器报警，特别是建筑出现较大裂缝、墙体发生倾斜并伴有异响等倒塌前兆时，应立即组织人员转移阵地，撤离现场。

（三）重视排烟散热作用

注重排烟散热作用的发挥，排烟散热是扑救大空间、大跨度厂房（仓库）火灾必需的战斗环节，贯穿整个救援过程。其目的是降低烟热强度，为内攻近战创造必要的安全条件，同时也有引导和改变火势蔓延方向的作用。根据钢结构大空间、大跨度厂房的特点，主要是采用自然排烟和人工排烟两种方式，尤其是人工破拆更是最为直接有效的方法。开辟排烟散热通道应选择下风方向安全可靠的位置，首先打开下风及侧下风方向所有出入口的大门和窗户，充分利用建筑的开口部位进行自然排烟散热，也可以利用通风空调系统进行排烟；厂房无外窗时，可在下风及侧下风方向的彩钢板外墙上或屋顶破拆开口进行排烟。为加快排烟散热速度，可在水枪布置到位后，开启上风方向所有大门和窗户作为进风口，形成空气流通。注意：进风口设置的数量和面积要小于出风口。人工破拆要合理选择破拆口，严禁随意破拆建筑的承重钢构件，避免牵一发而动全身，以致发生大面积的倒塌伤亡事故。在排烟时，排烟口尽量靠近火点，可在构件耐火极限时间范围内，在确保安全的条件下用水枪冷却掩护破拆燃烧点正上方天窗，减少横向蔓延的速率，使烟气和热从上方迅速导出；同时要充分利用移动装备排烟，如利用各种排烟机、排烟车等进行机械排烟，一般外攻灭火与排烟同时进行，外攻时要避免向排烟散热口射水。

（四）调集优势装备，各单位协同配合有序

应当发挥装备优势，全方位调度灭火力量。一是尽量使用射程远的大口径水枪、移动

炮、车载炮等冷却。在外围布置水枪阵地，远距离射水冷却。在火场温度降到安全系数以内后，经过反复侦察，确认消除倒塌危险后，迅速调整水枪阵地，以密集射流靠近火点灭火。在使用大功率水枪、水炮时，操作人员要注意水流的变换，尽量减少水渍损失，对建筑构件冷却要均匀、全面，防止局部骤冷或冲击力较强，引起建筑物构件收缩变形。二是灭火阵地的设置原则是利于进攻和及时撤退。水枪阵地尽可能设在靠近燃烧部位的出入口，依托门、窗等部位设置水枪阵地；单层时，应在上风或侧上风方向的出入口作为进攻起点，上风方向烟雾外溢反映出内部火势处于猛烈燃烧阶段，不得贸然内攻；钢的耐火性能较差，受热塑性变化快，一般裸钢的理论耐火极限仅为 15min，构件会像"面条"一样的软化；而一般的火灾进行 5min 后，温度已达 556℃。因此，进入内部实施救人或清理火场时一定要慎重，否则就会有悲剧发生。三是在战斗行动中，及时开辟多个进攻通道，在需要破拆建筑、布置水枪阵地或疏散人员物资时，灵活运用破拆工具，对厂房的铁丝网、卷闸门、窗户、板墙等实施破拆，为灭火救人提供通道，形成多点进攻，从而达到围歼的目的。

此外，应当掌握时机，科学冷却。一是加大冷却力度，防止建筑坍塌。大空间、大跨度钢结构厂房一旦发生火灾时，钢结构梁柱会在短时间内失去承载能力，发生扭曲、倒塌现象，不仅会造成人员的重大伤亡，财物的重大损失；同时，倒塌后燃烧物通风条件良好，会进一步加速火灾蔓延，较短时间内形成大面积火灾；另外，倒塌后钢构件屋顶"锅盖"式堆压在燃烧物上，隔绝水流，给火灾扑救带来困难。因此，只有加强冷却，保证建筑物整体结构安全，才能掌握火灾扑救行动主动权。在 100℃ 的条件下，1kg 水变成水蒸气可吸收热量 539kcal（1kcal=4.186kJ），体积扩大 1725 倍；水蒸气不仅反应活性差，而且降低环境温度，增大环境湿度，有窒息灭火或阻碍火灾蔓延的作用。因此，应处理好冷却和灭火的关系。在防止钢结构变形，防止建筑物倒塌的前提下进行灭火，当灭火力量充足时，冷却和灭火可同时进行。二是已倒塌建筑的火灾救援技巧。一般情况下，钢结构建筑倒塌有两种可能：一种是"一面倒"，另一种是"凹"倒塌。无论是出现哪一种情况，建筑坍塌都会覆盖在整个现场，水枪射流不能准确地打击火点，使内部局部相对缺氧阴燃，应及时利用破拆器材进行局部破拆或视情调派挖掘机对倒塌的屋顶破拆转移，以便准确打击火点；但如果坍塌建筑内部还有人员被困，则应尽量避免使用挖掘机等进行大规模的破拆，以免伤害倒塌物下面的被压人员。

救援行动应周密部署，加强火场安全。大空间、大跨度厂房火灾的特点是：建筑易坍塌，内攻危险性大。因此，战斗行动要做好安全防护，避免伤亡。要做好以下几个细节：一要设立火场安全观察员，随时观察建筑构件牢固程度，必要时发出撤离信号，防止内攻人员被"盖帽"。二是在高温、狭小通道灭火设防时尽可能使用移动水炮、带架水枪、自动摇摆射水器等无人把持的灭火装备实施远距离灭火。三是谨慎实施破拆，慎用冲击力大的直流射水。要避免因不当破拆和直流射水的冲击，造成建筑物的二次坍塌甚至人员的伤亡，严禁在"人"字形槽钢支撑彩钢板的屋顶实施破拆排烟。四是坚持内部货架过密过高、全面充烟时不盲目内攻，边冷却边推进，防止货架倒塌伤人。五是在下风方向设防时要充分考虑建筑倒塌的安全距离。六是加强个人防护。侦察、救人、内攻人员必须佩戴空气呼吸器、携带好安全绳、穿着隔热服；考虑长时间作战需要佩戴氧气呼吸器、准备移动供气源，视情穿着防高温、防辐射热的服装，携带穿透力较强的移动照明工具、通信导向绳等。同时要合理安排替换力量，尽量减少登高和进入室内的灭火人员，消防车辆与建筑物保持安全距离。在清除火场时，要用水枪随时掩护，防止导热引燃其他部位或清理过程中破拆坍塌物，使得内部空气流通造成轰燃伤人。七是在作战行动上，要按照安全行动要则行事。进入建筑物内部灭火时，要依托建筑承重构件设阵地或行走，进入室内前先上后下射水，在确认上部无坠落物、下部无塌陷危险后，再行进入，开门、开窗或破拆门窗要防止高温火焰灼伤。

❓ 思考题

1. 如何加强对钢结构建筑的冷却保护？
2. 针对类似钢结构厂房，如何有效排烟？

案例 3　黑龙江大庆"5·31"中储粮林甸直属库火灾扑救案例

2013 年 5 月 31 日 13 时 15 分，黑龙江省大庆市中储粮林甸直属库发生火灾，大庆市公安消防支队第一时间调集现役、公安、油田、石化等 4 个消防支队的 8 个大、中队，24 辆消防车，109 名指战员到场扑救。16 时 30 分火势得到控制；14 日 4 时许火势被扑灭。通过参战官兵的全力以赴，科学施救，保护了粮囤 82 个、库房 12 间、烘干塔 2 座以及办公用房、材料库等建筑，确保了广大人民群众的生命安全。

一、基本情况

（一）单位基本情况

中储粮林甸直属库是位于黑龙江省大庆市林甸县花园镇，是集粮食购销和储存于一体的综合性粮库，距林甸县公安消防大队 35km，距大庆市公安消防支队 75km。粮库占地面积 22.2 万立方米，东侧和南侧为农田，西侧和北侧为居民区。现有职工 76 人，储粮 14.6 万吨，其中黄豆 2.7 万吨，玉米 7.6 万吨，水稻 4.3 万吨。建有各类库房 13 间，烘干塔 2 座；设有临时苇苫粮囤 160 个，其中东侧粮囤区 56 个、西侧粮囤区 18 个、南侧粮囤区 82 个、5 号露天堆垛旁 4 个，每个粮囤储粮约 500t，粮囤间距约为 2m；在库区中部和西部设有露天堆垛 5 个。

（二）消防组织及设施情况

该粮库有专职消防队 1 个，水罐消防车 1 辆，专职消防员 3 人。库区内设有露天蓄水池 1 个，储水 2500t；地下消防水池 1 个，储水 300t；室外地下消火栓 9 处，流量 5.7L/s。库区外 2km 范围内有 1 处消防水鹤，流量 60L/s；6 处农用机井，流量 5L/s。

（三）火灾特点

1. 火场风力大，火势蔓延速度快

火灾发生时，风力为 7～8 级，并伴有强对流天气，芦苇编织的苇草帘猛烈燃烧，燃烧碎片被抛向空中，形成大量飞火，西侧的 18 个粮囤在 15min 内全部过火。

2. 可燃物密集，火场燃烧面积大

粮库内固定仓位少，超量储存，导致大量建造、临时苇苫粮囤，粮囤密集，间距不足2m，由于热辐射作用，一个粮囤起火后，迅速引燃周围粮囤，形成大面积燃烧。

3. 粮囤易崩垛，内攻近战危险高

苇苫粮囤，用钢筋做龙骨，用苇草帘围挡遮盖，过火后失去围挡作用，水枪阵地和进攻路线如果深入囤区，极易埋压人员，造成内攻近战人员伤亡。

4. 隐蔽火点多，清理监护时间长

苇苫粮囤崩垛后，燃烧的苇草帘被粮食埋压，在内部形成阴燃，需要逐垛翻检、清理，消灭隐蔽火源，导致清理、监护时间长。

（四）天气情况

起火当日多云，风向西南风，风力7～8级，并伴有强对流天气，最高气温34℃。

二、扑救经过

（一）初战力量到场，全力控火

13时15分，林甸县公安消防大队接到火灾报警，迅速出动5辆水罐消防车、24名指战员奔赴火场。行驶途中，大队指挥员发现，粮库方向烟雾弥漫，加之风力大，判断火场燃烧面积大，自身力量不足，于是向支队指挥中心报告并请求增援，同时协调镇政府，调集义务消防队伍参战。支队迅速调集公安、政府专职、油田、石化4个支队，7个大、中队，19辆消防车，5部手抬机动泵，85名指战员奔赴火场，全勤指挥部，遂行出动。

13时50分，林甸大队到达火场。侦察发现库区已形成三处火点：一是1号露天堆垛以及相邻的12号库；二是库区中部5号露天堆垛；三是库区东侧粮囤区。火势迅速蔓延，严重威胁西侧和南侧粮囤区。大队指挥员根据火场情况，将中队力量分成两组：第一组2辆水罐消防车部署在12号库房东北侧，出2支水枪控制火势向12号库房北侧粮囤区（也就是西侧粮囤区）蔓延；第二组3辆水罐消防车部署在东侧和南侧粮囤区中间，出2支水枪阻止火势向南侧粮囤区蔓延。并将火场情况报告支队指挥中心和县政府。

14时许，12号库房房顶塌落，形成大量飞火引燃西侧粮囤区（12号库房北侧），火借风势迅速蔓延扩大，林甸大队第一组力量迅速转移到西侧粮囤区东北侧，利用移动水炮控制火势。

14时25分，支队全勤指挥部到达现场，成立现场作战指挥部。此时，西侧粮囤区、5号露天堆垛和东侧粮囤区已全部过火燃烧，大部分苇苫囤崩垛。现场作战指挥部确定"保护重点、有效控制、减少损失"的作战思想，命令林甸大队重点保护南侧未燃烧的82个苇苫囤，并组织陆续到场的义务消防队，利用简易消防车协助灭火。

（二）增援力量到场，全面灭火

15时，增援力量相继到场，现场作战指挥部命令公安消防特勤大队6辆水罐消防车出4支水枪，扑灭1号和5号露天堆垛及附近4个粮囤明火，同时利用5台手抬机动泵从蓄水池吸水，出枪扑灭东侧粮囤区明火；公安消防万宝中队3辆水罐消防车出2支水枪，扑灭5号

露天堆垛和东侧粮囤区明火；油田公司消防支队 6 辆水罐消防车出 3 支水枪，扑灭 5 号露天堆垛和东侧粮囤区明火；石化公司消防支队 2 辆高喷车实施高空灭火，扑灭西侧粮囤区和 5 号露天堆垛明火，公安局消防支队 2 辆 25t 水罐消防车为高喷车供水；单位职工和民兵利用水桶、扫把等工具消灭飞火，保护南侧粮囤区。

15 时 45 分，风力减弱，火势趋于稳定，现场作战指挥部及时调整力量部署，采取分割、围歼的战术方法，划分 3 个战斗段：第一战斗段东侧粮囤区，由公安消防特勤大队和万宝中队负责；第二战斗段 5 号露天堆垛，由油田公司和石化公司消防支队负责；第三战斗段西侧粮囤区，由林甸公安消防大队负责。公安局消防支队利用大吨位水罐消防车从库区内地下消防栓和库区外消防水鹤运水，保障火场供水；义务消防队利用 22 辆简易消防车扑打外围残火。

按照责任区划分，各参战力量分工负责，密切协作，强攻近战，16 时 30 分，火势得到控制。

（三）清理残火，持续监护

火势得到控制后，战斗转入清理残火阶段。林甸县政府调动 3 台铲车、150 名民兵配合公安消防力量逐垛翻检清理残火，油田、石化消防支队归队执勤。6 月 1 日 4 时，现场火势被全部扑灭。为防止后期粮食倒运过程中隐蔽火源发生复燃，剩余力量留守监护至 6 月 5 日 8 时。期间中储粮职工和武警、预备役官兵 1000 余人参加火场清理和粮食倒运。

三、案例分析

（一）经验总结

1. 迅速调集足够的灭火救援力量

辖区林甸县公安消防大队接警后，加强了第一出动，立即出动全部车辆和人员奔赴火灾现场，临近火场时发现粮库方向烟雾弥漫，立即向队指挥中心报告并请求增援，并协调镇政府，调集义务消防队伍参战，支队指挥中心立即政府专职、油田、石化 4 个支队，7 个大、中队，19 辆消防车，5 台手抬机动泵，85 名指战员奔赴火场，全勤指挥部遂行出动，确保在最短的时间内集结了强大的战斗力，使火场兵力充足，为灭火成功奠定了基础。

2. 采取了正确的灭火救援战术方法

由于火场风力大，火势蔓延迅速，辖区消防力量无法阻止火势，火势迅速扩大。因此火场指挥部根据火势发展态势和自身灭火力量的判断，果断放弃东侧粮囤区，全力保护未过火的南侧和西侧粮囤区。确定了"保护重点、有效控制、减少损失"的战术思想，采取分割、围歼的战术方法有效地掌控了火场形势，最大限度减少了火灾造成的财产损失；同时在随时都有崩踏危险的情况下，指挥员没有盲目地组织官兵深入囤区进攻，确保了参战官兵的人身安全。

3. 参战力量协同配合，应急指挥高效

此次火灾，参加火灾战斗的包括市公安局、油田、石化等，还包括政府和企业专职消防队伍以及火场周边村屯的 22 辆简易消防车，参战单位多，灭火力量杂。在公安消防部队的统一指挥下，各参战力量服从命令、听从指挥、团结协作、密切配合，形成了坚强有力的战

斗集体，其中林甸县政府及时调集铲车和民兵参战，为成功扑救火灾奠定了基础。

4. 消防指战员连续奋战，英勇顽强

在整个火灾过程中，全体参战官兵在火场总指挥部的正确领导下互相配合，面对高温、浓烟熏烤和粮囤不断崩塌的危险，持续作战15h，奋勇拼搏，充分体现了消防指战员特别能吃苦、特别能战斗、特别能奉献的精神

（二）存在问题

1. 单位消防安全生产主体责任不落实

粮库违规安装铺设电缆作业，造成配电箱短路打火，引燃周围可燃物；起火后，未组织起有效的力量灭火，唯一1辆消防车因故障无法使用，造成这次重大生产安全责任事故。

2. 库区蓄水池未有效利用

粮库内的蓄水池主要用途是收集库区内的雨水，防止内涝。由于水池边土质松软，消防车无法停靠取水，仅利用5台手抬机动泵，在蓄水池吸水灭火。从火场情况看，手抬泵数量稍显不足，蓄水池没有得到充分利用。

3. 使用水枪灭火效果差

此次火灾，首批到场力量薄弱，使用水炮会造成供水间断，为保证供水不间断，指战员选择使用19mm水枪控火，但在强风条件下，水枪的灭火效果不明显。

4. 个人安全防护意识差

此次火灾，作战时间较长，在战斗中，个别官兵摘掉头盔、安全带，脱掉战斗服等个人防护装备，充分暴露出指战员安全防护意识不强，自我安全管理能力弱等缺点。

5. 协同作战通信不畅

公安消防队采用350M无线通信电台，油田和石化专职队采用400M无线通信电台。通信保障分队没有及时向企业专职队分发350M手持电台，火灾初期，曾造成各队伍间通信不畅。

思考题

1. 结合案例研究，总结此类火灾的险情有哪些？在扑救过程中需要注意哪些事项？
2. 假如你是初战到场的指挥员，你会采取哪些行动控制火势？

案例4 山西省侯马市"7·1"棉麻采购站棉花堆垛火灾扑救案例

2013年7月1日18时11分，山西省临汾侯马市棉麻采购站发生火灾，市支队和省总队两级先后调集56辆消防车、334名官兵赶赴现场处置，同时调集武警官兵200名，政法干警、民兵预备役、企业工人1200余名，调动100余辆工程车、70余辆水泥罐车、6辆泵车等大型机械参与抢险救援。总队孟应新政委连夜率总队全勤指挥部赶赴火场，在一线全程指

挥灭火。7月2日16时许，火灾得到有效控制，7月4日12时，火灾被彻底扑灭，过火面积1.05万平方米，造成经济损失4838.73万元，无人员伤亡。此次灭火救援成功保住露天棉垛4个、仓库20座、彩钢库2座。

一、基本情况

（一）单位基本情况

山西省棉麻公司侯马采购站位于山西省临汾侯马市晋生巷北二胡同，采购站东面是晋生巷北二胡同，西面是侯马市轻工城，南面是晋都西路，北面是程王西路，如图8.4.1所示。火场距辖区侯马中队10km，约10min车程。

侯马采购站共有职工72人，该单位占地面积134706m²，建筑面积7976m²，其中露天棉花46堆垛、仓库24座、彩钢库2座。采购站存有棉花34983t。其中，堆垛形式为重叠式堆垛，长26.5m、宽7.3m、高8m，垛与垛间距5.5m。起火仓库始建于1984年，长55.62m、宽18.6m、高10m，结构为砖混结构。

厂区内义务消防队员16人，一辆3t水罐消防车，共有22个室外消火栓，管径为65mm，厂区内建有950m³消防水池一个。库区周边3km范围内有8个消火栓，管径为200mm，如图8.4.2所示。

（二）起火原因

起火部位在库区南侧的六区五号棉花垛上，起火原因是雷击引发火灾。

（三）火灾特点

1. 燃烧猛烈，蔓延迅速，易形成大面积火灾

棉花堆垛起火后，燃烧速度快，在良好的通风条件下，火势沿着堆垛表面的棉绒和易燃的覆盖物迅速蔓延，特别是棉包崩散后，火势发展更快，会很快进入全面燃烧阶段。

2. 扩散途径多，易形成多点燃烧

棉花仓库和棉花堆垛区发生火灾后，由于棉花质地松散，在大风或燃烧形成的热气流的吹动、充实的水流的冲击以及建筑物或棉花堆垛倒塌形成的气浪的作用下，火星、燃烧的棉花团飞向空中，落到其他棉花垛上，易形成新的起火点，导致多点燃烧。

3. 燃烧温度高，堆垛、仓库易倒塌

仓库内部棉花储量大、燃烧热值高，高温火焰直接作用于墙体结构，起火后短时间内墙体发生局部垮塌。棉花堆垛着火，打包的绳索被烧断后，棉包散落很容易发生倒塌。

4. 烟雾弥漫，能见度低，扑救难度大

由于棉花的理化性质，在发生火灾时，容易产生大量的烟雾，战斗员深入内部侦察时，能见度低，严重影响灭火救援行动。水流难以渗入堆垛内部，棉丝的性质决定了棉花的"排水性"，一旦水流冲击堆垛，致密的夹层被水流冲击压缩得更紧，水流很难进入堆垛中心，灭火剂得不到有效发挥，造成火场用水量大大增加，只能采取翻垛方式灭火，需要很长的时间和大量用水才能彻底消灭火势。

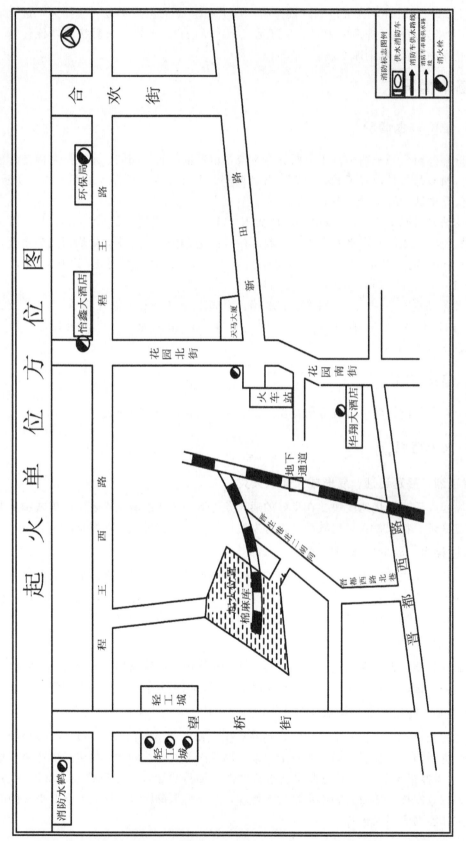

图 8.4.1 起火单位总平面图

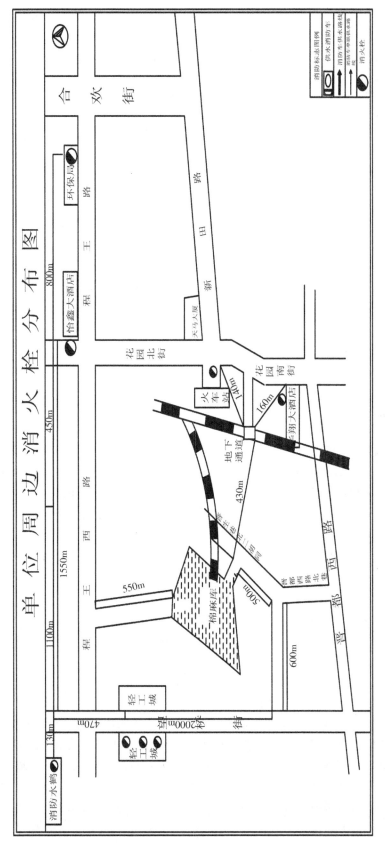

图 8.4.2 起火单位周边水源分布图

（四）天气情况

火灾发生当日气温 26～29℃，偏东南风，有阵雨，风速 7.5m/s。

二、扑救经过

此次火灾扑救分为初战控火、分区域控火、全面控制、灭火和监护五个阶段。

（一）初战控火

2013 年 7 月 1 日 17 时 50 分左右侯马市突降暴雨，当时风向为东南风，风速 7.5m/s。18 时 07 分许，正在装卸作业的工人看见六区五号垛棉垛顶部遭雷击起火，随即摇警报器报警，单位负责人立即率义务消防队员及职工赶赴现场处置。

18 时 11 分，侯马市消防中队接到市 110 指挥中心报警，立即出动 1 辆泡沫车、2 辆 8t 水罐车、1 辆高喷消防车共 20 名指战员赶赴现场，18 时 26 分，大、中队官兵到达现场，此时火灾已成猛烈燃烧之势，指挥员根据现场情况立即下令：2 辆水罐车占据着火堆垛西侧出 3 支水枪对东侧着火的 4 个堆垛进行火势压制，阻止火势向西蔓延，高喷车占据库区东侧对着火堆垛火势进行控制，泡沫车进行供水；同时向支队指挥中心进行报告，请求增援。18 时 50 分许，燃烧的堆垛倒塌，由于现场风势过大，着火的棉絮漫天乱飞，火势迅速蔓延扩大，严重威胁到救援人员的人身安全，参战官兵立即调整战斗部署，转而从外围对火势进行压制。侯马中队到场力量部署如图 8.4.3 所示。

（二）分区域控火

19 时 20 分许，支队增援力量陆续到达现场，此时火势已蔓延整个露天堆垛区，并向仓库及周边民房蔓延。指挥部迅速调派洪洞中队、浮山中队、翼城中队对火势进行压制，阻止火势向北边民房蔓延；同时，配合当地政府及其他救援力量对火场附近的居民进行疏散。20 时 10 分许，支队全勤指挥部到达，现场成立支队级指挥部。这是支队增援力量到场后的部署情况。

根据现场情况，指挥部将救援人员分成两组，一组由支队长率领占据库区北侧进行扑救。19 时 50 分，襄汾中队通过挖掘机突破西北角外墙进入仓库区，出 2 支水枪冷却受火势威胁的库房。20 时 20 分，8 号库发生坍塌，指挥部命令救援力量撤离至 3、4 号库中间，同时参谋长带领攻坚组深入 4 号库房内进行降温，曲沃中队在外围设立水枪阵地，内外夹击，防止 4 号库被引燃。22 时 40 分，火势由三区棉垛蔓延至火场北侧的居民区外墙，指挥部命令曲沃油库企业消防队单干线出 2 支水枪实施扑救，对受烘烤的民房实施不间断的浇水降温，防止民房被引燃。这是北侧库区火场情况。

另一组由支队政委率领占据库区南侧全力打压火势。19 时，指挥部命令尧都中队在火场东南部对火势进行压制，保护周边三个棉麻库房，并掩护 1 辆挖掘机 3 辆铲车对棉麻堆垛进行向外清理。20 时 10 分，特勤中队到达火灾现场，按照支队指挥部命令，控制露天堆垛南面火势，防止蔓延。充气车停至火场外围的空地上待命，做好为空气呼吸器充气的准备。洪洞中队在火场南侧设立水枪阵地，负责对受火势严重威胁的南侧彩钢棉麻仓库和露天堆垛进行冷却。同时安排库区工作人员转移、疏散其他未过火的堆垛。支队增援力量部署如图 8.4.4 所示。

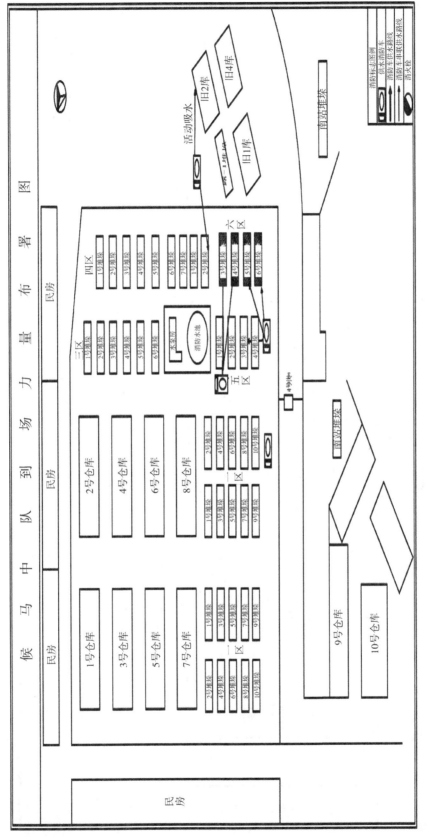

图 8.4.3　侯马中队到场力量部署图

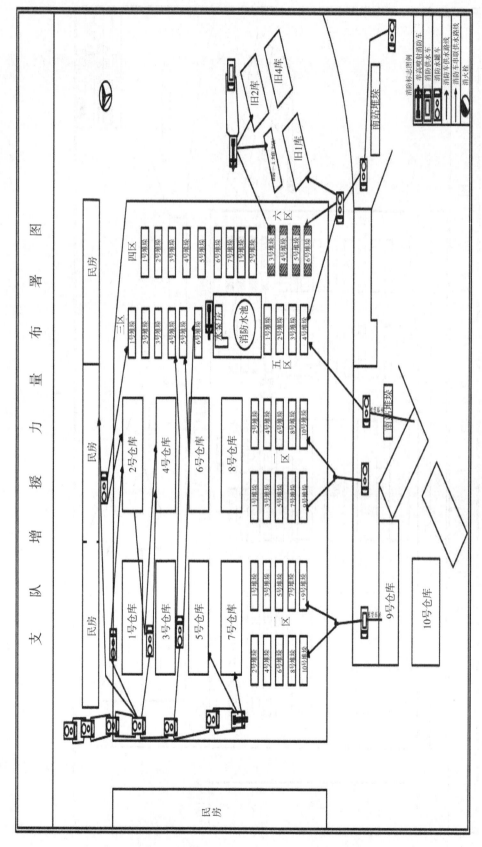

图 8.4.4　支队增援力量部署图

（三）全面控制

省消防总队接到增援请求后，立即调派运城、晋城、太原、吕梁等相邻支队赶赴增援，总队政委孟应新也亲赴现场进行指挥。7月2日凌晨4时15分，4个相邻支队增援消防车23辆、指战员124名，相继投入战斗。与此同时，市和县两级公安、武警、环卫、民兵等力量约1500余人也陆续赶到现场开展救援。相邻支队增援力量部署如图8.4.5所示。

总队领导到场后立即成立总队级指挥部，根据救援总指挥部安排，参战官兵主要采用接力供水确保火场的不间断供水，进一步压制火势。同时，利用挖掘机和铲车开辟隔离带和灭火救援通道，阻止火势扩大蔓延。在着火库区，利用混凝土泵车向已经坍塌的2、6、7、8号仓库覆盖混凝土遏制火势发展；在露天堆垛区，利用高喷车压制火势，挖掘机逐垛分解着火堆垛，用水枪跟进逐片打压明火，并用黄土掩埋窒息灭火。

（四）灭火

截至7月3日凌晨3时许，现场火势已完全得到控制，根据救援指挥部的安排，救援人员对已控制住的着火堆垛及库房利用挖掘机分片挖掘，利用水枪、水炮压制，防止阴燃的棉垛二次复燃。并利用铲车将过火的棉包转运至安全区域用黄土覆盖窒息灭火，同时继续对与着火库相邻的库房进行冷却、降温。由于坍塌砖混结构厂房屋顶的埋压，导致埋压棉花未完全燃烧，挖掘时遇空气发生复燃，现场由挖掘机进行清理，参战力量继续出水跟进扑灭余火。火场总攻阶段力量部署如图8.4.6所示。

（五）监护

在各方力量的协同配合下，经过约66h的艰苦战斗，至7月4日12时火势被彻底扑灭。根据火场指挥部命令，除侯马中队和襄汾中队留下继续清理火场外，其余增援力量陆续返回。

三、案例分析

（一）应加强棉花仓储火灾扑救的技战术研究

棉花具有易燃、阴燃特性，棉花堆垛起火后火势蔓延快，易在短时间内形成大面积、立体火灾，扑救困难。根据火灾特点要充分预估严重后果，加强第一出动，调集足够的灭火力量，根据火场情况，指挥员要科学决策，结合实际情况进行兵力部署。由于棉花火灾的特点，要及时调集大型推土机、铲车等机械设备与消防车编配成组，保障火场灭火有序高效。对于大面积燃烧的火场，要划分出不同灭火战斗区域，采取分割包围，控制火势。此次火场面积大，情况复杂，火场指挥部根据露天堆垛与储棉仓库将火场划分为南、北两个作战区域，由作战经验丰富的支队领导和指挥长分片指挥。同时坚持"先控制，后消灭"的原则，第一时间明确了火场的主要方面，采用"重点突破，堵截包围""内外夹攻，逐片消灭"等技战术，利用水枪打压、灌浆封堵、黄土掩埋等方式，全力保护受火势威胁的毗邻建筑和重点部位，及时果断发起进攻，为减少财产损失起到了重要作用。

（二）供水不足导致初期控火不利

此次火灾扑救中，由于厂区消防泵无法正常启动，第一力量到场后，水源得不到及时供

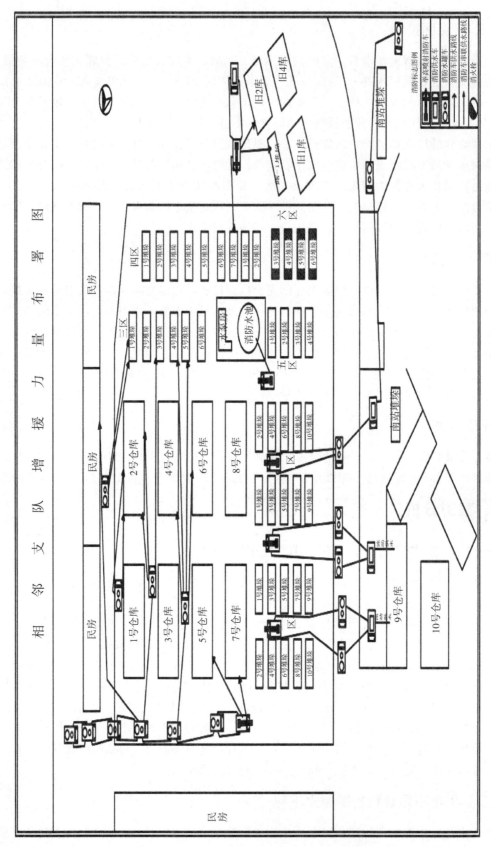

图 8.4.5　相邻支队增援力量部署图

灭火救援典型案例

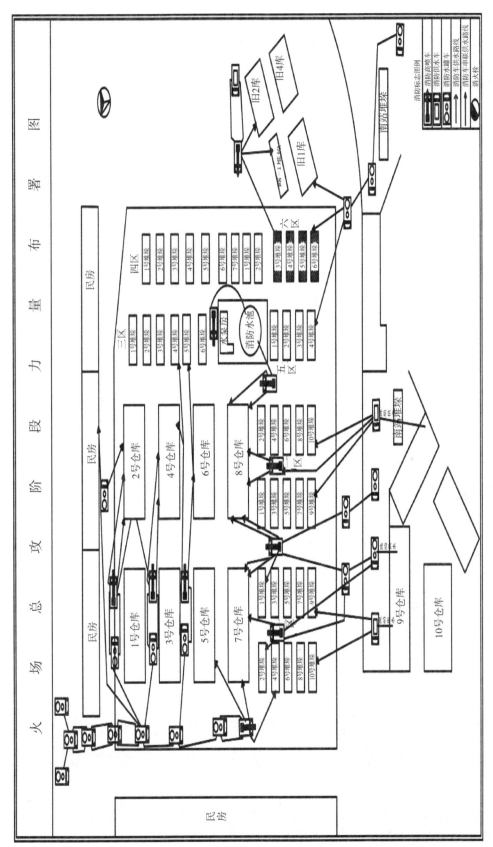

图 8.4.6 火场总攻阶段力量部署图

给，增援力量到达后仅靠内部消防车辆串联供水难以满足火场需要，错过火灾最佳扑救时机，说明辖区中队"六熟悉"工作开展不扎实。应根据实际情况，着重加强对水源缺乏地区和重点单位的水源位置、水泵的供水能力、消防水池的容量进行全面熟悉掌握；不断完善水源手册和火场供水计划，保证火场供水。

（三）火场通信指挥不畅

此次火灾燃烧面积大，参战力量多，各中队通信设备参差不齐，对讲机型号不统一，增加了对讲机续航难度，在长时间作战的火场中，通信联络存在很大困难。社会联动力量及企业消防队的通信联络器材缺乏保障，导致命令下达不及时，企业队与现役消防力量的协同配合不够到位，一定程度上对事故处置造成不利影响。结合重点单位火灾特点，规范现场指挥部的设置，保证火场通信体系完善畅通，针对现役部队与企业专职队及社会联动单位通信不畅的问题，应积极与各企业消防队及社会联动单位协调沟通，制订统一的火场联系方式，扎实推进联勤联训工作机制，保证火场通信体系完善畅通，从而有效地提高部队的战斗力。

（四）扑救大型火场经验不足

面对大型火场，基层指挥员经验较少，缺乏一定的应对措施，同时也存在一些客观因素，此次火灾中执勤车辆功率普遍较低，持续作战能力较弱，影响了火灾扑救。因此要逐步调整和优化车辆配备结构，增加移动水炮、大功率水罐车及远程供水车配备比例，切实提高初战打赢制胜能力。

棉花堆垛火灾扑救时间长，投入力量多，往往需要调集社会联动力量，多部门协同作战，因此要加强有针对性和实战性的训练，经常性组织开展大跨度、大空间厂区，多力量参与的熟悉和演练工作，进一步修订完善单位灭火救援预案。

（五）做好个人安全防护

灭火过程中，由于棉花未完全燃烧，烟雾大、刺激性强、可视距离短，要充分做好参战人员的安全防护，防止出现烧伤、昏倒等情况。此次火灾中，部分官兵在进入前沿阵地时，个人防护装备佩戴不齐全。加强对一线作战官兵的战备教育和安全防护检查，确保官兵火场上的人身安全。

思考题

1. 结合案例分析，总结棉麻仓储堆垛火灾特点的处置难点。
2. 结合棉麻仓储堆垛火灾特点，分析扑救行动对装备的要求。

案例5 哈尔滨"1·2"太古街727号仓库内红日百货批发部库房火灾扑救案例

2015年1月2日13时14分，哈尔滨市公安消防支队作战指挥中心接到报警称，道外区太古街727号仓库内的红日百货批发部库房发生火灾。支队先后调集31个大、中队，121辆消防车，564名指战员赶赴现场灭火救援。总队跨区域调集大庆、绥化支队31辆消防车和 127 名指战员增援现场，总队、支队全勤指挥部遂行出动。并调集公安、安监、交通、电力、市政、医疗、燃气、供水等联动部门到场协同作战。1 月 3 日 6 时 20 分，火势得到有效控制。3 日 19 时 30 分，明火被扑灭。5 日 16 时许现场残火清理完毕，累计射水 15573t、泡沫 15t。

一、基本情况

（一）消防水源情况

起火仓库 2km 范围内共有 9 处消防水鹤，分别为中马路水鹤、南勋街水鹤、南马路水鹤、长春街水鹤、东内史胡同水鹤、仁里街水鹤、承德中队门前水鹤、长新街水鹤、八区体育场水鹤，如图 8.5.1 所示。水鹤流量均为 50L/s，口径 200mm，管网局部加压后流量可达 65L/s。

（二）起火原因

起火部位为红日百货批发部在仓库通道上的双层库房 1 层休息室内，因为私接电线，违章使用电暖器导致违章铺设的电气线路超负荷过热引燃周围可燃物引发火灾。

（三）火灾特点

1. 易燃可燃物多，火灾荷载大

商铺和仓库内密集储存大量固体酒精、木炭、塑料制品、日杂用品等 10 余种易燃可燃物品，且多采用纸箱、木箱、泡沫塑料等包装。起火后，火势燃烧猛烈，产生大量毒害烟气，且燃烧热值高、辐射强、荷载大，加快了火灾蔓延速度。

2. 火点跳跃蔓延，发展速度快

因仓库内部分隔复杂，通道狭窄，不利于观察，加之火灾产生大量浓烟充斥现场，指战员难以接近火点。仓库内部分隔简易，多而复杂，仓库顶层设有 7 处硬塑材质采光罩。起火后，火势呈跳跃式蔓延，发展极为迅速，严重阻碍部队侦察火情、强攻近战和纵深推进等战斗行动展开。

3. 被困人员较多，疏散通道少

沿街商铺是全省日杂用品批发集散地，人流、物流、车流量大。住宅部分有居民 2700 余人，并有数量较多的老人和残疾人，且通往地面的通道只有两条。火灾当日现场需要抢救疏散大量被困人员，加之现场浓烟大，能见度低，疏散救人极为困难。

（四）天气情况

当日气温为 −14～−22℃，晴，西风 3～4 级，阵风 5～6 级。

二、扑救经过

（一）初战力量到场阶段

13 时 23 分，责任区承德中队 20 名指战员、5 辆消防车到达现场。因南头道街、南勋街

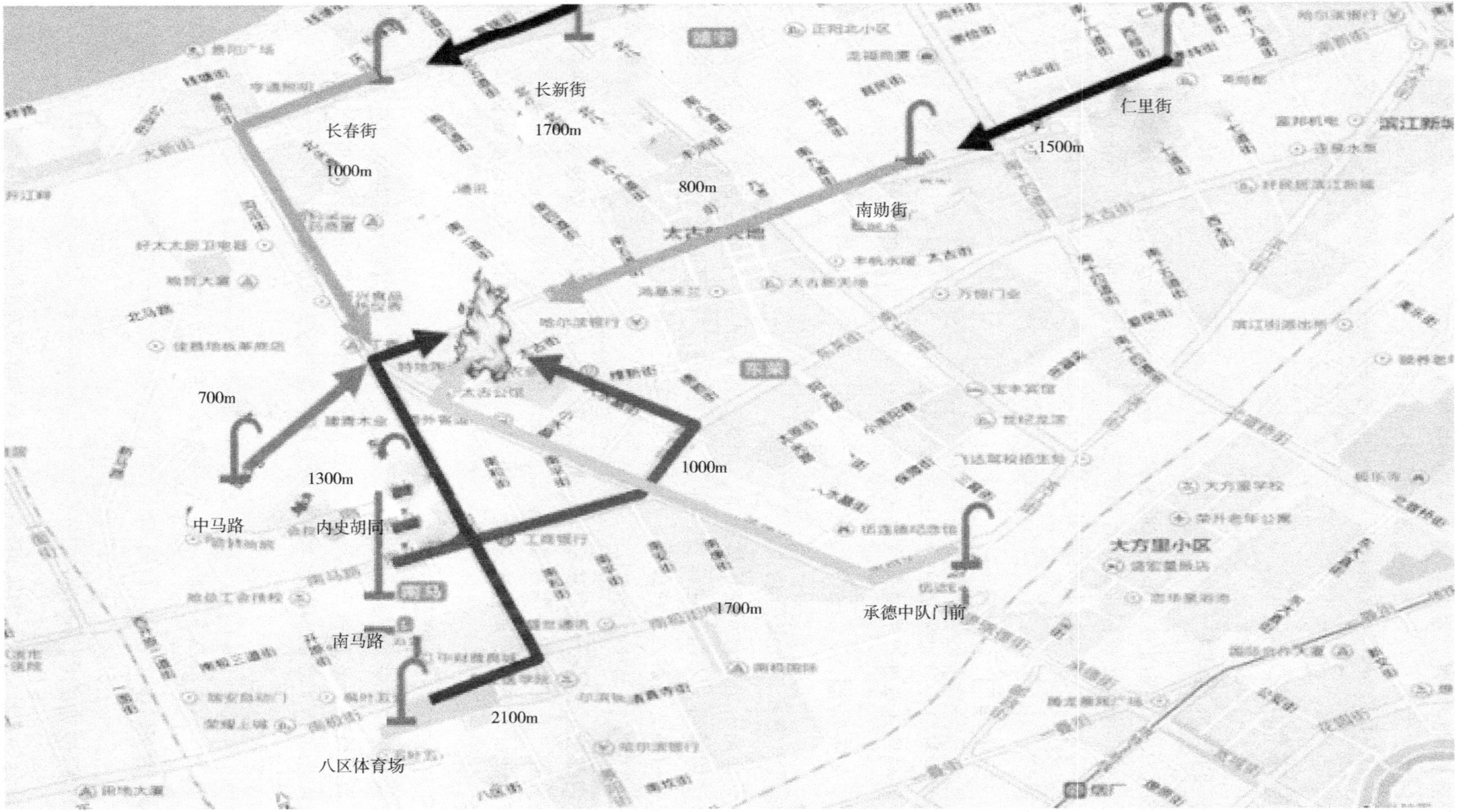

图 8.5.1 消防水源情况

仁里街

1500m

南励街

800m

承德中队门前

长新街
1700m

1000m

1700m

长春街
1000m

2100m

1300m

内史胡同

中马路

南马路

700m

八区体育场

两条街道被机动车、人力三轮车和行人几乎占满，消防车无法驶入。指挥员果断命令将消防车停在太古街 4-1 栋 14 单元门洞处，随即带领指战员进入现场，此时现场上空浓烟滚滚，仓库屋顶靠近南头道街处的采光罩已被烧穿，烟火高达几十米，仓库东北侧 1～2 层已呈大面积立体燃烧，疯狂的火势正向周边简易仓库蔓延，现场商铺、住宅、仓库内有大量人员受到火势威胁。见此情况，指挥员立即命令救人组紧急引导疏散被困人员，灭火组在仓库 1 层出 2 支水枪堵截火势，在仓库 3 层出 1 支水枪设防，随后向支队作战指挥中心报告情况。辖区中队初战力量部署如图 8.5.2 所示。

13 时 24 分至 57 分，道外、南岗、道里和爱建 4 个中队，共 103 名指战员、35 辆消防车相继到达现场。道外中队在引导疏散被困人员的同时，由 4-1 栋 14 单元门洞进入仓库 2 层，出 1 支水枪堵截火势，在南头道街火焰山碳业进入仓库 1 层出 1 支水枪堵截火势，在仓库负 1 层出 1 支水枪设防，并协调现场交警清理疏散周边车辆。南岗中队在引导疏散被困人员的同时，由 4-1 栋 14 单元门洞进入仓库，在仓库 1 层出 1 支水枪堵截火势，架设 6m 拉梯在仓库 2 层出 1 支水枪堵截火势，并设置 1 门水炮直攻火点。道里中队在南头道街大市场入口处登至 3 层平台，出 2 支水枪夹攻由仓库采光罩窜出的火势，在南头日杂百货有限责任公司 1 层出 1 支水枪堵截火势；救人组引导疏散被困人员。爱建中队接替道外中队在南头道街火焰山碳业处阵地，出 2 支泡沫枪堵截仓库 1 层火势，在南勋街北方陶瓷市场 1～3 层各出 1 支水枪堵截火势，疏散组进入现场引导疏散被困人员。初战增援力量部署如图 8.5.3 所示。

（二）支队指挥部到场阶段

支队全勤指挥部先后调集 18 个中队赶赴现场增援。13 时 40 分，支队全勤指挥部到场。13 时 50 分许，支队政委到达现场。支队党委常委相继到场后，立即成立现场指挥部，下设指挥、通信、战保、医疗和防火协调 5 个任务组，确立了"全力疏散人员、坚决堵截控火"的作战意图。支队指挥部根据现场情况科学研判火情，明确战斗意图，及时作出决策部署：一是全力营救被困人员，加强力量掩护，开辟疏散通道；二是增强堵截控火力量，防止火势进一步扩大蔓延；三是由支队党委常委分工负责四个战斗区段，组织参战官兵疏救被困人员、合力堵控火势。四个战斗区段的 5 个中队共设立 13 处进攻阵地，设置 14 支水枪、2 支泡沫枪和 1 门移动水炮，全力展开疏散救人和堵截控火行动。支队指挥部到场力量部署如图 8.5.4 所示。

（三）总队指挥部到场阶段

14 时 25 分至 18 时许，总队副总队长、当日值班首长、防火监督部部长率总队全勤指挥部人员到场，总队长、政委相继到场，立即成立火场总指挥部，下设灭火指挥、通信联络、战勤保障、医疗卫生、防火协调 5 个工作组，指导灭火救援工作，并要求参战力量要坚决抢救人命，防止火烧连营，确保官兵安全。21 时许，在外出差的参谋长赶到现场参与指挥灭火救援。

总队、支队指挥部研究确定了"分段分组救人、多点多线堵截、边救人边控火"的战斗措施。要求参战官兵在堵截控火的同时，要仔细确认楼内是否还有被困人员，如果人员全部疏散完毕，火势一旦形成大面积扩散和立体燃烧，参战官兵要以外部控火为主，并密切观察火场情况。

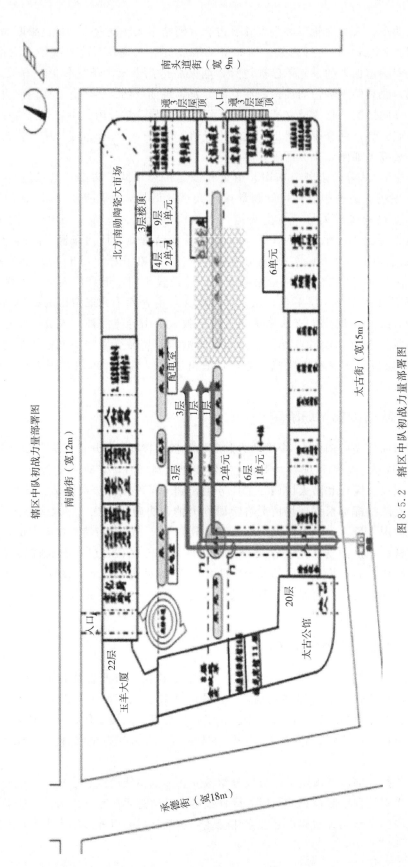

图 8.5.2 辖区中队初战力量部署图

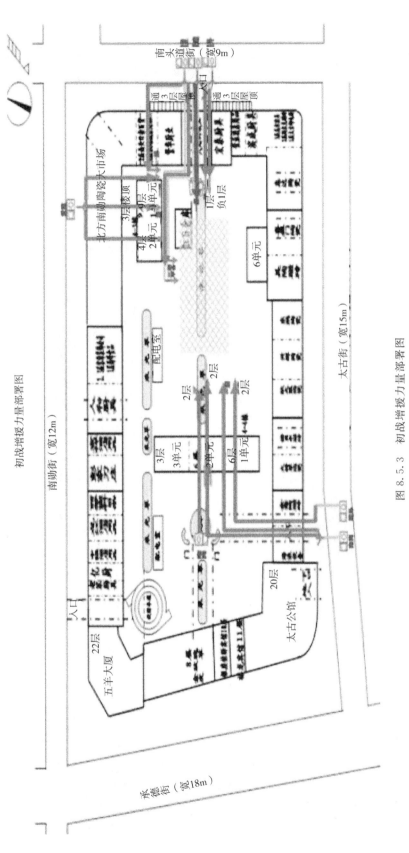

图 8.5.3 初战增援力量部署图

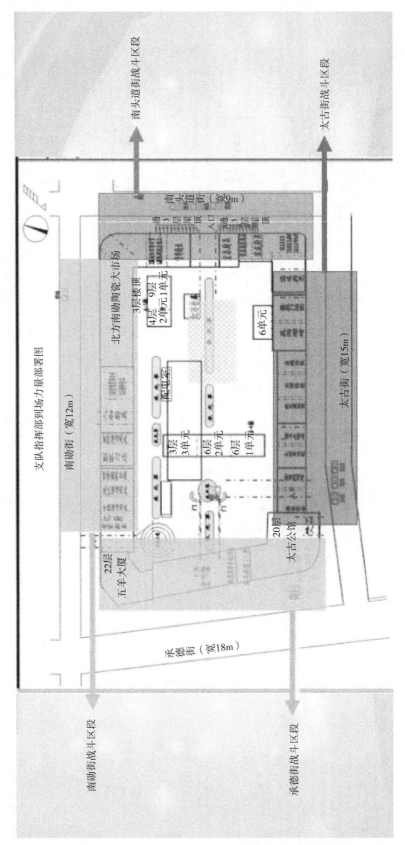

图 8.5.4　支队指挥部到场力量部署图

总指挥部共派出 28 个搜救小组、84 名官兵，深入建筑内部疏散、抢救被困群众，并增设近 30 个水枪、水炮阵地进行堵截控火。20 时 20 分，由于仓库存有大量易燃可燃物，加剧了火势蔓延速度，大部分仓库已被大火吞噬，现场形成大面积、立体燃烧。为此，指挥部迅速调整部署，撤出内攻人员，组织官兵在建筑外部实施控火。将火场的四个战斗区段力量进行调整，参战的 23 个中队官兵利用临街建筑室外楼梯，架设消防梯在楼梯口、窗口进行灭火；利用高喷消防车、举高消防车、消防水炮向建筑内部射水，防止仓库火势蔓延到 3 层以上的居民楼及毗连建筑。

（四）突发坍塌险情救人阶段

21 时 37 分，在无任何征兆的情况下，4-4、4-3、4-2 栋住宅楼相继发生坍塌。后经中国建筑科学院防火研究所专家及技术人员对火灾现场及坍塌建筑情况进行勘察、取样及实验测试，得出结论：原设计的房屋结构体系总层数不符合《建筑抗震设计规范》（GBJ 11—89）的相关规定要求。该建筑抵抗外力作用能力差，抗倒塌能力差，易出现整体坍塌。上海同济大学、吉林大学建筑设计院相关专家也进行了论证和调查、分析，一致认为：由于火灾荷载大、长时间燃烧和持续高温影响，导致 4-3 栋住宅楼底部框架结构 1 层部分承重柱承重力下降，无法承担上部结构的荷载而发生整体坍塌。初步判定 4-3 栋住宅楼发生坍塌后，牵拉作用下引发毗邻未着火的 4-2 栋住宅楼发生连带倒塌，致使官兵伤亡。

坍塌波及正在实施外部控火的 5 个中队、32 名官兵，造成正在利用临街建筑室外楼梯和窗口控火作业的 17 名官兵被埋压和砸伤。坍塌发生后，指挥部立即抽调精干力量展开救人行动；命令参战单位清点人员；命令各战斗区段继续在建筑外部实施控火；在倒塌现场设置专职安全员严密监视坍塌建筑情况，建筑结构专家现场进行安全评估。救援官兵将被埋压的官兵依次救出。

（五）合力围歼火势阶段

3 日 0 时 13 分，总队跨区域调集绥化、大庆支队增援火场，绥化、大庆支队分别于 1 时 42 分和 2 时 50 分到场。3 时许，总指挥部对火场力量部署进行了调整，命令哈尔滨支队负责火场南侧太古街和北侧南勋街两个战斗区段；大庆支队负责火场西侧承德街战斗区段；绥化支队和哈尔滨支队特勤大队共同负责火场东侧南头道街战斗区段。四个战斗区段对火场形成四面合围之势，全力堵截控制火势。经过全体参战官兵奋力扑救，3 日 6 时 20 分，火势得到有效控制。合力围歼阶段力量部署如图 8.5.5 所示。

（六）现场监护清理阶段

总队指挥员根据"采取有效措施，在不能伤一兵一卒，确保安全的前提下开展灭火救援工作"以及"三个方面、十二项要求"的指示和要求，组织召开作战会议，部署灭火及后期清场工作。哈尔滨支队与大庆、绥化支队协同作战，利用高喷车、移动水炮、水枪实时进行扑灭残火和安全防护工作。经过全体官兵近 30h 的奋力扑救，3 日 19 时 30 分，明火被彻底扑灭。明火扑灭后，总指挥部命令留守 4 个中队进行火场监护，并设立 3 处现场安全观察哨，全时段监控现场。

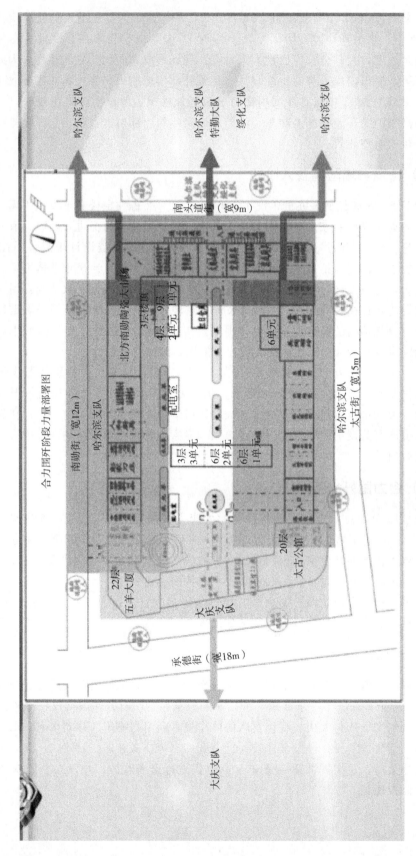

图 8.5.5　合力围歼阶段力量部署图

三、案例分析

（一）加强底框架式建筑火灾扑救技战术研究

现场指挥员虽提前预判了存在发生坍塌的危险，也撤出了内攻人员，实施外围堵截控火，防止火势向上部住宅楼和毗邻商铺蔓延。但由于住宅楼与底部仓库为同一结构单元的特殊建造形式，且倒塌建筑为违章建筑，对这种非常规、不可预测的邻近建筑连锁坍塌形式及可能波及的范围估计不足。经专家鉴定，该建筑群有部分违章建筑，存在施工质量问题，且不符合抗震设计要求，导致抗震、抗火灾能力和稳定性下降，在长时间、大荷载、高热值的燃烧作用下，建筑构件承载能力降低，建筑结构局部变形，4-3、4-4两栋违章建筑发生坍塌后，牵拉与之毗邻的4-2栋居民住宅楼体失去平衡造成部分坍塌，致使官兵伤亡。针对底框架式建筑火灾特点，制订相应的建筑坍塌事故救援预案，并进行演练，提高此类建筑火灾扑救的技战术方法研究。尤其是重大火灾隐患单位开展演练要突出"练组织协同、练临场指挥、练综合保障"；中队级演练瞄准辖区主要灾害事故类型，分类别、有计划地组织开展，结合人员装备和作战编成，突出"练初战指挥、练编组合成、练战术战法"，并在熟悉演练基础上，对灾害事故类型处置预案、重点单位预案和"六熟悉"手册进行修订，完善灭火救援准备资料，提升各级指挥员的临场组织指挥能力。

（二）消防通道被堵

此次火灾发生地点处于哈尔滨老旧小区，街道狭窄，没有消防通道。本应该是消防通道的几个出入口变成了商铺，车辆、人员密集，给救援带来很大困难，大型消防车无法进入核心区域，严重影响了灭火效率。因此，要强化熟悉演练，完善灭火救援装备资料，提高部队打赢制胜能力。

（三）加强战勤保障

严寒条件下长时间作战，水带、分水器、水带接口等装备易出现冻结现象，虽然支队配有蒸汽解冻车，但因现场参战车辆、装备数量多，冻结现象连续发生，难以满足现场需要，参战中队只能靠喷灯烤、热水浇的方法解冻，进度相对缓慢。同时，严寒天气导致机动器材装备启动困难。

（四）完善联动机制

坍塌发生后，总队、支队立即启动《建筑倒塌事故处置应急预案》，增调大型吊车、挖掘机等设备到场，但由于实战配合较少，导致响应不够迅速，到场时间较长，协同作战不够默契。一是建立警情联通机制，各级交警、消防指挥中心建立警情信息共享平台，并借助交通广播实播报灾情信息和道路通行状况，为灭火救援通行科学选择最佳路线，引导社会车辆规避消防车辆。二是建立作战联动机制，与社会联动单位建立支队和大队两级联动协作制度，定期组织召开联席会议，研究制订应急联动预案，明确协作范围和具体应对措施。三是建立联训联演机制，与联动单位每年联合举办一次业务骨干交流培训班，共同探讨、相互学习、互通有无，并定期组织消防部队和社会联动进行联合实战演练，充分发挥各部门的专业救援装备优势，协同配合，提升联合作战能力。

（五）火场通信指挥不畅

此起火灾，点多面广、战线长、作战时间长，在保障现场一、二、三级网畅通的前提下，准备了 14 部 800M 电台和 26 部 350M 地铁电台随时进行临时组网，保障现场通信。但由于现场有 31 个大、中队，4 个战斗区段，有时各作战单位、战斗区段与现场指挥部之间信息传递还不畅通。尤其是严寒条件下，通信器材元件损耗大，电池使用时间缩短，加之长时间作战，战斗后期通信效率不高。同时，现场参战力量多，通信联络频繁，有时出现信道拥挤现象。应规范指挥部的设置，结合火灾现场实际情况，理顺现场指挥体系和工作流程。

思考题

1. 结合此案例研究，分析底框架建筑结构破坏的特点。
2. 结合辖区实际，分析对于此类火灾扑救平时应开展哪些针对性的训练？

案例 6   北京"4·12"万隆汇洋灯饰城彩钢板库房火灾扑救案例

2016 年 4 月 12 日 15 时 15 分，位于北京市丰台区万隆汇洋灯饰城北侧院内库房发生火灾。总队 119 指挥中心接到报警后，迅速调集总队、丰台支队、特勤支队 3 个全勤指挥部，共 18 个消防队中队、70 辆消防车、370 余名官兵赶赴火场实施扑救，并第一时间启动应急联动机制，调集公安、交通、环卫等应急联动力量到场协助处置。

12 日 17 时 07 分火势得到有效控制，18 时 15 分，火势被基本扑灭。此次火灾过火面积约 800m²，无人员伤亡，成功保住了相邻的约 6 万 m² 的商场主体建筑。

一、基本情况

（一）单位基本情况

万隆汇洋灯饰城全称北京万隆汇洋家具建材市场有限公司，位于北京市丰台区丰台路口甲 215 号，现有职工 48 人，共 300 余家商户，单位性质为经营存储为一体的灯饰批发商场。起火建筑为钢结构 4 层岩棉材质彩钢板仓库，位于主体建筑北侧，东西长 60m，南北宽 12.5m，占地面积约 750m²，主体分为 1 层和 2 层，局部有 3 层和 4 层，东部为 2 层彩钢板仓库，南侧为灯饰城主楼，其中 1 层、2 层与灯饰城主体建筑距离仅有 0.5m，3 层距与主体建筑之间有一宽 4m、长 40m 的平台，平台上为主体建筑中央空调室外机和通风设备，管线设备遍布平台。3、4 层部分突起且紧邻主楼，1、3 层与主体建筑有通道连接。仓库内部共有 26 个由铁皮分隔成的库房，其中 1、2 层为 8 个，3 层 9 个，4 层 1 个，每个隔间约 60m²，主要用于商户存放货物（主要为灯具、包装材料）。

（二）消防设施情况

起火单位周边 500m 范围内，有市政消火栓 3 座，分别位于四环辅路岳各庄南桥桥下

（管径 600mm）、岳各庄桥桥下草丛中（管径 600mm）和望园路悍马俱乐部门前（管径 200mm）。单位内部设有地下消火栓 4 座，分别位于南侧 2 号门、西侧 4 号门、北侧 6 号门和北侧 7 号门附近；地上消防水池 2 个，位于单位西北角，储水 260m³。主体建筑内设有消防中控室（位于主楼北侧 6 号门西侧）、自动报警、自动喷淋、机械防排烟、消火栓等固定消防设施，主体建筑墙壁消火栓 115 个、消防电梯 2 部、消防水泵 6 个、安全出口 7 个、疏散楼梯 6 个，起火彩钢板仓库内部没有固定消防设施。

单位周边基本情况及水源分布如图 8.6.1 所示。

（三）燃烧物资

燃烧物资为灯具及其包装物。

（四）火灾特点

1. 建筑体量大，易燃可燃物多

着火建筑东西长 60m、南北宽 12.5m、建筑高度 17m，建筑体量 12750m³，且与商城主楼有通道相连。主楼东西长 200m、南北宽 70m、建筑高度 18m，建筑体量 25.2 万立方米，建筑体量巨大，且着火库房为灯具库房，库房内堆积有大量塑料灯具和外包装材料，货物堆满库房和通道，火灾荷载巨大。

2. 耐火性能差，易发生坍塌

着火建筑为钢结构彩钢板库房，彩钢板建筑在火灾时，由于高温灼烧，钢构件强度迅速下降。据测试，在全负荷情况下，经高温烘烤，彩钢板结构会很快变形，产生局部破坏，造成彩钢板建筑整体瞬间坍塌，灭火进攻危险性大。

3. 建筑结构复杂，进攻灭火难以实施

起火建筑逐层分开且没有楼梯相连，内部用彩钢板分割成若干仓库隔间，只能通过外部的几个隐蔽通道进入，进攻难以连续，仓库内货品堆积，多处通道被堵塞，内攻人员难以深入。且因彩钢板阻隔，外部水枪射流难以打到火点，无法进行有效灭火，极大的影响灭火进攻效率。

4. 烟气高热、积聚难散，火势蔓延迅速

着火建筑基本封闭，只有 1 层有 8 扇大门与室外连通，整个仓库没有窗户。火灾发生后，高温浓烟积聚不散，仓库内易燃可燃物品遍布，轰燃、爆燃接连发生，2 层以上库房只是进行简单分隔，每层整体为一个空间，火势蔓延迅速。

（五）天气情况

当日多云转小雨，气温 8～20℃，风向为北风，风力微风。

二、扑救经过

此次火灾扑救过程中，现场指挥部坚持"先控制、后消灭、攻防并举、固移结合"的战术原则，根据现场火势发展态势，先后运用"多点设防、堵截控火、外围冷却、破拆突进、内外夹击、分割围歼"等技战术措施，有效压制了火势蔓延，最大限度地减少了财产损失。

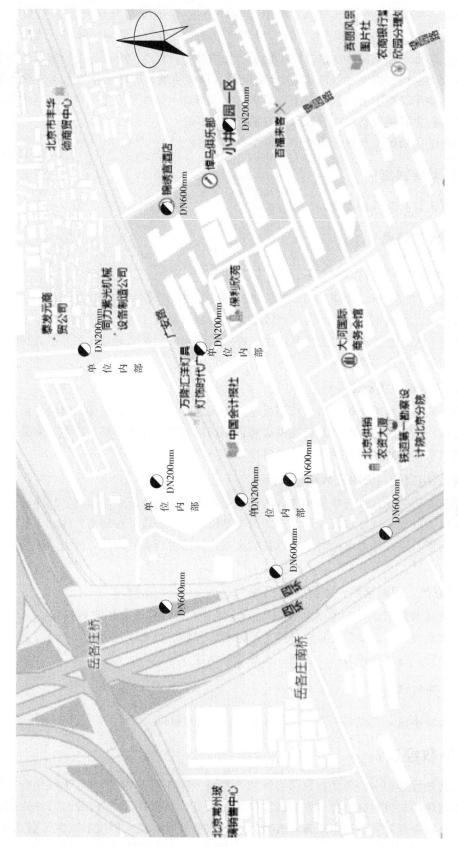

图 8.6.1　单位周边基本情况及水源分布图

战斗主要分为以下几个阶段。

（一）初战控火

15 时 15 分，总队 119 指挥中心接到报警，立刻启动《北京市重大灾害事故应急处置预案》，调集主管中队北大地中队以及增援中队五里店中队、程庄供水中队、玉泉营中队，共计 4 个执勤中队、19 辆消防车赶赴现场处置，并调集丰台支队全勤指挥部到场指挥。

15 时 31 分，北大地中队 5 辆消防车、31 名官兵，五里店中队 3 辆消防车、15 名官兵相继抵达现场，现场火势正处于猛烈燃烧阶段，火势向彩钢板房东侧蔓延，浓烟弥漫。北大地中队成立 6 个灭火组出 6 支水枪，从火场的北侧、南侧、东侧分别压制火势，1 支水枪从七号库门进入火场内部进行灭火，1 支水枪利用 15m 金属拉梯在 2 层仓库顶部堵截火势，防止火势向东侧仓库蔓延，1 支水枪于 3 层北侧平台压制火势，1 支水枪于 3 层与主体建筑连廊处堵截火势，2 支水枪于火场北侧压制外部明火。五里店中队成立供水保障组和警戒疏散组，供水保障组分别占领北 6 号门和北 7 号门附近消火栓进行后方供水，警戒疏散组立即组织疏散主楼人员及院内车辆，累计疏散上千人。指挥员在组织内攻时发现仓库内部结构十分复杂，密闭空间内高温浓烟积聚不散，火势蔓延迅速，并已有通过 1、3 层通道向主体建筑蔓延的趋势。指挥员立即向 119 作战指挥中心报告现场情况，并请求增援力量。

此阶段共部署 2 个执勤中队、8 辆消防车，形成进攻干线 2 条、供水干线 3 条、设置水枪阵地 6 个。

第一阶段战斗力量部署如图 8.6.2 所示。

（二）堵截合围

15 时 48 分，增援的玉泉营中队 5 辆消防车、程庄路供水中队 6 辆消防车、右安门中队 3 辆消防车以及丰台支队全勤指挥部相继到场，并立即在火场北侧成立前沿指挥部。此时整个起火建筑已形成立体燃烧，且由于 2 层以上仓库没有通风窗口，近乎为密闭空间，起火部位被包裹在仓库内，水流难以打到起火点，灭火效率无法保证。根据现场情况，指挥部立即确立"南堵北放，重点突破"的战术措施，确定"全力确保主体建筑不过火"的战斗目标，迅速调整力量部署，组织 10 个攻坚组对火场形成合围之势，堵截控火，全力确保南侧主体建筑安全。由玉泉营中队利用北大地 3 号车出 2 支水枪，于仓库 3 层平台堵截主楼北侧火势，防止火势向主体建筑蔓延。右安门中队自主楼南侧进入，沿楼梯蜿蜒铺设水带至 3 层，并通过红外测温仪确认主楼尚未过火，果断冒着浓烟在 3 层内部纵深 100m，沿路铺设救生照明线，在 3 层连廊处设置 2 支水枪阵地堵截火势。其间，部署 5 个破拆组依托 3 层平台分别对 3 层东侧、西侧、南侧 10 个位点实施破拆，有效提升了进攻效率，最大限度堵截了火势向主楼蔓延。后方人员及时占领消火栓，进行接力供水，并第一时间启动应急联动机制，调集公安、供电、燃气、环卫、医疗等单位到现场支援。

此阶段共部署 5 个执勤中队、22 辆消防车，形成进攻干线 4 条、供水干线 5 条、设置水枪阵地 10 个。

第二阶段战斗力量部署如图 8.6.3 所示。

（三）内外合击

16 时 31 分，总队全勤指挥部到达现场，立即成立现场总指挥部，经现场侦察后，确立

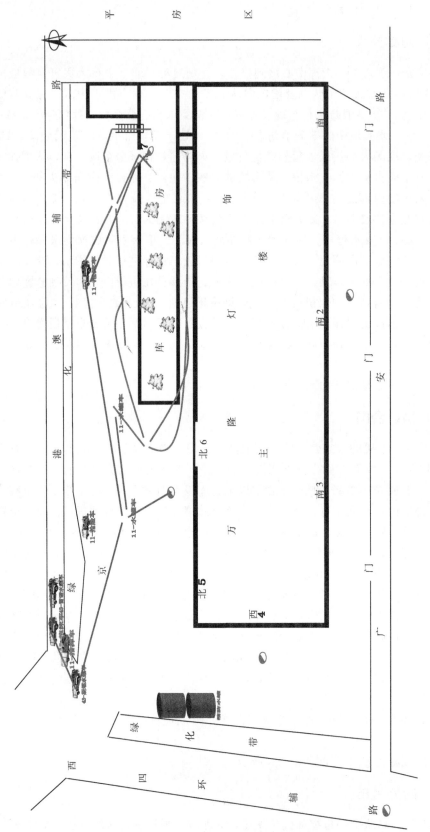

图 8.6.2　第一阶段战斗力量部署图

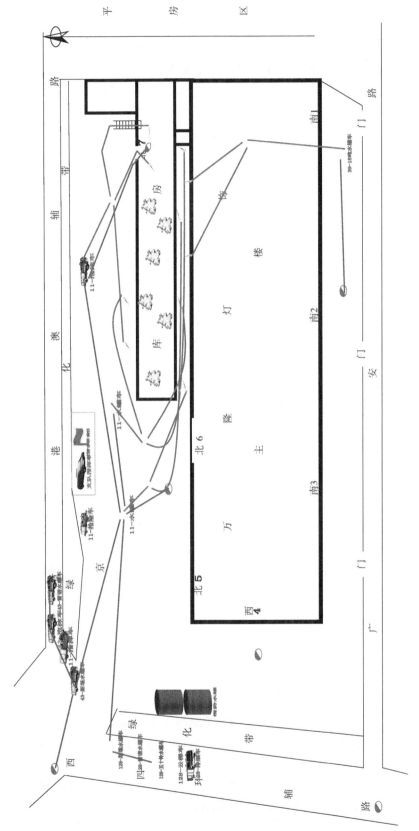

图 8.6.3 第二阶段战斗力量部署图

了"内外合击、北攻南堵、立体压制"的战术措施，力争将火势控制在一定范围内，并部署玉泉营中队云梯车、北大地中队云梯车停靠火场北侧，出水炮压制外围火势。

16时40分许，长辛店中队6辆消防车、大红门中队4辆消防车、广安门中队4辆消防车以及应急办协调的2台挖掘机、10辆洒水车相继到场。按照现场指挥部安排，副总队长带领长辛店中队攻坚组，从灯饰厂北6号门进入主楼，并利用热敏成像仪进行侦察，在确认安全的情况下打开3层三道卷帘门，从墙壁消火栓出3支水枪迅速组成水枪阵地，与右安门中队形成合力。大红门中队高喷车进入火场东侧胡同，对东侧3层火势进行压制，并成立排烟组，携带机动排烟机从商场南侧1号门进入火场3层内部进行排烟。广安门中队成立1个攻坚组在起火建筑的东南侧垂直铺设水带干线，架设3支水枪在火场南部房顶上压制火势。同时，在正面4支水枪阵地的掩护下，利用挖掘机对着火彩钢板房进行破拆，向火场发起全面进攻。

后方人员在主楼2～3层平台设立器材中转站，并占领6座消火栓，其中市政消火栓2座，单位内部地下消火栓4座；形成主要供水干线3条，其中2条由程庄路供水中队占领西四环辅路岳各庄南桥桥下市政消火栓，利用150mm吸水管吸水，在火场西侧铺设管径为125mm水带干线（约250m）为前方供水，主要负责着火库房北侧和部分堵截用水，在火场南侧向东沿广安路铺设管径为125mm水带干线，为右安门中队和大红门中队供水，市政10辆洒水车循环运水供水，累计供水达1500t，全面保证了后方供水不间断。

至此，共部署8个执勤中队、36辆消防车，形成进攻干线6条，设置举高车阵地3个、水枪阵地16个，整合供水干线形成主要供水干线3条。

第三阶段战斗力量部署如图8.6.4所示。

（四）监护

18时02分，特勤支队全勤指挥部及高米店中队6辆消防车到达现场，成立4个攻坚小组携带8支多功能水枪、10盘65水带、8盘80水带、水驱动排烟机、救生照明线等器材到火场北部待命。并按照指挥部命令在东北侧出2支枪，组成1个攻坚组使用测温仪和热敏成像仪，对着火建筑墙体和毗邻建筑墙体及内部顶棚进行检测，经过40多分钟的侦察和反复检测，建筑墙体温度正常，确认火势无继续蔓延的迹象。

经过全体参战官兵奋力扑救，18时15分，现场明火已被完全扑灭，现场指挥部命令北大地中队留守对现场进行彻底清理，其他中队收卷器材陆续返回。4月13日凌晨0点47分，现场清理完毕，北大地中队返回。

三、案例分析

（一）加强"六熟悉"

此次火灾发生后，由于对着火仓库内部结构不熟悉、不了解，导致初战过程中，无法第一时间展开内攻，准确打击火点，快速消灭火势。前期辖区中队调研熟悉过程中，仅对单位主体建筑进行了调研熟悉，对辅助仓库的信息未进行细致的摸排。因此应加强"六熟悉"工作，了解辖区重点单位的重点部位、消防水源、建筑结构、疏散通道等具体情况，同时也要提高重点单位员工的消防安全意识和自防自救能力。

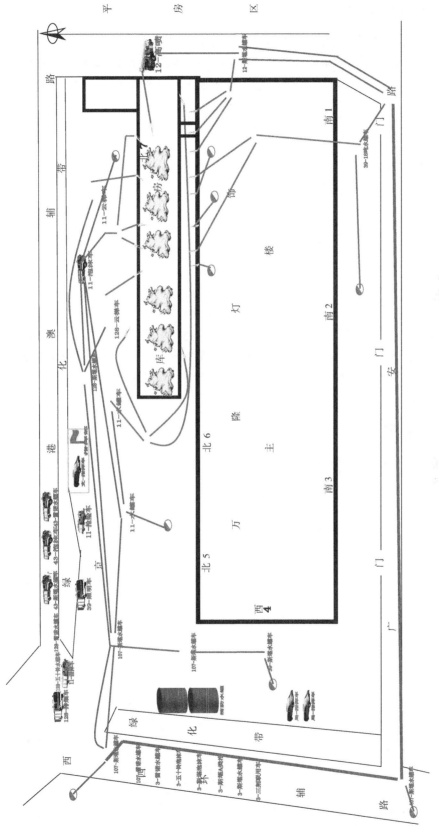

图 8.6.4 第三阶段战斗力量部署图

（二）现场通信不畅

此次火灾扑救过程中，部分参战力量存在通信联络不畅通、通信器材使用不规范、不按规定使用电台、不能坚持值守电台等现象，致使部分战斗小组在各战斗段及水枪阵地执行指挥部命令迟缓、前后方指挥脱节的现象发生。应规范现场指挥部设置，理顺现场指挥体系和工作流程，规范通信器材的使用，指定专人值守电台。

（三）应加强个人安全防护意识

在灭火救援过程中，虽然在火灾现场设置了火场安全员，但还不够科学合理，个别安全员职责履行还不够到位；个别进入火场人员没有按照要求进行安全防护，尤其在消灭残火阶段，有不戴头盔、手套和空气呼吸器就进入有烟区域的现象。加强个人安全防护意识，避免由于个人安全防护不到位而受伤。

（四）应急联动机制有待加强

此次火灾发生后，虽然现场指挥部第一时间启动应急联动机制，并调集 2 台挖掘机和 10 辆洒水车到场辅助灭火进攻和供水保障。但从实战效果看，联动力量到场迟缓，第一时间调集的挖掘机数量明显不足，且小型挖掘机无法满足现场破拆需要，延误了进攻时机，造成了火势进一步扩大。因此，要加强有针对性和实战性的训练，多力量参与重点单位的熟悉和演练工作，进一步修订完善单位灭火救援预案，从而有效地提高部队的战斗力。

？ 思考题

1. 结合本案例研究，总结应对仓储类火灾，尤其是大空间、大跨度结构仓库，"六熟悉"应如何开展？
2. 探讨此类火灾内攻作战应注意哪些问题？

参考文献

[1] 公安部政治部.灭火战术[M].北京:群众出版社,2004.

[2] 李建华,商靠定,等.灭火战术[M].北京:中国人民公安大学出版社,2014.

[3] 邵杰.战术学教程(第2版)[M].北京:军事科学出版社,2013.

[4] 李建华,黄郑华.灾害现场应急指挥决策[M].北京:中国人民公安大学出版社,2011.

[5] 商靠定,等.灭火救援典型战例研究[M].北京:中国人民公安大学出版社,2012.